中国中药资源大典

湖湘大宗道地药材栽培技术

U0390038

主　编：邵湘宁　　张水寒

副主编：谢昭明　　肖深根　　王晓明　　谢　景

编　委：刘　浩　　梁雪娟　　唐雪阳　　钟　灿

　　　　任广喜　　赵志刚　　郜舒蕊　　辛　博

　　　　王勇庆　　万　丹　　蔡　媛　　谢芳一

　　　　金　剑　　刘雪辉　　沈冰冰　　周融融

　　　　蒋荣华　　秦　优　　李家宇　　周卿意骏

　　　　朱　静　　李　雪　　丁俊洋　　唐乐平

　　　　汤　伟　　易晓盼　　叶　勇　　朴仙瑛

　　　　王　英

人民卫生出版社

图书在版编目（CIP）数据

湖湘大宗道地药材栽培技术 / 邵湘宁，张水寒主编. —北京：人民卫生出版社，2017

ISBN 978-7-117-25601-8

Ⅰ. ①湖… Ⅱ. ①邵… ②张… Ⅲ. ①药用植物－栽培技术－湖南 Ⅳ. ①S567

中国版本图书馆 CIP 数据核字（2017）第 294700 号

| 人卫智网 | www.ipmph.com | 医学教育、学术、考试、健康，购书智慧智能综合服务平台 |
| 人卫官网 | www.pmph.com | 人卫官方资讯发布平台 |

湖湘大宗道地药材栽培技术

主　　编：邵湘宁　张水寒
出版发行：人民卫生出版社（中继线 010-59780011）
地　　址：北京市朝阳区潘家园南里 19 号
邮　　编：100021
E - mail：pmph @ pmph.com
购书热线：010-59787592　010-59787584　010-65264830
印　　刷：北京铭成印刷有限公司
经　　销：新华书店
开　　本：787 × 1092　1/16　印张：20
字　　数：487 千字
版　　次：2018 年 2 月第 1 版　2018 年 2 月第 1 版第 1 次印刷
标准书号：ISBN 978-7-117-25601-8/R · 25602
定　　价：129.00 元

打击盗版举报电话：010-59787491　E-mail：WQ @ pmph.com
（凡属印装质量问题请与本社市场营销中心联系退换）

前 言
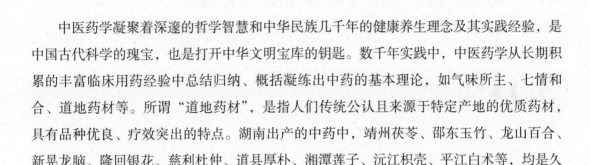

PREFACE

中医药学凝聚着深邃的哲学智慧和中华民族几千年的健康养生理念及其实践经验，是中国古代科学的瑰宝，也是打开中华文明宝库的钥匙。数千年实践中，中医药学从长期积累的丰富临床用药经验中总结归纳、概括凝练出中药的基本理论，如气味所主、七情和合、道地药材等。所谓"道地药材"，是指人们传统公认且来源于特定产地的优质药材，具有品种优良、疗效突出的特点。湖南出产的中药中，靖州茯苓、邵东玉竹、龙山百合、新晃龙脑、隆回银花、慈利杜仲、道县厚朴、湘潭莲子、沅江枳壳、平江白术等，均是久负盛名的道地药材。

湖南省包含半高山、低山、丘陵、岗地、盆地和平原多种地貌类型，亚热带季风的大气候与复杂地势地貌的小环境，孕育了丰富的中药资源，也为中药材生产与道地药材的形成提供了良好的生长条件。据湖南省第三次中药资源普查数据，湖南省药用植物资源有2077种，药用动物256种，药用矿物51种；湖南省第四次中药资源普查试点工作已经调查到的药用植物资源达3603种，药用动物450种，药用矿物69种。湖南省中药资源异常丰富，尤其是湘西部地区，得天独厚的自然资源使其成为盛产道地药材的宝地。

在湖南省第四次中药资源普查过程中，对湖南省传统道地药材栽培进行了实地调研和文献调研。湖南省中药材种植由来已久，生产加工经验丰富。龙山种植百合已有1200多年历史，慈利种植杜仲历史已上千年，平江种植白术历史记载已有440多年，沅江种植枳壳已有360多年。全省大宗、道地药材种植品种近60个，常年规范种植总面积达280多万亩，主要集中分布在怀化、邵阳、张家界、益阳等市（州）的28个县，其中隆回的银花15万亩，张家界的杜仲30万亩，怀化茯苓3.5万亩，邵东的玉竹6万亩，平江的白术2万亩。湘产品种湘莲（荷叶、莲子心）、茯苓、百合、玉竹、玄参、吴茱萸、山银花、枳实（壳）、博落回、天然冰片（龙脑樟）、黄精、白术、白芷、栀子、黄柏、杜仲、厚朴、鱼腥草、葛根、白及等地域特色品种及民族药物资源，均居全国前列。

　　本书基于湖南省第四次中药资源普查成果，组织相关专业人员，广泛收集整理杜仲、百合、山银花、玉竹、黄精、茯苓、天麻、龙脑樟、白术等52种中药材规范化种植研究资料，经过系统整理、甄别、筛选，最终编撰成《湖湘大宗道地药材栽培技术》一书，全面介绍湖南省特色中药材栽培技术，希望能为一线中药材种植技术人员提供生产指导，为从事中药材种植的科技人员、政府部门及相关人员提供有益的参考。

　　作为湖南省第四次全国中药资源普查系列著作之一，其出版得到了中医药公共卫生专项"国家基本药物所需中药原料资源调查和监测项目"（财社〔2011〕-76）资助。得到了人民卫生出版社有限公司的领导和编审的大力支持。同时，北京中医药大学部分老师也参与了本书部分资料的整理、撰写和校正工作。在此一并表示感谢。

　　鉴于编者水平、经验有限，书中不妥之处在所难免，恳请读者批评指正。

编者

2017 年 10 月

目 录
CONTENTS

ZONGLUN

总论

湖南省地处云贵高原向江南丘陵，南岭山脉向江汉平原过渡的中亚热带，位于东经108°47′~114°15′，北纬24°38′~30°08′之间的长江中游地区。东以幕阜、武功诸山系与江西交界，西以云贵高原东缘连贵州，西北以武陵山脉毗邻重庆，南枕南岭与广东、广西相邻，北以滨湖平原与湖北接壤，形成了东、南、西三面环山，中部丘岗起伏，北部湖盆平原展开的马蹄形地貌轮廓，总体形成三个阶梯的复式盆地。包含半高山、低山、丘陵、岗地、盆地和平原多种地貌类型，其中山地面积约占总面积的51.22%，境内最高峰为炎陵县神农峰（也称酃峰）海拔2115m。地带性土壤主要为红壤、黄壤，武陵-雪峰山东麓一线以东红壤为主，以西黄壤为主。气候属于长江以南东部季风区，同时因离海洋较远，形成了气候温暖，四季分明，热量充足，雨水集中，春温多变，夏秋多旱，严寒期短，暑热期长，雨热同期的基本特点，年平均气温16~18℃，年降水量1300~1700mm，山地可达2000mm以上。包含华中、华东、南岭山地三种植物区系成分，常绿阔叶林为地带性植被类型。温润的气候环境与复杂多变的地形地貌，造就了湖南省种类繁多、特色明显的中药资源特点。

一、湖南省中药资源概况

据湖南省第三次全国中药资源普查（1983—1988年）数据，湖南省药用植物资源计216科，893属，2077种；药用动物资源计121科205属，256种；药用矿物资源计51种，中药资源总计2384种。2012年启动湖南省第四次全国中药资源普查试点工作以来，目前已经调查到中药资源共计4122种，其中藻类11种，真菌101种，地衣18种，苔藓23种，蕨类植物260种，裸子植物25种，双子叶植物2667种，单子叶植物498种，药用植物资源总计319科，1299属，3603种；药用动物资源450种；药用矿物资源69种。

（一）湖南省中药资源的水平分布

湖南位于我国地势的第二阶梯向第三阶梯过渡地带，西部为山地，东部为丘陵，地势由海拔1000m以上，骤然降至500m以下，雪峰山脉呈S形纵分湖南为地形、气候、土壤、药用植物分布存在明显差异的东西两部分。湘西北与川东、鄂西（包括黔东、陕南）共有种类较多，湘西南则渗入滇、黔、桂种类。西部常用大宗中药材有厚朴*Houpoea officinalis*、杜仲*Eucommia ulmoides*、川黄檗*Phellodendron chinense*、天麻*Gastrodia elata*，代表药用植物资源有杜鹃兰*Cremastra appendiculata*、小八角莲*Dysosma difformis*、鹅掌草*Anemone flaccida*、鞘柄木*Toricellia tiliifolia*、掌裂叶秋海棠*Begonia pedatifida*、异形南五味子*Kadsura heteroclita*、珠子参*Panax japonicum* var. *major*、马桑*Coriaria nepalensis*、大百合*Cardiocrinum giganteum*、人字果*Dichocarpum sutchuenense*、阴地蕨*Botrychium ternatum*、石生黄堇*Corydalis saxicola*、五倍子、三叶崖爬藤*Tetrastigma hemsleyanum*、青牛胆*Tinospora sagittata*、宜昌悬钩子*Rubus ichangensis*、管萼山豆根*Euchresta tubulosa*等；代表药用动物资源有尖吻蝮*Deinagkistrodon acutus*、乌梢蛇*Zaocys dhumnades*、大鲵*Andrias davidianus*；代表药用矿物资源有朱砂、雄黄。

湘南南岭山地及其山前丘陵，尤其是南缘海拔 700m 以下沟谷分布的植物群落热带性较强，组成复杂，结构多元，包含的药用植物类群有观音座莲科、买麻藤科、番荔枝科、古柯科、使君子科、桃金娘科、西番莲科、野牡丹科、紫金牛科、兰科等。代表药用植物资源有金毛狗 *Cibotium barometz*、福建观音座莲 *Angiopteris fokiensis*、福建柏 *Fokienia hodginsii*、金耳环 *Asarum insigne*、南岭黄檀 *Dalbergia balansae*、使君子 *Quisqualis indica*、广东西番莲 *Passiflora kwangtungensis*、小叶买麻藤 *Gnetum parvifolium*、了哥王 *Wikstroemia indica*、裂果薯 *Schizocapsa plantaginea*、瓜馥木 *Fissistigma oldhamii*、月月红 *Ardisia faberi*、锦香草 *Phyllagathis cavaleriei*、台湾林檎 *Malus doumeri*、灵香草 *Lysimachia foenum-graecum* 等，代表药用动物资源有尖吻蝮 *Deinagkistrodon acutus*、穿山甲 *Manis pentadactyla*、竹鼠 *Rhizomys wardi*。

湖南北部地形以滨湖平原、环湖丘岗和丘陵为主，植被以人工为主，分布的自然植物群落组成与结构简单，壳斗科建群种种类单纯。包含的药用植物类群有壳斗科、葡萄科、木通科、豆科、大血藤科、蔷薇科等；代表性药用植物有苦槠 *Castanopsis sclerophylla*、枫香树 *Liquidambar formosana*、云实 *Caesalpinia decapetala*、野山楂 *Crataegus cuneata*、羊踯躅 *Rhododendron molle*、乌药 *Lindera aggregata*、莲 *Nelumbo nucifera*、芡实 *Euryale ferox*、野慈菇 *Sagittaria trifolia*、石香薷 *Mosla chinensis*、半夏 *Pinellia ternata*、合萌 *Aeschynomene indica*、马齿苋 *Portulaca oleracea*、瓜子金 *Polygala japonica*、蒲公英 *Taraxacum mongolicum*、翻白草 *Potentilla discolor*；代表药用动物资源为少棘蜈蚣 *colopendra mutilans*；鳖 *Pelodiscus sinensis*、乌龟 *Chinemys reevesii*。

（二）湖南中药资源的垂直分布

湖南境内最高海拔神农峰 2115m，最低海拔洞庭湖谷花洲，仅 23m，海拔高度差达 2092m。从平地到高山山顶，气候条件差异较大，随着垂直分布差异，形成了药用植物的垂直带谱，其分布情况大致如下：

1. 海拔 500m 以下的丘陵岗地（湘东、湘中、湘南丘陵区）　土壤为红壤，气候为亚热带季风湿润气候，具有热量丰富、雨水充足的特点。自然植被已被人为破坏，现只有人工杉木林、马尾松林及竹林，也有不少的油茶林或灌丛。药用植物以灌木和藤本植物为主，有紫珠 *Callicarpa bodinieri*、细柱五加 *Eleutherococcus nodiflorus*、杜鹃 *Rhododendron simsii*、栀子 *Gardenia jasminoides*、山木通 *Clematis finetiana*、威灵仙 *Clematis chinensis*、忍冬 *Lonicera japonica*、野山楂 *Crataegus cuneata*、大叶胡枝子 *Lespedeza davidii*、白背叶 *Mallotus apelta*、沙参 *Adenophora stricta*、扁担杆 *Grewia biloba*、檵木 *Loropetalum chinense*、豆腐柴 *Premna microphylla*、络石 *Trachelospermum jasminoides*、土茯苓 *Smilax glabra*、菝葜 *Smilax china*、三花悬钩子 *Rubus trianthus* 等。乔木有枫香树 *Liquidambar formosana*、侧柏 *Platycladus orientalis*、皂荚 *Gleditsia sinensis*、槐 *Sophora japonica*、合欢 *Albizia julibrissin*、檫木 *Sassafras tzumu*、构树 *Broussonetia papyrifera*。草本植物有地稔 *Melastoma dodecandrum*、金毛耳草 *Hedyotis chrysotricha*、小二仙草 *Gonocarpus micranthus*、龙牙草 *Agrimonia pilosa*、豨莶 *Sigesbeckia orientalis*、兰香草 *Caryopteris incana*、一枝黄花 *Solidago decurrens*、海金沙 *Lygodium japonicum*、半夏 *Pinellia ternata*、毛茛 *Ranunculus japonicus*、鸭儿芹 *Cryptotaenia japonica* 等。家种药材如玉竹 *Polygonatum*

odoratum、白术 *Atractylodes macrocephala*、芍药 *Paeonia lactiflora*、牡丹 *Paeonia suffruticosa*、前胡 *Peucedanum praeruptorum*、桔梗 *Platycodon grandiflorus* 等。

2. 海拔 500~1000m 的低山（孤山 800m 以下，湘南、东南、湘西南一般在海拔 1200m 以下） 土壤以黄壤、黄红壤为主。气候较丘岗温和湿润，年平均气温较低，年降水量较多，相对湿度较大，群落类型为常绿阔叶林。本地段土壤肥沃，土层深厚，是药材生长的最佳地段，也是野生中药资源主要分布区。木本药材有苦树 *Picrasma quassioides*、中国旌节花 *Stachyurus chinensis*、川桂 *Cinnamomum wilsonii*、通脱木 *Tetrapanax papyrifer*、树参 *Dendropanax dentiger*、鹅掌楸 *Liriodendron chinense*、野鸦椿 *Euscaphis japonica*、山鸡椒 *Litsea cubeba*、青荚叶 *Helwingia japonica*、四照花 *Cornus kousa* subsp. *chinensis*、紫金牛 *Ardisia japonica*、朱砂根 *Ardisia crenata*、百两金 *Ardisia crispa*、玉叶金花 *Mussaenda pubescens*、常山 *Dichroa febrifuga* 等。藤本有羊角藤 *Morinda umbellata* subsp. *obovata*、铁箍散 *Schisandra propinqua* subsp. *sinensis*、中华猕猴桃 *Actinidia chinensis*、大血藤 *Sargentodoxa cuneata*、三叶木通 *Akebia trifoliata*、多花勾儿茶 *Berchemia floribunda*、黑老虎 *Kadsura coccinea*、华中五味子 *Schisandra sphenanthera*、牛皮消 *Cynanchum auriculatum*、羊乳 *Codonopsis lanceolata*、绵萆薢 *Dioscorea septemloba*。草本有血水草 *Eomecon chionantha*、虎耳草 *Saxifraga stolonifera*、江南山梗菜 *Lobelia davidii*、紫花前胡 *Angelica decursiva*、大叶马蹄香 *Asarum maximum*、锦香草 *Phyllagathis cavaleriei*、八角莲 *Dysosma versipellis*、乌头 *Aconitum carmichaelii*、三枝九叶草 *Epimedium sagittatum*、七叶一枝花 *Paris polyphylla*、天南星 *Arisaema heterophyllum*、一把伞南星 *Arisaema erubescens*、多花黄精 *Polygonatum cyrtonema*、轮叶黄精 *Polygonatum verticillatum*、九龙盘 *Aspidistra lurida*、深裂竹根七 *Disporopsis pernyi*、细茎石斛 *Dendrobium moniliforme* 等。

3. 海拔 1000~1500m 的中山 土壤以黄棕壤为主。由于地势较高，地形复杂，一般都具有峰高、岭峻、谷深的特点。气温低，云雾多，降水充沛，相对湿度大，群落类型为常绿落叶阔叶混交林。药用植物主要分布有大叶唐松草 *Thalictrum faberi*、大叶金腰 *Chrysosplenium macrophyllum*、荷青花 *Hylomecon japonica*、鹿蹄草 *Pyrola calliantha*、斑叶兰 *Goodyera schlechtendaliana*、独蒜兰 *Pleione bulbocodioides*、阴地蕨 *Botrychium ternatum*、草芍药 *Paeonia obovata*、云南石仙桃 *Pholidota yunnanensis*、竹节参 *Panax japonicus*、蜘蛛香 *Valeriana jatamansi*、毛葶玉凤花 *Habenaria ciliolaris* 等草本植物。亦有木本或藤本药用植物，如福建柏 *Fokienia hodginsii*、大果马蹄荷 *Exbucklandia tonkinensis*、鹅耳枥 *Carpinus turczaninowii*、珙桐 *Davidia involucrata*、云锦杜鹃 *Rhododendron fortunei* 等。

4. 海拔 1500m 以上的中山山顶 土壤多为山地灌丛草甸土。由于海拔高，风力大，群落类型为山顶矮木、山顶灌丛或草丛（地带性的落叶阔叶林，仅湘西北八大公山有分布）。此地段气候寒冷，冰冻雪期长，云多雾大，日照强烈，分布着耐寒、旱生结构发达的药用植物。以杜鹃科植物居多，有吊钟花 *Enkianthus quinqueflorus*、南烛 *Vaccinium bracteatum*、马醉木 *Pieris japonica*、豪猪刺 *Berberis julianae*、青冈类、石栎类等。草丛中常有成片的獐牙菜 *Swertia bimaculata*、落新妇 *Astilbe chinensis*、川续断 *Dipsacus asper*，另外藜芦 *Veratrum nigrum*、藁本 *Ligusticum sinense*、支柱蓼 *Polygonum suffultum*、缬草 *Valeriana officinalis*、重齿当归 *Angelica biserrata* 等也多分布在这一区间。

二、湖南省中药资源分区

在深入研究湖南省自然地理环境分区和各区域中药资源种类的基础上，划分了湖南省中药资源不同的区域，便于我们认识湖南省中药资源种类与分布。

（一）湘西北武陵山中药资源区

位置及范围：本区位于湖南省西北部，北与湖北西南部连接，西与重庆和贵州毗邻，东部为湖南省洞庭湖平原和丘陵，南部为湘西雪峰山区。行政区包括湘西自治州全部，张家界市、常德市（主要是西部山地）、怀化市（主要是沅陵）的一部分。在地理单元上，主要为武陵山脉和沅水谷地。

地貌及气候特点：地处云贵高原东北边缘，山地面积占70%以上，高峰有壶瓶山海拔2099m，八大公山海拔1890m。境内地表径流丰富，山岭绵延、顶平谷深、岩陡壁峭、地形崎岖，沟谷切割之深可达800～1000m。海拔1000m以上有冬季冰冻，海拔较高的区域有的年份冰冻期可长达3个月以上，植被以落叶阔叶林、常绿落叶阔叶林为主。河谷盆地年均温15.8～17℃，1月平均温4.5～5.5℃，7月平均温26.5～28.5℃，≥10℃积温5000～5200℃，≥15℃积温4000～4200℃，无霜期270～290天，年降水量1300～1500mm。

代表中药资源：本区野生药用植物资源富含华中植物区系成分，本区亦是湖南省温带性药用植物最多的地区。特色药用植物有武当玉兰 *Yulania sprengeri*、蜘蛛香 *Valeriana jatamansi*、川鄂乌头 *Aconitum henryi*、小八角莲 *Dysosma difformis*、腊梅 *Chimonanthus praecox*、湖北百合 *Lilium henryi*、竹节参 *Panax japonicus*、草芍药 *Paeonia obovata*、中华青牛胆 *Tinospora sinensis*、掌裂叶秋海棠 *Begonia pedatifida*、百脉根 *Lotus corniculatus*、云南旌节花 *Stachyurus yunnanensis*、中华青荚叶 *Helwingia chinensis*、竹灵消 *Cynanchum inamoenum*、异叶败酱 *Patrinia rupestris*、白及 *Bletilla striata*、蛇足石杉 *Huperzia serrata* 等。与湖南省东部地区相比，本区热量和日照时数较低，但冬温较高，沟谷中常出现"暖窝子"，分布着南岭山地及以南的植物，如金毛狗 *Cibotium barometz*、福建观音座莲 *Angiopteris fokiensis*、任豆 *Zenia insignis*、岩木瓜 *Ficus tsiangii*、小黑桫椤 *Alsophila metteniana*、厚果崖豆藤 *Millettia pachycarpa* 等。

（二）湘西南雪峰山中药资源区

位置及范围：本分区位于湖南省西部及西南部，行政范围大致分属怀化市（不包括通道南部），以及邵阳、益阳、娄底市的一部分地区，西南面与贵州省接壤。在地理单元上，主要为东北至西南走向的雪峰山脉。

地貌及气候特点：地貌以中低山为主，大部分地面为海拔500～1000m，岭脊海拔1200～1500m。间有山间盆地，为发达的农耕区，盆地年均温16～17℃，1月平均气温4.5～5℃，7月平均气温26.5～28.5℃，≥10℃积温5000～5200℃，≥15℃的积温4100℃，年降水量1300～1700mm，山地气候以温冷湿润为主。本区植物区系较复杂，北部华中（武陵山）植物区系大量存在，南部南岭（华南）植物区系成分大量渗透，且滇黔桂区系植物亦有较多分布。

代表中药资源：本区特色野生药用植物有：细锥香茶菜 *Isodon coetsa*、楤叶独活 *Heracleum tiliifolium*、杜衡 *Asarum forbesii*、砚壳花椒 *Zanthoxylum dissitum*、续随子 *Euphorbia lathyris*、补骨脂 *Cullen corylifolium*、枫香槲寄生 *Viscum liquidambaricola*、重齿当归 *Angelica biserrata*、粗毛耳草 *Hedyotis mellii*、黄精叶钩吻 *Croomia japonica*、毛胶薯蓣 *Dioscorea subcalva*、裂果薯 *Schizocapsa plantaginea*、美花石斛 *Dendrobium loddigesii* 等。

（三）湘南南岭北部中药资源区

位置及范围：本分区位于湖南省南部和西南部，雪峰山和阳明山南麓，北界东起炎陵县的石州，沿万洋山、八面山、骑田岭北麓，穿苏仙区、桂阳盆地北缘一线和塔山、泗洲山、阳明山山麓，经过双牌县富家桥至东安县高峰，绕越城岭、大南山北麓至通道新厂为止，辖株洲市东南角、郴州、永州两市的中南部、邵阳和怀化两市的南部。

地貌及气候特点：本区的山地面积60%，有斜贯湘赣边境的万洋山、八面山、诸广山，不少单峰均在1500m以上，南面与西南面为南岭山地，包括大庾岭、骑田岭、萌渚岭、都庞岭和越城岭和八十里大南山，海拔大都在1000m以上，大南山二宝顶海拔2021m，炎陵县的神农峰（又称酃峰）海拔2115m，中部有部分丘陵、岗地相间，海拔200m左右，北面为阳明山和雪峰山地。年平均气温16.9～18.6℃，1月平均气温5.8～7.4℃，7月平均气温25～29℃，无霜期290～310天，年降水量多在1400mm以上，水热充沛，冬季温和，是湖南热量最为丰富的地区，特别是江永，江华南部和通道南部属珠江水系，是湖南的"暖窝子"，分布有大量的湖南植物区系成分的常绿阔叶林，中山上部有常绿、落叶阔叶混交林和针阔混交林、阔叶苔藓矮林和草丛。本区是湖南常绿阔叶林的集中分布地带，最适宜林木药材和野生药材的生长繁衍。

代表中药资源：本区特色野生药用植物资源有：小叶买麻藤 *Gnetum parvifolium*、黄花倒水莲 *Polygala fallax*、华南远志 *Polygala chinensis*、桃金娘 *Rhodomyrtus tomentosa*、使君子 *Quisqualis indica*、毛果巴豆 *Croton lachnocarpus*、华南云实 *Caesalpinia crista*、大叶千斤拔 *Flemingia macrophylla*、华南吴萸 *Tetradium austrosinense*、飞龙掌血 *Toddalia asiatica*、杜仲藤 *Urceola micrantha*、仙茅 *Curculigo orchioides*、大叶仙茅 *Curculigo capitulata*、石柑子 *Pothos chinensis*、石豆兰 *Bulbophyllum kwangtungense*、苞舌兰 *Spathoglottis pubescens*、红花八角 *Illicium dunnianum*、广西马兜铃 *Aristolochia kwangsiensis*、柏拉木 *Blastus cochinchinensis*、白花油麻藤 *Mucuna birdwoodiana*、坡油甘 *Smithia sensitiva*、狸尾豆 *Uraria lagopodioides*、千里香 *Murraya paniculata*、岭南花椒 *Zanthoxylum austrosinense*、当归藤 *Embelia parviflora*、钩吻 *Gelsemium elegans*、独脚金 *Striga asiatica*、细叶石斛 *Dendrobium hancockii*、石仙桃 *Pholidota chinensis* 等。

（四）湘中湘东丘陵中药资源区

位置及范围：本分区位于湖南省中部，东起茶陵南部的和吕林场，沿泗洲山、塔山及阳明山南缘至湘桂边境，西以雪峰山东缘为界，北至洞庭湖环湖丘岗，包括长沙、湘潭全部，衡阳、株洲、邵阳、娄底的大部分，以及岳阳、益阳、永州、郴州的一部分。

地貌及气候特点：东、南、西三面环山，北临洞庭湖区，除衡山外大部分为海拔500m以下丘陵、河谷盆地。区内气候温暖，水热充足，夏季高温酷热，冬春寒潮频繁，降雨多，但分布不均匀，常发生夏涝秋旱的现象。年平均气温 16.8~18℃，1 月平均气温 4.2~6℃，7 月平均气温 28.6~30℃，无霜期 276~304 天，≥10℃积温 5300~5700℃，年降水量 1200~1400mm，但湘东山地可高达 1800mm。本分区原生性植被保存较差，除东部山地、大熊山、衡山保存有块状常绿阔叶林，三体中部、上部有较好黄山松或常绿落叶阔叶混交林外，大多为次生林或人工植被。

代表中药资源：本区的野生药用资源大多为江南广布种，主要有乌药 *Lindera aggregata*、半夏 *Pinellia ternata*、雷公藤 *Tripterygium wilfordii*、金樱子 *Rosa laevigata*、鱼腥草 *Houttuynia cordata*、金荞麦 *Fagopyrum dibotrys*、射干 *Belamcanda chinensis*、益母草 *Leonurus japonicus*、夏枯草 *Prunella vulgaris*、香附子 *Cyperus rotundus*、白茅 *Imperata cylindrica* 等。

（五）洞庭湖及环湖丘岗分区

位置及范围：本分区位于湖南省北部，东起岳阳，西止石门，南接湘中丘陵，北与江汉平原相连。包括岳阳（临湘、君山、华容、湘阴）、益阳（南县、沅江、资阳、赫山）、常德（安乡、澧县、临澧、汉寿、桃源）、望城等 15 个县（市、区）的全部或一部分。

地貌及气候特点：本分区以洞庭湖为中心，由湖泊冲击平原、滨湖阶地、环湖低山丘岗组合而成的同心环状蝶形盆地，内河、内湖密布，堤垸交错，地势低平，低山丘陵海拔一般在 350m 左右，岗地海拔多在 150m 以下，地势由四周向湖盆中心倾斜，依次形成外围低山、环湖丘岗、滨湖平原和水网湖区的地貌格局。本区各地气温相差不大，年均温一般在 16.5~17℃，1 月均温 3.8~4.7℃，7 月均温 29℃左右，湖南的极端温度也常出现在该区域，绝对最低温一般为 –10℃至 –12℃甚至更低，绝对最高温可达 40℃，有霜日数约 90 天，在省内最长，≥10℃积温 5300~5400℃，≥15℃积温 4200~4400℃，系湖南省日照时数与太阳辐射量最充足的地区，年降雨量 1250~1450mm。本区垦殖历史长，植被次生性强，局部保存较好的丘岗地仅为石栎、青冈、苦槠、冬青占优势的阔叶林，区内水生及湿生植物面广量大。

代表中药资源：本区野生药用植物资源主要有莲 *Nelumbo nucifera*、芡实 *Euryale ferox*、芦苇 *Phragmites australis*、黑三棱 *Sparganium stoloniferum*、白花蛇舌草 *Hedyotis diffusa*、半边莲 *Lobelia chinensis*、半枝莲 *Scutellaria barbata*、荔枝草 *Salvia plebeia*、莼菜 *Brasenia schreberi*、单叶蔓荆 *Vitex rotundifolia*。

三、湖南省中药种植产业发展现状

（一）野生中药资源利用现状

湖南温润的亚热带季风气候与复杂多变的地形地貌为中药资源提供了良好的生长条件，造就了种类丰富、蕴藏量较大的野生中药资源。据湖南省第四次全国中药资源普查试点工作初步结果显示，全省中药资源共计 4122 种，《中国药典》收载的 625 种中药材中，湖南常产品种达 240 余种；全国 300 余种常用中药材，湖南具备供应能力的超过 60 种，《湖南省中药材标准》（2009 版）还收载了地方习用药材 356 种。其中主要依靠野生资源供应市场的大宗和特色中药材有：黄精、重楼、白及、钩藤、青牛胆、五倍子、虫白蜡、田基黄、土茯苓、金刚藤、白土茯苓、大百部、通草、千斤拔、朱砂根、紫金牛、山慈菇、阴地蕨、三叶青、竹节伸筋、杏香兔儿风、黄花倒水莲、草芍药、竹节参、金毛狗脊、八角莲、零陵香、雷公藤、川续断、红药子、大血藤、山鸡血藤、大伸筋、紫萁贯众、威灵仙、湘细辛、川木通、蕲蛇、乌梢蛇、金钱白花蛇、蜈蚣、雄黄等。另外还有一些用于提取功能成分的药物资源如马比木、博落回、千层塔、金线莲等。

野生资源的长期无序利用，往往导致资源种群锐减，更新困难，长期依靠野生资源的大宗中药材对于野生资源的破坏尤其巨大。目前，湖南重楼、白及、山慈菇资源已消耗殆尽，黄精、钩藤的采挖量也已大幅下降。为了保证资源种群繁育，永续利用，大宗中药材以家种代替野生资源已经成为当务之急。

（二）中药材栽培发展现状

湖南是我国的中药资源大省，药用植物资源十分丰富，中药材种植历史悠久，其中隆回种植百合已有1200多年历史，慈利种植杜仲历史已上千年，平江种植白术见于历史记载已有440多年，沅江种植枳壳已有360多年。

湖南省栽培中药材呈现种类多，地域广的基本特点。目前，湖南省有中药材种植企业或合作社300余家，中药材种植面积400万亩，常年种植品种超过100个，主要集中分布在怀化、邵阳、自治州、张家界、益阳等市（州）的28个县。主要道地药材有莲子、吴茱萸、鳖甲，建设形成了茯苓、吴茱萸、龙脑樟、玄参、栀子等一批特色中药材种植基地。近年来，我省一大批道地药材在激烈的市场竞争中脱颖而出，占据市场制高点，其中玉竹产量占全国的70%，百合占全国的70%，金银花、茯苓占全国的60%，吴茱萸、湘莲占全国的40%等，2015年全省中药材种植业总产值超过100亿元。目前，邵东玉竹、龙山百合、新晃龙脑樟、隆回山银花、绥宁绞股蓝、汉寿甲鱼等获得国家地理标志产品称号。湘产品种湘莲（荷叶、莲子心）、茯苓、百合、玉竹、玄参、吴茱萸、山银花、枳实（壳）、天然冰片（龙脑樟）、黄精、白术、白芷、栀子、黄柏、杜仲、厚朴、鱼腥草、白及等地域特色品种及民族药物资源，均居全国前列。

1. 莲子　湘莲是公认道地药材，粒大而圆，色白而质地细腻。道地产区湘潭县及周边20个县市种植约34万亩，年产约8万吨。其中仅有2%左右加工成药材销售，大部分加工成食品形式出售。

2. 玉竹　湖南省玉竹种植集中在邵东、新邵、宁乡地区，种植面积约20万亩，占全国市场流通份额的70%以上，出口份额80%以上。湖南玉竹在长期的栽培过程中形成了一套完整优良的栽培技术和产地加工方法，所产玉竹性状特点明显，质量优良，被称为"猪屎尾参"。

3. 百合　湖南种植两种百合，一种为隆回地区种植的百合，药材称为"龙牙百合"，一种为龙山地区种植的卷丹，药材称为"卷丹百合"。龙牙百合种植历史较长，品质优良；卷丹百合是近年来发展起来的大宗品种，目前种植面积突破20万亩，是百合药材的三大产地之一。

4. 山银花　湖南种植的山银花为灰毡毛忍冬 *Lonicera macranthoides*，虽然受到金银花品种之争的冲击，以隆回为中心在湖南中部产区，仍有较大面积的种植，并且经过近年来的发展选育出一批优良品种，特色明显。

5.　**杜仲、厚朴、黄柏**　湖南山区众多，20世纪70年代开始响应"林药结合"的林业方针，在山区县大量种植杜仲、厚朴、黄柏等乔木类药材。目前形成杜仲在慈利、厚朴在道县、桂东、永定、黄柏在湘西皆有较大面积的成林的资源现状。仅在慈利江垭林场杜仲林就有2万亩，桂东有厚朴林约5万亩、道县有厚朴林约6万亩。

6.　**茯苓、天麻**　在湖南西南部绥宁、靖州、城步等县，近年来逐渐形成了茯苓、天麻的种植与产地加工中心。靖州茯苓为全国最大的茯苓加工、集散交易市场，也是全国茯苓菌种的主要供应地，其栽培和加工技术水平居全国前列，辐射周边6~7个省份。遂宁、城步、怀化及周边县市为湖南天麻的主产地，其中雪峰天麻质量优越，为湖南省特色道地药材。

7.　**枳壳**　枳壳为湖南沅江县道地药材，栽培历史约有400余年，近年来所产枳壳占市场份额25%左右，为湘枳壳的主产区。近年来，安仁县全力打造枳壳中药材种植基地，新增枳壳种植面积3万亩。

（三）中药材流通现状

湖南目前共有邵阳廉桥和长沙高桥2个国家级中药材市场和隆回山银花、靖州茯苓、湘潭湘莲3个药材专业集散地。廉桥中药材专业市场目前共有经营户1000余户，从业人员3万余人，经营品种1200余种，日成交量超过100吨，年成交额达30亿元，是中南地区最重要的中药材交易中心。长沙高桥中药材市场，由原全国十七家中药材专业市场之一的岳阳花板桥中药材市场部分商户搬迁而来，主营人参、西洋参、三七、鹿茸等大宗贵细药材。另外，原岳阳花板桥药材市场部分商户搬迁至岳阳八字门会展中心经营，形成了一定规模的综合中药材专业市场。隆回小沙江镇金银花专业市场位于湖南山银花主产地隆回县小沙江镇，随着南方山银花的发展逐渐形成了山银花的专业市场，该市场以山银花收购、外销为主要经营项目，目前有经营户约百家。除山银花外，尚有龙牙百合、白术、川牛膝等中药材经营。靖州茯苓专业市场位于怀化市靖州苗族侗族自治县，依托靖州、绥宁等地茯苓种植与产地初加工，形成了茯苓专业市场。该市场每年从湖南、云南、贵州、安徽、湖北等地收购茯苓鲜货，集中加工，形成较有特色的产地加工方法，成为西南地区最大的茯苓集散中心。湘莲大市场位于湘潭县花石镇，为全国最大的湘莲集散地。

除专业市场外，湖南还存在两种民间自发组织的药材交易形式，一是季节性药市，如安仁县春分节药市，宁远县、通道县、江华县等地的端午药市，此类药市一般存在3天左右，主要交易鲜药材；二是集市药材交易，如宜章县东长街，此类药市一般在每月的固定时间多次举行，交易地方习用的野生中药材。在调查中也发现存在于民间的农村药材经纪人行为。一般的农村药材经纪人向本地农民收购地产药材或客户委托收购的药材，再向药材市场或特点药材商、药企出售。如湖南湘西的大量药材通过这种流通模式流向浙江药商。这种模式是野生中药材流通的重要模式，值得关注与研究。

四、湖南省中药材产业发展存在问题分析与战略发展方向

（一）湖南省中药材产业发展存在的问题

1.　**中药资源优势未能转化为产业优势**　湖南为中药资源大省，居全国前列，但2014

年廉桥中药材专业市场年销 30 亿，全省中药饮片总产值 70 亿，中成药工业总产值 160 亿，均在全国处于中下游水平，湖南中药资源大省的优势未能转化为中药产业优势，更严重的是湘产药材的药材质量、综合利用、产品开发能力差导致自我培育市场的能力缺失。中药资源大省地位已被边缘化，"中药材种植"虽然是我省扶贫产品的一个重要品种，但扶贫效率严重被侵蚀，亟待产业链的升级。

2. 中药产业规模小而散，现代化基础薄弱　湖南省栽培中药材呈现种类多，地域广的基本特点。中药材以农村散户栽培为主的形式，分散在全省各地，栽培种类选择盲目，跟风严重，栽培品种多达百余种，缺乏系统规划，区域特色不明显；中药材生产规范化、集约化程度较低，缺少龙头企业主导下的大型中药材种植基地，造成种植产业难以升级，产品质量难以控制；现代农业生产技术的应用相对滞后，不注意优良品种选育与保存，导致品种退化、栽培药材质量呈下降趋势；中药材生产缺乏技术指导和及时准确的市场信息服务等，影响品牌信誉和市场销售；中药材生产落后于中药工业的快速发展，已成中成药产业可持续发展的瓶颈。

3. 中药材栽培技术含量低，急需科技支撑　湖南省虽然有悠久的中药材栽培传统，但一直存在中药材品种的遗传背景不清、品质形成机制不明导致优良品种缺乏，长期无性繁殖导致种质退化，连作障碍导致的土地供应紧张与产地转移，产地加工混乱、质量难以控制等问题。依靠科学手段解决栽培技术与产地加工中影响药材质量的关键问题，才能促进中药材栽培产生效益，真正服务于药农。因此，为改变湖南省资源大省地位进一步弱化的趋势，选择湘产特色品种进行精准研究，从而保障中药材精准扶贫和持续脱贫十分必要。

4. 管理体制不健全，缺乏中长期规划　与全国情形相同，湖南省中药产业宏观管理方面医药主管部门管理多头，相互割裂，协调和沟通机制缺乏，政策制定、执行不到位，导致"多龙戏水无水可用"的局面，不能形成产业发展合力。湖南中药产业发展也缺乏切实可行的中长期规划，行业发展方向不明，缺乏政府引导。

5. 人才队伍建设仍是难点，复合型人才缺乏　随着中医药现代化的推动，对中医药专业人才需求日益增加，促进了高等医药教育的发展，至 2010 年湖南省中医药产业主要靠湖南中医药大学，湖南省中医药研究院和湖南农业大学以及湖南省其他医药学校培养的人才，但学科优势不强，高端人才鲜见。另外，由于受条件、待遇、发展空间等因素的影响，许多优秀人才不愿意到条件艰苦的基层工作，严重制约中药产业的发展，更有甚者，部分优秀人才直接转行，造成人才流失。总体而言，这些在一定程度上影响和制约了中药产业的发展，成为中医药事业发展的最大瓶颈。

（二）湖南省中药材产业发展的建议

为加快湖南省中药现代化推进的步伐，着重解决中药产业发展的存在的问题，对湖南省中药产业的发展提出如下发展建议。

1. 加强政府引导，制定中长期发展规划　政府把握中药材产业发展的全局，充分发挥引导、扶持和监管等方面作用，努力创造一个开放、公平的市场环境以服务和管理引导产业发展。在尊重市场规律和产业发展需求前提下，积极推进产、学、研，农、工、商结合，引导和支持基地呈区域化布局和特色发展。需组织有关专家、从业人员制订适合湖南省中药产业发展规划与行动计划，明确中药产业发展重点项目与主攻目标；制订中药产业发展的促进措施与优惠政策；建立中药产业发展的管理机制、创新机制、激励机制，引导社会资本投资中药产业。

2. 把握市场变化，推动产业发展　中药产业发展要建立以企业为主体、市场为导向、产学研相结合的技术创新体系，在遵循科技发展规律同时，要按照市场经济规律来组织、协调推进产业发展，促进科技成果向现实生产力转化。同时加大地方政府对企业科研项目的引导、扶持和经费支持。要以促进竞争和提高效率为目标，积极创造有利条件，根据市场需求引导和推动产业发展，发挥集聚效应。

3. 突出科技为支撑，提升产业科技水平　坚持按照中医药特点应用高新技术改造传统产业，积极搭建国家与地方有机结合的共性技术平台，集成科技资源，坚持有限目标，突出技术与产品创新，使科技创新真正成为引领和支撑中药科技产业做大做强的动力源泉。

4. 注重资源保护，确保可持续发展　树立循环经济理念，在综合利用资源同时，强调资源保护与生态平衡。以开发促保护，加强对濒危和紧缺中药资源的修复、再生和野生抚育，发展规范化中药材种植（养殖），保障中药资源的可持续利用与产业可持续发展。

5. 加强人才队伍建设，着重复合型人才培养　人才是中药产业发展的关键，要充分调动中药产业优秀人才的积极性，积极引进技术和人才，有针对性地培养高科技复合型人才，使中药现代化科技产业发展的后劲十足。

6. 建立信息技术服务体系，形成长效预警机制　通过建设省级中药资源监测中心和在中药材集中产区、中药材专业市场建立县级中药资源动态监测站建成全省中药资源动态监测与信息服务体系。开展区域内中药材产量、流通量、质量和价格信息的收集，开展中药材检测、技术服务和人员培训，拓展贸易信息服务，介绍和宣传中药材产业信息。掌握全省乃至全国中药原料资源动态变化与发展趋势，指导种植户趋利避害，避免重复、过量种植，加大紧缺药物种植，对降低中药材价格大幅波动有现实意义。

各论

一、杜仲 Duzhong
Eucommiae Cortex

【来源】

本品为杜仲科植物杜仲 *Eucommia ulmoides* Oliv. 的干燥皮。4~6月剥取，刮去粗皮，堆置"发汗"至内皮呈紫褐色，晒干。始载于《神农本草经》，具有补肝肾，强筋骨，安胎的功效。杜仲为我国特有经济树种，同时也是湖南道地中药材品种之一。湖南省湘西北慈利县，拥有丰富的杜仲资源，为我国最大的杜仲种植基地县，称为"杜仲之乡"。

【别名】

思仙《神农本草经》；木绵、思仲《名医别录》；檰《本草图经》；石思仙《本草衍义补遗》；丝连皮、丝楝树皮《中药志》；扯丝皮《湖南药物志》；丝棉皮苏医《中草药手册》

【植物形态】

落叶乔木，高可达20m，树干挺直，胸径可达40cm以上。树皮灰褐色，粗糙，内含橡胶，折断拉开有多数细丝。嫩枝有黄褐色毛，老枝有明显的皮孔。芽体卵圆形，外面发亮，红褐色，有鳞片6~8片，边缘有微毛。叶椭圆形、卵形或矩圆形，薄革质，长6~15cm，宽3.5~6.5cm；基部圆形或阔楔形，先端渐尖；上面暗绿色，初时有褐色柔毛，不久变秃净，老叶略有皱纹，下面淡绿，初时有褐毛，以后仅在脉上有毛；侧脉6~9对，与网脉在上面下陷，在下面稍突起；边缘有锯齿；叶柄长1~2cm，上面有槽，被散生长毛。花生于当年枝基部，雄花无花被；花梗长约3mm，无毛；苞片倒卵状匙形，长6~8mm，顶端圆形，边缘有睫毛，早落；雄蕊长约1cm，无毛，花丝长约1mm，药隔突出，花粉囊细长，无退化雌蕊。雌花单生，苞片

图1-1　杜仲原植物

倒卵形，花梗长 8mm，子房无毛，1 室，扁而长，先端 2 裂，子房柄极短。翅果扁平，长椭圆形，长 3 ~ 3.5cm，宽 1 ~ 1.3cm，先端 2 裂，基部楔形，周围具薄翅；坚果位于中央，稍突起，子房柄长 2 ~ 3mm，与果梗相接处有关节。种子扁平，线形，长 1.4 ~ 1.5cm，宽 3mm，两端圆形。早春开花，秋后果实成熟。（图 1-1）

【种质资源及分布】

杜仲为我国特有种，已作为珍稀树种列入国家二级保护植物。杜仲在我国的自然分布区域，大体上在秦岭以北、黄海以西、云贵高原以东，其间基本上是长江中下游流域，遍及陕西、甘肃、河南、湖北、四川、云南、贵州、湖南及浙江等省区。整个地理分布位置在北纬 25° ~ 35°、东经 104° ~ 109°，南北横跨约 10 个纬度，东西横跨 15 个纬度。杜仲在自然状态下，生长于海拔 300 ~ 500m 的低山，谷地或低坡的疏林里，在瘠薄的红土，或岩石峭壁均能生长。

杜仲在国内大规模引种始于 1949 年以后，先后在北京、甘肃、安徽、山东、江苏、河北、陕西、辽宁等地引种试种。20 世纪 80 年代和 90 年代，湖南地区大面积种植杜仲，面积迅速扩增。90 年代末，杜仲市场趋于饱和，种植面积趋于平缓，许多林场和农户不再种植杜仲。至目前为止，湖南省现有杜仲种植面积 11 551.6hm²，其中，慈利县种植面积约 4969.1hm²，安化县 3162.6hm²，保靖县 1000.0hm²，石门县 510.4hm²，其他县市还有零星分布（县种植面积小于 350.0hm²）。

【适宜种植产区】

杜仲适应性较广，全国大部分地区可以种植。在四川、贵州、湖北、湖南、陕西、云南、河南、浙江、安徽等 23 个省 260 多个县市均可种植，我国南方亚热带高温地区如广东、广西等地大部分地区的地方不宜种植。

【生态习性】

杜仲生长对温度、水分、光照等环境因子需求范围较广。杜仲对温度的适应范围较广，能在年平均气温 9 ~ 20℃，极端最高气温不高于 44℃，极端最低气温不低于 -33℃ 的条件下正常生长发育。但在北方吉林、辽东地区，地上部分往往遭受冻害，影响正常生长发育。在南方亚热带高温地区，因冬季休眠时间较短，病虫害严重，杜仲生长发育不良。杜仲的生长发育与水分是密不可分的，不同的水分条件下杜仲的生理过程表现出不同的生理响应。水分胁迫下，杜仲的净光合效率，蒸腾速率、水分利用效率等均表现出不同程度的减少。随着供水量的增加，杜仲净光合速率提高，其生长也随之增加。杜仲为强喜光树种，对光照要求比较强烈，耐阴性差。据研究报道，在弱光环境下，杜仲净光合速率较低，活性成分桃叶珊瑚苷含量也较低。据产地调查，阳坡位置的杜仲，长势茂盛，树势强壮，叶厚而呈浓绿色，而生长在光照较差的林下或阴坡，长势弱，树势单薄，叶薄而淡绿。杜仲对土壤的适应性很强，不同土壤之间杜仲生长发育差别不大，而土壤质地、厚度、肥力以及土壤的酸碱度对杜仲生长发育影响较大。在自然分布区，主要土壤类型有黄褐土、黄棕壤、暗棕壤、水稻土、紫色土等，山地土壤呈现薄层性、粗骨性、年幼性的特点。杜仲对海拔的要求不严，从低海拔（< 300m）到高海拔（> 3000m）均有分布，但集中分布区多在 100～1500m。据报道，海拔过高影响杜仲的生长，长势较弱，而低海拔丘陵地区较为适宜，质量较好。

【栽培技术】

（一）种植地的准备

1. 选地整地

①育苗地：选择在阳光充足、地势平坦、排灌方便，土壤层深厚、肥沃、疏松、湿润、pH 值 5.0～7.0 的黑土壤、砂壤土。育苗地前茬不宜为蔬菜、西瓜、地瓜、花生及牡丹等病虫害严重的植物；育苗地前茬作物宜为玉米、小麦、谷子、大豆等。育苗地不宜重茬，实行轮作制度。

②移栽地：要求不严格。圃地冬季深翻，使其冰冻，减少杂草，病虫菌害，改善土壤结构，提高肥力，播种成垄，碎细土团，去尽杂草茎根后作畦。

2. 施足底肥　施足底肥是保证杜仲正常生长发育的重要保障。育苗地基肥的种类以有机厩肥为主，每亩 2000～3000kg，复合肥可适当施入，配合磷肥，每亩 30～40kg 复合肥和 10kg 过磷酸钙。移栽地施肥应根据树体的大小而定，3～6 年幼树施入厩肥 2～3kg，7 年以上 3～4kg。总体而言，基肥以有机肥料为主，不仅可以增加养分，还可疏松土壤，改善土壤结构，提高土壤涵养水分的能力。

（二）繁殖方法

杜仲的繁殖方法很多，可以用种子、扦插、伤根萌芽、压条、嫁接等方法进行繁殖，但是目前生产上以种子繁殖为主。

1. 种子育苗

①种子采收与保存：每年 10 月中旬，选择正常生长发育的杜仲、树龄在 10 年生以上、无病虫害的健康母株，采集果皮栗褐色、棕褐色、赭褐色，有光泽、饱满新鲜、胚乳白色、子叶扁圆形的种子，环剥树的种子前五年发芽率较低，不利采种。采集的种子应薄摊在阴凉通风处阴干，一日翻动二至三次，干种标准含水率为 10～14%，一千克鲜种晾干为 0.45kg，新鲜种子禁忌堆积，晾干的种子筛选，去除杂质，利用麻袋、纸箱、木箱等放置于通风干燥室内干藏保存。

②播前处理

种子消毒：采用 0.11%～0.12% 高锰酸钾或者 0.15% 石灰水浸泡 1～2 小时，处理后清水洗净。

种子催芽：主要采用湿沙层积和温水浸种两种方法。湿沙层积于播前一个月左右，将消毒种子与湿沙按照 1∶10 比例混合，堆积 30～50cm 厚置于干燥通风处，并覆盖稻草等保湿，经常喷水保湿，待胚芽陆续长出即可播种。温汤浸种是将种子用 30～45℃ 温水浸种 2～3 天，每天换水 1～2 次，待种子充分吸胀即可播种。

③播种：播种时期有春播和秋播之分，北方可秋播和春播，南方可春播，杜仲播种以春季播种为主。春播在气温稳定在 10℃ 左右进行。一般地，长江流域播种时间以 2 月上中旬为宜，黄河流域 3 月上中旬为宜，北方寒冷地区 3 月下旬至 4 月上旬为宜。以宽幅条

播为主，沟距 20 ~ 30cm，沟深 3 ~ 5cm，均匀播种后覆土 1 ~ 2cm，床面用草或者薄膜保温保湿。每亩用种量为 7.5kg，最多不超过 10kg。

④苗期管理：幼苗出土后，于阴天揭除覆盖物，但幼苗忌烈日暴晒，要适当遮阴。湖南地区 3 ~ 5 月雨水较多时进行开沟排水，7 ~ 8 月干旱时合理灌溉，保持苗床湿度。待幼苗长出 3 ~ 5 片真叶时，按照 6 ~ 8cm 株距间苗、补苗。6、8 月分别追肥一次，亩施充分腐熟人粪尿 1000kg，硫酸铵 3 ~ 4kg，注意兑水稀释，不要直接浇灌在幼苗上，结合施肥，及时中耕除草，幼苗期避免草荒。

⑤壮苗标准：苗干通直粗壮、有光泽、顶芽饱满、无病虫害、无损伤，根系发达，主根短而粗，侧须根多。一年生杜仲实生苗定级为：1 级苗：苗高 70cm 以上，地径粗 0.8cm 以上。2 级苗：苗高 40 ~ 69cm，地径 0.4 ~ 0.79cm。3 级苗：苗高 39cm 以下，此类苗不能当年用来造林。

2. 扦插育苗

①插条选择：春夏之交，选择生长健壮、无病虫害母树上的当年生粗壮半木质化穗条作插穗。穗条采下后，剪成 7cm 左右，每支留下上部 2 个片叶的 1/2，以防止扦插生根时叶面水分过度蒸发。对于其余的叶，连叶带柄全部剪去。

②扦插：扦插选择在晴天早晚、阴天和雨后进行，扦插株、行距为 10cm 左右。插条顶端芽上面剪成平口，插条下端剪成斜口，形似"马蹄形"，插穗剪好后，置于 0.1% 高锰酸钾水溶液中浸泡 18 小时左右消毒，然后用清水反复冲洗干净，稍沥干插条表面水分后，再将插穗下端 1/3 斜插入苗床。入土深度约至插穗 2/5 处，并用手指压紧插条周围土壤，使插条底部与土壤密接，使插条易于生根成活。

3. 嫁接繁殖　用 2 年生实生苗作为砧木，选优良母本树上一年生枝作为接穗，于早春切接于砧木上，成活率可达 90% 以上。

（三）移栽

1. 移栽时间　杜仲的移栽时间可分为春栽和秋栽，北方春栽 3 ~ 4 月进行，南方春栽 2 ~ 3 月进行，秋栽应在 11 月初进行。一般而言，杜仲移栽时间宜早不宜迟，务必赶在发芽前或落叶前移栽完毕。

2. 移栽方法

①起苗：起苗前 2 ~ 3 天将育苗地浇透水，这样既能使苗木大量吸收水分，提高苗木含水量，又能使土壤疏松，便于起苗，减少根系断裂。起苗时间最好选择无风的早晨、傍晚或阴天，即时起苗，即时移栽，减少苗木水分丢失。②移栽苗处理：移栽前认真检查苗木根系和茎干是否失水，如有失水现象，需用清水将苗木根系浸泡 12 ~ 24 小时，让其充分吸水，提高苗木栽植后的抗旱能力。对 2 天内不能及时移栽的苗木，应用湿沙或土对苗木进行假植，并及时浇水。③苗木移栽：整地完成后，按照株行距 2 × 1.6 × 2m，挖长宽 66cm，深 50cm 的穴，每穴施混合发酵枯肥、磷肥 0.5kg，浇透水，带土移栽，适当蔽阴条件下，保证成活率。④移栽后管理：若杜仲以采皮为主，实生苗移栽后，在自然状态下，呈弯曲生长，因此栽植苗木移栽后都需要平茬。平茬后往往剪口生长有许多枝条，待枝条长至 10 ~ 15cm 时，应及时选留其中 1 个生长旺盛、着生位置适宜的枝条，将其余枝条全部清除，此后每 10 天除枝条一次，操作过程

中注意保护所留用的主干。对移栽后 3 年内的幼树，在春天树木发芽之前进行平茬，平茬高度以地面以上 1~2cm 为宜，平茬后加强肥水管理，保证植株能形成高大而直立的树干。未平茬的杜仲树多数树干不直，不粗壮。若杜仲以采叶为主，为了方便采叶和叶子的产量，一般要将杜仲进行矮化。苗木移栽后，高于地面 2~3cm 处进行平茬，萌发枝条后，留 3~4 条枝条作为一级支干，待到第二年在一级枝干以上 3~5cm 处剪截，萌发枝条后留 2 条枝条，依此逐年进行处理，待到第五年停止，从第四年开始采叶。

（四）田间管理

1. 中耕除草　中耕除草可使表层土壤疏松，有效提高土壤保水、蓄水能力，并减少杂草对土壤水分、养分的竞争吸收。幼林期每年中耕除草两次，中成林每年冬季或者早春进行一次中耕除草和林地清理。

2. 排灌　杜仲较耐旱，一般而言，苗圃地适当灌水保持土壤湿润，幼林 7~8 月份干旱少雨时浇 1~2 次水，成林一般不需要人工灌溉。雨水较多的季节注意挖沟排水，防止病虫害的发生。

3. 追肥　结合中耕除草每年施肥 1~3 次，春季追施人粪尿或者尿素，秋季主要追施氮磷钾肥复合肥，或者埋施有机肥。通常 5 年以下幼树每株施尿素 50~150g，5 年以上植株尿素增至 150~300g，并配合埋施人粪尿肥。

4. 病虫害防治　以农业防治为基础，冬前深翻土地，开春后清除杂草和枯枝落叶，及时拔除病株、科学施肥、排灌等抑制病虫害的发生和为害。化学防治时要严格控制农药使用浓度，不同机理农药交替使用最佳。杜仲病虫害主要有幼苗猝倒病、地老虎、木蠹蛾和杜仲夜蛾等。

①猝倒病：多发生在幼苗出土后 2 个月内和茎部尚未木质化时期，多发生在 4~6 月，低温、高湿、土壤板结或播种后覆土过深以及重茬等易感染此病。预防措施为选择土质疏松、排水良好、肥沃的土壤，每亩施用 20kg 左右的硫酸亚铁进行土壤消毒，种子播前用 1%高锰酸钾消毒处理，避免重茬。防治措施在发病期间喷施 50%托布津 800 倍液或者 25%多菌灵 800 倍液，及时清理发病死亡植株。

②地老虎：幼虫危害苗圃地，白天潜伏于土壤表层，夜间出土危害，咬断幼苗的根或未出土的幼苗。防治方法是避免连作，破坏化蛹产卵场所，减少幼虫食料；早播种早出苗，提前木质化、及时松土除草，傍晚灯光诱杀成虫或者 90%敌百虫晶体 600~800 倍液、50%辛硫磷乳油 800 倍液喷洒苗地。

③木蠹蛾：6 月产卵孵化幼虫取食幼枝皮层，继而蛀入木质部，此外成虫起飞能力较差，虫害相应发展缓慢。喷撒白僵菌，降低危害率，或者用棉花蘸取 90%敌百虫原液塞入蛀道内。

④杜仲夜蛾：幼虫在黎明前下树潜伏在杂草或松土内，傍晚上树取食叶片，老熟幼虫下树入土。防治方法为秋冬季翻挖林地，清除枝叶杂草，破坏越冬蛹，并在树干上涂刷毒环或绑毒绳，阻杀上、下树幼虫。也可用 2.5%溴氰菊酯乳油、50%辛硫磷乳油等喷杀。

【采收加工】

杜仲皮一般采用局部剥皮或者环剥法，剥皮前 3 ~ 4 天适当浇水。局部剥皮即在树干离地面 10 ~ 20cm 以上部位，交错地剥去树干外围面积 1/4 ~ 1/3 的树皮，使养分运输不致中断，待伤口愈合后，又可依前法继续取皮。环剥为先在树干分枝处的下面横割 1 刀，再与之垂直呈丁字形纵割 1 刀，深度要掌握好，割到韧皮部，不要伤害木质部。然后撬起树皮，沿横割的刀痕把树皮向两侧撕离，随撕随割断残连的韧皮部，待绕树干 1 周全部割断后，即向下撕到离地面约 10cm 处割下树皮，环剥即告完毕。剥皮后注意养护，先用塑料包扎，约 10 余天后解开塑料即可，剥皮后灌一次水，暂停喷洒农药。环剥后的当年就可以长出再生皮，5 年后能长到正常的厚度。剥下的树皮用开水烫泡展平，皮内相对一次叠放在铺有稻草的平地上，压紧，发汗，内皮变成黑褐色或者紫黑色时取出晒干，刮去粗皮，贮藏待用。

【质量要求】

以扁平状，两端切齐，去净粗皮。表面呈灰褐色，里面黑褐色，质脆者为佳（图 1-2）。按照《中国药典》（2015 版）标准，杜仲药材质量要求见表 1-1：

表 1-1　杜仲药材质量标准表

序号	检查项目	指标	备注
1	水分	≤ 13.0%	
2	总灰分	≤ 10.0%	
3	浸出物	≥ 11.0%	
4	松脂醇二葡萄糖（$C_{32}H_{42}O_{16}$）	≥ 0.10%	HPLC法

图 1-2　杜仲药材

【储藏与运输】

（一）包装

包装前再次检查是否已充分干燥，清除劣质品及异物。采用编织袋或者纸箱等，在每个包装上，标明品名、规格、产地、批号、生产与包装日期、生产单位，并附有质量合格的标志。

（二）贮藏

应按批次、产地，堆码整齐，贮藏在通风、阴凉干燥处，温度30℃以下，相对湿度70%以下，商品安全水分低于10%，仓库应有通风、防潮设备。

（三）运输

运输工具清洁、干燥、无异味、无污染，运输过程中注意防雨、防潮、防暴晒、防污染等，避免与其他货物混装运输，保证药材品质。

【参考文献】

[1] 盛军利，孙桂菊. 杜仲的功效学研究现状及其应用前景 [J]. 医学综述，2006，12（16）：1022-1024.

[2] 田启健，陈继富. 湘西主要特色药用植物栽培与利用 [M]. 成都：西南交通大学出版社，2015：50.

[3] 周政贤，郭光典. 我国杜仲类型、分布及引种 [J]. 林业科学，1980，16（增刊）：84-91.

[4] 杨凌，张碧，付卓锐，等. 中国杜仲资源的综合利用 [J]. 广州化工，2011，39（24）：9-10.

[5] 王效宇，陈毅锋，伍江波，等. 湖南省杜仲资源现状调查 [J]. 林业资源管理，2015，3：146-150.

[6] 范杰英，郭军战，彭少兵. 10种树种光合和蒸腾性能对水分胁迫的响应 [J]. 西北林学院学报，2005，20（2）：36-38.

[7] 张继川，薛兆弘，严瑞芳，等. 天然高分子材料-杜仲胶的研究进展（专题综述）[J]，高分子学报，2011，10：1105-1117.

[8] 刘淑明，梁宗锁，董娟娥. 不同水分条件下皮叶两用杜仲林的生长效应 [J]. 中南林业科技大学学报，2007，27（5）：49-53.

[9] 李淑容. 不同光照条件下杜仲幼苗叶片桃叶珊瑚苷含量季节变化的测定 [J]. 广西中医学院学报，1999，16（4）：80-81.

[10] 任朝辉，秦军，胡蕖. 贵州不同海拔高度与不同林龄对杜仲质量的影响 [J]. 贵州林业科技，2003，31（2）：9-11.

[11] 任宪威. 树木学：北方本 [M]. 北京：中国林业出版社，2006.

[12] 吴文霞. 杜仲嫩枝扦插育苗技术 [J]. 现代农业科技，2012，14：152-153.

二、百合 Baihe

Lilii Bulbus

【来源】

本品为百合科植物卷丹 *Lilium lancifolium* Thunb.、百合 *Lilium brownii* F. E. Brown var. *viridulum* Baker 或细叶百合 *Lilium pumilum* DC. 的干燥肉质鳞叶。秋季采挖，洗净，剥取鳞叶，置沸水中略烫，干燥。始载于《神农本草经》，具有镇咳、化痰、平喘等作用。湖南邵东所产的百合，鳞片肥大，形如龙牙，色彩鲜艳，洁白细嫩，品质优良，又称"龙牙百合"，为湖南省特色道地药材。百合主产于湖南、江苏、浙江、甘肃等省，以江苏宜兴、浙江湖州、湖南邵阳、甘肃兰州为全国百合四大产区，产量最大。

【别名】

白百合《日华子本草》；蒜脑薯《本草纲目》；重迈、中庭《吴普本草》；重箱、摩罗、强瞿、中逢花《名医别录》；百合蒜《玉篇》；夜合花《本草崇原》

【植物形态】

1. 卷丹 多年生草本，高 1~1.5m。鳞茎鳞茎宽卵状球形，直径约 4~8cm；鳞片宽卵形，长 2.5~3cm，宽 1.4~2.5cm，白色。茎高 0.8~1.5m，带紫色条纹，具白色绵毛；茎上部的叶腋间具珠芽。叶互生，无柄，矩圆状披针形或披针形，长 5~20cm，宽 0.5~2cm，两面近无毛，先端有白毛，边缘有乳头状突起，有 5~7 条脉，上部叶腋内常有紫黑色珠芽。花不为喇叭形或钟形，3~6 朵或更多，橙红色，下垂；花被片披针形，反卷，内面有紫黑色斑点；外轮花被片长 6~10cm，宽 1~2cm；内轮花被片稍宽，蜜腺两边有乳头状突起，尚有流苏状突起；苞片叶状，卵状披针形，长 1.5~2cm，宽 2~5mm，先端钝，有白绵毛；花梗长 6.5~9cm，紫色，有白色绵毛；雄蕊四面张开；花丝钻形，长 5~7cm，淡红色，无毛，花药矩圆形，长约 2cm；子房圆柱形，长 1.5~2cm，宽 2~3mm；花柱长 4.5~6.5cm，柱头稍膨大，3 裂。蒴果长圆形至倒卵形，长 3~4cm。花期 7~8 月，果期 9~10 月。（图 2-1）

2. 百合 多年生草本，株高 70~150cm。鳞茎球形，淡白色，肉质，先端常开放如莲座状，直径 2~4.5cm；鳞片披针形，长 1.8~4cm，宽 0.8~1.4cm，无节。茎高 0.7~2m，有的有紫色条纹，有的下部有小乳头状突起。叶散生，通常自下向上渐小，叶倒披针形至倒卵形，长 7~10cm，宽 0.6~2cm，先端渐尖，基部渐狭，具 5~7 脉，全缘，两面无毛。花单生或几朵成近伞形，花喇叭形，有香气，乳白色，外面稍紫色，无斑点，向外张开或先端外弯而不卷，长 13~18cm。花梗长 3~10cm；苞片披针形，长

3～9cm；外轮花被片宽2～4.3cm，内轮花被片宽3.4～5cm，蜜腺两侧具小乳头状突起；雄蕊上弯，花丝长10～13cm，中部以下密被柔毛，稀疏生毛或无毛，花药长1.1～1.6cm；子房长3.2～3.6cm，径约4mm，花柱长8.5～11cm。蒴果长4.5～6cm，径约3.5cm，有棱，具多数种子。花期5～6月，果期9～10月。（图2-2）

图2-1 卷丹原植物

图2-2 百合原植物

3. 细叶百合 多年生草本，高20～60cm。鳞茎卵形或圆锥形，高2.5～4.5cm，直径1.5～3cm；鳞片矩圆形或长卵形，长2～3.5cm，宽1～1.5cm，白色。茎高15～60cm，有小乳头状突起，有的带紫色条纹。叶散生于茎中部，条形，长3.5～9cm，宽1.5～3mm，中脉下面突出，边缘有乳头状突起。花单生或数朵排成总状花序，鲜红色，通常无斑点，有时有少数斑点，下垂；花被片反卷，长4～4.5cm，宽0.8～1.1cm，蜜腺两边有乳头状突起；花丝长1.2～2.5cm，无毛，花药长椭圆形，长约1cm，黄色，花粉近红色；子房圆柱形，长0.8～1cm；花柱长1.2～1.6cm，柱头膨大，径5mm，3裂。蒴果矩圆形，长2cm，宽1.2～1.8cm。花期7～8月，果期9～10月。

【种质资源及分布】

世界百合种类约94种，我国百合约47种、18个变种，占世界百合总数一半以上，其中有36种15个变种为中国特有种。根据植物形态分类，将百合分为四组：①百合组：叶散生，花喇叭形，花被片先端外弯；②钟花组：叶散生，花钟形，花被片先端不反卷或稍弯，雄蕊向中心靠拢；③卷瓣组：叶散生，花不为喇叭形或钟形，花被片反卷或不反卷，雄蕊上端常向外张开；④轮叶组：叶轮生，花不为喇叭形或钟形，花被片反卷或不反卷，有斑点。根据用途分类，将百合分为三类：①药用百合，主要包括卷丹 *L. lancifolium* Thunb.、百合 *L. brownii* F. E. Brown var. *viridulum* 或细叶百合 *L. pumilum* DC.；②观赏百合，分为三类：东方百合 *Oriental hybrids* 种群类型，亚洲百合 *Asiatic hybrids* 种群类型以及麝香百合 *L. longiflorum* 种群类型；③食用百合主要有百合、卷丹、川百合 *L. davidii* Duch.、山丹 *L. pumilum* DC.、毛百合 *L. dauricum* Ker. Gawl 以及沙紫百合 *L. sargentiae* Wils.。

我国百合的资源分布跨越了亚热带、暖温带、温带和寒带等气候型，海拔高度多在1000～4300m的垂直分布，且多生长在阴坡和半阴坡的山坡、林缘、林下、岩石缝及草甸中。我国百合分布区域大体如下：①西南高海拔山区：该区域包括西藏东南部喜马拉雅山地区、云南、贵州、四川横断山脉区，该区低温，低湿，高海拔，日照短；从地理环境看，该区域森林繁茂，气候宜人，雨量充足，土壤砂质、肥沃且排水良好，气候属亚热带湿润季风气候类型，冬无严寒，夏无酷暑，境内地形复杂、地貌多变，非常适合百合属植物的生长。分布的品种有：尖被百合 L. lophophorum（Bur. et Franch.）Franch.，卓巴百合 L. wardii Stapf ex Stearn，宝心百合，藏百合 L. paradoxum Stearn，短花柱百合，卷丹，大理百合 Lilium taliense Franch.，紫花百合 L. souliei（Franch.）Sealy，哈巴百合，丽江百合，线叶百合 L. lophophorum（Bur. et Franch.）Franch. var. linearifolium（Sealy）Liang，松叶百合，川百合 L. davidii Duchartre，卷丹百合 L. lancifolium Thunb. 等等。②秦岭巴山地区：包括甘肃岷山，湖北神农架，河南伏牛山等。该地区蕴藏着丰富的野生百合资源，如秦岭野百合 L. brownii 主要分布于陕西蓝田、长安、太白、汉中等地，生长于海拔 800~1500m 的山坡灌丛及溪谷边；花被乳白色，外被带淡紫色，花径 11~15cm，花单数至数朵，有芳香，植株高达 1.0~1.5m。分布的品种主要有：野百合 L. browni F. E. Brown ex Miellez，卷丹 L. lancifolium Thunb.，宜昌百合 L. leucanthum（Baker）Baker，湖北百合 L. henryi Baker，渥丹 L. concolor Salisb.，细叶百合 L. pumilum DC.，川百合 L. davidii Duchartre。这些野生百合的物候期和生长发育特征均有较大差异，同种不同生态型的生物学特性亦有一定差异。③东北部长白山、大小兴安岭地区：包括辽宁、吉林和黑龙江南部的长白山和小兴安岭地区，该地区野生百合花朵大，花期长，色彩鲜艳，主要品种有毛百合 L. dauricum Ker-Gawl.、有斑百合 L. pulchellum（Fisch）Regel、大花百合 L. concolor Salisb. var. megalanthum Wang et Tang、卷丹、大花卷丹、山丹、垂花百合、东北百合等。④华北山区和西北黄土高原地区：包括秦岭、淮河以北地区，该地区光照强，干旱，土坡微碱性，主要品种有山丹、渥丹、有斑百合、野百合、湖北百合等。⑤东南沿海地区：包括浙江、江苏等地区，江苏云台山区的野生百合多分布在海拔 300~500m 高度的山坡、草丛、溪沟等处，其中尤以卷丹为多，有 5 个变种：卷丹 L. lancifolium Thunb、虎皮百合、花橙红、白花百合 L. brownie F. E. Brown、山丹 L. cortcolor Salisb、条叶百合 L. callosum Sieb. et Zucc 等。宁波野生百合生长在海拔 600m 的余姚境内四明山区，花朵硕大，洁白美丽，是不可多得的切花种质资源，由于野生采食和山林资源的过度开发，该区野生百合现已濒临灭绝边缘。

湖南地区主产两个品种：①龙牙百合，产于湖南邵阳隆回、邵东。鳞茎白色，抱合紧密，每个鳞茎含 2~4 个鳞瓣。鳞片下部肥厚，上部尖弯，瓣形鲜艳，洁白晶莹，细嫩粉腻，形如龙牙，故名"龙牙百合"。鳞茎平均重 250g，大者 500g 以上，产量高，无苦味。地上茎高 1m 以上，光滑无毛茸，深绿色，叶大披针形，生长势强，无珠芽和籽球，或偶有籽球。花漏斗形，白色，花期 6 月上、中旬。②龙山百合，株形直立，株高 80cm 左右。鳞茎高约 4cm，平均重 70g，扁圆形，鳞片白色。花期 7 月中、下旬，花下垂，橘红色，花被正面有黑斑点，开放时反卷超过花柄。龙山百合病虫害少、产量高、鲜果饱满，具有色白、味苦、富含有机硒和秋水仙碱等优势。

【适宜种植产区】

早在 20 世纪，我国已经对约 30 种野生百合进行了引种研究，经过多年的经验积累，已经完成了野生到栽培的过渡。我国西北、东北等地区的北部，年平均气温为 14～16℃，适宜在平原地种植；华东、西南、中南等地区的北部，年平均气温为 14～16℃，属于北亚热带气候，7～8 月气温较高，对百合生长有一定的影响，宜选择丘陵地种植；西南地区大部分、广东和广西的北部，属于中亚热带气候，年平均气温为 16～21℃，夏季时间长，7～9 月气温高，对百合生长极为不利，应选择海拔 600m 以上、冬暖夏凉的高丘和低山地种植；台湾中部和北部、广东和福建南部、广西中部、云南中南部，属于南亚热带气候，年平均气温为 20～22℃，夏季时间很长，一年中几乎没有冬天，夏季出现连续高温多雨，极不利于百合生长，宜选择海拔 800m 以上、夏季较凉爽的中山和高山地种植。

【生态习性】

百合为长日照半耐阴植物，但生长前期和中期喜欢较强的光照，尤其是现蕾开花期，延长日照能提前开花。地上茎耐寒怕高温，生长发育最适宜的温度为 16～24℃。地下茎在土壤中过冬，-10℃低温不受冻害，气温高于 28℃时，生长将受到抑制。若持续 33℃以上，植株逐渐枯死。喜干燥怕涝渍。长期渍水，鳞茎缺氧易腐烂，植株也将枯死。且在高温高湿的情况下，容易发生病害，造成植株枯黄。对土壤要求不严，但在土层深厚、肥沃疏松的砂质壤土中，鳞茎色泽洁白、肉质较厚，土壤 pH 值以 5.5～6.5 为宜。黏性重、排水不畅、通气不良的土壤不宜栽培。土壤含氧量少于 5% 时，根系容易腐败。黏重的土壤不宜栽培。根系粗壮发达，耐肥。春季出土后要求充足的氮素营养及足够的磷钾肥料，N∶P∶K＝1∶0.8∶1，肥料应以有机肥为主，施有机粪肥要达到 80% 以上。忌连作，3～4 年轮作一次，前作以豆科、禾本科作物为好。

【栽培技术】

（一）种植地准备

1. 选地　百合喜阴湿，怕干旱，怕积水，种植地以土壤肥沃、地势高爽、排水良好、土质疏松、向阳地段的砂质壤土或夹沙土或腐殖质土壤为宜，土壤以 pH6.0～7.0 较好，以半阴半阳的疏林下或缓坡地种植。前作一般应选择豆科、瓜类等，以减少病菌源，忌前作是辣椒、茄子等作物的地块。

2. 整地　种植地翻耕深度要达到 25cm 以上，土壤要整平整细，清除杂草和前作残体，结合整地情况，每亩施腐熟的肥料 2000～3000kg，撒生石灰、溴氰菊酯等进行杀虫灭菌消毒处理。

3. 施基肥　基肥占总施肥量的 60%，以有机肥为主，用充分腐熟的猪粪、牛栏粪、土杂肥、饼肥。若有机肥充足，则将肥料撒施于土壤上面，然后进行深耕，达到全层施肥的目的；若有机肥不足，则集中施入百合种植沟内。基肥还应配施磷钾肥。农家肥于土地深翻前撒施，草木灰、磷肥作畦时施于土中。

4. 作畦　旱地畦宽以 180～200cm 为宜，沟宽 30cm，沟深 25cm；水田畦宽120～140cm，畦沟宽 30cm、深 25cm；水田腰沟、围沟宽分别为 40cm、45cm，旱地腰沟、围沟宽分别为 30cm、40cm。（图 2-3）

图 2-3　百合药材种植基地

（二）繁殖方法

百合繁殖方法以鳞片繁殖、鳞茎繁殖、珠芽繁殖、种子繁殖、组培育苗为主，鳞茎繁殖方式因周期短，可与采收同时进行因而多被采用。

1. 鳞茎繁殖

①鳞茎选择：每年采收时，将不能用于商品加工的小鳞茎用作繁殖材料，并拣除有病害、虫害的小鳞茎，秋季采收后沙藏。把直径 3cm 以上的鳞茎作为大田种植用种，直径不足 3cm 的鳞茎，继续培养 1 ~ 2 年再作种用。

②种植方法：一般而言，在我国北方地区，为了防止冻害，宜在春季解冻后尽早种植，在南方地区，秋季气温和土温较高，促使地下部分充分长根，在越冬期间可形成发达的根系，利于次年出苗，一般以 9 ~ 10 月栽植为宜。百合种植株行距为（15 ~ 20）cm ×（30 ~ 33）cm，0.8 ~ 1.1 万株/亩，栽植深度要适宜，过浅，鳞茎易分瓣，过深，出苗迟，生长细弱，缺苗率较高。栽后可适当浇稀粪水，增加土壤湿度，覆盖一些稻草、麦秆、薄膜等。

2. 鳞片繁殖

①鳞片选择及处理：选择健壮、纯白色、鳞片紧密、无病虫害的百合鳞茎，从鳞茎盘上将鳞片逐个剥下，选用肉质肥厚、横径 2cm 以上的鳞片作为繁殖材料。种植前用多菌灵浸种或托布津等对鳞片进行消毒，然后捞出晾干。

②鳞片移栽及管理：栽种期以"秋分"前后为宜，最迟不可过"寒露"。选用深厚疏

松的沙土育苗，做 85cm 宽的平畦，畦埂宽 25cm，按行距 20cm，开 5cm 深的沟，按株距 6~8cm，将鳞片芽头向上摆在沟内，覆土盖平，稍加镇压。每亩用鲜鳞片约 100kg 左右。栽后当年不出苗，封冻前有条件的可在畦面上盖一层马粪或用地膜覆盖。第二年开春后整理畦面，于地旱时浇水，注意雨季排涝，经常松土、除草，保持土壤疏松。"秋分"前后刨出小鳞茎，按鳞茎种植方法移栽。

3. 珠芽育苗 珠芽是部分百合品种叶腋长出的小鳞茎。在夏季，在百合种植地可采收珠芽，将采收后的珠芽与湿润的河沙混合均匀，置于室内阴凉处储藏。到"秋分"前后取出，在苗床按株距 4cm 左右，将珠芽撒于畦内，覆土 3cm，搂平，稍加镇压，并盖上稻草，保持苗床疏松湿润，以利来年珠芽出苗生长。第二年的管理与鳞片育苗同，秋季即为一年的小鳞茎，然后按鳞茎繁殖方法移栽。

4. 种子繁殖

①种子采集：百合果实一般在 8~10 月成熟，当蒴果呈黄色时采收，将采收的果实摊晾数天后待其裂开，取出种子，放阴凉处储藏。

②苗床整理：将苗床翻耕 30cm 左右，整碎耙平，施足基肥，做成畦宽 100cm，高 15cm 的苗床，畦面可撒入沙土与细碎肥土按比例 1：1 混合的沙质土，厚 3~5cm，整好后待播。

③播种育苗：春播或秋播均可，播前用 50% 多菌灵 1：500 倍稀释液浸种 20 分钟。按行距 10cm 开 2~3cm 深的浅沟进行条播，播后盖土 2~3cm，盖草保持苗床湿润疏松，以利种子发芽和幼苗出土。幼苗出土后及时将盖草揭除，待苗高 3~4cm 时，按株距 5~6cm 进行间苗，以后加强管护，到秋天幼苗地下部长出小鳞茎。小鳞茎经过 3~4 年精心培育，可以采挖，大鳞茎可加工成商品，小的鳞茎可做种用。

5. 组培育苗

①外植体准备及处理：选择无病害和虫害的鳞片、根尖、种子、胚、芽尖等作为外植体，一般以鳞片为主。接种前需对外植体进行灭菌，常用药剂有乙醇、升汞、次氯酸钠溶液、漂白粉等。乙醇灭菌的使用浓度为 70%~75%，灭菌时间为 10~60 秒；升汞的使用浓度为 0.1%~0.2%，灭菌时间为 10 分钟；次氯酸钠溶液使用浓度为 20.0g/L，浸泡 10 分钟，灭菌时不断摇动；漂白粉的使用浓度为饱和溶液，灭菌时间为 10~20 分钟。灭菌后再用无菌水冲洗 5 次左右。

②接种及培养：将灭菌后的外植体切成一定大小的小块，接种在 NAA0.1mg/L、BA0.5mg/L 的 MS 小鳞茎诱导培养基里，并将培养基放置在温度 25℃，相对湿度为 60%~80%，光照小于 2000lx 的组培室培养，大约 40 天后可诱导培养出一定数量的小鳞茎。将培养出的小鳞茎分开，接种于 NAA0.5mg/L、BA0.1mg/LMS 培养基上，在温度 25℃，相对湿度为 60%~80%，光照小于 2000lx 的条件下培养 40 天，可诱导出大量的小鳞茎，继续培养，待小鳞茎生根。

③移栽：取出试管苗，用清水清洗 3~5 遍，晾干，以鳞茎繁殖的移栽方法进行栽种。一般而言，试管苗最适栽培设施为日光温室和塑料大棚。

（三）田间管理

1. 清沟排水 百合生长期田间渍水极易导致发病死苗，后期产量减半，甚至绝收。

而百合生育中后期正处于高温多雨季节，须认真做好清沟排渍工作，做到沟沟畅通，雨停沟干。

2. **疏苗定苗** 每年3月下旬，百合出苗后，当一株百合发出两根地上茎时，应选留一根健壮的地上茎，其他一律疏除。去掉弱苗和病苗，只留壮苗一株，力求百合植物整齐健壮。

3. **中耕、除草、培土** 百合生长期一般中耕3次。在百合未出土前中耕1次，可结合施冬肥进行浅中耕，以破除土层，铲除杂草，促进出苗；也可提早1月下旬在百合未出苗前，采用化学方法除草，再浅中耕一次，用于疏松表土层，接苗出土。出土后再中耕1次，行间深、株间浅。5月上旬结合培土，进行1次中耕，深度6~7cm左右，促进扎根，防止倒伏。植株封行之后，一般不再中耕除草。4月下旬至5月上旬现蕾前分次完成培土。培土做到深栽浅培，浅栽深培，培土时不要损伤和压埋植株。

4. **施肥** 百合追肥的原则是早施苗肥、重施壮茎肥、后期看苗补肥。苗肥分2次施，第1次在12月施越冬肥，施腐熟人畜粪，每亩1500~2000kg；第2次于出苗后，苗高6~7cm时，一般施腐熟的饼肥或畜粪。4月中旬施壮茎肥，施尿素、复合肥，促进植株生长和鳞茎分化。5月中旬，施人畜粪，促进鳞茎膨大。6月上中旬进行根外追肥，对叶色褪淡、长势较差的百合进行一次肥料补施。

5. **打顶摘蕾和除珠芽** 对百合植株进行打顶摘蕾是一门操作简单且实用性强的增产技术，一般可增产12%左右。百合现蕾后，选择晴天露水干后，视长势及时摘蕾打顶，长势旺的重打，长势差的迟打并只摘除花蕾，以减少养分消耗，有利于地下鳞茎生长发育。摘除花蕾后，应施复合肥，以促进种球膨大。6月中旬，百合地上茎的叶腋间产生珠芽，选择晴天对其进行摘除，可作繁殖用。

6. **病虫害防治** 选择排水好的地块种植，清洁田园，铲除田间杂草，于病虫害初期及时拔除病株，合理轮作，以豆类、瓜类或蔬菜轮作为好。

百合病害以预防为主，每天观察大田生长情况，及时准确进行预测预报，结合综合防治、农业防治，选用抗病虫品种，严格实行轮作制度。百合主要的病害有病毒病、叶枯病、炭疽病、立枯病等。①病毒病：发病植株叶有黄色斑点，甚至全部变黄或产生黄色条斑，急性落叶，植株发生萎缩，花蕾不能发育，不开花，严重者整株枯萎死亡。防治方法：选育抗病品种或无病鳞茎繁殖；加强田间管理，增施磷钾肥，增强抗病能力；发现病株，及时拔除。②叶枯病：百合叶片产生圆形或椭圆形病斑，大小不一，长2~10mm，浅黄色到浅褐色，在潮湿条件下，斑点被灰色的霉层覆盖，病斑干时变薄，易碎裂，透明，灰白色。严重时，整叶枯死。此病为百合病害中最普遍、最严重的一种病害。防治办法：及时清除种植地病害植株；发病初期可用75%百菌清500倍液或50%多菌灵500倍液或70%甲基硫菌可湿性粉剂500倍液交替喷雾，每隔7天一次，连续喷2~4次。③炭疽病：炭疽病主要侵害叶片，严重时也侵害茎秆。叶片染病，发病初期出现水浸状暗绿色小点，后期在病斑上产生黑色小点，严重时病斑相互连接致病叶黄化坏死，潮湿的环境条件下发病严重。防治方法：种植期间与其他作物进行轮作，禁止连作；发病初期，用25%炭特灵可湿性粉剂600~800倍液、25%施保克乳油600~800倍液、6%乐必耕可湿性粉剂1500倍液、40%百科乳油2000倍液、30%倍生乳油2000倍液或25%敌力脱乳油1000倍液交替喷雾。④立枯病：在鳞茎上部与根尖端呈淡褐色腐烂状，鳞片由淡褐色变成暗褐色。茎部发病多从摘心部开始，变暗褐色，干枯状。叶部受侵染，初期淡黄绿色，后变为暗褐色、不规则形斑点，边缘呈淡黑色，干枯状。防治办法：避免连作，与非百合科作物实行 2~3 年以上的轮作；选择抗病品种，用无病种茎留种；移栽前对土壤和种茎消毒；百合发病初期，可用 65% 代森锌 500 倍液或农用链霉素 1000 倍液等交替喷雾，每隔 7 天一次，连喷 2~3 次。

百合主要的虫害有蛴螬等，喜啃鳞片和须根，严重影响产量和质量。防治办法：施入腐熟农家肥，施入前用药剂杀虫；在害虫为害期，用 50% 马拉硫磷 800~1000 倍液或 25% 辛硫磷 1000 倍液浇灌土壤。

【采收加工】

栽植 1~2 年后的秋季收获，南方 8~9 月，北方 9~10 月。植株地上部分茎叶完全枯萎后，宜选晴天时进行采挖。去掉茎秆、须根、泥土，无损伤，相对整齐，表面干净，鳞片抱合紧密小鳞茎选出留种，留种的百合采收后，放在屋内并盖草铺晾备用；大鳞茎贮藏在通风阴凉处，以待加工。鲜百合应选择色白、个大、质量新鲜、球形圆整、鳞片肥大、不带须根、无松动散瓣、无棕色焦瓣的成品，加工时先将鳞茎基部切去，鳞皮散开，将外片、中片、片芯按等级分开，分别进行加工。将鳞片倒入篓内一齐放入沸水中煮 5~10 分钟，以鳞片边缘柔软、背面不破裂为度，捞出迅速置于清水中，洗净黏液后摊开晾干，晾晒过程中切勿翻动，晒至用手折百合片易断，片硬为准。如遇雨天，也可烘干。

【质量要求】

以瓣匀肉厚、色黄白、质坚、筋少者为佳（图 2-4，图 2-5）。以《中国药典》（2015 版一部）为标准，百合药材质量要求见表 2-1：

表 2-1 百合质量标准表

序号	检查项目	指标	备注
1	浸出物	≥ 18.0%	水溶性浸出物；冷浸法

图 2-4 百合药材（百合）

图 2-5 百合药材（卷丹）

【贮藏与运输】

百合干：双层无毒塑料袋密封，置石灰缸内或罐、坛内贮藏，可防虫蛀、霉烂、变质。运输过程中注意防潮，避免与有毒、有害特品混装。

鲜百合（食用百合）：一般采用地窖（筐、箱）沙藏法，也可采用筐（箱）室内保鲜剂贮藏法。采用沙藏法，注意贮藏环境及容器、河沙均应洗净消毒，然后按照放一层鳞茎铺一层河沙的顺序进行贮藏，顶部和四周用河沙封严，不让百合显露在空气中，以减少养分损失。控制贮藏温度保持在 8～18℃，防高温潮湿，防老鼠为害，定期检查消毒，更换河沙。如发现有霉烂等问题；再继续检查，及时剔除处理。采用保鲜剂处理，晾干后装入内衬保鲜袋的箱或筐中，冷库贮藏，其最佳贮藏温度为 -2～0℃，相对湿度为 85%～90%。贮藏保鲜的百合可直接取出，保温车运输，或真空包装后及时冷链运输。

【参考文献】

［1］田爱梅，郑日如，王国强，等. 中国野生百合种质资源的研究［J］. 安徽农业科学，2007，35（31）：9987-9990.

［2］赵祥云，王树栋，陈新霞，等. 百合［M］. 北京：中国农业出版社，2000.

［3］田启健，陈继富. 湘西主要特色药用植物栽培与利用［M］. 成都：西南交通大学出版社，2015：50.

［4］鲍隆友，周杰，刘玉军. 西藏野生百合属植物资源及其开发利用［J］. 中国林副特产，2004，4（2）：54-55.

［5］刘利，李太允，闫胜勇，等. 长白山野生百合栽培技术［J］. 吉林林业科技. 2002，31（1）：59-60.

［6］朱朋波，赵统利，李玉娟，等. 江苏云台山野生百合种质资源调查［J］. 江苏农业科学，2006（1）：144-145.

［7］梁明文，董玉霞，尹淑莲. 百合栽培技术［J］. 现代农业科技，2008（6）：28-29.

［8］彭范明. 百合的采收和产地加工［J］. 中国中药杂志，1991，16（6）：1016.

［9］张怀珠. 百合的贮藏保鲜及加工技术［J］. 甘肃农业，2005（9）：155.

三、吴茱萸 Wuzhuyu

Euodia Fructus

【来源】

本品为芸香科植物吴茱萸 *Euodia rutaecarpa*（Juss.）Benth.、石虎 *Euodia rutaecarpa*（Juss.）Benth. var. *officinalis*（Dode）Huang 或疏毛吴茱萸 *Euodia rutaecarpa*（Juss.）Benth. var. *bodinieri*（Dode）Huang 的干燥近成熟果实。8～11 月果实尚未开裂时，剪下果枝，晒干或低温干燥，除去枝、叶、果梗等杂质。吴茱萸叶苦、辛，性温、热，始载于《神农本草经》，具有温中散寒、舒肝止痛的功效，常用于厥阴头痛、寒疝腹痛、寒湿脚气、经行腹痛、呕吐吞酸、五更泄泻等症。湖南新晃所产吴茱萸颗粒均匀，香气浓烈，味辛辣，品质上乘，因集散地在常德而被称为"常茱萸"，为湖南省道地药材。吴茱萸分布较广，因产地不同而名称不同，浙江丽水、缙云等地所产称为"杜茱萸"，贵州和四川地区所产称为"川吴萸"，广西柳城、桂林及周边地区所产称为"广西吴萸"。

【别名】

吴萸《草木便方》；左力《南宁市蓟物志》

【植物形态】

1. 吴茱萸 多年生小乔木或灌木，树高 3～10m，嫩枝暗紫红色，与嫩芽同被灰黄或红锈色绒毛，或疏短毛。叶对生，小叶 5～11 片奇数羽状复叶，以 7 片居多，小叶略厚纸质，卵形或椭圆形，长 6～18cm，宽达 7cm，叶轴下部的较小，两侧对称或一侧的基部稍偏斜，全缘或浅波浪状，小叶两面及叶轴被长柔毛，毛密如毡状。叶两面被淡黄褐色长柔毛，叶脉居多，叶表面有明显的油点。花序顶生，花序轴被红褐色长毛；雄花序的花彼此疏离，雌花序的花密集；萼片及花瓣均 5 片，偶有 4 片，镊合排列；雄花花瓣长 3～4mm，腹面被疏长毛，退化雌蕊 4～5 深裂，下部及花丝均被白色长柔毛，雄蕊伸出花瓣之上；雌花花瓣长 4～5mm，内面密被毛；退化雄蕊鳞片状或短线状或兼有细小的不育花药，子房及花柱下部被疏长毛。果序宽（3～）12cm，果梗较短而粗壮，果密集，暗紫红色，有大油点，每分果瓣有 1 种子；种子近圆球形，一端钝尖，腹面略平坦，长 4～5mm，褐黑色，有光泽。花期 4～6 月，果期 8～11 月。（图 3-1）

2. 石虎 具有特殊的刺激性气味，小叶 3～11 枚，小叶纸质较狭，宽稀超过 5cm，先端渐尖或长渐尖，各小叶片相距较疏远，侧脉明显，全缘，两面密被长柔毛，脉上最密，油腺粗大。花序轴常被淡黄色或无色的长柔毛。成熟果序上的果不及原变种密集。（图 3-2）

图 3-1　吴茱萸原植物

图 3-2　石虎原植物

3．**疏毛吴茱萸**　小叶薄纸质，叶背仅叶脉被疏柔毛。叶轴被长柔毛，小叶 5～11 片，叶形变化较大，长圆形、披针形、卵圆形至倒卵状披针形，表面中脉略被疏短毛，背面脉上被短柔毛，侧脉清晰，油腺点小。雌花序上的花彼此疏离，花瓣长约 4mm，内面被疏毛或几无毛；果梗纤细且延长。

【道地沿革】

吴茱萸始载于《神农本草经》，列为中品。晋《本草经集注》云："生上谷川谷及冤句。"上谷，即今山西与河北边境之附近；冤句，即今山东菏泽地区。唐《新修本草》仍载："生上谷川谷及宛胸（即冤句）"。《千金翼方》载豫州（今河南禹县一带）出吴茱萸。《本草拾遗》则云："茱萸南北总有，入药以吴地者为好，所以有吴之名也"。可见晋唐时期吴茱萸产地有山西、河北、河南、山东等，但逐步确立了"吴地者为好"认识。唐时所指的吴地即现今苏南太湖流域、浙北和皖东等地。宋《图经本草》云："……今处处有之，江浙、蜀汉尤多"，并附有临江军吴茱萸，越州吴茱萸图。宋时江浙是江南东路和两浙路的合称，包括今苏南、皖南、赣东北和浙江省；蜀汉即现今四川及云南、贵州北部、陕西汉中一带；临江军即今江西省樟树市、峡江县、新干县、新余市等地，越州即今之浙江省绍兴一带。可见宋朝开始吴茱萸的主产地除江浙外，增加了蜀汉产区。明《本草蒙筌》曰："所产吴地独妙，故加吴字为名"。《本草品汇精要》云："道地以临江军越州吴地"。可见唐至明吴茱萸的道地产区为吴地。

《本草纲目》载："……一种粒大，一种粒小，小者入药为胜"，可见随着对吴茱萸认识的深入，明后期已经确立小果类型（未成熟幼果）质量最优。1959 年出版的《药材资料汇编》载："贵州施秉、瓮安、思南、婺川、后坪、铜仁，湖南晃县，湖北来凤、咸丰，四川酉阳等地所产，过去因交通关系，多到常德（或转汉口）集散，故称常吴萸。其品质纯净无枝梗，粒细圆而均匀，色灰绿，芳香浓郁，市上以该路货作上品"。《中国道地药材》载："现在以贵州铜仁、凯里，广西百色、柳州，云南昭通、文山，四川涪陵以及陕西汉中等地为主产区，并认为湖南常德产者质量优"。可见近代以来，吴茱萸主产地已经转移至湖南、湖北、贵州、四川、广西等省相邻地区，而且以湖南、贵州、湖北三省交界处所产"粒细圆而均匀，色灰绿，芳香浓郁"的小果吴茱萸为质量最优，并因在湖南常德集散而得"常吴萸"，成为吴茱萸公认的道地药材。

【种质资源及分布】

吴茱萸为吴茱萸属，全属主要分布于亚洲、非洲东部及大洋洲，我国有约 20 种 5 变种，主要分布于我国长江流域及华南一带以及陕西等地，其中安徽、浙江、江西、福建、台湾、广东、广西、湖南、四川、贵州、云南等地是我国吴茱萸药材资源的主要分布区，而其属中臭辣树 Euodia fargesii Dode.、棣叶吴茱萸 E. glabrifolia（Benth.）Huang 及三桠苦 E. lepta（Spreng.）Merr. 等亦被民间当作药材用。

吴茱萸、石虎、疏毛吴茱萸为药材来源正品，吴茱萸生于平地至海拔 1500m 山地疏林或灌木丛中，多见于向阳坡地，主要产地在江西樟树、广西柳城、湖南新晃、贵州铜仁和余庆等。石虎海拔较低，分布于长江以南、五岭以北的东部及中部各省，包括贵州铜仁地区、湖南新晃、娄底、浏阳等地区。疏毛吴茱萸生于山坡草丛或林缘。主要产区为广西柳城、阳朔，贵州余庆、松桃，江西樟树等地。贵州铜仁和湖南新晃为公认道地产区，贵州铜仁所产吴茱萸以粒匀、色绿、气浓、味辛、质量佳著称，而湖南新晃所产吴茱萸质量上乘，也享誉中外。

【适宜种植产区】

吴茱萸适应性较强，对土壤要求不严，不耐涝，光照适宜均能较好生长。从吴茱萸药材资源的分布来看，秦岭以南大部分地区均可栽培，包括湖南、贵州、陕西、广西、云南、江西、福建等省。

【生态习性】

吴茱萸适宜亚热带气候，喜在阳光充足、温和湿润、肥沃疏松、排水良好的酸性土壤中生长，最适生长海拔 300～800m，平均气温 16℃，全生育期（从发芽到果实采收）150～180 天，光照 1200～1500 小时，积温 4000～4500℃，降水量 800mm 以上。吴茱萸生长在阴湿处病虫害多，结果少；海拔高则生长缓慢，果实成熟不良。一般山坡地、平原、房前屋后、路旁均可种植。对土壤要求不严，中性、微碱性或微酸性的土壤都能生长，但以油沙土、夹砂土等肥沃、疏松的土壤为好。吴茱萸为浅根系树种，没有明显的主根，有发达的须根群，在重黏土中生长缓慢。

【栽培技术】

（一）种植地准备

1. 苗圃地选择及整地　苗圃地选择向阳的沙质土或半沙壤土，要求苗圃地土层深厚、土壤肥沃、排水良好，播前深耕，耕后每亩用 1000～2000kg 人粪尿均匀泼在地面，待干后再细碎土地，做成宽 1.5～1.8m、长 4～10m 的平畦，畦间步道为 30cm。

2. 移栽地选择及整地　移栽地宜选择在阳光充足、温和湿润、土层深厚、排水良好的平缓地，坡度大于 15° 沿登高水平线挖定植穴，小于 15° 可直接开穴栽种。海拔一般不超过 600m，土壤以黄壤或沙质土壤为好。

（二）繁殖方式

吴茱萸繁殖方式有多种，有扦插繁殖、根插繁殖、分蘗繁殖以及种子繁殖等。因吴茱萸种子的发芽率较低，生产上多不采用种子繁殖，以无性扦插为主。

1. 根插繁殖

①繁殖根选择及处理：选择4~5年健壮、无病害、产量、品质较高的优良母株，于冬季植株落叶后到萌芽前，刨开母株40~100cm根际周围的泥土，露出侧根，选取直径0.5cm左右的侧根，剪成10~15cm长的小段，阴凉处备用。

②扦插及管理：按照株行距15cm×10cm的标准将根段插入土中，上端稍露出土面，覆土稍加压实，浇稀粪水盖草。待长出幼苗，及时揭去盖草，并浇清粪水1次。幼苗期及时松土除草，浇稀粪水。翌春或冬季即可出圃定植。

2. 枝插繁殖　在萌芽前，剪取生长健壮、无病害的1年生枝条，剪成20cm长的插穗。插穗须保留3个芽眼，上端截平，下端近节处剪成斜面。将插穗下端插入浓度为1ml/L的吲哚丁酸溶液中，浸半个小时取出，按株行距10cm×20cm斜插入苗床中，入土深度以穗长的2/3为宜。切忌倒插。覆土压实，浇水遮阴。一般经1~2个月即可生根及抽生新枝，第二年可移栽。

3. 分蘖繁殖　吴茱萸易分蘖，可于每年植株落叶后到萌芽前距母株30~40cm处，刨出侧根，每隔10cm割伤皮层，盖土施肥覆草，待苗落叶后到萌芽前时即可分离移栽。

4. 种子繁殖

①种子选择及处理：秋季8~11月果实成熟，由绿色转深红紫色时，选择产果多、没有大小结果年之分的吴茱萸作为采种母树，采集其树冠上部外围枝上的果实，将其沤堆2~3天后搓烂果皮，取出种子，阴凉处存放，准备播种。

②播种及管理：种子处理后，均匀撒在苗床上，盖上1~2cm细砂，然后轻轻踩踏，使种子和泥土紧密结合，浇透水，盖上地膜。当苗高3~4cm时进行第一次间苗，每亩留苗3~4万株，适当浇灌稀释粪水；当苗高7~10cm时，再次匀苗，每亩留苗2~3万株。幼苗生长期间，勤除草，加强田间管理。一年后苗高70~80cm出苗圃。

（三）移栽

应选在冬季落叶后或第二年萌发前栽植，以春季栽植效果最佳，栽培时苗木要竖直，树根要自然伸展，先用表土填实，两分层回填踏实，使根与土壤充分接触，浇透定根水，再盖上层浮土，保持土壤的通透性。在肥料施用上应以有机肥为主，每株可用饼肥60kg或鸡粪每株3~5kg，结合整地一并施入穴中。同时适时多追肥，防止落花落果。夏季应多施磷、钾、硼肥，少使氮肥。适度喷施防落果素效果为好。栽植时，按株行距2m×3m的密度挖树穴，穴长、宽、深为30cm×30cm×30cm，亩栽111株，并将表土、底土分别堆放。植树时每穴施腐熟农家肥一担或枯饼1~1.5kg，先将肥与底土拌匀后填入穴底约10~15cm，再将树苗入穴，舒展根系后再把拌肥的底土、表土填入和压实，最后盖一层松土，以高出地面10cm为限。苗木入土深度比在圃地时深3~4cm。

（四）田间管理

1. 幼树管理　平地建园种植需开深沟排水；坡度在5°以下的山地种植可等高线栽植，5°以上应修梯田，梯田面宽不少于3m。吴茱萸易受干旱胁迫，生长不良，旱季应做好抗旱，若有水源则浇水抗旱，若无水源则在旱季来临前在苗木周围浅中耕后，覆盖直径

1m，厚10～20cm的山地杂草。幼树定植之后，4年内需将全园深翻改土一次。新植幼树，除施足基肥外，应在成活后2年内的6、7、9三月施用三次氮肥等速效肥，自第3年开始每株增加草木灰2～3kg或氯化钾、硫酸钾0.2kg，以增强树势，准备结果。

2. 成树管理　成树除做好排水之外，需要适时开展中耕除草，中耕不宜过深，以免伤根，以使表土疏松不板结，田间无杂草为宜。每年施肥3次，第1次在早春发芽前，追施一次人畜粪水，在离根际40cm处开沟环施，每株20kg；第2次在6～7月开花结果前，施一次磷钾肥，每株施堆厩肥4～5kg，菜籽饼2.5～3kg，草木灰5～10kg，过磷酸钙0.5kg，在离树干40cm处开沟环施。均匀填埋，表面覆土、压紧，可适量浇水；第3次在冬季落叶后施堆厩肥5～8kg，草木灰3～5kg，在离树干40cm处开沟环施，培土盖草防冻。

3. 修剪整形　吴茱萸修剪应视植株生长的自然情况而定，一般中心主干明显而生长健壮的采用疏散分层形，无中心主干则采用自然开心形。修剪在冬季进行，修剪时应同时剪去病枝、弱枝、下垂枝、并生枝，留枝梢肥大，芽饱满而成椭圆形的枝条。

4. 病虫害防治　吴茱萸主要多发煤污病与锈病两种病害。虫害主要有蚜虫、褐天牛、小地老虎等。

①煤污病：煤污病为吴茱萸最常见的病害，多发生于5～6月，主要在为害叶片、嫩枝和树干上诱发不规则的黑褐色煤状物，严重影响光合作用，致使树势衰弱，开花结果少，影响产量。此病与蚜虫、介壳虫为害有关。防治方法：虫害发生期用40%乐果乳油1000倍液或1:0.5:150～200倍波尔多液喷施；冬季清除杂草，消灭害虫越冬场所。

②锈病：该病多发于5～7月，为害叶部。发病初期叶片上出现黄绿色近圆形、边缘不明显的小病斑，后期叶背形成橙色突起的疮斑，最后引起叶子枯死。防治方法：发病时，用0.2～0.3波美度石硫合剂或25%粉锈宁1000倍液喷施。

③蚜虫：该虫多发生4～5月，主要为害嫩枝和嫩叶，蚜虫排出的粪便污染枝叶容易导致煤烟病的发生。防治办法：蚜虫发生期间，可用10%吡虫啉4000～6000倍液或25%的鱼藤精或40%硫酸烟精等进行防治。

④褐天牛：该虫的幼虫从树干下部30～100cm处或在粗枝上蛀入，咬食木质部，形成不规则的弯曲孔道，使内部充满蛀屑。该虫严重时，可直接导致树体死亡。防治方法：该虫发生时，及时防治，可用80%敌敌畏或90%敌百虫800倍液塞入蛀孔，用泥封口，毒杀幼虫。

⑤小地老虎：该虫易发生幼苗期，为害幼苗，咬断幼苗根、茎、叶，以4～5月对幼苗为害最严重。防治办法：早晨和傍晚，在田间人工捕杀。也可用90%敌百虫1000～1500倍液在下午浇穴毒杀或90%晶体敌百虫100g制成的毒饵诱杀或用辛硫磷1000～1200倍液处理。

【采收加工】

吴茱萸移栽2～3年后开始开花结果，于8～11月果实由绿色变成黄绿色或稍带红紫色且尚未开裂时分批采摘。应选择晴天早上或上午将果穗成串剪下，轻采轻放，避免震动落果。采摘时将果序成串剪下，不要将结果枝剪下，以免影响第二年开花结果。采回后及时摊晒，切忌堆积发酵，晒至干燥后揉去果柄，去除杂质即成。晾晒后，预防反潮、变黑。若遇阴雨天，亦可烘干，但温度不得超过 60℃。干后用手或木棒打下果实，拣尽枝叶、果柄等杂质即可。正常植株可连续结果 20～30 年。

【质量要求】

以粒小、饱满坚实、色绿、香气浓烈为佳（图 3-3，图 3-4）。按照《中国药典》（2015 版）标准，吴茱萸药材质量要求见表 3-1：

表 3-1　吴茱萸质量标准表

序号	检查项目	指标	备注
1	杂质	≤ 7.0%	
2	水分	≤ 15.0%	
3	总灰分	≤ 10.0%	
4	浸出物	≥ 30.0%	
5	吴茱萸碱（$C_{19}H_{17}N_3O$）与吴茱萸次碱（$C_{18}H_{13}N_3O$）总量	≥ 0.15%	HPLC法
6	柠檬苦素（$C_{26}H_{30}O_8$）	≥ 0.20%	

图 3-3　川吴萸精制饮片

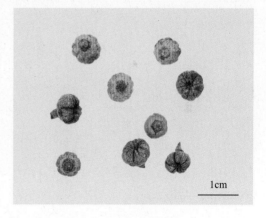

图 3-4　常吴萸精制饮片

【储藏与运输】

（一）储藏

贮藏之前应干燥，用木桶或竹筐套塑料包装，置清洁、干燥、阴凉、通风、无异味的专用仓库中储存，注意防霉、防蛀、防挥发油散失。

（二）运输

运输车辆必须清洁。药材运输包装必须有明显的运输标识，包括收发货标志和包装储运指示标志。运输工具必须清洁、干燥、无异味、无污染，运输中应防雨、防潮、防暴晒、防污染，严禁与其它有毒、有害物品混装。

【参考文献】

［1］国家药典委员会. 中华人民共和国药典［M］. 一部. 北京：化学工业出版社，2015：171-172.

［2］龚慕辛，王智民，张启伟，等. 吴茱萸有效成分的药理研究进展［J］. 中药新药与临床药理，2009，20（2）：183-187.

［3］高国斌，魏宝阳，李顺祥，等. 吴茱萸主栽品种及资源分布现状［J］. 湖南中医杂志，2015，31（7）：154-156.

［4］张红礼，赵志礼，王长虹，等. 吴茱萸的本草考证［J］. 中药材，2011，34（2）：307-309.

［5］中国科学院中国植物志编委会. 中国植物志第40卷［M］. 北京：科学出版社，1994：81-83.

［6］周涛，江维克，李玲，等. 贵州吴茱萸的生境与群落特征调查［J］. 贵州农业科学，2010，38（10）：35-41.

四、山银花 Shanyinhua

Lonicerae Flos

【来源】

本品为忍冬科植物灰毡毛忍冬 *Lonicera macranthoides* Hand.–Mazz.、红腺忍冬 *Lonicera hypoglauca* Miq.、华南忍冬 *Lonicera confuse* DC. 或黄褐毛忍冬 *Lonicera fulvotomentosa* Hsu et S. C. Cheng 的干燥花蕾或带初开的花，夏初花蕾含苞未放时采摘，晾晒或阴干，生用或炒用。性寒，味甘，入肺、胃、大肠经，具有清热解毒，凉散风热的功效，为清热解毒的良药，广泛用于外感风热，温病初起发热而微恶风寒者及疮、痈、疔肿，下痢脓血，热病泻痢等症。湖南省常见品种为灰毡毛忍冬，又名"大银花""岩银花""木银花"等，为金银花地方习用品之一，湖南隆回有大面积种植，早前被称为"金银花之乡"，为湖南省道地药材。

【别名】

大银花《贵州民间药物》；银花《温病条辨》；鹭鸶花《植物名实图考》；苏花《药材资料汇编》；金双花《中药材手册》

【植物形态】

1. 灰毡毛忍冬 藤本，幼枝或其顶梢及总花梗有薄绒状短糙伏毛，有时兼具微腺毛，后变栗褐色有光泽而近无毛，稀幼枝下部有开展长刚毛。叶革质，卵形、卵状披针形、长圆形至宽披针形，长 6～14cm，上面无毛，下面被灰白色或有时带灰黄色毡毛，并散生暗橘黄色微腺毛，网脉凸起而呈蜂窝状；叶柄长 6～10mm，有薄绒状短糙毛，有时具开展长糙毛。花香，双花常密集于小枝梢成圆锥状花序；总花梗长 0.5～3mm；苞片无柄，披针形或条状披针形，长 2～4mm，连同萼齿外面均有细毡毛和短缘毛；小苞片圆卵形或倒卵形，长约为萼筒之半，有短糙缘毛；萼筒常有蓝白色粉，无毛或有时上半部或全部有毛，长近 2mm，萼齿三角形，长 1mm；花冠白色，后变黄色，长 3.5～4.5（～6）cm，外被倒短糙伏毛及橘黄色腺毛，唇形，筒纤细，内面密生短柔毛，与唇瓣等长或略较长，上唇裂片

图 4-1 灰毡毛忍冬原植物

卵形，基部具耳，两侧裂片裂隙深达 1/2，中裂片长为侧裂片之半，下唇条状倒披针形，反卷；雄蕊生于花冠筒顶端，连同花柱均伸出而无毛。果实黑色，常有蓝白色粉，圆形，直径 6~10mm。花期 6 月中旬至 7 月上旬，果熟期 10~11 月。（图 4-1）

2. 红腺忍冬　落叶藤本。较灰毡毛忍冬不同之处是叶纸质，叶下面有时粉绿色，有无柄或具极短柄黄或橘红色蘑菇状腺；双花单生于小枝顶集成总状，花冠白色，有时会有红晕，后黄色。花期 4~5（6）月，果期 10~11 月。

3. 华南忍冬　半常绿藤本。较灰毡毛忍冬不同之处是叶纸质，幼时两面有糙毛，老时上面无毛；双花腋生或于小枝或侧生短枝顶集成具 2~4 节的短总状花序；萼筒被糙毛，萼齿披针形或卵状三角形，唇瓣稍短于冠筒；花期 4~5 月，有时 9~10 月第二次开花，果期 10 月。

4. 黄褐毛忍冬　藤本。较灰毡毛忍冬不同之处是幼叶、叶柄、叶下面、总花梗、苞片、小苞片和萼齿均密被开展或弯伏黄褐色毡毛状糙毛，幼枝和叶两面散生橘红色腺毛；冬芽具 4 对鳞片；叶纸质；苞片细长条形；双花单生叶腋或数对组成短总状花序；冠筒稍短于唇瓣，外面密被黄褐色倒伏毛和开展的短腺毛。

【种质资源及分布】

忍冬属植物有 200 多种，主要分布在北美、欧洲、亚洲和非洲北部温带至热带地区。据记载，我国忍冬属植物有 98 种，广泛分布于全国各地，主要分布在河南（密银花）、山东（济银花）、湖南（山银花）、广西、广东等地。有文献报道，对我国 16 个省、市、自治区的 158 个市、县 202 个忍冬属样品进行研究，共鉴定出其原植物分属于忍冬属 14 个种、1 个亚种和 2 个变种。在复杂多变的生态环境影响下，忍冬属植物种内变异异常丰富，在地方作为药用的品种就有多种。湖南省常见的忍冬属植物有灰毡毛忍冬 *L. macranthoides* Hand.-Mazz.、细毡毛忍冬 *L. similis* Hemsl.、卵叶忍冬 *L. inodora* W. W.、皱叶忍冬 *L. rhytidophylla* Hand.-Mazz.、短柄忍冬 *L. pampaninii* Levl.、滇西忍冬 *L. buchananii* Lacein kew Ball. 等。

2005 版《中国药典》开始规定，金银花的正品来源为忍冬科植物忍冬 *L. japonica* Thunb. 的干燥花蕾或带初开的花，山银花的正品来源为灰毡毛忍冬 *L. macranthoides* Hand.-Mazz.、红腺忍冬 *L. hypoglauca* Miq.、华南忍冬 *L. confuse* DC. 或黄褐毛忍冬 *L. fulvotomentosa* Hsu et S. C. Cheng 的干燥花蕾或带初开的花，彻底将金银花和山银花区别开来。湖南省自然野生分布大量的银花资源，大多为忍冬，还有灰毡毛忍冬、红腺忍冬、华南忍冬，西南五省一直将山银花当成金银花使用，有 100 多年历史。湖南省栽培品种主要为灰毡毛忍冬，为山银花药材主流商品之一，湖南省种植面积曾超过 2 万顷，现留存面积有所减少。

【适宜种植产区】

灰毡毛忍冬产湖南、湖北西南部、安徽南部、浙江、江西、福建西北部、广东（翁源）、广西东北部、四川东南部及贵州东部和西北部。湖南省主要栽培于隆回、溆浦、新宁、新化等地。

红腺忍冬产安徽南部，浙江，江西，福建，台湾北部和中部，湖北西南部，湖南西部至南部，广东（南部除外），广西，四川东部和东南部，贵州北部、东南部至西南部及云南西北部至南部。

华南忍冬产广东、海南和广西。

黄褐毛忍冬产广西西北部、贵州西南部和云南。

【生态习性】

湖南地区山银花的基源灰毡毛忍冬，喜温暖稍湿润气候，耐阴。对土壤要求不严，耐盐碱，但在土层深厚、质地疏松、富含有机质、酸性反应小、湿润且排水良好、pH值为5.6~7.4的中性至微酸性砂质土壤中生长较好。据报道，山银花种植以砂壤土、土层厚度50cm以上、坡度平缓且不超过15°、阳坡或半阳坡为宜。植株在3℃以下生理活动微弱，生长缓慢，5℃以上萌芽抽枝，16℃以上新梢生长快，20℃左右花蕾生长发育快，适宜生长温度为20~30℃，但花芽分化温度为15℃。生长发育需要经过6个阶段：萌芽期、生长期、显蕾期、开花期、缓慢生长期和越冬期，植株枝条茎节处开始出现米粒状芽体，芽体开始明显膨大，伸长，芽尖端松弛，芽第一二对叶片伸展，开始萌芽；日平均气温16℃时进入植株生长旺期，叶腋露出花总梗和苞片，花蕾似米粒状。果枝随着花总梗伸长，花蕾膨大，进入花蕾期。在7~8月，开始进入开花期。随后，植株生长缓慢，叶片脱落不再形成新枝，但枝条茎节处出现绿色芽体，主干茎或主枝分节出现大量的越冬芽。当气温降至3℃时，生命处于极缓慢状态，越冬芽变为红褐色，但部分叶子冬季不脱落，植株进入越冬期。

【品种介绍】

金翠蕾：树形为圆头形，生长势旺盛；叶长椭圆形或长卵形，长9.3cm，宽5.7cm；5~6月开花，平均30朵聚合成伞状或团状花序，簇生于叶腋或枝顶；花管无毛，花蕾顶部突然膨大较明显，花蕾呈含苞未放的棒状，花蕾整齐，花冠一直不开裂，花期15~25天；干花绿原酸含量5.92%，定植第4~5年，可产干花3750~5250kg/hm^2；适应性和抗病性强。

银翠蕾：树形为伞形，树姿较开张，生长势旺盛；叶长椭圆形，长10.7cm，宽4.9cm；5~6月开花，平均30朵聚合成伞状或团状花序，簇生于叶腋或枝顶；花管无毛，花蕾顶部渐渐膨大，花蕾为含苞未放的棒状，整齐，花冠一直不开裂，花期长达15~25天；干花绿原酸含量5.83%，定植第4~5年，可产干花3000~4500kg/hm^2；适应性和抗病性较强。

白云：树形紧凑，生长势中等；叶长椭圆形或长卵形，长8.1cm，宽4.4cm；5~6月开花，平均27朵聚合成伞状花序或团状花序，簇生于叶腋或枝顶；花管半开放，花期7~10天，花管无毛；干花绿原酸含量高达6.97%，定植第4~5年，可产干花4500~6000kg/hm^2；适应性强，具较强抗白粉病能力。

湘蕾：利用在生产过程中发现的灰毡毛忍冬自然变异优株作为接穗，以灰毡毛忍冬和同属植物细苞忍冬 Lonicera similis Hems 或忍冬 Lonicera japonica Thunb. 作为砧木，通过嫁接培育出优良品种"湘蕾"。其具有花蕾多、产量高、花蕾期长、采收方便、药材色浅质优、适应性广、抗病虫害能力强的优良特性。

【栽培技术】

（一）种植地准备

1. 育苗地选择及整地　育苗地应选择在背风向阳、地势平坦、土质肥沃、排灌方便、透气性强、土壤呈微酸性至中性的沙质土壤地块。选地后深翻土地30cm以上，打碎土块，整平耙细，施足底肥，做成宽1.3m的高畦。耕地时每亩施入氮肥50～75kg，磷肥50kg，钾肥15～20kg，或堆肥3000～4000kg，氮肥30～50kg。

2. 移栽选地及整地　山银花喜光，喜温，耐寒，喜湿，较耐干旱。适宜海拔400～1600m，温度3～30℃，最适温度为14～18℃。移栽地最好选择光照好、土层厚度30cm以上的水平地、山体的中下部，在条件允许的情况下，尽可能选择石山或半石山的山地。整地时，先深翻土地，施足底肥，每亩施农家肥2500kg，整平耙细作高畦栽植。（图4-2）

图 4-2　山银花药材种植基地

（二）繁殖方式

育苗繁殖可分为无性繁殖和有性繁殖2种，无性繁殖包括扦插、分株和压条，生产上以扦插为主，分株和压条因繁殖系数较低，不常使用。

1. 扦插繁殖

①插条的选择与处理：选取当年春季萌发生长的1年生藤茎或多年生藤茎，尤以1年

生的春生藤茎更好，成苗率高于1年以上的老藤茎。将选作扦插的藤茎剪成25cm左右的插条，每枝留3～5个节，并剪去叶片。用ABT6号生根粉 50×10^{-6} 溶液浸泡1～2小时，以促进插条早生根。插条处理后，尽快扦插，做到随剪随插。

②扦插：扦插可在春、夏和秋季进行，雨季扦插成活率最高，但对1年需出圃的苗木，为了达到优质壮苗的标准，扦插时间以春季2～3月份为宜。育苗地按行距15～20cm，在畦内开沟深20cm左右，将处理好的插条按株距5cm，呈45°～70°斜放于沟内，并将覆土震实。扦插后及时浇灌1次，有条件的可对苗圃进行遮阴，一般10～15天即可生根，30天后可去掉遮阴。以后根据土壤墒情，适时浇水，松土除草。

2. 种子繁殖

①种子选择及处理：每年霜降前后，即10月下旬至11月上旬，将成熟的果实采回，放入水桶或水缸中，在常温下浸泡3天，放入编织袋中用脚踩或搓洗，去净果肉、杂质，取成熟种子捞干，在50℃温水中过水或用低浓度的石灰水洗，除去果核表面的蜡纸层，在常温下阴干，存放阴凉干燥处贮藏备用。

②播种：种子播种可分为冬播和春播，冬播在11月份进行，春播在翌年3月份进行。春播将种子放在35～40℃的温水中浸泡24小时，取出拌2倍～3倍湿沙（含水率60%）置于温暖处催芽约14天，待种子有30%裂口时即可，播前将苗床浇水湿透。播种采取条播或撒播，播种量为 $0.5 \sim 0.7 \mathrm{g/m^2}$ ，播后覆盖不超过0.5cm的细沙土，盖草以保持湿润，10天左右可出苗。

3. 压条繁殖　选取当年生花后枝条，将其压入周围土壤中，枝条埋入部分划开5～6cm伤口，2～3个月后即可生出不定根，半年后将枝条用不定根的节眼后1cm截断，让其与母株分离而独立生长，稍后便可带土移栽。一般从压藤到移栽只需8～9个月，栽种后翌年即可开花。压条繁殖法只在扩大植株面积时采用较好。

4. 分株繁殖　分株繁殖法即从生长几年的植株上分出一部分，剪去老根，再移栽，培育成幼苗的方法。可在早春或晚秋进行，此法不如扦插繁殖，且会影响金银花原植株当年产量。

（三）移栽

幼苗移栽可春秋两季进行定植移栽。春季育苗，当年9～10月定植，10～11月育苗，次年3～5月定植。选择主干粗壮、根系发达、根径0.5～0.6cm、无病虫害的苗木，适当修剪主根和枝干，枝干长度保持在25～30cm左右。移栽前用磷肥蘸根，每穴栽苗4～5株，呈梅花形种植。移栽时注意保持苗木根系舒展，回土压实，浇足定根水，及时盖上阴蔽度50%左右的遮阳网。若栽培地海拔低，应进行搭棚遮阴。搭建高2m宽8m的大棚，于棚内做成宽2m、高30cm的畦，并于畦中间按株距1.5m挖穴，挖穴规格50cm×50cm。

（四）田间管理

1. 排水与灌溉　山银花喜湿润，生长期内需要保持充足的水分，尤其在开花期间，必须保持土壤的含水量。然而，水分过多也易造成植株烂根，要避免地面积水，四周开好排水沟，以做到雨季及时排水，亦可用于浇水抗旱。灌溉视种植地和植株生长情况而定，结合除草进行。

2. 中耕除草 移栽后，每年要及时除草松土，给根部培土，保证根系不露出地面。每年除草2~3次，2月结合"花前肥"，全面松土除草，6月结合"花后肥"浅铲除草。3年后可视植株生长情况适当减少除草次数，但每年春季2~3月和秋后封冻前要培土。

3. 追肥 山银花种植过程中，追肥每年3~4次，第一次追肥在早春萌芽后进行，每穴可施入氮肥50~100g，磷肥过磷酸钙150~200g，或人粪尿5~10kg。第二次追肥在6月上旬，每穴施入复合肥0.1kg。第三次追肥在末次花采完之前进行，以磷肥和钾肥为主，可适量进行沟施。在植株生长期可根据生长情况适当增加1~2次追肥。在栽植穴周围挖环沟，将肥施入沟中，再盖土。对五年生以上的大株，每株施土杂肥4~5kg、化肥20~60g，混合后施入，对五年生以下的植株，可适当少施。

4. 修剪整形 山银花种植过程中，整形修剪是山银花提高产量和品质至关重要的栽培技术措施。合理的修剪整形能改善株型，提高正常花枝的数量。修剪整形应根据栽培的品种、苗龄、枝条类型而确定。

①整形：移栽后的幼苗旁立竹竿，选留一中心干蔓，绑在竹竿上攀岩生长，其余枝蔓全部剪除。当主干高30~40cm时，剪去顶芽，促发分枝。第二年春季，在主干上部留粗壮枝4~5个作主枝，分两层着生，从主枝上长出的一级分枝保留8~10个枝，剪去顶芽。再从一级分枝上的二级分枝中保留10~12个枝，从二级分枝上长出的枝中摘去勾状形的嫩芽梢。经过修剪基本可定型为伞形树冠。

②修剪：山银花的修剪时期可分为休眠期修剪和生长期修剪，休眠期修剪从12月份至翌年3月上旬均可进行，生长期修剪从5月份至8月中旬均可进行。休眠期修剪可分为短截、疏截和缩截，短截是剪去枝条的一部分，即剪去枝条的1/2~2/3；疏截即将1年生的枝条或多年生枝条剪除，疏枝量根据树势而定，一般占枝量的15%~30%；缩截即对多年生枝条进行短截，就是在结果母枝的分叉处，将顶枝剪除。生长季修剪是剪除花后枝条的顶部，促使结花枝抽出新枝并再次开花。修剪过程中应做到"五修五不修"，即：修枯枝，不修嫩枝；修长枝，不修短枝；修高枝，不修低枝；修内枝，不修外枝；修密枝，不修稀枝。修剪强度依植株年龄和长势而定。壮年植株长势强，应轻度修剪，少疏长留；老年植株生长弱，需重剪。修剪要注意除去虫害枝，修剪完毕后要及时清园，壮枝可用作育苗。

5. 丰产栽培措施 若种植地在低海拔地区，夏季气温较高海拔山地高，应进行温度控制。可利用大棚有效降低温度，具体措施有二。一是在大棚棚架上覆盖遮阳网，同时在正午气温最高时喷洒水雾降温；二是春季在棚架两侧栽种丝瓜，实施山银花和丝瓜的立体套种，夏季时丝瓜藤的遮荫网可使棚内气温下降。两种方法均可使棚内气温下降4~6℃，明显促进灰毡毛忍冬生长，其生长量、花的品质以及产量显著增加。其中，套种丝瓜的措施，不仅有效促进灰毡毛忍冬的生长，还能增加种植户的收入。

6. 病虫害防治 山银花生长期间病害主要有白粉病、叶斑病和根腐病，虫害主要有豹纹木蛾、尺蠖、蚜虫。①白粉病，危害高峰期为3~6月，主要危害叶片、嫩茎及幼小花蕾，发病时花蕾产生灰白色粉层，严重时花蕾呈紫黑色或脱落。发病初期可用50%甲基托布津1000倍液进行喷雾，严重时可喷50%多菌灵600~800倍液。②叶斑病，5~8月发病，7~8月严重，主要危害叶片、嫩茎及苗木嫩梢，造成植株长势衰弱。发病时叶片病斑呈圆形、黄褐色，背面有灰色霉状物。防治要及时清除病枝落叶，并利用有机肥增强植株抗病力。发病初期用50%多菌灵800~1000倍液喷雾。③根腐病，4月中下旬发病，5月下旬至6月初为发病盛期，湿度越大发病越重。该病害整株发病，较轻时全株叶片发黄并出现萎蔫，严重时叶片大部分变黄脱落，甚至全株枯死，茎基部表皮粗糙，黑褐色，主根变成秃根，红褐色或黑褐色，溃疡状，皮层腐烂。发病初期用50%多菌灵可湿性粉剂800~1000倍液全株喷雾，并对其附近土壤用石灰水消毒；病情严重将病株拔除烧掉，用土拌石灰掩埋病穴附近，防止病菌漫延。④豹纹木蛾，9~10月受害植株出现枯枝，幼虫有转株危害的习性，自枝杈或新梢处侵入，在木质部和韧皮部之间咬一圈，3~5天后被害新梢枯萎，蛀孔处有虫粪排出。对此病的防治要及时清理被害枝秆，在幼虫的孵化盛期（7月中下旬），用40%乐果乳油1500倍液加0.3%~0.5%的煤油喷雾。⑤尺蠖，此虫主要危害叶子，严重时植株叶子被全部吃光。此病防治要求清洁田园，减少越冬虫源，在幼龄期用40%乐果乳油1000~1500倍液喷雾。⑥蚜虫，4月下旬发生，5月上中旬严重，阴湿天气蔓延更快，主要危害嫩枝和叶片，影响新枝生长和花朵形成。对其防治可在枝条发芽前普遍喷洒1次石硫合剂。

【采收加工】

适时采摘是提高山银花产量和质量的主要措施，当花蕾膨大部分由青变白且上部膨大时最佳。采摘时要选择晴天上午9时以前，将达到标准的花蕾，先外后内，自下而上采摘，采后尽量少翻动，立即干燥。

采收后的加工应以烘干为主，晒干为辅。杀青烘干：初烘温度30~35℃，2小时后升至40℃左右，待鲜花排出水分，再升至55℃左右烘12~20小时即可。晒干：采摘后以当日或次日晒干为好，晾晒厚度一般以2~3cm为宜，不能任意翻动，以免花蕾受伤变黑，以暴晒1天干制的花蕾为优。

【质量要求】

以花蕾多、色淡、质柔软、气清香为佳（图4-3~图4-5）。按照《中国药典》（2015版）标准，山银花药材质量要求见表4-1：

表4-1 山银花质量标准表

序号	检查项目	指标	备注
1	水分	≤15.0%	
2	总灰分	≤10.0%	
3	酸不溶性灰分	≤3.0%	
4	绿原酸（$C_{16}H_{28}O_9$）	≥2.0%	
5	灰毡毛忍冬皂苷乙（$C_{65}H_{106}O_{32}$）和川续断皂苷乙（$C_{58}H_{86}O_{22}$）	≥5.0%	HPLC法

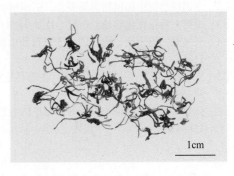

图4-3 山银花（红腺忍冬）饮片

图 4-4　山银花（黄褐毛忍冬）饮片

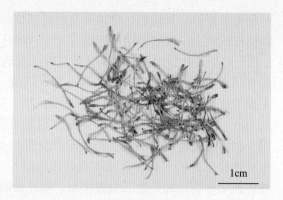

图 4-5　山银花（灰毡毛忍冬）饮片

【储藏与运输】

（一）储藏

贮藏的关键在于是否充分干燥，密封保存。山银花药材容易吸湿受潮，特别在夏秋季节，空气相对湿度大时，含水量达 10% 以上就会发生霉变或虫蛀。药材干燥后，将其装入塑料袋内，再放入密封的纸箱内，如果量较少，可于热坛中密封。有部分产区，将干燥药材装入塑料袋中，把缸晒热，将袋装入缸内，埋于干燥的麦糠中，可储存一年不受虫蛀，并能保持原品色泽。

（二）运输

运输工具或容器需具有较好的通气性，以保持干燥，并应有防潮措施，运输车辆必须清洁、干燥、无异味、无污染，有防雨、防潮、防暴晒、防污染等设施，严禁与能对药材产生污染的其他货物混装运输。同时不应与其他有毒、有害、有异味的物质拼装，并防止挤压。

【参考文献】

［1］国家药典委员会. 中华人民共和国药典［M］. 一部. 北京：化学工业出版社，2015：202-203.

［2］中国科学院中国植物志编委会. 中国植物志第 72 卷［M］. 北京：科学出版社 1994：231-245.

［3］田野. 金银花化学成分研究［D］. 郑州：郑州大学，2007.

［4］吴飞燕，冯宋岗，曾建国. 金银花和山银花的鉴别与归属研究［J］. 中草药，2014，45（8）：1150-1156.

［5］朱小强，王慧英，张家秀，等. 生态环境对金银花生长开花影响的研究［J］. 陕西农业科学，2006（5）：51-52.

［6］张重义，李平，许小方，等. 忍冬的生长特性与金银花药材质量的关系［J］. 中药材，2004，27（8）：158-159.

五、栀子 Zhizi

Gardeniae Fructus

【来源】

本品为茜草科植物栀子 *Gardenia jasminoides* Ellis 的干燥成熟果实。9～11月果实成熟呈红黄色时采收，除去果梗和杂质，蒸至上气或置沸水中略烫，取出，干燥。栀子为我国传统常用中药材，其性味苦，无毒，主归心、肺、三焦经，具有泻火除烦、清热利尿、凉血解毒的功效，临床上常常用于热病心烦、黄疸尿赤、血淋涩痛、血热吐衄、目赤肿痛、火毒疮疡等证。栀子除果实入药外，根、花也可入药，栀子根可清热、凉血、解毒，花可清肺热凉血。栀子主产于我国长江以南，资源非常丰富，以湖南、江西、广西、湖北、贵州等省份分布最为广泛。湖南省为栀子生产的主产区，栀子分布范围较广，大部分县市均有分布。

【别名】

木丹《神农本草经》，鲜支《上林赋》，卮子《汉书》孟康注，支子《本草经集注》，越桃《别录》，山栀子《药性论》，枝子《唐本草》，小卮子《本草原始》，黄鸡子《广西中药志》，黄荑子《闽东本草》，黄栀子《江苏药材志》

【植物形态】

常绿灌木，高 0.5～2m。小枝绿色，幼时被毛。单叶对生或三叶轮生，革质，长椭圆形、阔倒披针形或倒卵形，长 5～14cm，宽 2～7cm，全缘，两面光滑，基部楔形；有短柄；托叶膜质，两片，生于叶柄内侧，基部合成鞘状。花白色，极芳香，单生于枝端或叶腋，具短梗，花冠高脚碟状，5～7 裂；萼管绿色，卵形或倒卵形，上部膨大，有纵棱，先端 5～7 裂，裂片线形或线状披针形，宿存；雄蕊与花冠裂片同数，着生于花冠喉部，花丝极短或缺，花药线形；子房下位，1 室。果实黄色至橘红色，倒卵形或长椭圆形，长 2～5cm，有 5～9 条翅状纵棱。种子多数，鲜黄色，扁椭圆形。花期5～7月，果期8～11月。（图5-1）

图 5-1　栀子原植物

【种质资源及分布】

茜草科栀子属植物广泛分布于热带和亚热带地区，全世界约有 250 种，中国境内分布有 5 种：①山栀子 *G. jasminoides* Ellis，主要分布于湖南、江西、浙江、江西、安徽、湖北、广东、广西等省份，其中以湖南、江西两省最多；②海南栀子 *G. Hainanensis* Merr.，产于广西上思和海南；③狭叶栀子 *G. stenophyaa* Merr.，主产于安徽、浙江、广东、广西、海南等；④匙叶栀子 *G. angkorensis* Pitard，产于海南崖县和东方；⑤大黄栀子 *G. sootepensis* Hutchins.，产于云南澜沧、勐海、景洪、勐腊等。目前已发现三个变种和 1 个变形，即重瓣栀子 *G. jasminoides* Ellis var. *fortun iana*（Lindl.）Hara、雀舌栀子 *G. jasminoides* Ellis. var. *radicans*（Thunb.）Maki no、大花栀子 *G. jasminoides* Ellis. var. *grandiflora* Wakai. 和水栀子 *G. jasminoides* Ellis. f. logicarpa。栀子产区主要分布于长江流域以南的各省份，包括湖南、江西、四川、湖北、浙江、福建、广东、广西等省份，以湖南省和江西省为主产区。湖南省为栀子资源大省，主要分布在湘中地区的涟源、邵东、湘潭、衡山、衡东、宁乡、长沙，湘东地区的攸县、醴陵、平江、浏阳，湘南地区的耒阳、郴县、桂阳，以及湘北地区的益阳、华容、汨罗等市县。

【适宜种植产区】

栀子主要分布于湖南、江西、广西、广东等省，在海拔 100～300m 的低山、丘陵、平原区均有野生栀子分布，因此，适宜种植产区为长江流域以南的低山丘陵地区。

【生态习性】

栀子适应性较强，对环境的要求不甚严格，喜光，也耐荫，喜温暖湿润气候，在栀子生长范围内，年平均气温 16.6～17.9℃，极值最高气温 40.1℃，最低气温为 -13.2℃，日平均气温 ≥10℃ 的活动积温为 5283～5329℃，持续 238～356 天，稳定通过 10℃ 的初日至 20℃ 的终日，持续 180～250 天；空气相对湿度 78%～83%，年平均降雨量 1200～1700mm，日照时数 1600～1900 小时，日照百分率 30%～40%，年辐射量多年平均 86～109kcal/cm²，无霜期 266～313 天。栀子自然分布区属于亚热带季风湿润气候，阳光充足，雨量充沛，气候温和，植被丰富，适宜于栀子生长发育。

栀子对土壤要求不严，在海拔 600m 以下的大部分土壤中均能生长，能够较好的适应贫瘠土壤，平原、丘陵、山地均可种植，一般以排水良好、疏松、肥沃湿润的酸性至中性的红黄壤土为好，低洼地、盐碱地不宜栽种。

栀子生长在 3～4 月发新叶抽枝，4 月中旬至 5 月上旬蕴蕾，5 月下旬至 6 月中旬开花，7～8 月果实形成并膨大，果实着色始于 9 月初，10 月底至 11 月初果实完全着色，果实成熟。栀子生长发育过程中，每年枝梢生长可分为春梢、夏梢、秋梢，春梢一般大约在 3 月底至 5 月初，夏梢在 6 月至 8 月初，秋梢在 8 月至 9 月。一般而言，扦插繁殖的栀子第 2～3 年可开花结果，种子繁殖第 3～4 年开花结果。

【品种介绍】

现有湘栀 3 号，湘栀 18 号，湘栀 20 号等品种，对湖南省气候环境、土壤条件，耕作水平适用性强，抗病性强的优良品种，具有树势强健、立枝开阔、叶片质地厚、叶色浓绿、果实色泽鲜艳、产量高、栀子苷含量高等优点。

【栽培技术】

（一）种植地准备

1. 苗圃地的选择及整地　苗圃地宜选择背风向阳、土壤疏松肥沃、通透性好、排灌方便的红黄土壤，积水低洼地、盐碱地处不宜选择。秋、冬季深翻土地 20 ~ 30cm，除去石砾及草根，耙细整平，每亩并施入腐熟农家肥 500 ~ 1000kg 和过磷酸钙 30 ~ 40kg，做成高 20 ~ 25cm、宽 1 ~ 1.2cm 的苗床，开好排水沟。整地后还要进行土壤消毒，在播种或移栽前的 10 ~ 15 天，选用硫酸亚铁、生石灰等土壤消毒剂处理。

2. 造林地的选择及整地　栀子适应性较强，平原、丘陵、山地均可种植，以阳光充足、土层深厚、土壤疏松肥沃平缓地块为好。栀子较耐贫瘠，对土壤要求不严，一般荒山开垦地均可种植。造林地选好后，先砍伐、清除灌木杂草，就地烧灰作肥。按照造林地地形选择条垦、全垦或挖穴整地，翻耕 25 ~ 30cm，按照栽植密度挖穴，规格为 40cm × 40cm × 30cm，每穴施入腐熟农家肥 3 ~ 5kg 或复合肥 0.5kg 与钙镁磷肥 0.5 ~ 1kg 混合肥。（图 5-2）

图 5-2　栀子药材种植基地

（二）繁殖方法

栀子繁殖方法有种子繁殖和扦插繁殖，其中种子繁殖为常用方法，种子繁殖苗木数量多、速度快、成本低。

1. 种子繁殖

①种子采集与处理：选择优良品种的健壮植株作为采种母树，在 10～11 月，果实陆续成熟，选择饱满、色红、皮薄、无病虫害的栀子，将其摘下。一般而言，采集果实后处理方法有两种，第一种是将鲜果连壳晒至半干留作种，播前剥开果皮，取出种子，浸泡在清水中 24 小时，揉搓后去掉漂浮在水面的杂物及瘪粒，将沉底饱满种子捞出滤干水，以备进行种子消毒、催芽和播种。第二种是鲜果采回后及时剥开果皮把种子取出，清除杂物，将种子放入清水中浸泡 2～3 小时后揉搓，除去漂浮水面的杂物和瘪籽，将沉于水底饱满的种子捞出，晾干后干藏，以备播种。

②种子处理与播种：种子播种前需要进行消毒和催芽，即将种子浸泡在 0.5% 高锰酸钾中浸 2 小时，捞出种子，用清水冲洗 2 次，滤干水，再将种子放入 30～35℃ 温水中 24 小时后，取出种子滤干水即可播种。栀子播种可分为春播和秋播，以春播较好，时期是 2 月下旬至 3 月初。种子播种方法有撒播和条播：a. 条播：将处理的种子按行距 20～25cm，开深约 3cm 的浅沟，将种子均匀撒入沟内，覆细土 1～3cm，再盖上稻草，播种量每亩控制在 2～3kg。覆土后稍镇压，浇水，保持畦面湿润。b. 撒播：在整好的苗床上将苗床土压平，用经过细筛的黄心土或砂土均匀撒在苗床表层，厚度 2～3cm，然后将处理好的种子均匀撒播在畦面上，播种量控制在 2～3kg/ 亩，覆土 1～3cm，以不见种子为度，覆盖稻草，及时浇水，保证畦面湿润。播种后 40～50 天后陆续出苗。

③苗期管理：出苗后，揭去覆盖的稻草。幼苗生长期容易滋生杂草，要及时拔除，做到除草除小除干净，除草时不要损伤幼苗根系，最好选择阴天进行，每次除草后追施稀薄人畜粪。育苗 1～2 年后即可移栽。

2. 扦插繁殖 春秋两季均可扦插，春季 2 月中下旬，秋季 9 月下旬至 10 月下旬进行。选择优质高产、无病虫、生长健壮、结果盛期的母树，采集 2～3 年、粗 0.6～1cm 的健壮枝条，截成 15～20cm 长，上端平下端斜的小段作插穗，在高畦土按行距 15～30cm，株距 8～10cm 扦插。扦插时，用小木棍打引孔，将插条斜插在苗床上，入土约 2/3，上端留 1 个芽节露出土面。插后应经常浇水，保持苗床湿润。扦插后 60～70 天发芽生根，及时除草，加强肥水管理和病虫害防治，1 年后即可出圃移栽。

（三）定植移栽

栀子幼苗移栽最佳季节是秋冬季节和春季，秋季在寒露至立冬间进行，春季在雨水至惊蛰间进行。幼苗经培育 1 年后，苗可高达 25～35cm，并有 1～2 个分枝，即可移栽定植。移栽前，将幼苗适当修剪枝叶，以减少苗木水分消耗，并用磷肥和黄泥浆沾根，将苗木放入穴中，每穴栽 1 株，扶正、填土，土填至一半时，将幼苗轻轻往上提，使根系舒展，随后填土至满穴，用脚踏实，表面再覆盖松土，最后浇足定根水。

（四）田间管理

1. 中耕除草 定植后每年冬季要进行一次全垦培土，春、夏、秋要浅锄除草，抑制杂草生长，加深活土层，促进栀子生长。1~2 年幼株长势较弱，特别是第一年，中耕除草适当增加次数，保证幼株的生长。

2. 科学施肥　栀子可耐贫瘠，但也耐肥，开花结果消耗养分多，对水肥需求也大，施肥按照氮、磷、钾肥与农家肥相结合的原则进行。施肥结合中耕除草进行，次数以 3~4 次为宜。4 月份以施氮肥为主，促进发芽和孕蕾。5 月喷施叶面肥，促进开花和结果。6 月至 8 月施氮磷钾复合肥一次，促进果实壮大发育及花芽分化。9~10 月再次加施氮磷钾复合肥，保证植株生长。每年冬季可沿栀子植株四周 15cm 外，深耕施肥并培土，以有机肥料为主，施肥 2000kg/亩，加入钙镁磷肥 25kg/亩，以保护栀子越冬及恢复树势。

3. 修剪整形　定植生长 1 年后开始修剪培养树形。将匍匐枝、重叠枝、纤弱枝、下垂枝、逆行枝和有病虫的枯枝等离主干较远的萌芽全部剪掉，仅选留一个粗壮的主干和 3 个主枝，各主枝又培养 3~4 个副主枝。以后依次修补长顶梢，使栀子树冠形成一个向四周伸展的伞形开阔状，层次分明、透气、透光。一般定植后 2 年内摘除花芽，第 3 年可适当留果。在秋季 8 月以后开的花不能形成果实，应摘除花。

4. 病虫害防治　栀子病虫害较少，常见的病虫害有叶斑病、炭疽病、卷叶螟、天蛾等。

①叶斑病：此病害为真菌性，主要为害叶片，产生黄褐色病斑，使叶片黑枯致死。防治方法：a. 及时清除（或摘除）病落叶和病叶，铲除种植地杂草，集中烧毁或深埋处理，减少浸染源；b. 植株病害时，用 1:1:100 的波尔多液或 50% 的托布津 1000 倍液，每隔 15 天喷施一次，连续 2~3 次。

②炭疽病：通常在果实成熟期高温多雨时发生较为严重，主要为害叶片和嫩果。防治方法：a. 加强施肥和抚育等栽培管理，加强植株抗病虫害能力；b. 发病时，可用退菌特、甲基托布津等高效低毒杀菌剂防治。

③卷叶螟：此害虫容易在植株快速生长期发生，幼虫取食幼嫩叶片、新芽以及新梢顶端，直接影响栀子夏梢、秋梢生长和花芽的形成，导致产量下降。防治方法：虫害发生期间，可喷施杀虫类乳油进行防治，栀子采收前 1 个月应停止用药，保证用药安全。

④天蛾：此害虫为害期主要集中在 6~7 月和 8~9 月，防治办法：a. 在苗期幼虫发生时，利用幼虫的假死性进行人工捕捉；b. 幼虫低龄期用天然除虫菊（5% 除虫菊素乳油）1000~1500 倍液或虫酰肼（24% 米满）1000~1500 倍液等进行喷雾防治，7 天一次，防治 2~3 次。

【采收加工】

1. 采收　栀子种植后，到第三年开始挂果，第 5~8 年处于盛果期，采果年限为 15 年。每年 10~11 月果实成熟，一般分两批采收，第一批在 10 月下旬采收，第二批在 11 月上旬采收。选择在晴天露水干后或午后，将成熟果实摘下。装袋运回待加工。

2. 加工　将采收回来的鲜果拣选清除杂质，用蒸汽处理鲜果，使果皮软化，摊开于太阳下暴晒，直至七八成干，堆放室内发汗 1~2 天，接着再晒 4~5 天，再发汗，如此反复，一般干燥 15 天即可，也可以将蒸后的鲜果置于 60℃ 以下烘干，提高烘干效率和药材质量。

【质量要求】

栀子以干燥、饱满、色红艳、无杂质者为好（图 5-3）。按照《中国药典》（2015 版）标准，栀子药材质量要求见表 5-1：

表 5-1　栀子质量标准表

序号	检查项目	指标	备注
1	水分	≤ 8.5%	
2	总灰分	≤ 6.0%	
	栀子苷（$C_{17}H_{24}O_{10}$）	≥ 1.8%	HPLC法

图 5-3　栀子精制饮片

【贮藏与运输】

栀子易生霉，表面不易发现。贮藏期间，应充分干燥，注意环境干燥、通风。定期检查，发现商品受潮及轻度虫蛀，及时置阴凉通风处散潮、干燥，忌暴晒。虫害较多时，用溴甲烷或磷化铝熏蒸。夏季贮存一般应保持 4 ~ 10℃ 的环境温度。运输过程应尽可能缩短运输时间。不得与其它有毒、有害物质混装。长途运输栀子成品时，运输工具或容器应具有较好的通气性，并附有防潮设施，以保持干燥。

【参考文献】

［1］孟祥乐，李红伟，李颜，等．栀子化学成分及其药理作用研究进展［J］．中国新药杂志，2011，20（11）：959-967.

［2］颜升，董艳凯，陈健，等．中药栀子的研究现状［J］．安徽农业科学，2013，41（18）：7759-7760.

［3］吴征镒，周浙昆，李德铢，等．世界种子植物属的分布区类型［J］．云南植物研究，2003，25（3）：245-257.

［4］中国科学院中国植物志编辑委员会．中国植物志［M］．71 卷（第 1 分册）．北京：科学出版社，1999：329.

［5］罗跃龙，周日宝，贺又舜，等．湖南省栀子种植的概况与分析［J］.湖南中医药导报,2004,10（3）：54–56.

［6］杨锐培．基地栀子优良种质的筛选与高产栽培技术研究［D］.广州：广州中医药大学，2014.

［7］罗光明，刘合刚．药用植物栽培学［M］.上海：上海科学技术出版社，2008：239.

［8］周早弘．栀子GAP规范种植技术［J］.广西农业科学，2006，37（3）：253–255.

［9］税丕先，熊英，庄元春，等．栀子的规范化栽培方法［J］.时珍国医国药，2005，16（12）：1326–1327.

［10］朱培林，吴金娥，郑昭宇，等．木本药材栀子规范化生产技术［J］.林业科技开发，2005，19（2）：42–44.

［11］郑昭宇，李平英，吴金娥，等．栀子病虫害调查及防治技术［J］.现代园艺，2008（11）：27.

［12］邓青云，姜益泉，吕环照，等．红栀子果实的采收加工与贮藏技术［J］.林业实用技术，2008（10）：34–35.

六、玉竹 Yuzhu
Polygonati Odorati Rhizoma

【来源】

本品为百合科植物玉竹 *Polygonatum odoratum*（Mill.）Druce 的干燥根茎。玉竹为药食同源中药，具有养阴润燥、生津止渴的功效。其所含多糖、皂苷、黄酮等主要化学成分，可增强人体免疫力，同时有抗衰老作用，故民间常有"多服玉竹，延年益寿"之说。玉竹在全国大部分地区均有分布，湖南玉竹主要分布于邵阳、娄底和益阳的各个县市，其中邵东因盛产优质"湘玉竹"而被称为中国"玉竹之乡"，为湖南省道地药材。

【别名】

地管子，尾参，铃铛菜，萎蕤，竹七根，山包米，西竹，连竹，玉术

【植物形态】

多年生草本植物，根状茎圆柱形，直径 5~14mm。茎高 20~50cm，具 7~12 叶。叶

图 6-1　玉竹原植物

互生，椭圆形至卵状矩圆形，长 5~12cm，宽 3~6cm，先端尖，下面带灰白色，下面脉上平滑至呈乳头状粗糙。花序具 1~4 花（在栽培情况下，可多至 8 朵），总花梗（单花时为花梗）长 1~5cm，无苞片或有条状披针形苞片；花被黄绿色至白色，全长13~20mm，花被筒较直，裂片约 3mm。花丝丝状，近平滑至具乳头状突起，花药长约4mm。子房长 3~4mm，花柱长 10~14mm。浆果蓝黑色，直径 7~10mm，具 7~9 颗种子。花期 5~6 月，果期 7~9 月。（图 6-1）

【种质资源及分布】

玉竹 *Polygonatum odoratum*（Mill.）Druce 为黄精属 Polygonatum 植物。该属植物世界上共约 40 种，我国有 31 种。黄精属植物广布于北温带和北亚热带，在我国有广泛分布，尤以西南地区种类繁多。资源量则以北方温带地区为盛。黄精属植物均为多年生草本，多具肥厚根状茎，该属植物为中药者共两种，即黄精和玉竹，二者以根茎入药，2015 版《中国药典》均有收录。

玉竹常常生长于海拔 500~3000m，凉爽、湿润、无积水的山野阴湿处、林下及落叶丛中。玉竹的环境适应性强，在我国资源丰富，广泛分布于我国东北、华北、西北、华东、华中各省，主产于湖南、河南、广东、江苏、浙江等省。较为有名的玉竹品种有主产于湖南邵阳、娄底等地的"湘玉竹"、主产于江苏海门、南通等地的"海门玉竹"、主产于广东连县等地的"西玉竹"以及在东北及内蒙一带生长的"关玉竹"，其中湘玉竹是世界公认的优质湖南大宗中药材之一，产量占全国总产量的 60% 以上，在湖南省中药材生产与出口创汇产品中占有显著位置。

【适宜种植产区】

主产于湖南省的邵阳、娄底和益阳的各个县市；东北的辽宁和黑龙江；广东省的连县、乐昌；江苏省的宜兴、南通、海门；浙江省的东阳、盘安、仙居、新昌等县（市）。其中以湖南省邵东、安化地区玉竹的产量最大，质量较优，为邵东县的地理标志产品，邵东县被称为中国"玉竹之乡"。

【生态习性】

玉竹对温度的适应性较好，属耐寒性植物。春季玉竹种子萌发较早，在北方寒冷地区每年的 4 月下旬到 5 月上旬就已经萌动，一般温度在 5℃ 以上时，就开始陆续出土，9℃ 以上时即形成花蕾，温度达到 14~25℃ 时达到盛花期，而 19~25℃ 玉竹地下根茎开始增粗。玉竹虽耐寒，但在 2℃ 左右就会逐渐枯萎死亡，故年初 1 月左右的均温对玉竹的生长很关键，研究显示 1 月平均温度直接影响和限制玉竹的有效成分含量。海拔 500~3000m 的地区都有玉竹分布，其最适宜生长海拔在 300~1000m 左右。玉竹喜潮湿、阴暗，忌积水，一般全月平均降水量在 150~200mm 时地下茎发育最旺，降水量在 25~50mm 以下时，生长缓慢，积水过多或干旱不利于生长，故适宜长在半阴、排水良好的山坡、林下、林缘及灌木丛中。土壤对玉竹生长影响较小，但以土层深厚的黄壤或砂质壤土，pH 值 5.5~6.0 的土壤最为适宜。玉竹在微酸性疏松砂质黄壤中生长，色泽好，产量高，采挖也不易折断。因地下茎向四周生长，不易中耕松土，所以玉竹不宜在黏土中栽培，黑土产品色泽不好，影响质量。玉竹对环境的适应性还表现在一定的抗旱能力上，研究发现在室外生长环境下，干旱胁迫 18 天后复水，玉竹仍可以恢复到正常水平，可见玉竹在相对干旱的环境中仍可正常发育。种植玉竹时，忌连作，前茬以玉米、大豆、花生为好。

【品种介绍】

湘玉竹：主产于湖南邵东、邵阳、安化、娄底等地栽培品。其特点为产品呈长圆柱形，略扁，少有分枝，条较粗壮。表面黄白色或淡黄棕色，半透明，肉质白色，无外皮，或有少许外皮，质略柔润，味甜糖质重，香味浓，嚼之有黏性。经过长期人工栽培的选择，目前湖南栽培的湘玉竹主要有猪屎尾、同尾、姜尾、竹节尾和米尾等品种：①猪屎尾：苗壮短，叶较短圆，地下根茎粗大而较长，尖端光滑分 3 枝，间有 2 枝，喜向上生长。②木尾：苗比猪屎尾矮，叶小，地下茎粗而较短。③竹节尾：柳叶尾，苗茎比较细，叶较猪屎尾狭长，地下茎长而较细，节股显著。其中猪屎尾品质最好，产量最高。

【栽培技术】

（一）种植地准备

1. 选地与整地 选地选择海拔 300 ~ 1000m，背风向阳，土层深厚，肥沃疏松，排水保水能力强，pH 在 5.5 ~ 6.5 的微酸性砂质黄红壤土，忌选黏土、黑土、土质黏重、瘠薄、地势低洼、易积水的地块。不宜连作，前作以禾本科和豆科作物为佳，不宜为百合、葱、芋头、辣椒等作物。轮作年限要超过 3 ~ 4 年，种植老区要超过 7 ~ 8 年。选好种植地后，深翻 30cm，除净杂草，让烈日暴晒，并进行土壤消毒，以敌克松或多菌灵加氯硝基苯消毒效果较佳，然后整成 130 ~ 170cm 宽的高畦，畦沟宽 33cm，深 13 ~ 17cm，边沟宽 40cm。注意厢面中间稍高平整，土粒细碎。畦长视地形与方便作业而定。

2. 施基肥 基肥与整地结合，将基肥翻入土地，每亩施腐熟猪、牛肥或圈肥、堆肥 3000 ~ 3500kg，复合肥 100kg 或过磷酸钙 100kg。

（二）繁殖方法

玉竹为多年生草本植物，多用种子和根状茎繁殖。因根状茎繁殖遗传性较种子稳定能确保丰产且生长周期短，故目前生产上以根状茎繁殖为主。

1. 种茎选择及处理

秋季地上部分枯萎后，挖取健壮的根状茎，选择芽头大、顶芽饱满、无病虫害、无黑斑、无麻点、无机械损伤，色泽新鲜黄白，须根多，质量 10g 以上，有 2 ~ 3 个节的肥大嫩根状茎做种茎。种茎必须选当年生、芽端整齐、略向内凹的粗壮分枝，瘦弱细小和芽端尖锐向外突出的分枝及老分枝很难发芽，不宜留种，也不宜用主茎留种，以免成本太高和影响产品质量。选好的种茎用 50% 多菌灵 500 倍液浸泡 30 分钟，捞出晾干，再下种。若因故不能及时栽种，必须摊放室内背风阴凉处以免干枯腐烂。若需长时间贮藏，可用湿沙保存。

2. 栽种

①栽种时间：一般在 8 ~ 11 月进行栽种，最迟不超过 11 月上旬，过迟会影响当年新生根的发育。

②栽种方法：在畦面上开横沟，行株距（25 ~ 30）cm ×（8 ~ 17）cm，沟深 15 ~ 20cm。栽种方法有两种，一种是双排并栽法，将根茎在沟内摆成"八字形"，其芽头一行向右，一行向左；另外是单排法，即将根茎在沟中顺排摆成单行，芽头一左一右，或者芽头朝一个方向，斜向上放好，栽后盖上腐熟干肥，再盖一层细土与畦面齐平。种茎用量每亩为 400 ~ 450kg。

③畦面覆盖：栽后盖草是玉竹高产的重要关键技术。因从玉竹下种到翌年 3 月出苗要经过 180 天左右，为了保持这一时期种植地的湿润，增加土壤肥力，控制杂草生长，必须覆盖杂草等材料，覆盖材料可采用稻草、麦秆、玉米秆、枯枝落叶等。一般而言，以覆盖 6 ~ 7cm 厚为宜，每公顷用枯枝落叶或杂草 12 000 ~ 15 000kg。

（三）田间管理

1. 中耕除草 玉竹秋栽后，根茎只萌发细毛根，当年不出苗，因此需要及时除草、松土和浇水。除草要浅锄，以免锄伤嫩芽，要尽量保持土面无杂草。全年人工除草 3~4 次，出苗前可施用草甘膦进行全面除草，3 月出苗后，苗茎脆弱易断且为独生苗，一般多采取人工拔除，且要严防人畜入地踩踏。出苗后为了防止损害幼苗或松动根系，6 月后就不再拔草。注意每次除草均应选晴天进行，避免雨水浸入，导致腐烂。

2. 追肥培土　玉竹秋栽后，可在当年冬季行间开浅沟施入农家肥 800~1000kg/亩。玉竹追肥全年 2 次，以有机肥为主，辅以少量尿素、复合肥、磷肥等。翌年苗高 7~10cm 时，追施苗肥，多用硫酸钾复合肥或尿素，施肥后加盖青草或枯枝落叶，保持表土疏松湿润，促使新茎粗大肥厚并能防止雨水冲刷和新根露出土面。秋冬季节玉竹进入休眠期，追肥人畜粪农家肥 1000~2000kg/亩，施后培土 5~7cm。待到第三年玉竹出苗后，每亩施入农家肥 1000~2000kg/亩，然后培土覆草，秋季即可收获。

3. 排灌　幼苗生长期间苗小，根系入土浅，不耐干旱，水分不足容易造成生长缓慢，根茎发育不良，严重影响玉竹产量和商品质量，因此发生干旱需要及时浇水。玉竹为根茎类植物，最忌积水，在多雨季到来之前，要疏通畦沟以利排水，防止渍水沤根死苗。

4. 病虫害防治　定期观测田间玉竹生长情况，发现病虫害及时应对。玉竹常见病虫害有叶斑病、根腐病、锈病、小地老虎、蛴螬等。

①叶斑病：此病易发生于夏秋二季，受害叶片产生褐色病斑，病斑圆形或不规则形，常受叶脉所限而呈条状，病斑中心部颜色较淡，中央灰色，后期呈霉状即病原菌子实体。防治方法：a. 及时观察，发现病株及时拔除集中烧毁；b. 发病初期用 77% 的可杀得 800 倍液或 70% 甲基托布津可湿性粉剂 800 倍液或 10% 世高水剂 1500~2000 倍液或 50% 扑海因水剂 1000 倍液喷雾，每隔 7~10 天喷一次，连续 2~3 次。

②根腐病：此病易发生于每年 7、8 月多雨季节，发病初期可见淡褐色或淡红褐色圆形病斑，严重时开始腐烂，多个病斑可蔓延成片，最后导致整个根茎全部腐烂，甚至波及邻近根茎。防治办法：a. 种植过程中，加强田间管理，注意排灌，保持土壤通透性良好，拔除病株烧毁，病穴用石灰水消毒；b. 发病初期用 50% 退菌特 1000 倍液或 70% 甲基托布津 1000 倍液或用 12% 绿乳铜 600~800 倍液喷雾，15 天喷一次，连续 3~4 次。

③锈病：该病易于 5 月发生，6~7 月多雨季节严重，受害叶片长有黄色圆形病斑，背面生黄色杯状小粒。防治办法：a. 发现病株及时拔除、烧毁，穴内撒石灰消毒；b. 发病初期，可喷施 25% 粉锈宁 800 倍液预防。

④小地老虎：该害虫为害地下根茎、叶片及嫩茎，严重影响植物正常生长发育。防治办法：a. 为害盛期（4~5 月）用炒香的麦麸或菜籽饼 5kg 与 90% 晶体敌百虫 100g 制成的毒饵诱杀或以 10kg 炒香麦麸或菜籽饼加入 50g 氟丹乳油制成毒饵诱杀。b. 用 90% 敌百虫 1000~1500 倍液在下午浇穴毒杀。

⑤蛴螬：该害虫啃食地下根茎，咬断幼苗和根，致使根茎腐烂，植株死亡；或啃食地下茎皮，形成伤疤，使玉竹生长衰弱，影响玉竹产量和品质。防治办法：a. 冬季清除田间杂草，施用腐熟农家肥料，减少成虫产卵；b. 利用害虫趋光性强的特点，可用黑光灯、日光灯进行诱杀；c. 用毒饵诱杀幼虫，即取 90% 敌百虫 50g 兑水 500g 拌棉籽饼或菜籽饼粉 5kg，傍晚撒在玉竹行间，每隔一定距离撒一个小堆。

各 论

【采收加工】

（一）适时采收

玉竹栽种后 2~3 年采收，玉竹产区大多在 8 月中旬到 9 月上旬采挖，有的甚至于 7 月下旬采挖。采挖过早，不利于提高玉竹品质。随着时间推移，玉竹多糖呈下降趋势，采挖过晚也不利于玉竹品质。按原则以 9 月下旬到 10 月上旬采收为好。选择晴天采收，割去茎叶，挖取根茎，采挖时从底往上倒着挖，采挖过程中要注意防止根茎折断或损伤，挖出后放地里一、两天，失水分后抖去泥土，集中运回，防止碰断，以免影响商品等级。

（二）初加工

玉竹初加工可分为生晒法和蒸煮法。生晒法即鲜玉竹采收后，将摊开晾晒，待须根干脆易断，内部稍软时放入内壁光滑的框内，反复轻轻摇撞，去掉须毛和泥土，然后按大小逐个分开，继续晾晒至微黄色，再用手反复搓揉，搓后再晒，反复数遍至根茎柔润光亮无硬心，大约七八成干时，再放烈日下暴晒直至呈现鲜润的金黄色为止。蒸煮法即将鲜玉竹放在沸水内稍煮或微蒸，手揉或整包用脚踩踏，直到玉竹呈金黄色半透明状时为止，然后取出摊晒。加工时要防止搓揉过度，否则色泽会变深，影响商品质量。

【质量要求】

以条大、肥壮、色黄白者为佳（图 6-2）。按照《中国药典》（2015 版）为标准，玉竹药材质量要求见表 6-1：

表 6-1 玉竹质量标准表

序号	检查项目	指标	备注
1	水分	≤ 16.0%	
2	总灰分	≤ 3.0%	
3	浸出物	≥ 50.0%	70% 乙醇作溶剂
4	玉竹多糖以葡萄糖计（$C_6H_{12}O_6$）	≥ 6.0%	紫外－可见分光光度法

图 6-2 玉竹饮片

【贮藏与运输】

（一）贮藏

干燥后的玉竹，用麻袋包装，贮于通风干燥处，温度30℃以下，相对湿度70%～75%，饮片含水量12%～15%。储存过程中，防霉防蛀，适时通风翻垛、除湿、降温。高温高湿季节，将商品与无水氯化钙、生石灰、木炭等吸潮剂同置密封堆垛或容器内。初霉泛油品，用明矾水洗净、迅速烘或晾干，冷却后密封保藏。虫情严重品用磷化铝熏杀。有条件的地方，可进行抽氧充氮养护。

（二）运输

运输过程之前检查药材，如有损坏、变质等情况，及时处理。运输过程中注意严密防潮。

【参考文献】

［1］国家药典委员会. 中华人民共和国药典［M］. 一部. 北京：化学工业出版社，2015：84-85.

［2］中国科学院中国植物志编委会. 中国植物志第15卷［M］. 北京：科学出版社1994：231-245。

［3］卢玉清，王德群. 黄精属中药资源特点和优选方法［J］. 安徽中医药大学学报，2014，33（1）：81-83

［4］晏春耕，曹瑞芳. 玉竹的研究进展与开发利用［J］. 中国现代中药，2007，9（4）：33-35.

［5］路放，杨世海，田文志. 玉竹不同品系多糖含量分析比较［J］. 人参研究，2014，2：40-43.

［6］岳桦，孙珊珊，李玉珠. PEG模拟干旱胁迫对玉竹生理特性的影响［J］. 东北林业大学学报，2012，40（5）：43-45.

［7］才巨明，孙涛，张文军. 我国玉竹的栽培研究进展［J］. 人参研究，2012，4：55-58.

［8］于爽，曲秀春，杨静莉. 玉竹的生物学特性及解剖学观察［J］. 辽宁林业科技，2007，6：17-23.

［9］王恩涛，周宁. 玉竹栽培技术规程［J］. 防护林科技，2015，136（1）：111-112.

［10］伍贤进，王依清，李胜华，等. 南方玉竹规范化栽培技术规程［J］. 安徽农业科学，2014，42（6）：1669-1670.

［11］张廷红. 玉竹栽培技术［J］. 防护林科技，2015（1）：111-112.

七、茯苓Fuling

Poria

【来源】

本品为多孔菌科真菌茯苓 *Poria cocos*（Schw.）Wolf的干燥菌核。多于7~9月采挖，挖出后除去泥沙，堆置"发汗"后，摊开晾至表面干燥，再"发汗"，反复数次至皱纹、内部水分大部散失后，阴干，称为"茯苓个"；或将鲜茯苓堆置"发汗"或蒸煮后去皮或冷冻后机械削皮，不同部位切制，阴干，分别称为"茯苓块""茯苓片""茯苓丁""茯神"。茯苓为传统药食两用中药，具有渗湿利尿、健脾宁心的功效，用于治疗水肿尿少、痰饮眩悸、脾虚食少、便溏泄泻、心神不安、惊悸失眠等症。始载于《五十二病方》，写做"服零"，而"茯苓"之称则最早见于《神农本草经》，列为上品。"靖州茯苓"为湖南省道地药材，质量上乘，享誉国外，湖南靖州被誉为"中国茯苓之乡"。

【别名】

茯菟《神农本草经》；茯灵《史记》；茯蕶《广雅》；伏苓、伏菟《唐本草》；松腴《记事珠》；绛晨伏胎《酉阳杂俎》；云苓《滇海虞衡志》；茯兔《本草纲目》；松薯、松木薯、松苓《广西中药志》

【菌核形态】

茯苓植株是由菌丝体、菌核、子实体三部分组成的真菌。菌丝体是茯苓的营养器官，幼嫩时呈白色绒毛状，老弱时为棕褐色，并在菌丝体上产生菌核和子实体。菌核是由菌丝集结而成，寄生在松树等树木的根部或埋在地下的松树枝茎等材料上。形态多为球形、长圆形、卵圆形或不规则团块状，大小不一，可由几十克至几十千克。新鲜的菌核外皮略皱，浅棕褐色，皮薄而粗糙，有明显的瘤状皱缩；内部白色稍带粉红，粉末状至颗粒状菌肉，质地较松，容易掰开。干燥后的菌核表皮变为深棕褐色，有龟裂，菌肉白色或灰白色，质地坚硬，有裂缝。子实体平伏在菌核表面，直径0.5~1.5cm，类似蜂窝状，呈白色或微黄色，老熟干燥后变为淡褐色；多角形至不规则形，直径0.5~2mm，孔壁薄，边缘渐变成齿状。担孢子多呈一端较细且稍微弯曲的不规则瓜子型或椭球型，大小为（2~3）μm×（4~5）μm。有特殊臭气。

【种质资源及分布】

茯苓在世界范围内主要分布于温带及亚热带地区，于亚洲（中国、日本、韩国、印度等）、北美洲（美国）、大洋洲（新西兰）、非洲均有发现。

20世纪50年代，我国茯苓野生资源丰富，国内约一半省份都有野生茯苓出产，北至河北、山西、陕西、山东，南至广东、广西、福建、云南、贵州等省，主要分布于华中、华南和西南地区，以云南的"云苓"、安徽的"安苓"、福建的"闽苓"最为著名。但由于缺少对野生资源保护的重视，加之茯苓人工栽培技术的发展，当前茯苓野生资源日渐匮乏，濒临灭绝。由不完全统计，目前我国的茯苓种质资源库所收集保藏的茯苓种质只有80多株。调查显示，目前仅云南丽江有少量野生茯苓等分布。

我国是目前世界上唯一人工栽培茯苓的国家，南北朝时期的《本草经集注》中记载了我国1500年前伐松树人工种植茯苓的历史。20世纪70年代后，随着茯苓纯种菌丝的成功分离，茯苓人工栽培技术逐渐走向成熟。目前栽培茯苓的种植主要集中于两大产区：以湖北、安徽为中心的大别山产区和以湖南、贵州为中心的产区，在人工栽培中得到较好应用的优良菌株有：中科院微生物所的CGMCC5.528、5.78，湖南的"湘靖28"，福建的"闽苓A5"（CGMCC6660），安徽的"岳西茯苓"等。

【适宜种植产区】

茯苓适应性较强，全国多地均可种植。主产安徽、湖北、湖南、云南。此外贵州、四川、广西、福建、河南、浙江、河北等地亦产。以云南所产品质较佳，以安徽岳西产量最大，其次为湖北罗田县、英山县、安徽金寨、贵州黎平、湖北麻城等地，湖南靖州为全国最大的茯苓加工、销售集散地。

建于1992年的"中国靖州茯苓大市场"是全国最大的茯苓初加工基地、集散中心和出口基地，现年交易量达5.08万吨，占全国总量60%以上，已出口到美国、日本、韩国、新加坡及中国香港、澳门、台湾等国家和地区，年出口量占全国的三分之二。湖南省靖州县被中国特产之乡组委会授予"中国茯苓之乡"。

【生态习性】

茯苓喜生长在温暖、干燥、阳光充足、雨量充沛的环境中，怕严寒。温度影响着茯苓担孢子及菌丝的发育，其最适宜生长温度为23~28℃；24~28℃时，茯苓担孢子能迅速萌发并生成菌丝；菌丝在10~35℃均可生长，最佳生长温度为28℃。当温度低于20℃时，茯苓菌丝生长缓慢，35℃以上则会导致菌丝的衰老甚至死亡。因此，茯苓生长不宜在海拔过高、温度过低的地方，海拔300~1000m的向阳坡地或平地最为适宜，坡度最好不超过25度，保证阳光照射以维持温度。偏酸性环境有利于茯苓的生长，其适宜的生长pH为3~6，最适为3，碱性环境下茯苓菌丝将停止生长。土壤以排水良好、疏松通气、沙多泥少的夹沙土为好，土层以50~80cm深厚、上松下实、土壤湿度在25%左右。茯苓通常在松属 Pinus 植物的根部发育良好，适宜其生长的松树有马尾松 Pinus massoniam Lamb、黄山松 P. taiwanensis Hayata、华山松 P. armandii Franch、湿地松 P. elliottii Engelm.、云南松 P. yunnanensis Franch、赤松 P. densiflora Sieb. et zucc、油松 P. tabulaeformis Carr. 等。

【品种介绍】

靖州茯苓，获国家"地理标志标识"产品。选育出的茯苓新品种，新一代"湘靖28"

茯苓菌种，具有结苓早，结苓率达 96%，生物转化率高，氨基酸、多糖含量高，抗病虫害能力强，产量较高，质量较好等特点。

【栽培技术】

（一）苓场选择与整理

苓场宜选择海拔在 400～1000m，背风朝阳的山坡为宜，坡度 10°～25°。土壤以排水良好、土质疏松、土层深厚、含砂多、含泥少的酸性或弱酸性砂土、黄砂土为好，黏土、砂砾土不宜种植，且不宜连作。选好地后，冬季深翻土地，除净杂物，经暴晒、干燥备用。有白蚁危害的地区需用杀白蚁药进行土壤消毒。苓场周围要挖好排水沟，以利雨季及时排出水。在茯苓接种前 10 天再翻地 1 次，打碎土块，彻底除净杂物。

（二）菌种选择及准备

1. 菌种选择　茯苓野生资源较少，生产上以栽培为主。目前栽培所用菌种均是人工分离出的纯菌丝扩大培育而来，作为栽培用种进行栽培。栽培菌种的质量标准为菌龄 30～45 天，菌丝洁白致密，生长均匀，布满菌袋内，菌丝尖端可见乳白色露滴状分泌物，茯苓特异香味浓郁，菌袋完整无破损，无发黄菌丝，无子实体长出，无杂菌污染。（图 7-1）

图 7-1　茯苓菌种

2. 菌种培养　茯苓菌种可分为母种、原种、栽培种三种类型，母种不能直接用于生产，必须再进行扩大繁殖，扩大培养繁殖所得的菌种称为原种或二级菌种，继续培养可得三级菌种。

①母种培养：a. 培养基制备：多采用马铃薯（PDA）培养基，即先称取去皮切碎的马铃薯 250g，加水 1000ml，煮沸 0.5 小时，用双层纱布滤过，滤液加入琼脂，煮沸并搅拌，使其充分融化后，再加入蔗糖和尿素，待溶解后，加水至 1000ml，得液体培养基，调 pH6～7，分装于试管中，包扎，高压灭菌 30 分钟，稍冷却后，凝固即得培养基。b. 纯菌种分离与接种：选择新鲜皮薄、红褐色、肉白、质地紧密、具特殊香气的成熟茯苓菌核，先用清水冲洗干净，并进行表面消毒，然后移入接种箱或接种室内，用 0.1%升汞液或 75%酒精冲洗，再用蒸馏水冲洗数次，稍干后，用手掰开，用镊子挑取中央白色菌肉接种于培养基上，塞上棉塞，置于 25～30℃恒温箱中培养 5～7 天，当白色绒毛状菌丝布满培养基的斜面时，即得纯菌种。

②原种培养：a. 培养基制备：培养基配方为松木块 55%、松木屑 20%、麦麸或米糠 20%、蔗糖 4%、石膏粉 1%。先蔗糖加水溶解，调 pH5～6，放入松木块煮沸 30 分钟，待松木块充分吸收糖液后，将松木块捞出。后将松木屑、麦麸（或米糠）、石膏粉拌匀，加入糖液中，充分拌匀，使含水量在 60%～65%，即以手紧握于指缝中有水渗出，手指松开后不散为度。然后加入松木块，分装于 500ml 的广口瓶中，装量占瓶的 4/5 即可，压实，

于中央打一小孔至瓶底，孔的直径约 1cm，洗净瓶口，用纱布擦干，塞上棉塞，进行高压灭菌 1 小时，冷却后即可接种。b. 接种与培养：在无菌条件下，取黄豆大小的母种小块，放入原种培养基中央，置于 25～30℃恒温箱种培养 20～30 天，待菌丝长满全瓶，即得原种。

③栽培菌种培养：a. 培养基制备：培养基配方为松木屑 10%、麦麸或米糠 21%、葡萄糖 2%或蔗糖 3%、石膏粉 1%、尿素 0.4%、过磷酸钙 1%，其余为松木块。先将葡萄糖（或蔗糖）溶解于水中，调 pH5～6，倒入锅内，放入松木块，煮沸 30 分钟，使松木块充分吸足糖液后，捞出。将松木屑、米糠（或麦麸）、石膏粉、过磷酸钙、尿素等混合均匀，将吸足糖液的松木块放入混合后的培养料中，充分拌匀后，加水使配料含水量在 60%～65%之间，随即装入 500ml 广口瓶内，装量占瓶的 4/5 即可。擦净瓶口，塞上棉塞，用牛皮纸包扎，高压灭菌 3 小时，待瓶温降至 60℃左右时，即可接种。b. 接种与培养：在无菌条件下，用镊子将原种培养瓶中长满菌丝的松木块夹取 1～2 片和少量松木屑、米糠等混合料，接种于瓶内培养基的中央，然后将接种的培养基移至培养室中进行培养 30 天。当乳白色的菌丝长满全瓶，有特殊香气，即可供生产用。

（三）栽培方法

栽培茯苓要以松树为材料，在生产上主要分为干段木栽培和树蔸栽培两种，现还发展有袋料高效栽培技术。

1. 段木栽培法

①伐木备料：传统栽培茯苓以松树为主，有些树种虽然也能结苓，但所结茯苓菌核的形态、颜色等与松茯苓有差异，其药用及食用价值尚不清楚，故很少使用。树龄以生长 20 年左右，胸茎 10～20cm 的中龄树为好，松树的树干、树蔸、粗枝等均能用于栽培茯苓。立冬前后砍伐，为春季栽种备料。小暑前后砍伐，为秋季栽种备料。松树砍伐后，去掉枝条，然后削皮留筋，即用利刀沿着树干从上至下纵向削去部分树皮，削一条，留一条不削，这样相间进行。削皮留筋的宽度为 3～5cm，削皮深度达木质部，以利菌丝生长蔓延。在苓场附近选择通风向阳处，用无皮的树筒或条石垫底，将段木一层一层交叉排码堆架成井字形、圆形或顺坡形，进行日晒干燥。架码处的四周应不积水并除掉周围杂草、腐物，防止渍水及孳生害虫、杂菌。当敲之发出清脆声，两端无树脂分泌时，即可供栽培用。

②下窖接种：4～6 月选择晴天进行，每窖段木的数量视粗细而定。段木直径 4～6cm 的小段木，每窖放入 5 根，下三根上两根，呈"品"字形排列；段木直径 8～10cm 的放三根，直径 10cm 以上的放两根，特别粗大的放一根。排放时将两根段木的留筋面贴在一起，使中间呈 V 字形，以利传引和提供菌丝生长发育的养料。茯苓接种方法有菌丝引、肉引和木引三种，以菌丝引居多。a. 菌丝引准备，将人工分离培养的斜面茯苓菌丝，接入栽培种瓶内，栽种瓶中主要为松木屑、蔗糖等茯苓菌生长所需营养成分，在 25～28℃条件下培养 1 个月后，带菌丝长满全瓶时，即可栽培。b. 肉引准备，选用新挖的鲜茯苓个体，完整、无损伤，中等大小，每个 250～1000 克，浆汁足的茯苓个，切片。c. 木引准备，用肉引接种到木段上端靠皮处，然后覆土 3cm 左右，接种后 60～80 天，木料颜色黄白色，且筋皮下有明显的菌丝，散出茯苓香气时挖出形成木引。一般每 6kg 段木接种栽培菌种 1 袋（400g 左右）；直径 20cm 左右的树蔸，接种栽培菌种 2～3 袋（800～1200g）；直径较

粗，侧根较多或质地坚硬的树蔸，接种量应相对增加。

2. 树蔸栽培法 松树砍伐后 60 天以内的树蔸栽培最好，但一年以内的亦可栽培。在树蔸周围挖土见根，除去细根，选较粗的侧根 1 至数个，削去部分外皮，将菌种暴露出的部位，用贴引或垫引方法夹放在侧根间隙中（树侧根夹种法）；或将侧根下的土层掏空，并削去根下方的部分树皮，现出木质，然后将菌种用垫引法接种根下（树蔸根下垫种法）；或将菌种用贴引方法接种在树蔸顶端边缘削皮留筋部位（树蔸顶端接菌法），然后用砂土填实，封蔸。

3. 袋料高效栽培 选择新鲜无腐烂霉变的松树的根、枝条以及加工的边角料作为材料，另加入松木屑、麦麸（或米糠）、白糖、石膏、过磷酸钙等作为辅料。将干菌材浸泡 10～12 个小时，捞起沥干，将所需配料拌匀，料内含水量为 60% 时进行装袋。袋底垫入部分配料，将菌材装入袋中，袋内上部同样装入部分配料，扎紧袋口，进行高温灭菌。用灭菌好的菌材袋料，在无菌条件下接种，每袋料接种 100～150 克。接种后放入 26～28℃ 恒温培养室内培养。待菌丝长满全袋后，下地覆土栽培。栽培时将一头菌袋膜划开一条口子，插进一根全新鲜、长 30cm 的小松树枝（或松树根）作引木，再盖土 10～12cm。每亩栽培 3000～3300 袋。栽培 100～120 天茯苓陆续生长成熟，及时采收。

（四）田间管理

1. 查窖补种 茯苓接种后，保护好苓场，防止人畜践踏，以免菌丝脱落，影响生长。接种后 7 天左右，随机取样轻微扒开段木接菌处的土壤，进行检查。在正常情况下，此时菌种上的菌丝应向外蔓延生长至段木上，俗称"上引"。若菌种内的茯苓菌丝没有向外延伸至培养料上，或污染了杂菌，可将菌种取出，补换上新的菌种。若茯苓窖内湿度过大，可将窖面土壤翻开，晒 1～2 天，待水分减少后，或加入干燥砂土，再重新补种。若土壤过于干燥，可适当在窖面上喷洒些水，可促使菌丝健壮生长。两个月后，菌丝应长到段木底部或开始结苓。

2. 清沟排水 接菌后应立即在厢场间及苓场周围修挖排水沟，平时注意保持沟道疏畅，及时将流落到沟内的砂土铲回场内。降雨季节应及时疏沟排水、松土，否则水分过多，土壤板结，影响空气流动，菌丝生长发育受到抑制。若降雨较多或暴雨时，可在茯苓窖上端的接菌处覆盖树皮、塑料薄膜等，防止雨水渗入窖内，造成腐烂。

3. 培土浇水 茯苓下窖接种时，一般覆土较浅，以利菌丝生长迅速。随着茯苓菌丝的不断生长，菌核的逐渐形成及发育，窖面上层土壤常发生流失，严重时部分段木、甚至菌核暴露出土面（俗称"冒风"）。所以在茯苓生长过程中应经常检查，及时覆土，加以保护。尤其在窖面大量出现龟裂纹时，更应及时覆土掩裂，防止菌核"冒风"被日晒炸裂，或遭雨淋引起腐烂。随着菌核的增大，常使窖面泥土龟裂，甚至菌核裸露，此时应培土，并喷水抗旱。

4. 病虫害及防治 茯苓生长期间，木霉、青霉、根霉等易浸染料筒及菌核，造成软腐病。虫害主要是白蚁，危害严重。

①软腐病：茯苓生产上的常见病害，主要污染培养料及生长发育中的菌核，受害培养料上常见白色、绿色或黑色菌丝；菌核受害部位皮色变黑，苓肉疏松软腐呈棕褐色，严重者渗溢黄棕色黏液。防治办法：在栽种前进行翻晒、整理，选用的茯苓菌种，保证质优健

壮，无杂菌污染；注意清沟排水，定期检查，发现污染部位及时铲除。若发现培养料污染霉菌，可轻轻扒开窖面土层，进行短期翻晾，并铲除污染部位，或用70%酒精灭菌，严重者可更换新料，进行调换。

②白蚁：茯苓主要虫害，成虫、若虫群集潜栖在茯苓栽培窖内，蛀蚀培养料、菌种、菌丝层及菌核，受害部位出现变色斑块，影响茯苓菌种成活及菌核生长。防治办法：正确选场，避免为害，及时覆土，堵塞栽培窖面缝隙，防止害虫潜入窖内；栽培窖排水沟内放置柴油棉球，驱逐白蚁；探寻蚁路，挖掘蚁巢。收集捕杀，减少虫源。菌核成熟后要全部起挖，采收干净，并将栽培后的培养料全部搬离栽培场，切忌将腐朽的培养料堆弃在原栽培场内，使害虫继续孳生、蔓延。

【采收加工】

茯苓一般在接种后8~10个月内成熟，成熟的茯苓菌核表皮呈黄褐色，成熟后即可收获。选晴天挖出后去泥砂，堆在室内盖稻草发汗，发汗后排开凉至表面干燥，再"发汗"，反复数次至现皱纹，内部水分大部分散失后，阴干。或趁鲜剥皮，按不同部位切制阴干。也可直接剥净鲜茯苓外皮后置蒸笼隔水蒸干透心，取出用利刀按上述规格切成方块，置阳光下晒至足干。根据切制的规格，可形成茯苓片、茯苓丁、茯苓块等商品。根据采收部位的区别，可形成茯苓肉、茯苓皮、茯神木等药材。

【质量要求】

以体重、质坚实、外皮色棕褐、纹细、无裂隙、断面白色细腻、粘牙力强者为佳（图7-2，图7-3）。按照《中国药典》（2015版）标准，茯苓药材质量要求见表7-1：

表7-1 茯苓质量标准表

序号	检查项目	指标	备注
1	水分	≤ 18.0%	
2	总灰分	≤ 2.0%	
3	浸出物	≥ 2.5%	稀乙醇作溶剂

图7-2 茯苓与茯神药材

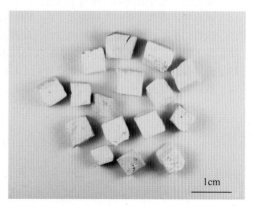

图7-3 茯苓饮片

【贮藏与运输】

（一）贮藏

茯苓含丰富的多糖，且很容易受潮、出现霉变、虫蛀以及变色状况，贮藏时应在专用仓库内。仓库要求干燥、通风、墙壁表面平整、光滑、无裂缝、不起尘。门窗要求坚固，关闭严密，并有防虫、防鼠、防火措施。药材堆码合理、整齐，货堆下用30cm的木质脚架架空，与墙面位置相距60cm，与屋顶相距大于50cm。在茯苓的贮藏阶段要经常检查，翻动，如果发现有茯苓药物已经出现了受潮、霉变、虫蛀以及变色等状况，应立即拿出进行晾晒通风。

（二）运输

茯苓药材批量运输时，不能与有害有毒货物混装。运输工具必须清洁、干燥、无异味、无传染，具有较好的通气性，并备有防晒、防潮等设施，运输过程中应保持干燥。

【参考文献】

［1］国家药典委员会. 中华人民共和国药典［M］. 一部. 北京：化学工业出版社，2015：240.

［2］张建逵，窦德强，康廷国，等. 茯苓类药材的本草考证［J］. 时珍国医国药，2014，25（5）：1181-1183.

［3］王克勤，黄鹤，付杰，等. 湖北茯苓规范化种植技术要点［J］. 中药材，2013（3）：346-349.

［4］蔡丹凤，陈丹红，郑朋武，等. 茯苓种质资源的研究进展［J］. 福建轻纺，2015（11）：36-41.

［5］於小波，昝俊峰，王金波，等. 我国茯苓药材主要产区资源调查［J］. 时珍国医国药，2011，22（3）：714-716.

［6］熊斌. 茯苓种质资源评价及遗传多样性研究［D］. 武汉：华中农业大学，2014.

［7］熊杰，林芳灿，王克勤，等. 茯苓基本生物学特性研究［J］. 菌物学报，2006，25（3）：446-453.

［8］蔡丹凤，陈美元，林杰，等. 茯苓菌株生物学特性的研究［J］. 中国食用菌，2009，28（1）：23-26.

［9］吕作舟. 食用菌栽培学［M］. 北京：高等教育出版社，2006：311-342.

［10］毛龙印. 茯苓规范化栽培技术［J］. 现代农村科技，2012（4）：17.

［11］张雷，蔡爱群. 茯苓的段木栽培与加工技术［J］. 耕作与栽培，2015（1）：59-60.

［12］王伟平，周新伟，李根岳. 茯苓优质高产栽培技术［J］. 食药用菌，2014（2）：102-103.

［13］俞志成. 茯苓的栽培管理与采收加工［J］. 林业科技开发，2001，15（2）：39-40.

［14］韩春梅. 茯苓栽培的关键技术［J］. 四川农业科技，2012（3）：39.

［15］陈勇. 茯苓栽培及初加工技术［J］. 致富天地，2013（10）：52-53.

［16］苏正玺. 茯苓栽培技术［J］. 农村实用技术，2005（5）：16-17.

［17］张建程. 茯苓的制备与贮藏要点分析［J］. 当代医学，2012，18（35）：145.

［18］魏新雨. 茯苓的科学采收贮存与加工［J］. 食用菌，2009（4）：69-70.

八、黄精Huangjing
Polygonati Rhizoma

【来源】

本品为百合科植物滇黄精 *Polygonatum kingianum* Coll. et Hemsl.、黄精 *Polygonatum sibiricum* Red. 或多花黄精 *Polygonatum cyrtonema* Hua. 的干燥根茎。春、秋二季采挖，除去须根，洗净，置沸水中略烫或蒸至透心，干燥。黄精始载于《名医别录》，其性味甘、平，归脾、肺、肾经，具补肾益精、滋阴润燥之功，用于滋补强身和治疗肾虚精亏，肺虚燥咳以及脾胃虚弱之证。黄精分布广泛，湖南大部分地区均有分布，俗称"山姜"，为大宗常用中药材，为湖南的道地药材之一。

【别名】

鸡头黄精，鸡头参，山姜，黄鸡菜，老虎姜

【植物形态】

1. 滇黄精　根状茎近圆柱形或近连珠状，结节有时作不规则菱状，肥厚，直径 1~3cm。茎高 1~3m，顶端作攀缘状。叶轮生，每轮 3~10 枚，条形、条状披针形或披针形，长 6~20（~25）cm，宽 3~30mm，先端拳卷。花序具（1~）2~4（~6）花，总花梗下垂，长 1~2cm，花梗长 0.5~1.5cm，苞片膜质，微小，通常位于花梗下部；花被粉红色，长 18~25mm，裂片长 3~5mm；花丝长 3~5mm，丝状或两侧扁，花药长 4~6mm；子房长 4~6mm，花柱长（8~）10~14mm。浆果红色，直径 1~1.5cm，具 7~12 颗种子。花期 3~5 月，果期 9~10 月。

2. 黄精　根状茎圆柱状，由于结节膨大，因此"节间"一头粗、一头细，在粗的一头有短分枝（中药志称这种根状茎类型所制成的药材为鸡头黄精），直径 1~2cm。茎高 50~90cm，或可达 1m 以上，有时呈攀缘状。叶轮生，每轮 4~6 枚，条状披针形，长 8~15cm，宽（4~）6~16mm，先端拳卷或弯曲成钩。花序通常具 2~4 朵花，似成伞形状，总花梗长 1~2cm，花梗长（2.5~）4~10mm，俯垂；苞片位于花梗基部，膜质，钻形或条状披针形，长 3~5mm，具 1 脉；花被乳白色至淡黄色，全长 9~12mm，花被筒中部稍缢缩，裂片长约 4mm；花丝长 0.5~1mm，花药长 2~3mm；子房长约 3mm，花柱长 5~7mm。浆果直径 7~10mm，黑色，具 4~7 颗种子。花期 5~6 月，果期 8~9 月。

3. 多花黄精　根状茎肥厚，通常连珠状或结节成块，少有近圆柱形，直径 1~2cm。茎高 50~100cm，通常具 10~15 枚叶。叶互生，椭圆形、卵状披针形至矩圆状披针形，少有稍作镰状弯曲，长 10~18cm，宽 2~7cm，先端尖至渐尖。花序具（1~）2~

图 8-1　多花黄精原植物

7（~14）花，伞形，总花梗长1~4（~6）cm，花梗长0.5~1.5（~3）cm；苞片微小，位于花梗中部以下，或不存在；花被黄绿色，全长18~25mm，裂片长约3mm；花丝长3~4mm，两侧扁或稍扁，具乳头状突起至具短绵毛，顶端稍膨大乃至具囊状突起，花药长3.5~4mm；子房长3~6mm，花柱长12~15mm。浆果黑色，直径约1cm，具3~9颗种子。花期5~6月，果期8~10月。（图8-1）

【种质资源及分布】

黄精在我国分布较广泛，总体垂直分布在海拔300~2600m区间。三种黄精水平分布区域有所交叉，但又各有特色。多花黄精产四川、贵州、湖南、湖北、河南南部和西部、江西、安徽、江苏南部、浙江、福建、广东中部和北部、广西北部。滇黄精产云南、四川、贵州等地，越南、缅甸也有分布，但现在野外已很难发现。黄精产黑龙江、吉林、内蒙古、甘肃等省份，安徽东部、浙江西北部，朝鲜、蒙古和前苏联西伯利亚东部地区也有分布，集中分布于东北、西北、华北地区，相对来说河北产量较高。

【适宜种植产区】

主要种植在长江流域以南地区，湖南，湖北，江西，江浙，四川，贵州等地均可种植。

【生态习性】

黄精适应性较差，对环境要求较高。喜阴湿、通风好的环境。生于沟谷、灌丛、悬崖、岩石、疏林及林缘，黄精多分布于山脊两侧，多花黄精较黄精对强光的利用率更高，更加耐阴，因此集中分布于背阴的山体一侧，而滇黄精则分布于灌木丛中较多。黄精生长环境四周植物丰富多样，比较常见的有百合、玉竹、松树、铁芒萁、竹子、油茶、樟树及其他乔木。海拔300~2600m为黄精的垂直分布区域。区域内，多花黄精主要集中在300~690m的较低区间段，黄精则主要集中分布于海拔920~1930m区域，滇黄精主要在海拔1400~2600m集中分布。黄精喜土壤肥沃、土层深厚、水分充足，中性或偏酸性土壤较为适宜。

黄精和多花黄精的物候期调查显示，二者一年的生育过程可分为出苗期、伸长期、展叶期、开花期、果实期、枯死期、秋发期、越冬期等八个时期。黄精和多花黄精的出苗期为3月底到4月中旬。伸长期即植株茎快速生长时期，两种黄精的伸长期均为3月底到5月中旬，多花黄精稍早于黄精。黄精的展叶期为4月中旬到5月底，多花黄精的展叶期为4月中旬到5月上旬，这期间为植株叶的生长关键期，其与伸长期基本同季，是黄精和多花黄精的营养生长高峰期。黄精与多花黄精的开花期分别为4月中下旬到6月中上旬、4月中旬到5月下旬。两种黄精的果实期均较长，时间跨度将近6个月，黄精从6月上旬开始结实到 6 月底不再有新果形成，一直到 11 月下旬到 12 月上旬果实才成熟；多花黄精 5 月中旬开始结实到 5 月底间不再有新增果实，之后到 11 月中下旬果实才成熟。二者在夏末、秋初时出现春发植株大量死亡的现象，据此设置一个生育时期——枯死期，在这个时期枯死期是植株全年生长的第一个低潮阶段，时间出现在 8 月上中旬到 9 月中下旬。枯死期的中后段，黄精和多花黄精在田间出现秋发苗现象，据此同样设定一个生育时期为秋发期，10 月上中旬达到生长期的第二次出苗高峰，10 月中下旬开始回落，之后慢慢停止。其中黄精的再生出苗量较多花黄精多。越冬期则是两种黄精从生长到生长停滞再到生长的一个过渡期，并因其正处于一年的冬季，故名为越冬期，可衔接前后两年植株的生长发育过程；11 月中下旬，秋发植株开始落叶枯死，黄精进入整个生长阶段的越冬休眠时间，一直持续到第二年 3 月下旬，植株又开始出苗返青，再次经历上一年的生长发育历程，周而复始。

【栽培技术】

（一）种植地的准备

1. 移栽地选择及整地　黄精喜阴湿怕干旱，性耐寒，适宜选择在地势平坦、排灌方便、耕层深厚、肥力较好、海拔 2800m 以下的中性或微碱性土壤中，以土层深厚、含有丰富腐殖质的砂质壤土或壤土为好，最好选择阴湿的竹林下或山地林缘。黄精忌连作，前茬不能为百合科植物。前茬作物收获后及时深翻晒土，熟化土壤，消灭杂草，耕深 30cm 左右。结合整地，每亩施腐熟厩肥或堆肥 2000kg，然后耙细整平，四周挖好排水沟。（图 8-2）

图 8-2　黄精药材种植基地

2. 育苗地选择及整地　黄精种子育苗地选择可按照移栽地要求进行，整地深翻30cm，施入腐熟厩肥或堆肥 1000 ~ 1500kg，做成宽 120cm，高 15cm 的畦，畦沟宽 40cm，畦长因地势而定，四周开排水沟，播前再次浅锄耙细。

（二）繁殖方法

黄精为多年生喜阴植物，常常多生长在阴湿的山地和林缘草丛中，具有喜阴、耐寒、怕旱的特性。黄精繁殖可采用种子繁殖和根茎繁殖，由于种子繁殖出苗时间和生长周期长，因此，生产上以根茎繁殖为主。

1. 种子繁殖

①种子采收及处理：常规中，黄精果实适宜的采收时间为 12 月下旬，其果实墨绿或紫色，呈球形，种子成熟饱满，质量上乘；多花黄精的果实最适宜采收期为 12 月中旬，果实颜色黑色，呈球形；滇黄精的果实采收应提早到 10 月下旬，果实颜色为红紫色。将成熟果实摘下，放入塑料袋进行发酵 10 天左右，将发酵好的果实进行揉搓，水中冲洗，直到果肉和果皮完全去掉为止，然后将种子摊开，阴干。经发酵得到的种子成熟度好，千粒重高，颜色亮黄，种皮质地坚硬，种脐明显，呈深褐色圆点状，发芽率可达 85% 左右，发芽时间也较短。贮藏时，需要对黄精种子进行消毒处理，即将将干燥种子放入 50℃ 温水中浸 10 分钟后，再转入 55℃ 温水中浸 5 分钟，然后再转入冷水中降温，这样主要为了消除黄精种子内及种皮上的病毒和病菌，减少种子的最初病害浸染源。采集的种子可采用低温沙藏和冷冻沙藏，这样可保证种子成活率。

②播种：播种时间选择春季三月份进行，选用肥沃均匀的沙质土壤铺垫发芽床，按行距 15cm 划深 2cm 的细沟，将吸胀 12 小时的种子分别清水冲洗后均匀植入发芽床的细沟内，覆平细沟旁细土，用木耙轻轻压实，浇 1 次透水，盖草保温保湿。

③苗期管理：种子播种后，20 天即可出苗，出苗后揭去覆草，进行中耕除草和追肥，待苗高 5 ~ 10cm 按照"去弱留强"的原则进行间苗，最后按照 6 ~ 8cm 定苗。幼苗培育 1 年即可出圃移栽。

2. 根茎育苗　黄精根茎无性繁殖是利用黄精营养体实现黄精优质丰产的关键性技术，黄精根茎具有非常强的繁殖能力，可直接根茎体系分离，进行分株繁殖。选择 3 ~ 4 年生地下新鲜根茎留种育苗，种茎段选择 8 ~ 10cm，要求其具有长势好、具有顶芽的特点。播种前一年 10 ~ 12 月，用湿润细土或细沙集中排种于避风、湿润、荫蔽地块越冬。次年 2 ~ 3 月翻开表土，选择健壮萌芽根茎，将根茎切削成段后，用草木灰涂切口，于阳光下暴晒 1 ~ 2 天准备移栽。

（三）大田移栽

黄精移栽一般在春季 3 月上旬或秋季 10 月下旬进行。在整好的地块上作宽 1.0cm、高 0.25 ~ 0.3cm 的畦，畦沟宽 0.5m。按行距 25cm，株距 15 ~ 20cm，深 10 ~ 15cm 挖穴，每穴移栽黄精苗一株，覆土压紧，淋透定根水，再盖土与畦面齐平。移栽 1 周后，再浇水 1 次。一般而言，密度按每亩 8000 株为宜，间作其他高秆作物可采用低密度每亩 6000 株进行。（图 8-3，图 8-4）

图 8-3 黄精与瓜蒌的套种　　　　　　　　图 8-4 黄精的林药套种

（四）田间管理

1. 中耕除草　黄精生长前期，杂草相对生长较快，且恰为雨季，土壤容易板结，要及时中耕锄草，每年 4、6、9 月各进行一次。在锄草和松土时，注意宜浅不宜深，避免伤根。生长过程中也要经常培土，即将垄沟内的土培在黄精根部周围，以防止根茎吹风或见光。

2. 施肥技术　施肥要结合中耕除草进行，黄精生长前期需肥较多，4~7 月可根据生长情况，每亩施入人粪尿 1000~2000kg。11 月重施冬肥，每亩施土杂肥 1000~1500kg，并与过磷酸钙 50kg，饼肥 50kg 混合均匀后，在低温、阴天多云天气，最好是下雨之前，将肥料在行间或株间开小沟施入，之后立即顺行培土盖肥。

3. 合理灌溉　黄精喜湿润怕旱，可覆草保持土壤湿润。移栽定株后要浇足定根水，保持土壤湿润，以利成活。进入雨季前要做好清沟排水工作，避免积水影响根系生长，滋生病害。

4. 疏花摘蕾　摘蕾疏花打顶是提高黄精产量的重要技术措施。黄精以根状茎入药，开花结果使得营养生长转向生殖生长，而生殖生长阶段耗费了大量营养。因此，以地下根状茎为收获目标的黄精，应在花蕾形成前期及时摘除花蕾，以阻断养分向生殖器官聚集，促使养分向地下根茎积累，使新茎生长粗大肥厚。一般在 5 月初剪掉黄精花蕾。

5. 病虫害防治　在生产过程中，黄精主要病害有叶斑病、黑斑病、炭疽病、软腐病等，其中以叶斑病较为常见；虫害主要有小地老虎、蛴螬、飞虱、叶蝉等害虫危害。病虫害防治主要以农业防治为主，冬前深翻土地，开春后清除杂草和枯枝落叶，及时拔除病株、科学施肥、排灌等抑制病虫害的发生和为害。

①叶斑病：多发生于夏秋季节，特别是高温雨季发病严重。主要为害叶片，发病初期由基部叶开始，叶面出现小斑点，后病斑扩大呈椭圆形或不规则形，大小 1cm 左右，中间淡白色，边缘褐色，靠健康组织处有明显的黄晕。病情严重时，多个病斑愈合引起叶枯死，并可逐渐向上蔓延，最后全株叶片枯死脱落。防治方法：发现病株及时拔除，收获后清园，将枯枝病残枝集中深埋或烧毁。初期可用 1:1:100 波尔多液或 50% 退菌特 400 倍液，每 10 天左右喷一次，连续喷 3~4 次。

②黑斑病：多发生于盛夏、初秋，7、8 月该病发生较为严重。为害叶片，染病叶病

斑圆或椭圆形，紫褐色，后变黑褐色，严重时多个病斑可连接成枯斑，遍及全叶，造成全株死亡。防治方法：黄精收获后，全面清园，消灭病残体；病害前期喷施 1：1：100 波尔多液防治，每 7~10 天 1 次，连续 3 次。

③炭疽病：多发生于春夏之交和春夏季节转换时节，主要为害叶片，果实也可出现感染。感病后叶尖、叶缘先出现病斑，初为红褐色小斑点，后拓展成椭圆形或半圆形，黑褐色，病斑中部稍微下陷，常穿孔脱落，边缘略隆起红褐色，外围有黄色晕圈，潮湿条件下病斑上散生小黑点。防治办法：在发病初期用 50% 退菌特可湿性粉剂 800~1000 倍液喷雾防治，间隔 7~10 天再用 1 次。

④小地老虎：小地老虎以幼虫为害，是黄精常见的地下害虫。小地老虎幼虫在 3 龄以前昼夜活动，多群集中在杂草、玉米心叶或幼茎上取食，食量小，为害不大；3 龄后，食量增大，分散活动，白天潜伏于土表层，夜间出土为害，咬断幼苗的根茎基部或咬食未出土的幼苗，使整株死亡，造成缺苗甚至断垄现象。防治办法：可用蔗糖 3 份、醋 4 份、酒 1 份、水 2 份，加 90% 以上敌百虫原药 0.1 份按比例配成糖醋毒液，每 90~150m² 放置一盆进行引诱毒杀。危害比较严重的地块，选用 50% 辛硫磷乳油 800 倍液喷施防治，或 90% 敌百虫晶体 600~800 倍液喷施防治，或用 250g 敌百虫拌鲜草 80~100kg 进行空土诱杀或定植后围株诱杀。

⑤蛴螬：幼虫为害植株根部，咬断幼苗或咀食苗根，造成断苗或根茎部空洞，5 月底至 6 月中旬危害尤为严重。防治方法：可用 75% 辛硫磷乳油按种子量 0.1% 拌种；或在田间发生期，用 90% 敌百虫 1000 倍液浇灌防治。

【采收加工】

黄精最佳采收期应在 12 月到翌年 1 月，这段时期采收的黄精根茎中黄精多糖含量高而稳定。黄精栽后 3~4 年可以采挖，一般选择无烈日、无雨、无霜冻的阴天或多云天气进行。采收时土壤相对含水量约 30% 时，土壤最疏松，易与黄精根茎分离，土壤湿度过大不宜采收。黄精挖出后，抖除泥土，不碰伤块根，无需去掉须根，加工前忌用水清洗。加工前，将须根统一摘除，用清水清洗，用蒸笼蒸约 20 分钟至透心后，取出边晒边揉至全干即可。分级，以块大、肥润、色黄、断面半透明者为最佳。

【质量要求】

以货干、色黄、油润、个大、质重、肉实饱满、体质柔软、无霉变和干僵皮者为佳。按照《中国药典》（2015 版）标准，黄精药材质量要求见表 8-1：

表 8-1 黄精质量标准表

序号	检查项目	指标	备注
1	水分	≤ 18.0%	
2	总灰分	≤ 4.0%	
3	浸出物	≥ 45.0%	
4	无水葡萄糖（$C_6H_{12}O_6$）	≥ 7.0%	HPLC法

【储藏与运输】

（一）包装

包装材料用干燥、清洁、无异味以及不影响品质的材料制成。包装要牢固、密封、防潮、能保护品质。包装材料应易回收、易降解。包装明确标明品名、重量、规格、产地、批号、日期、编号等。

（二）贮藏

黄精易吸潮，贮藏与阴凉干燥处，最好用密封塑料袋装好后贮藏于密封木箱或者铁桶内，安全水分控制在18%以下。贮藏期间定期检查，发现虫蛀、霉变等情况及时用微火烘烤，并筛除虫体碎屑，放凉后密封保存。

（三）运输

运输工具清洁、干燥、无异味、无污染，运输过程中注意防雨、防潮、防暴晒、防污染等，避免与其他货物混装运输，保证药材品质。

【参考文献】

［1］国家药典委员会. 中华人民共和国药典［M］. 一部. 北京：中国医药科技出版社，2015：306.

［2］李莺，赵兵，陈克克，等. 黄精的研究进展［J］. 中国野生植物资源，2012，31（1）：9-13.

［3］中国科学院中国植物志编辑委员会. 中国植物志［M］. 第十五卷. 北京：科学出版社，1978：78，64−65.

［4］董治程. 不同产地黄精的资源现状调查与质量分析［D］. 湖南：湖南中医药大学，2012.

［5］骆绪美，郭婉琳，韩文妍. 安徽3种黄精植物光合生理生态特性分析［J］. 安徽农业大学学报，2012，39（5）：821-824.

［6］董治程，谢昭明，李顺祥，等. 黄精资源、化学成分及药理作用研究概况［J］. 中南药学，2012，30（6）：450-453.

［7］田启健. 贵州黄精规范化种植关键技术研究［D］. 贵州：贵州大学，2006.

［8］刘祥忠. 多花黄精种植技术［J］. 安徽农学通报，2012，18（9）：216-217，219.

［9］刘恒. 黄精栽培技术［J］. 福建农业，2013（1）：16-17.

［10］朱波，华金渭，程文亮，等. 不同遮阴条件对黄精生长发育的影响［J］. 中国现代中药，2016，8（4）：458-461.

［11］李德胜. 多花黄精林下栽培技术［J］. 现代农业科技，2015，10：93.

九、白及 Baiji
Bletillae Rhizoma

【来源】

本品为兰科植物白及 *Bletilla striata*（Thumb.）Reichb. f. 的干燥块茎。夏、秋二季采挖，除去须根，洗净，置沸水中煮或蒸至无白心，晒至半干，除去外皮，晒干。白及为我国传统常用中药，药用历史悠久，最早收载于《神农本草经》，具有收敛止血，消肿生肌等功效，主要用于治疗咯血、吐血、外伤出血、疮疡肿毒、皮肤皲裂等症。目前，白及资源主要依靠野生，在我国野生白及主要分布于长江流域各省，资源丰富。近年来，白及资源的需求急剧增加，河南、西藏、云南等地所产同属多种植物也作为白及的习用药材。

【别名】

白鸡娃《全国中草药汇编》；白根《吴普本草》；白给《新修本草》；白芨《本草蒙筌》；鱼眼兰、白鸟头《滇南本草》；白鸟儿头《江苏植物志》；地螺丝、羊角七《湖南药物志》；千年棕、君球子、白鸡儿《草药手册》；紫兰、紫蕙、白笠《广雅疏证》

【植物形态】

白及为多年生草本，高 15～70cm。假鳞茎扁球形，上面具荸荠似的环带，肉质肥厚，富黏性。茎粗壮，劲直。叶 3～6 枚，狭长圆形或披针形，长 8～30cm，宽 1.5～4cm，先端渐尖，基部收狭成鞘并抱茎，全缘。总状花序顶生，具 3～10 朵花，常不分枝或极罕分枝；花序轴或多或少呈之字状曲折；花苞片长圆状披针形，长 1.5～2.5cm，开花时常凋落；花大，紫红色或粉红色；萼片和花瓣近等长，狭长圆形，长 2.5～3.0cm，宽 0.6～0.8cm，先端急尖；花瓣较萼片稍宽；唇瓣较萼片和花瓣稍短，倒卵状椭圆形，长 2.3～2.8cm，白色带紫红色，上部 3 裂，中裂片边缘有波状齿，先端内凹，中央具 5 条褶片，侧裂片直立，合抱蕊柱，两侧有窄翅，柱头先端着生 1 雄蕊，花药块 4 对，扁而长，蜡质；子房下位，圆柱形，扭曲。蒴果圆柱形，长约 3.5cm，直径约 1cm，两端稍尖，具 6 纵肋。花期 4～5 月，果期 7～9 月。（图 9-1）

图 9-1　白及原植物

【种质资源及分布】

白及属约 6 种，分布于中国、朝鲜半岛、缅甸等东亚国家，我国产 4 种，包括华白及 *B. sinensis*（Rolfe）Schltr.、黄花白及 *B. ochracea* Schltr.、小白及 *B. formosana*（Hayata）Schltr.、白及 *B. striata*（Thunb. Et A. Murray）Rchb. f.，主要分布于北起江苏、河南，南至台湾，东起浙江，西至西藏东南部察隅。2015 版《中国药典》规定，白及 *B. striata*（Thunb.）Reichb. f. 为中药材白及的正品来源，其他品种均为伪品。近年来，由于人为的过度采挖和天然生境的破坏，其野生自然资源急剧减少，濒临灭绝。而白及种子较小，自然条件下需与真菌共生才能萌发，实生苗的栽培较为困难，传统扦插、分株等方式成活率均较低，白及的这种特性决定了家种规模化推进具有非常大的难度。这种矛盾迫使人们开始寻找白及替代品，据调查，市场上，混用品"黄花白及"和"小白及"在药材性状、民间习用情况及功效上几乎与白及相同，在民间也常常充当白及使用。从分布看，白及的分布极为广泛，遍及陕西南部、甘肃南部、江苏、安徽、浙江、江西、河南、湖北、湖南、广东、广西、四川和贵州，日本和朝鲜半岛也有分布。

【适宜种植产区】

我国陕西南部、甘肃东南部、江苏、安徽、浙江、江西、福建、湖北、湖南、广东、广西、四川和贵州均为适宜种植区，北京和天津也有栽培区。湖南主产于桑植、大庸、花垣、保靖、慈利、蓝山等地。

【生态习性】

白及喜温暖、阴凉和较阴湿的环境，不耐寒，分布于海拔 100～3200m 的山坡、草丛、沟谷、溪边及疏林下，主要采用块茎繁殖，人工种植宜选阴坡、较阴湿的地块或林下套种。白及生长环境年均温在 14.0～26.2℃，7 月均温在 13.9～29.1℃，年均日照时数为 915～2688h，年均降水量为 468～1687mm，主要土壤类型为黄壤、黄棕壤、黄红壤、紫色土、褐土、红壤、暗黄棕壤、棕壤等。

白及的种子极小，没有胚乳，结构简单，是陆生小型兰科植物。研究证明，在自然情况下，种子必须与真菌在共培养时才能萌发，真菌对原球茎的发育变化有显著促进作用，但也有报道，真菌的存在并没有促进白及萌发，反而不利于萌发。白及种子室外播种萌发率极低，死亡率偏高。种子萌发过程在形态大小和结构分化的时间顺序将其萌发过程划分为 5 个阶段：种胚未变化（阶段 1），种胚膨大而尚未突破种胚（阶段 2），种胚膨大突破种皮（阶段 3），种胚形成假根（阶段 4），芽体形成（阶段 5），其中阶段 1 为种子没有萌发，阶段 2～5 为种子已萌发。

【栽培技术】

（一）种植地选择及整地

1. 选地及整地　白及的生长环境应为透风，避强光，相对阴湿的环境，种植地以排水良好、肥沃疏松、地势高爽的沙壤土或夹沙土或腐殖质土壤为宜，也可选择半阴半阳的疏林下或缓坡地种植，忌黏性土。在栽种前进行翻地，一般翻30cm深，耙细整平后作

1.2m宽、高20cm的畦，行道宽30cm，四周开好排水沟；开荒地种植时宜先将砍后的树枝、落叶、杂草铺于地表，晾干后放火烧土，然后再翻耕、作畦。

2. 施基肥　基肥施入与整地结合进行，每亩施腐熟厩肥1500kg及复合肥50kg。可根据以往作物长势判断土壤肥沃与否，若地块贫瘠，可重施基肥，反之，以施农家有机肥为主，少施或不施化肥。

（二）繁殖方式

在生产上，因白及种子发芽率极低，用种量大，出苗整齐度差，生长周期长，故常规上以鳞茎繁殖较多。

1. 鳞茎繁殖

①选种及处理：以采收白及时进行选种，9~10月，选择当年生具有老秆和嫩芽、无虫蛀、无采挖伤者作种，随挖随栽。如若做不到随挖随栽，可进行沙藏，来年春季进行栽种。种植前需将鳞茎切成小块，每个小块1~2个小芽，用50%多菌灵600倍液或50%代森锰锌可湿性粉剂800倍液消毒半个小时，取出后阴干备种。

②种植：种植时间可分为秋栽和春栽，秋栽即9~10月，春栽为3~4月。按行距20~30cm开沟，沟深8~10cm，株距15~20cm进行种植，摆放鳞茎，芽头向上，切忌种植过程中损伤芽头，覆土3~4cm，与畦面齐平。

2. 种子繁殖

①种子选择及处理：在自然状态下，白及种子成熟大约在9月份以后，完全成熟直至开裂大约在11月份左右，选择在11月下旬和12月上旬采集种子，可保证种子活性。因种子没有胚乳，种胚中储存的养分有限，种子随着储存时间的推移，种子萌发可利用养分减少，种胚得不到足够的营养供给容易死亡，这就是白及种子不易发芽的原因。采集种子后，低温保存，及时播种。

②育苗地选择及准备：选择阴湿、遮阴的环境，土壤肥沃、疏松，能排能灌，最后选择四周有乔木植株的平缓坡地。深翻30~40cm，用波尔多液消毒杀虫。育苗床按长宽高15m×1.2m×0.2m进行整地，畦距0.5m，并施入腐熟人畜肥1000~2000kg/亩作为底肥。畦面要求平整、细碎。

③播种：种子采收后，要求即时即地播种，避免种子失活，出苗率低。一般选择11月下旬至12月上旬进行播种。播种前，将种子温水浸种5~8个小时，晾干，混入3~5倍细沙。种子播种可分为撒播和条播，撒播：播种量按3~4kg/亩进行撒播，播后覆土3~4cm细土或腐殖土，条播：按行距15~20cm，开沟4~5cm，覆土3~4cm进行，播后保持畦面平整，避免因低洼存在积水。播后稍加镇压，畦面盖草以保温保湿。

④苗期管理：出苗后保持土壤湿润，干旱及时浇水。出苗期间及时揭去盖草，出苗后15天可施稀薄的人畜粪，保证幼苗正常生长。出苗后需要酌情间苗和定苗，按株距5~10cm间苗，8~10cm定苗。除草以人工除草为主，原则上见草就除。

⑤移栽：原则上可按鳞茎繁殖的移栽方法进行。

（三）田间管理

1. 中耕除草　白及生长年周期中宜选择在4月初、6月初、8月初、10月各除草1次，白及进入生长旺期，除草措施尤为关键。中耕时宜浅，锄松畦面土，铲尽杂草即可。白及第1次除草在4月白及出齐苗后，第2次在6月白及旺长期，第3次在8月，第4次在10月。除草期间切忌损伤鳞茎。

2. 施肥　施肥措施对白及生长影响较大，在未施肥的自然状况下，氮、磷养分主要分配在白及地下部，钾素主要分配在地上部。白及生长初期，体内不同部位钙镁积累差异不大，随着白及干物质的增加，钙镁积累呈下降趋势；微量元素锌、铁、锰在白及的积累主要集中在新增生块茎中，次年生块茎、老块茎中积累次之，地上部最少；不同施肥氮磷钾处理使白及氮积累呈S型变化，白及磷积累和钾积累趋势相似，其地上部积累呈"升-降-升"规律，而块茎中积累量波动较小。总之，氮肥对白及产量影响最大，其次是磷肥，钾肥对白及产量影响最小。一般而言，施肥与中耕除草结合进行，每年施追肥3次。第一次在齐苗期，每亩施腐熟人畜粪尿2000kg；第二次在生长旺盛期，每亩施草木灰100kg；第三次在冬季，每亩施厩肥或土杂肥2500kg，撒入畦面，结合中耕除草压入土内。

3. 灌溉、排水　白及喜阴湿环境，适时排灌对白及生长尤为关键。在雨季未到之前，适时浇灌保持湿润。进入雨季前要做好清沟排水工作，避免积水造成白及大面积死苗和烂苗。

4. 越冬护苗　白及不耐寒，寒冷季节应做好防寒抗冻措施，盖草防寒，待春季出苗时揭开盖草。

5. 病虫害防治　白及栽培过程中，常见病虫害有根腐病、蛴螬、地老虎、蝼蛄等。病虫害防治总体以农业防治为主，药剂防治为辅。改良土壤促进白及良好生长，第1年栽种白及前做好种块茎的药剂消毒工作，可有效地减轻病害的发生，提高白及成苗率。

①根腐病：该病主要为害地下部分，造成块茎及须根腐烂，吸收水分和养分的功能减弱，造成植株死亡，主要表现为植株叶片发黄、枯萎。一般多在3月下旬至4月上旬发病，5月进入发病盛期。防治办法：a. 种子播种前或鳞茎移栽前，用80%抗菌剂乳油2000倍液或0.3%的退菌特杀菌消毒；b. 移栽前深翻土地，用多菌灵等进行消毒；c. 定期查看植株长势，若有病株，及时清除，并用生石灰撒入清除坑；d. 加强田间管理，不积水。

②蛴螬：金龟子的幼虫，取食作物的幼根、茎的地下部分，常将根部咬伤或咬断，造成幼苗枯萎死亡。防治办法：a. 冬季清除田间杂草，施用腐熟农家肥料，减少成虫产卵；b. 用毒饵诱杀幼虫：用90%敌百虫1∶10兑水拌棉籽饼粉或菜籽饼粉5kg，傍晚撒在玉竹行间，每隔一定距离撒一个小堆；c. 利用金龟子的趋光性，可用黑光灯、日光灯诱杀。

③地老虎：该害虫为害嫩叶、地下根、嫩茎，为害严重时造成缺苗断垄。一年发生3~4代，3~4月是成虫发生盛期，4~5月为第一代幼虫为害最严重的时期，之后为害较轻。防治办法：a. 毒饵诱杀：用90%敌百虫100g和炒香的麦麸或菜籽饼混合制成毒饵诱杀；b. 用90%敌百虫1000~1500倍液浇穴毒杀；c. 种植前深翻土地，杀灭虫卵，减少危害。

④蝼蛄：在地下咬食刚播下的种子或发芽的种子，并取食嫩茎、根，同时蝼蛄在地表层活动，使幼苗与土壤分离，造成幼苗死亡。防治办法：同地老虎。

【采收加工】

1. 采收 白及的采收时间以地上茎叶枯黄为最佳采收期，也就是秋末冬初，而采收年限一般在鳞茎繁殖种植后第 4 年采挖。采收时，用尖锄离植株 40～50cm 处逐步向中心处挖取，挖出老根茎，不能挖破、挖伤块茎，摘去须根，除掉地上茎叶，抖掉泥土，运回加工。

2. 加工 将运回的白及进行初加工，首先将块茎分成单个，再用水洗去泥土，踩去粗皮，置开水锅内煮或烫至内无白心时，取出冷却，去掉须根，晒干或烘干，或者晒、炕至表面干硬不粘结时，用硫磺熏 1 夜后，晒干或炕干。放撞笼里，撞去未尽粗皮与须根，使之为光滑、洁白的半透明体，筛掉灰渣即可。也可趁鲜切片，干燥即得。

【质量要求】

以个大、饱满、色白、半透明、质坚实者为佳（图 9-2）。按照《中国药典》（2015版）标准，白及药材质量要求见表 9-1：

表 9-1 白及质量标准表

序号	检查项目	指标	备注
1	水分	≤ 15.0%	
2	总灰分	≤ 5.0%	
3	浸出物	≥ 35.0%	
4	二氧化硫（SO_2）残留量	≤ 400mg/kg	

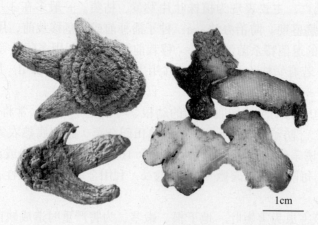

图 9-2 白及精制饮片

【储藏与运输】

（一）储藏

白及含有多糖和低聚糖，容易受潮，在储藏前应进行包装，存放于清洁、阴凉、干燥、通风、无异味的专用仓库中，并防回潮、防蛀，以温度30℃以下、相对湿度60%~70%为宜。商品安全水分含量为12%~15%。储藏期间应保持环境清洁，一旦发现受潮及轻度霉变、虫蛀，要及时翻垛、晾晒。有条件的也可进行密封抽氧充氮养护。

（二）运输

运输车辆必须清洁、干燥、无异味、无污染，具有良好的通气性，运输中应防雨、防潮、防暴晒、防污染，严禁与其它有毒、有害物品混装。

【参考文献】

［1］国家药典委员会. 中华人民共和国药典［M］. 一部. 北京：化学工业出版社，2015：103.

［2］李伟平，何良艳，丁志山. 白及的应用及资源现状［J］. 中华中医药学刊，2012，30（1）：158-160.

［3］中华本草编委会. 中华本草（第24卷）［M］. 上海：上海科学技术出版社，1999：674-675.

［4］蔡光先，黄一九，李忠，等. 湖南药物志（第2卷）［M］. 长沙：湖南科学技术出版社，2004：1347-1350.

［5］中国科学院中国植物志编辑委员会. 中国植物志（8卷）［M］. 北京：科学出版社，1979，67（第二册）：55.

［6］李嵘，王喆之. 白及的研究概述及其资源利用对策［J］. 中草药，2006，37（11）：1751-1755.

［7］张乐乐，杨永红，刘军凯，等. 白及的本草考证［J］. 中药材，2010，33（12）：1965-1968.

［8］陈黎. 鄂西北白及产地适宜性与品质评价研究［D］. 武汉：湖北中医药大学，2014.

［9］郭顺星，徐锦堂. 白及种子萌发和幼苗生长与紫萁小菇等4种真菌的关系［J］. 中国医学科学院学报，1992，14（1）：51-54.

［10］张建霞，付志惠，李洪林，等. 白及胚发育与种子萌发的关系［J］. 亚热带植物科学，2005，34（4）：32-35.

［11］Miyoshi K, Mii M. Enhancement of seed germination of Calantheizu-insularis［J］. Journal of the Japanese Society for Horticultural Science, 1981, 50: 332-333.

［12］Zhu G S, Gui Y, Liu Z Y. A novel technique for isolating orchid mycorrhizal fungi［J］. Fungal Diversity, 2008, 33: 123-137.

十、厚朴 Houpo

Magnoliae officinalis Cortex

【来源】

本品为木兰科（Magnoliaceae）植物厚朴 *Magnolia officinalis* Rehd. et Wils. 及凹叶厚朴 *Magnolia officinalis* Rehd. et Wils. var. *biloba* Rehd. et Wils. 的干燥干皮、枝皮和根皮。根皮和枝皮直接阴干即可，干皮置沸水中微煮后，堆置阴湿处，"发汗"至内表面变紫褐色或棕褐色时，蒸软，取出，卷成筒状，干燥。厚朴味苦、辛，微温，归脾、胃、肺、大肠经，具有温中理气、燥湿化痰、降逆平喘的功效，主治湿滞伤中、脘痞吐泻、食积气滞、痰饮喘咳等症。厚朴为我国传统芳香化湿中药材，是临床常用中药材，主产于湖南、四川、贵州、陕西、江西等省份，湖南省厚朴资源丰富，湖南的道县、江华、双牌县、安化县均具有大面积栽培品，其中湖南道县所产厚朴质量较优，为道地产区。

【别名】

朴树《本草纲目》；厚皮《吴普本草》；重皮《广雅》；赤朴《别录》；烈朴《日华子本草》

图 10-1　厚朴原植物

【植物形态】

药用植物栽培的厚朴主要有厚朴和凹叶厚朴两种，湖南主要以凹叶厚朴为主。

1. 厚朴　为高大落叶乔木，高达 7~15m。树皮厚，褐色，不开裂。冬芽由托叶包被，开后托叶脱落。单叶互生，叶大，近革质，长圆状倒卵形，先端具短急尖或圆钝，基部楔形，全缘而微波状，上面绿色，无毛，下面灰绿色，被灰色柔毛，有白粉。花白色，径 10~15cm，芳香，常常单生于幼枝顶端；花梗粗短，被长柔毛，离花被片下 1cm 处具包片脱落痕，花被片 9~12（17），厚肉质，外轮 3 片淡绿色，长圆状倒卵形，长 8~10cm，宽 4~5cm，盛开时常向外反卷，内两轮白色，倒卵状匙形，长

8~8.5cm，宽3~4.5cm，基部具爪，最内轮7~8.5cm，花盛开时中内轮直立；雄蕊约72枚，长2~3cm，花药长1.2~1.5cm，内向开裂，花丝长4~12mm，红色；雌蕊群椭圆状卵圆形，长2.5~3cm。聚合果长圆状卵圆形，长9~15cm；蓇葖具长3~4mm的喙；种子三角状倒卵形，长约1cm。花期5~6月，果期8~10月。（图10-1）

2. 凹叶厚朴　与厚朴不同之处在于叶先端凹缺，成2钝圆的浅裂片，但幼苗之叶先端钝圆，并不凹缺；聚合果基部较窄。

【种质资源及分布】

药用厚朴是木兰科木兰属植物，全属约90种，我国分布有30种，主要分布于西南、秦岭以南至华东、华北地区，其中药用厚朴主要分布在我国长江流域，东自浙江、福建沿海，西至云南怒江、四川盆地西缘，南至湖南南部，北至秦岭南麓、大别山。从植物分类学来分，药用厚朴可分为厚朴、凹叶厚朴和长喙厚朴，其中厚朴和凹叶厚朴为2015版《中国药典》的法定来源。厚朴主要分布于湖北恩施、五峰，湖南永州的道县、江华、双牌县，四川都江堰，浙江景宁的丽水县，以及广西桂林等地。凹叶厚朴主要分布于浙江南部、福建西部、江西西南部、湖南南部、广东东北部、广西北部及贵州的东部。目前，全国三大厚朴生产基地分别是湖南永州、浙江景宁和湖北恩施。

【适宜种植产区】

从厚朴资源分布的范围来看，药用厚朴适宜种植地区包括湖南、四川、贵州、湖北、江西、广西、浙江、安徽、陕西、甘肃、云南等省区。其中湖南道县为国家级厚朴生产基地。

【生态习性】

厚朴喜温和、湿润、雾多、雨量充沛的气候，怕炎热，较耐寒。一般生长在海拔500~1500m的土壤肥沃、土层深厚的向阳山坡上，厚朴是阳生植物，栽培时应选向阳山坡为好。厚朴对土壤的要求较高，适宜生长土壤疏松、肥沃、土层深厚、含腐殖质较多、排水良好、微酸性至中性的土地上，黏性土地不宜种植。野生的厚朴林分多混生在毛竹林、落叶阔叶林内，在河岸、溪谷、山麓等湿润、腐殖质含量高、肥沃林地生长比较好。厚朴属浅根性树种，侧根发达，主根不明显，再生能力强，具有强烈的趋肥性，地下部分与地上部分之间存在显著的相关性。在海拔较低处，幼苗生长快，而成年树生长缓慢；海拔较高处，幼苗生长较慢，而成年树却生长较快；海拔高于1700m以上，则不适宜生长。

厚朴生长发育可分为出苗期、生长初期、速生期和生长后期。出苗期：秋季播种后，至翌年3月上中旬进入出苗期，5月中旬幼苗出土，持续4~5月。生长初期：幼苗出现真叶，地下部分出现侧根，至6月下旬出现8~10片真叶，持续30~40天，这个时期生长较为缓慢。速生期：7月上旬开始，苗木生长快速，一直持续到9月下旬。生长后期，10月中旬，苗木生长开始变缓，一直到12月上旬，苗木停止生长，进入休眠状态。厚朴幼年期生长相对较慢，以5~6年树增高长粗最快，15年后生长不明显，皮厚增长以6~16年生最快，16年以后不明显。厚朴生长进入缓慢生长期，树冠、树高扩增速度显著减慢，树皮将继续增厚。

【栽培技术】

（一）种植地准备

1. 苗圃地的选择及整地　苗圃宜选择土层深厚、肥沃、排水良好的微酸性沙质土壤，最好选择半阴半阳的湿润环境，保证幼苗生长。于深秋深翻 30 ~ 40cm，每亩施有机肥 3000kg，过磷酸钙 50kg。耙平整细，做成宽 1.2m 的高畦，畦沟宽 40 ~ 50cm，挖好排水沟。（图 10-2）

图 10-2　厚朴药材种植基地

2. 定植地的选择及整地　定植地宜选择向阳中山区缓坡地造林，亦可栽植在房前屋后，路旁，绿化区。一般而言，在疏松肥沃的沙质土壤中栽植，植株生长旺盛，根皮产量高，质量好，筒朴少，东坡、西坡次之，北坡次之，背阳山地种植，植株生长不良，筒朴多，质量差。土壤以土层深厚、疏松肥沃、排水良好、呈中性或微酸性的夹沙壤土为宜。选好地后，山地于秋季进行带垦或全垦，挖出树根，除掉灌木、杂草以及大石块等，翻耕整平，施足基肥定植。

（二）繁殖方式

厚朴栽培以种子繁殖为主，也可用扦插、压条等进行繁殖。

1. 种子繁殖

①种子采集及选择：在 10 ~ 11 月，选择 15 ~ 20 年生的生长健壮、干直、皮厚、无病

虫害的优良植株作为采种母株。当果壳开裂稍露出红色种子时，连果柄采下，趁鲜脱粒后，选择籽粒饱满、色红、有光泽的种子趁鲜播种。

②种子处理：厚朴种子外皮富含蜡质，水分难以渗入，不易发芽，必须进行处理。一般而言，种子处理可分为两种：浸种法和沙藏法。a．浸种法：将脱出的种子放入30～40℃的温水中浸泡7～10天，待水分渗入种皮内部变软后，用砂搓去蜡质层或装竹筐在水中用脚踩去蜡质层，置阳光下晒10分钟，进行播种。注意用温水浸泡时，将沉籽与浮籽分开，并分别进行播种。b．沙藏法：将采收的种子与湿沙按1∶3比例混合，袋装，埋入湿润的土中，或一层沙（厚约3cm）一层种子储存于木箱或土炕中，经常保持湿润，翌年3月下旬、4月均可取出播种。种子处理过程中，如果种子准备外调则不适宜脱粒，以免降低种子发芽能力。

③播种：播种时期可分为冬播和春播，冬播于10月下旬至11月上旬，春播于2月下旬至3月上旬。在育苗圃的畦面上，按行距30cm横畦开沟进行条播，浅沟深5cm，覆土3～5cm，每亩播种量10～15kg。然后覆盖稻草，防冻保温，保持土表疏松，防止雨水冲刷畦面。一般而言，播种后4月即可萌发出苗。

④苗期管理：出苗后，及时揭去盖草，加强间苗，搭棚遮阴，中耕除草，注意排灌。苗期一般追肥3～5次，第一次以幼苗高5cm时追肥为好，以后每隔1个月左右施肥1次，施肥以稀释人畜粪为主，适当加入磷钾肥。

2. 扦插繁殖　早春2月植株萌芽前，在树冠中部外围，选1～2年生健壮，茎粗1cm左右的枝条，剪成长20～25cm插条，上端平截，下端削成斜面，在500mg/kg萘乙酸或500mg/kg吲哚乙酸溶液中，快速浸蘸一下插条下端，稍晾干后扦插。按行株距20cm×10cm斜插于整好的插床内，深为插条的2/3，然后在床面上搭拱形塑料矮棚。上面盖草帘或竹帘遮荫，保持棚内适宜的温湿度，一个月左右生根，便可拆掉矮棚，加强苗期管理，移栽到苗圃培育1～2年便可定植。

3. 压条繁殖　选择10年以上的健壮无病害厚朴树，基部常常长出众多的萌条，选取接近地面1～2年的优良枝条，用利刃割条状缺刻，长约3cm，然后将割伤处向下埋入土中，覆土深度约5cm，用树杈或竹叉固定，盖上细肥，施稀释人畜粪，促其生根。第二年检查生根情况，如已形成幼株，即可割离母株，大的挖取定植，小的移至苗圃继续培育1年，翌年春季定植。

（三）移栽造林

适宜的移栽定植技术可大大提高厚朴幼苗的成活率，移栽往往涉及移栽时期、移栽方法等关键技术。

1. 移栽时期　为保证成活率，厚朴幼苗移栽定植宜在厚朴落叶后至次年萌芽前进行。一般而言，2月份移栽苗木根系恢复快，造林成活率高；12月份造林成活率相对较低，但地径、苗木生长较快。

2. 移栽方法　移栽厚朴幼苗往往与其他作物进行套种，不造纯厚朴林，否则病虫害严重，植物长势相对较差。厚朴幼苗种植以定穴种植为主，这也是厚朴速生的关键技术，在种植地按定植穴长宽深60cm×60cm×60cm开挖，挖定植穴时，将土壤全部挖出堆放一边，将基肥均匀洒于其上，然后将土壤回填到穴内，做到肥与土混匀。每穴栽苗一株，苗摆正，覆土至穴的一半，提苗使根系舒展，然后分层填土踏实，浇透水，待水渗下去后，覆土封穴。

3. 种植模式

①平缓地栽培：平缓地相对土壤较为肥沃，栽植规格为 2400 株 /hm²，株行间距 2m，横成行、竖成列，起垄打窝，窝长宽深以 50cm 为标准，每窝施厩肥 1 ~ 1.5kg（或油菜籽饼肥 0.1kg）作为基肥，施肥后将幼苗根系舒展栽在窝正中心，用自然细土覆盖根系，轻轻踏实，使土壤与幼苗根系充分接触，然后培土至幼苗茎秆 2/3 处，幼苗成活后，可在幼林间间作较矮的不影响幼苗生长的作物或绿肥，翻土垒土，改良和培肥土壤，更有利于幼苗生长。

②退耕坡地栽培：山区退耕坡地，坡度一般都在 25° 以上，土壤相对较为贫瘠，水土流失严重，梯度大，成林后树冠起伏度大，相互间光照影响不大，选择的栽植规格为 3300 株 /hm²，沿坡体以 2m 水平宽度开梯，梯内以 1.5m 间隔株距打窝，窝长宽深 40cm 为标准，窝内土壤翻松整细，以便栽植，栽植方式和基肥施用同平缓地栽培。

③石质陡坡地栽培：含裸露石体较多的陡坡荒地，水土流失也较为严重。栽植规格为 3000 ~ 3300 株 /hm²，沿坡体海拔梯度以 2m 水平宽度为行画线，沿线以 1.5m 宽间隔打窝，打窝标准同退耕坡地栽培模式，对遇到大面积石地不能按线打窝的，根据实地情况进行换行平衡打窝，以规范为标准、充分利用保护土地资源为根本，因地制宜地进行栽植，栽植方式和基肥施用同平缓地栽培，药苗成活后，在幼林间种植绿肥，以便改良和培肥土壤，为坡地就地解决有机肥源提供便利。

（四）田间管理

1. 以耕代抚　厚朴定植后 1 ~ 3 年，林地间隙较大。为了加速幼株快速生长，在栽植当年至树冠郁闭前，可间作豆类、花生、丹参等作物或药材，通过耕作铲除杂草，充分利用土地资源。

2. 中耕除草与施肥　厚朴定植后 1 ~ 3 年，苗木矮小，每年需中耕除草 2 ~ 3 次，将杂草和松土刨至厚朴周围作肥料。在林地郁闭、不能间作后，每隔 1 ~ 2 年，在夏、秋季杂草滋生时，再中耕培土 1 次。中耕时不宜过深，应以 10 ~ 15cm 为宜，以免伤根。厚朴在幼株和成长中前期，需要人为补充养分，结合中耕除草，每穴施入尿素 0.1kg 与过磷酸钙 0.2 ~ 0.5kg 或者农家肥，促进其适时进入旺长期，快速生长成材。待植株进入郁闭成林后，可少施或不施肥。

3. 排水与灌溉　厚朴喜温润凉爽的气候，酷暑、久晴、连雨对其生长不利，一般采用喷灌和明沟排水。幼苗的抗逆性较弱，遇酷暑或久晴的天气，要求每天早上或傍晚对苗床地喷灌一次，保持土壤温润；遇连绵下雨，要注意输通排水沟，确保排水通畅；对于已经成林的药材不再进行灌溉，只要保证长时期不被水淹即可。成林后，不遇特殊干旱一般不浇水。

4. 间伐除萌　厚朴根萌蘖力强，容易造成厚朴林密度过大，影响厚朴幼株成林。一般生产上采用间伐除萌技术，伐劣留优，伐除衰弱木、病虫木、枯立木，保留健壮木，降低林地密度，对间伐后短期内萌发的大量根蘖枝条，要及时进行除萌抹芽，保留 1 ~ 2 个生长良好的萌芽。

5. 病虫害防治　厚朴病虫害最为常见的是根腐病、立枯病、叶枯病、白蚁以及天牛。

①根腐病：病原是真菌中一种半知菌，在排水不良的黏性土容易发生此病。该病害主要为害幼苗，根部发黑腐烂，呈水渍状，导致全株枯死。防治方法：a. 注意排除田间积水；b. 发现病株立即拔除，并用石灰消毒病穴；c. 发病初期用50%甲基托布津1000倍液灌根。

②立枯病：在土壤黏性过重、雨水过多等情况下容易发病。幼苗出土不久，靠近土面的茎基部呈暗褐色病斑，病部缢缩腐烂，幼苗倒伏死亡。防治方法：a. 注意排除苗床积水；b. 发现病株立即拔除，并用石灰消毒病穴；c. 发病初期用50%多菌灵1000倍液或50%甲基托布津1000倍液浇灌病区。

③叶枯病：发病初期叶上病斑呈褐色，逐渐扩大呈灰白色布满叶片，潮湿时病斑上生有小黑点，叶片枯黄，植株死亡。防治方法：a. 冬季清林时清除病叶枯枝；b. 发病前喷1∶1∶120波尔多液保护，发病初期用50%多菌灵1000倍液防治。

④天牛：成虫在阴历夏至至大暑为害茎基皮部或在枝干咬洞口产卵，半个月左右孵化成幼虫，蛀食木质部成坑道，受害严重枯死。防治措施：a. 在成虫产卵期间经常巡视，发现被害处有木屑、虫粪和虫口，用锋利小刀切开杀之。b. 堵塞虫孔：用药棉浸80%敌敌畏乳油或用40%乐果乳油液塞入蛀孔内，再用泥土封口，毒杀幼虫；也可用敌百虫或二硫化碳液注入虫孔毒杀。

⑤白蚁：常在树干筑巢为害树皮和根皮，影响生长或枯死。防治措施为寻找蚁路或巢穴，用灭蚁灵喷杀之。

【采收加工】

1. 采收

①采收时期：厚朴为多年生乔木，随着树龄的增长，其树高、胸径、皮厚以及有效成分含量都会随之增多，但达到一定树龄后，虽然皮层加厚，但次生代谢产物却不会增加，反而有下降趋势。据研究，厚朴适宜采收年限为25年。5～6月，厚朴形成层细胞分裂最快，皮层与木质部接触松，树皮最易剥落。过早，树皮油分差，过迟，剥皮困难，因此此时采收厚朴最为适宜。

②采收方法：选择树干直、生长势强、胸径20cm以上的树，采用环剥法采收树皮。在环剥部位下端切口，刀口略向上绕树干环切一圈，在上方45cm处，刀口略向下绕树干环切一圈，深度以接近形成层为度。再在两横切口之间纵切一刀，深达木质部，然后顺纵缝将树皮轻轻撬起，向两旁撕裂，手或工具尽量不要触摸剥面，以免感染病菌，危及新皮的形成。剥下后用10mg/ml的吲哚乙酸喷剥面，以促进新皮的形成，再用略长于剥面长度的小竹签仔细捆在树干上（以防塑料薄膜接触形成层），用塑料薄膜包裹两层，捆好上下两端，20～30天后可长成新的树皮，即可逐渐去掉塑料薄膜。按照采收方法的不同，可分为"靴筒朴""筒朴""根朴"和"鸡肠朴"。

2. 加工　剥取下来的树干皮，在沸水中微煮，堆置土坑中使之"发汗"，待水分自内部渗出后，内表皮变紫褐色或棕褐色时，再蒸软，取出，卷成筒状，晒干或者炕干。根皮及枝皮剥下后可直接阴干。（图10-3）

图 10-3　厚朴药材

【质量要求】

以皮厚、肉细、油性足、内表面紫棕色且有发亮结晶物、香气浓者为佳（图 10-4）。按照《中国药典》（2015 版）标准，厚朴药材质量要求见表 10-1：

表 10-1　厚朴质量标准表

序号	检查项目	指标	备注
1	水分	≤ 15.0%	
2	总灰分	≤ 7.0%	
3	酸不溶性灰分	≤ 3.0%	
4	厚朴酚（$C_{18}H_{18}O_2$）与和厚朴酚（$C_{18}H_{18}O_2$）	≥ 2.0%	HPLC法

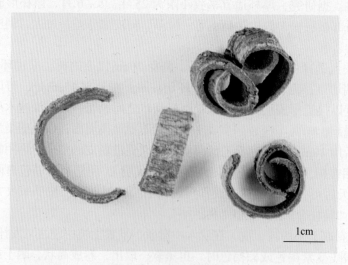

图 10-4　厚朴精制饮片

【储藏与运输】

（一）储藏

厚朴一般为外套麻布的压缩打包件。贮于阴凉、避风处。商品安全水分 9% ~ 14%。本品易失润、散味。干枯失润品，无辛香气味，指甲划刻痕迹无油质。储藏期间，应保持环境干燥阴凉，整洁卫生。高温高湿季节前，可按垛密封保藏，减少不利环境影响。

（二）运输

运输车辆必须清洁。药材运输包装必须有明显的运输标识，包括收发货标志和包装储运指示标志，运输时不应与其他有毒、有害物品混装，要有较好通气性，以保持干燥，遇阴雨天，应严密防潮。

【参考文献】

[1] 杨成梓，林君清，刘小芬，等. 厚朴药材质量影响因素浅析 [J]. 光明中医，2010，25（3）：522-524.

[2] 张淑洁，钟凌云. 厚朴化学成分及其现代药理研究进展 [J]. 中药材，2005，36（5）：838-843.

[3] 吴锦玉，吴岩斌，易俊，等. 凹叶厚朴的化学成分研究 [J]. 中草药，2013，44（21）：2965-2968.

[4] 陈海平，田邦胜. 道县厚朴产业的发展现状及对策 [J]. 湖南林业科技，2009（3）：80-81.

[5] 斯金平，童再康，曾燕如，等. 厚朴种质资源评价与利用研究 [J]. 中药材，25（2）：79-81.

[6] 谢韵帆，杨志玲，谭梓峰，等. 永州市厚朴资源及产业化建设探讨 [J]. 湖南林业科技，2004，31（2）：49-50.

[7] 胡凤莲. 厚朴的栽培管理技术及应用 [J]. 陕西农业科学，2012（4）：257-259.

[8] 张龙辉，黄树军，蒋建立，等. 厚朴营林现状及资源开发的研究 [J]. 福建林业，2013，02：28-30.

[9] 陈东阳. 厚朴药用林的生长特性及人工培育技术 [J]. 福建林业科技，2010，37（1）：80-83.

[10] 王洪强. 厚朴规范化种植技术研究 [J]. 中国现代中药，2006（2）：32-34.

[11] 林照授，田有圳，黄金桃，等. 凹叶厚朴育苗及栽培管理技术 [J]. 华夏星火，2002（4）：67-68.

[12] 甘国菊，杨永康，廖朝林，等. 厚朴主要病虫害的发生与防治 [J]. 现代农业科技，2011（7）：175.

十一、白术Baizhu

Atractylodis Macrocephalae Rhizoma

【来源】

本品为菊科植物白术 *Atractylodes macrocephala* Koidz. 的干燥根茎。冬季下部叶枯黄、上部叶变脆时采挖，除去泥土，烘干或晒干，再除去须根。白术始载于《五十二病方》，为常用补益类中药，是中医推崇的"参、术、芪、草"四大补气要药之一，俗有"北参南术""十方九术"之说，具有健脾益气、燥湿利水、止汗安胎等功效。白术引种栽培甚广，昔以浙江于潜为地道，现湖南、安徽、河北、江西、福建等地均有栽培。湖南平江栽培白术（当地称"平术"）具 400 多年历史，平术因其质地优良、加工考究、独具特色，成为湖南省道地药材。

图 11-1　白术原植物

【别名】

山蓟、杨抱蓟《尔雅》；术《神农本草经》；山芥、天蓟《吴普本草》；山姜《广雅》；乞力伽《南方草木状》；山精《神药经》；山连《名医别录》；冬白术《得配本草》

【植物形态】

多年生草本，高 30~80cm。根茎肥厚粗大，略呈拳状。茎直立，上部分枝，基部木质化，具不明显纵槽。单叶互生；叶片纸质，上表面绿色，下表面淡绿色，无毛，叶脉凸起明显；茎下部叶有长柄，叶片 3 深裂或羽状 5 深裂，中间大裂片呈椭圆形或卵状披针形，两侧小裂片通常为卵状披针形，基部不对称；茎上部叶的叶柄较短，叶片不分裂，椭圆形至卵状披针形，长 4~8cm，宽 1.5~4cm，先端长渐尖，基部渐狭下延成柄状，叶缘均有刺状齿。头状花序顶生，直径 2~4cm；总苞钟状，总苞片 5~8 列，膜质，覆瓦状排列，外面略有微柔毛，基部有羽状深裂的叶状苞片，外层短，卵形，先端钝，最内层条形，顶端尖钝，伸长；花多数，着生于平坦的花托上；花冠紫红色，管状，长约1.5cm，先端5裂；雄蕊5，花药线形，花丝离生；雌蕊1，子房下位，密被淡褐色绒毛，花柱细长，柱头头状，顶端中央有1浅裂缝。瘦果长圆状椭圆形，微扁，长约8mm，密被黄白色绒毛，顶端有冠毛残留的圆形痕迹。花期8~10月。果期10~11月。（图11-1）

【种质资源及分布】

苍术属是东亚特有小属，分布横跨我国寒温带、中温带、暖温带、北亚热带、中亚热带，朝鲜、日本和俄罗斯也有分布。该属植物在全世界约有7种，我国有5种，分别是朝鲜苍术 A. coreana（Nakai）Kitam.、苍术 A. lancea（Thunb.）DC.、鄂西苍术 A. carlinoides（Hand.-mazz.）Kitam.、白术 A. macrocephala Koidz. 和关苍术 A. japonica Koidz. ex Kitam.，其中白术和苍术为2015版《中国药典》所收载。白术为补脾益气之要药，现少见野生品种，均为栽培。在全国大部分地区均有引种，但以浙江于潜和安徽皖南地区为道地产区。野生白术产于浙江于潜、昌化、天目山一带和安徽皖南地区，栽培品主产浙江、安徽，也产于湖南、湖北、江西、福建等地，以浙江于潜所产称为"于术"，以安徽黄山所产称为"歙术"，以安徽祁门所产称为"祁术"，以江西修水所产称为"江西术"。白术自18世纪传入湖南后，凭借品种和技术优势，种植面积和年产量都得到了快速发展，湖南平江逐渐发展为白术药材主产区之一，所产白术被称为"平术"。

【适宜种植产区】

全国范围多地均可种植，安徽、江苏、浙江、福建、江西、湖南、湖北、四川、贵州等地均有种植。以浙江栽培量最大，占全国产量的90%以上。近年来，湖南省平江县发展成为特色产地，种植基地面积达3万亩，其次洪江市、龙山、溆浦、隆回等县乡亦均有种植。

【生态习性】

白术为多年生草本植物，喜凉爽气候，根茎能耐寒，怕高温高湿，也怕旱忌涝。常常分布于常绿阔叶与落叶混交林或落叶阔叶林，海拔在500m左右，腐殖质较丰富。气候为北亚热带湿润季风气候，干湿季明显，四季分明，气候温和，日照较少，日温差较大。对土壤要求不高，但以排水良好、肥沃疏松、土层深厚的微酸性砂壤土为好，也可在微碱性排水良好的沙质土中生长。黏性重、排水不畅或前作是花生、烟草、油菜、豆类、马铃薯、元参、山药、瓜类等作物的田块不宜栽植或育苗。前茬以禾本科植物较好，忌连作。

白术种子播种后，15℃以上吸足水分即可萌芽，10~15天可出苗。3~10月，日均气温在30℃以内，植株的生长随气温的升高而加快，日均气温在30℃以上，生长受阻，适宜生长的温度为26~28℃，昼夜温差大有利于白术根茎的生长膨大。

【品种介绍】

浙白术：浙东磐安、新昌、嵊县、东阳等地所产栽培品称为"浙白术"，其特点为术形较为丰满，"术腿"粗短，"云头"膨大，外观黄亮、个大、肉肥、结实沉重、气清香，质量上乘。其中以於潜白术品质最佳，被誉为"於术"，磐安优质白术根茎外形似青蛙，俗称"蛙术"。

平江术：湖南平江地方品种，其特点为术形较为瘦长（尤其术腿较长），质地松软，有层次，加工考究。

徽术：安徽亳州、祁门等地所产栽培品称为"徽术"或"种术"，其特点为根茎瘤状凹凸较多，外观黄白、个大、茬白。

【栽培技术】

（一）移栽地准备

1. 苗圃地选择及整地　苗圃地宜选择肥力一般、排水良好、地势高燥、通风凉爽的砂质壤土，最好是 3 年以上未栽种过作物。冬前深翻 30cm，精细整地，作 1 ~ 1.2m 宽的龟背形畦，以利于排水，畦沟宽 25 ~ 30cm，沟深 25cm。施足基肥，以腐熟有机肥为主，每亩施腐熟农家肥 1000 ~ 1500kg，钙镁磷肥 50kg。（图 11-2）

图 11-2　白术药材种植基地

2. 移栽地选择及整地　选择地势较高、土层深厚的荒坡地，最好选择生地或停种白术 5 年以上的土壤，忌连作，前作以禾本科作物为好，不能与甘薯、烟草、花生、玄参、白菜等作物轮作，种植海拔要求 500 ~ 1000m。翻土 2 次，于前一年的冬季翻耕晒土，耙细、整平。翌年下种前再翻耕一次，翻耕时施基肥，每亩施农家肥 4000kg，配施适量磷肥作基肥，然后作畦宽 1.2 ~ 1.6m，沟宽 30cm，沟深 25cm，以待栽种。

（二）繁殖方式

白术的种植以种子育苗和根茎栽种为主，生产上主要以种子繁殖为主，根茎栽种成本较大，一般不采用。

1. 种子繁殖

①采种母株选择及采种：在7月初，选择生长健壮、无病虫害的植株留作种株。植株现蕾时，留取5~6个生长良好、成熟一致的饱满花蕾，其余一律摘除。在11月上中旬，摘取种子，晒干除杂后，备用。

②种子选择及处理：选择有光泽、成熟、饱满的种子放入25~30℃的温水中浸泡12小时捞出，沙藏催芽，每天淋水翻动一次，保持湿润，经4~5天种子开始萌动时即可播种。

③播种：春季地温12℃以上，即3月下旬至4月上旬，开始播种。播种可采用条播，在整好的畦面上横向开沟条播，沟距25~30cm，沟深3~5cm，播幅10cm，将萌动的种子均匀撒入沟内，播后覆盖3cm厚的细肥土或沙质土，畦面盖草保温保湿。也可采用撒播，将萌动的种子均匀撒入畦面，并轻轻镇压，用细肥土或砂质土覆盖，以不见种子为度，用种量8kg/亩，在畦面上盖草浇水。

④苗期管理：一般而言，播后7~10天即可出苗，幼苗出土后揭去盖草。幼苗出土后及时清除杂草，拔除过密或病弱苗，待苗高5~7cm时按株距4~6cm间苗。苗期追肥1~2次，以施稀人畜粪水最好，用量不宜过多。苗期及时浇水，保持土壤湿润，或行间盖草防旱。苗期要及时进行虫害防治，可用25%溴氰菊酯2500倍液喷施。当年10~11月或翌年3~4月即可移栽，选择晴天挖取种苗，注意勿伤主芽和根茎表皮，剪去茎叶和须根，在室内阴凉干燥处贮存，备用移栽。

⑤移栽定植：种苗挖出后，进行大小分级，以便于管理。根茎移栽可分为秋冬栽或冬藏春栽，移栽前剪去须根，按行距35cm，株距15cm，开深10cm的小沟，将根茎均匀放入沟内，芽头向上，覆土整平畦面，稍镇压，浇水。

2. 根茎繁殖

在白术收获时，选择健壮、无病害、顶芽饱满、侧芽少的根茎作种，具体要求为顶端芽头饱满，表皮细嫩，颈项细长，尾部圆大，个体重达5g以上。白术栽种前，必须进行药剂处理，用多菌灵或代森锰锌浸种4~5小时。栽种时按大小分类、分开种植，使出苗整齐、便于管理、提高质量。移栽方法同种苗移栽定植。

（三）田间管理

1. 中耕除草　移栽出苗后进行第1次松土除草，行间宜深锄，植株旁宜浅锄，有利于根系伸展。5月进行第2次松土除草，宜浅锄，5月以后白术进入生长盛期，一般不再中耕，杂草用人工拔除，直到白术封行为止。同时结合中耕，培土1~2次，防止白术根茎露出泥面。注意雨后或露水未干时不能锄草，否则容易感染病害。

2. 追肥　追肥根据白术的生长规律，以"施足基肥、早施苗肥、重施蕾肥"为主。第1次追肥宜在4月上旬进行，每亩浇施稀薄人粪水800~1000kg；第2次宜在5月下旬至6月上旬结合除草进行；第3次追肥是在摘蕾后1周，每亩施尿素、复合肥或腐熟的饼肥50kg左右，以促进白术地下根茎生长。

3. 灌溉排水　白术忌积水多湿，雨季要清理畦沟，排水防涝。8月份以后根茎迅速膨大，需要充足的水分，遇干旱应及时浇水灌溉，以免影响产量。

4. 摘蕾　7月上中旬至8月上旬，除留种地外，须及时摘蕾，在20~25天内分2~3次进行。在晴天露水干后手摘或用剪刀剪除，注意尽量保留小叶，防止摇动植株根部。此外，白术根茎上常长出分蘖苗，也应及时摘除。

5. 病虫害防治　白术的病害主要有叶枯病、根腐病、白粉病，虫害主要有蚜虫和地下害虫（蛴螬、小地老虎等）。

①叶枯病：该病害容易在4~8月发生，以6~8月尤重，主要危害叶片及嫩枝。防治办法：a. 清除病害的落叶和枯枝；b. 发病前后用50%代森锰锌可湿性粉剂500~1000倍液，或用50%甲基托布津可湿性粉剂1000倍液喷施防治，发病期每隔7天喷施1次，药剂交替使用。

②根腐病：又称"烂根病"，多雨高温季节容易发生，主要危害根部，导致全株死亡。防治办法：发病前可喷施或浇灌50%多菌灵水溶性粉剂1000倍液，或35%立枯净可湿性粉剂900倍液，发病前或发病后均可用50%多菌灵可湿性粉剂500~1000倍液浇灌和喷施。发病期应连续用药2次，间隔8~10天。

③白粉病：幼苗期容易发生，主要危害叶片，在叶片上产生黄色小点，而后扩大发展成圆形或椭圆形病斑，表面生有白色粉状霉层。防治办法：发病前、发病初期，均可喷施12.5%腈菌唑乳油200倍液，或78%科博可湿性粉剂500倍液，或10%恶醚唑水粉散粒剂3000倍液+75%百菌清可湿性粉剂600倍液混用效果较好，这些杀菌剂均可交替使用。

④蚜虫、地老虎等虫害：可用10%一遍净可湿性粉剂2000倍液喷施，食叶虫可用90%敌百虫1000倍液喷防。虫害发生时，多喷施杀虫剂，地老虎等可采用人工捕杀。

【采收加工】

采收一般于10月下旬至11月中旬白术茎叶开始枯萎时，选晴天将植株挖取，敲去泥土，剪去茎秆，留下根茎加工。根茎直接晒干或烘干，现多采用烘干法，开始用100℃，待表皮发热时，温度减至60~70℃，烘至半干时搓去须根，按大小分档，再烘至八成干，取出，分开堆放一周左右，使表皮变软，再烘至全干即可。

【质量要求】

以个大，质坚实，断面色黄白，香气浓者为佳（图11-3）。按照《中国药典》（2015版）标准，白术药材质量要求见表11-1：

表11-1　白术质量标准表

序号	检查项目	指标	备注
1	水分	≤15.0%	
2	总灰分	≤5.0%	
3	二氧化硫残留量	≤400mg/kg	二氧化硫残留量测定法
4	色度	与黄色9号标准比色液比较，不得更深	溶液颜色检查法
5	浸出物	≥35.0%	60%乙醇，热浸法

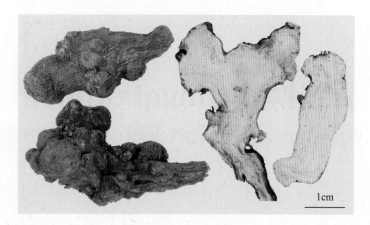

图 11-3　白术药材与饮片

【贮藏与运输】

白术产品易受潮和生虫，贮于阴凉通风处，防潮密封，防止虫蛀、霉变，不能与其他有毒、有害、易串味的物质混装。不宜多年储藏，过久易走油或变黑。

【参考文献】

［1］张建逵，窦德强，王冰，等. 白术的本草考证［J］. 时珍国医国药，2013，24（9）：2222-2224.

［2］朱校奇，宋荣，吴章良，等. 湖南平江白术栽培技术规程［J］. 热带农业科学，35（5）：19-22.

［3］中国科学院中国植物志编辑委员会. 中国植物志（第一册）［M］. 北京：科学出版社，1980，78：28-29.

［4］邹小兴，黄璐琦，崔光红，等. 苍术属植物的遗传关系研究［J］. 药学学报，2009，44（6）：680-686.

［5］彭华胜，王德群. 安徽野生白术的分布与药用［J］. 中国野生植物资源，2004，23（3）：19-21.

［6］杨舒婷，龚华栋，赵云鹏，等. 产地与种源对白术药材质量的影响［J］. 中药材，2013（6）：890-892.

［7］李玉新. 白术的药用价值及高产栽培技术［J］. 湖南农业科学，2003，1：57-58.

［8］杨永康，曾庆国，廖朝林，等. 咸丰白术规范化生产操作规程研究［J］. 现代中药研究与实践，2004，18（4）：16.

［9］许世泉. 白术的栽培管理［J］. 特种经济动植物，2010（3）：36-37.

［10］余启高. 白术的栽培管理与病虫害防治［J］. 植物医生，2009，22（4）：28-29.

［11］薛琴芬，陈丽霞，陆国敏. 白术的栽培与病虫害防治［J］. 特种经济动植物，2008（8）：37-39.

［12］张正海，李爱民，苗高健，等. 白术栽培管理与加工［J］. 特种经济动植物，2011（4）：41-43.

［13］史兴涛，丁汉东. 白术常见病虫害及综合防治技术［J］. 湖北植保，2014（1）：36-37.

十二、青钱柳叶 Qingqianliuye

Cyclocaryae Paliuri Folium

【来源】

本品为胡桃科植物青钱柳 *Cyclocarya paliurus*（Batal.）Ⅱ jinskaja 的干燥叶。夏、秋二季枝叶茂盛时采收，晒干或低温烘干。青钱柳有名"铜钱树""摇钱树"，为我国特有的单种属植物，是国家重点保护的濒危植物之一，属三类保护植物。据记载，青钱柳的树皮、树叶具有清热解毒，止痛的功效，可用于治疗顽癣。青钱柳树皮和树叶中富含三萜、甾体类化合物、皂苷、香豆素、黄酮类等化合物，可有效地降低三高指标，增强人体免疫力、抗氧化和抗衰老的作用。青钱柳广泛分布于我国亚热带地区，特别是湖南湘西及西南地区，保存有丰富的野生资源，为湖南省特色中药材资源。

【别名】

摇钱树；铜钱树；麻柳；青钱李；山麻柳；山化树

图 12-1　青钱柳原植物

【植物形态】

落叶乔木，高 10～30m。树皮厚，灰色，深纵裂。枝条黑褐色，具灰黄色皮孔；髓心薄片状；冬芽裸露，密生褐色鳞片。奇数羽状复叶，长 15～30m，小叶革质，一般 7～9 片，5 或 11 片少见；叶轴和叶柄密被短柔毛或有时脱落而成近于无毛，叶柄长 3～5cm，顶生小叶的小叶柄长约 1cm；小叶长椭圆状卵形至阔披针形，边缘有锐锯齿，基部偏斜，长 5～14cm，宽 2～6cm，上面有盾状腺体，下面网状脉明显，有灰色细小的鳞片及盾状腺体，沿脉被短柔毛，侧脉腋内具簇毛；花单性，雌雄同株；雄葇黄花序 3 条或稀 2～4 条成 1 束，长 7～18cm，簇生于短花总梗上，雄花苞片小不明显，2 枚小苞片与花被片形状相似，雄蕊 20～30 枚，花序轴密被短柔毛及盾状着生的腺体；雌葇荑花序单独顶生，雌花苞片与 2 小苞片贴生至子房中部，花被片 4，生于子房上端，子房下位，花柱短，柱头 2 裂，裂片羽毛状，花序轴下端不生雄花的部分常有一长约 1cm 的被锈褐色毛的鳞片。果序长 20~30cm，坚果，扁球形，直径约 7mm，具短柄，在中部四周由苞片及小苞片形成水平向革质圆盘状翅，直径达 2.5~6cm，先端有 4 枚宿存的花被片，果实及果翅全部被有腺体。花期 4~5 月，果期 7~9 月。（图 12-1）

【种质资源及分布】

青钱柳是高大速生乔木，我国特有种，为国家重点保护植物，广泛分布于湖南、江西、浙江、江苏、安徽、福建、台湾、湖北、四川、贵州、云南等地，适宜生长在海拔 420~2500m 的山区、溪谷或石灰岩山地。目前，青钱柳资源主要来源于野生，自然分布数量较少，分布零散，自然更生率低。据调查，湖南省绥宁县野生资源较多，主要分布在黄桑、长铺、竹舟江、联民、麻塘、河口、枫木团、梅坪、金屋、水口等 10 余个乡镇。

【适宜种植产区】

青钱柳喜温暖湿润气候，主要分布于亚热带地区，由于其种子发芽率低，自然更新能力弱，很难找到幼树树苗。近年来，随着资源需求的上升，部分地区在 400~700m 的低山区营造了小面积的人工林。据青钱柳的生长习性，适宜种植地区主要为我国南部、西南及东南地区，包括湖南、江西、浙江、江苏、安徽、福建、台湾、湖北、四川、贵州、云南等地。

【生态习性】

青钱柳喜光，深根性落叶大乔木，树干通直，主侧根发达，多分布于 40~80cm 的土层中，耐荫。对土壤水肥条件要求较高，喜生于温暖、深厚湿润肥沃、排水良好的酸性红壤、黄红壤之上，在土壤干旱瘠薄的地方，青钱柳生长不良。青钱柳也是良好的肥料树种，每年有大量的凋落物，分解速率高，与常绿针叶树种混交造林后，可改善土壤结构，提高土壤肥力，并能充分发挥涵养水源的功能。据报道，青钱柳速生期为 4~20 年，26 年后开始下降，因此在栽培过程中，应加强幼林抚育管理，充分发挥早期速生的特性。在天然林中，树高在树龄 20 年前为速生阶段，树龄 0~10 年为高峰期；胸径在树龄 20 年前为速生阶段，10 年左右达到最大值；材积在树龄 20 年后逐渐加快，20~40 年为速生阶段，30 年左右达到高峰。通过调查，青钱柳树高生长在前 20 年，年生长可达 0.5~0.6m；胸径平均生长量为 0.7cm。20 年生青钱柳平均树高 11.8m，平均胸径 14.5cm。

【栽培技术】

（一）种植地准备

1. 育苗圃选址及整地　育苗地宜选择水源充足，排灌方便，日照时间较短的山区农田，土层要求深厚、肥沃，沙质土壤，微酸性。深翻土地 30cm 以上，锄碎并清除粗硬杂物，整理畦面。整地时要求进行土壤消毒，用硫酸亚铁 8kg/亩和杀虫螟松 2kg/亩进行消

图 12-2 青钱柳育苗

毒。施足底肥，以有机肥为主，每亩施入人畜粪 2000 ~ 3000kg。青钱柳种子细小，整地必须到位细致，以利于出苗。耙平整细，做成宽 1 ~ 1.5m，沟深 30cm，沟宽 30cm，长度不等的高畦。（图 12-2）

2. **移栽地选择及整地** 移栽地应选择山坡中下部及山谷溪涧，土层深厚、肥沃、湿润、海拔在 400m 以上的地方。先将山上的灌木、杂草砍伐晒干，用火焚烧，除去较大的石块或杂物，开好排水沟渠。

（二）繁殖方式

青钱柳是一种高大乔木，是生长较快的木材树种，也是很好的观赏、药用树种。人工栽培青钱柳可采取种子繁殖和无性扦插繁殖两种。因扦插育苗的生根率低，且需大棚操作成本较高，现多采用种子育苗的方式。

1. **种子繁殖**

①采种与种子处理：选择生长健壮、干形通直圆满、冠形匀称、无病虫害 20 年以上的母树采种。在每年 9 月至 10 月果实成熟期，待果实由青色变为黄褐色时，即可采种。在室内通风阴干后再摊晒 3 ~ 4 天，果翅晒至松脆时搓碎果翅，扬净后即为青钱柳种子。由于青钱柳种子具有深度休眠的特性，随采随播或春播均不发芽，隔年甚至 2 年后才能出苗，降低了青钱柳繁殖效率。因此，在播种前需对种子进行处理。种子处理方法有室外层积贮藏催芽法、湿沙混藏变温法、药剂处理法等，而前两种方法耗时较长，故多选用药剂处理法处理种子。一般可用温水浸泡加赤霉素或生根粉浸种数小时后即可播种。

②播种：播种期在 2 月下旬至 3 月中旬，多采用条播方式，条距 25 ~ 35cm，播种沟深 2 ~ 3cm，覆土厚约 1 ~ 2cm，然后覆盖稻草以保温保湿。每亩种子用量为 5kg 左右。待出芽 2 ~ 3cm 时，选择早晚或者阴天阳光较弱时揭去覆草，出苗初期也可搭荫棚。

③苗期管理：苗木出土后，需要大量的养分，要及时除草、追肥，前期主要以氮肥为主，后期可增施磷钾肥。在 5 ~ 6 月各施氮肥 2 次，并及时中耕除草，清沟排水。幼苗长至 5 ~ 10cm 时进行间苗，株距 15cm 左右。在炎夏伏季要搭棚遮荫，秋雨后拆除荫棚并停止施肥。

2. **扦插繁殖**

①采穗母树的培育：青钱柳属于扦插极难生根树种，常规的扦插处理技术往往达不到理由要求，为此，将幼树培育成采穗母树，提高插条生根成活率。将 1 ~ 2 年生实生苗进行精细培育，选为采穗母树。为了促使采穗母树生产较多的优质穗条，将幼苗在 20 ~ 30cm 处进行截干处理，采集新生的穗条作为插条。

②插穗选择及处理：扦插宜选择在 4 ~ 6 月进行为宜，此时气温上升，枝条萌动生根，容易成活。剪好的枝条放于阴凉避风处并喷水湿润，由下而上用枝剪剪取短枝，长度 15 ~ 20cm。用浓度 0.1% ~ 0.13% 吲哚乙酸或 6 号 ABT 生根粉浸泡 4 ~ 5 小时，晾干后备插。

③扦插：按株行距 15cm × 20cm 以 75° ~ 85° 的斜角插入准备好的苗床上，以插入整个枝条 2/3 为宜，覆土压实，浇水，用已消毒的杂草类散放畦面，以保持土壤温度。

④扦插苗期管理：苗期管理同种子繁殖。若有足够条件，可为扦插苗木搭建阴棚，控制透光率在 0.3 ~ 0.4。

（三）移栽造林

根据具体情况，用 1 ~ 3 年生苗出圃扩种人工造林。造林地应选择在山脚、山谷等土层深厚、湿润、排水良好，海拔在 400m 以上的地方，营造纯林或与半枫荷、鹅掌楸、木莲、玉兰及木姜子等树种组成混交林，或套种果树等经济林。一般 3 ~ 5 月采挖移栽，可保持苗 50 ~ 70cm 截干，可用促根剂浸根后栽植。按株行距为 3m×2m 或 2m×2m，定点挖穴栽植，穴径 60cm 左右、深 50cm 左右。培育大径材的栽植密度宜选择为 60 ~ 100 株/亩。培育短周期原料林（取叶用）的造林密度为 150 ~ 300 株/亩。栽后要浇 1 次定根水，并注意灌溉及排水既不能积水也不能过干。

（四）抚育管理

1. 补植和修剪　青钱柳移栽后，加强管理，3 ~ 4 年即可郁闭成林，因此，移栽后出现死苗和病苗或长势很差的，要及时补种。以叶用林培育的青钱柳，要及时修剪整形，打顶矮化。当树苗长到 1.5m 左右时就开始摘顶，促进侧枝生长，成林时，树高控制在 3 ~ 4m 为宜。

2. 除草和施肥　青钱柳幼林期每年除草三次，春夏秋各一次；中成林可于冬季或早春进行一次松土除草和林地清理，扩穴松土，适时修剪。结合中耕除草，每年追肥 1 ~ 3 次，施肥以有机肥为主，春季人畜尿与尿素混合追施，秋季磷钾肥和有机肥料混合追施。施肥量依土地贫瘠程度而定。

3. 病虫害防治　青钱柳成年幼树、大树病虫害较少见，主要病虫害发生在苗期。苗期主要病害是苗木立枯病，一般发生在 6 ~ 7 月。防治病虫害要做好土壤消毒，加强育苗管理，多雨季节及时排水防涝。如果已发生病虫害，及时应对，早发现早处理。

①立枯病：青钱柳幼苗期的主要病害，立枯病又称"猝倒病"，为害幼苗根部、茎干和叶片，初期从根部发病，呈水渍状小斑，淡褐色，半圆形或不规则形，其后小斑扩大，根部皮层腐烂，地上部分叶片枯萎脱落。防治办法：发病初期挖除病苗铲除，用草木灰和石灰 4∶1 比例进行撒施杀菌，中期用 75% 敌克松原粉 800 倍液或 75% 百菌清可湿性粉剂 600 倍液喷洒防治或用 50% 多菌灵 800 ~ 1000 倍液或 50% 甲基托布津 1000 ~ 2000 倍液喷雾防治，每周喷 1 次，连续喷施 2 ~ 3 周。

②地老虎：夜间活动较甚，为害幼苗主茎、叶片和嫩枝，严重者可导致植株死亡。防治措施：种植地深翻土地，及时除草松土，破坏害虫产卵场所，减少幼虫食料；傍晚灯光诱杀成虫或用敌百虫、锌硫磷喷洒圃地，人工捕捉。

【采收加工】

青钱柳采叶适宜时期是春末和夏季，树叶未黄前。将枝条青钱柳枝条的新鲜叶子采收，并及时摊开，铺于竹席或洁净地面上，置通风处阴干。有条件的地方可在烘房进行烘干。目前，青钱柳叶多做茶用，采收后直接干燥打碎作为袋泡茶，也可将制茶工艺与现代中药饮片加工工艺相结合加工制作。

【质量要求】

以叶多、色绿、气清香者为佳（图12-3）。综合现有文献报道，青钱柳叶药材质量要求见表12-1：

表 12-1　青钱柳叶质量标准表

序号	检查项目	指标	备注
1	水分	≤ 13.0%	
2	总灰分	≤ 7.0%	
3	浸出物	≥ 7.0%	60%乙醇，热浸法
4	多糖	≥ 0.6%	

1cm

图 12-3　青钱柳精制饮片

【贮藏与运输】

青钱柳叶干燥后包装，置于室内通风干燥处，定期检查，防止虫害和老鼠等为害。药材运输过程中，运输工具或容器应具有较好的通气性，保持干燥，并应有防潮措施，并尽可能缩短运输时间，同时不应与其他有毒、有害、易串味物质混装。

【参考文献】

[1] 方升佐，杨万霞. 青钱柳的开发利用与资源培育 [J]. 林业科技开发，2003（17）：49-51.

[2] 曾跃辉，刘新华，郑红发. 青钱柳资源利用与开发研究 [J]. 湖南农业科学，2008，（4）：142-144.

[3] 中国科学院中国植物志编辑委员会. 中国植物志 [M]. 北京：科学出版社，1979，21：19.

[4] 梁彦兰. 濒危树种青钱柳群落结构与栽培技术研究 [D]. 福州：福建农林大学，2004.

[5] 蒋家雄. 青钱柳天然林物种多样性及空间分布格局研究 [J]. 福建林业科技，2010，37（3）：1-3.

[6] 连雷龙. 青钱柳的栽培技术 [J]. 林业科技开发，2003，17（3）：51-52.

[7] 胡凤成，田毅，王旭. 略阳县珍稀树种青钱柳的繁育与栽培技术探讨 [J]. 现代园艺，2014（13）：23-24.

[8] 彭洪斌，王统强，徐加银，等. 沐川县青钱柳生长现状及栽培技术初探 [J]. 四川林业科技，2014，35（5）：92-93.

[9] 黄东，宋西娟，张敏. 广西北部地区青钱柳发展前景及育苗造林技术 [J]. 园艺与种苗，2015（3）：42-44.

[10] 李海玲，方升佐. 青钱柳繁殖技术研究进展 [J]. 林业科技开发，2006，19（6）：3-5.

[11] 吴琳琳，王芳，茅向军，等. 青钱柳质量标准的研究 [J]. 中成药，2017，39（4）：745-750.

十三、天然冰片 Tianranbingpian

Borneolum

【来源】

本品为樟科植物樟 *Cinnamomum camphora*（L.）Presl 的新鲜枝、叶经提取加工制成。1988 年，在湖南新晃侗族自治县的原始森林中发现了中国第一株富含龙脑的野生龙脑樟，这是我国有史以来首次发现富含右旋龙脑的野生樟科植物，由此改写我国不产龙脑的历史。天然冰片，原名龙脑香，始载于《唐本草》，性味辛、苦，微寒，归心、脾、肺经，常用于闭证神昏，目赤肿痛，喉痹口疮，疮疡肿痛，溃后不敛等症。冰片可分为冰片、艾片、天然冰片，三者均被 2015 版《中国药典》收录，并明确规定，冰片为合成龙脑，艾片为左旋龙脑，天然冰片为右旋龙脑。据调查，香樟中龙脑樟的天然冰片含量在同属植物中最高。

【别名】

龙脑香《唐本草》；固不婆律《酉阳杂俎》；羯布罗香《本草衍义》；龙脑《别录》；脑子《海上方》；瑞龙脑《本草图经》；梅花脑子《小儿药证直诀》；梅花片脑《夷坚志》；片脑《寿域神方》；梅花脑、冰片脑《本草纲目》

【植物形态】

樟，常绿高大乔木，高达 20 ~ 30m，胸径可达 4 ~ 5m，树皮黄褐色，不规则纵裂纹。小枝无毛，枝和叶均有樟脑味。叶互生，薄革质，长 6 ~ 12cm，宽 3 ~ 6cm，卵状椭圆形至卵形，先端渐尖，基部钝楔形或椭圆形，全缘，表面深绿色有光泽，背面灰绿色，两面无毛，有离基三出脉，脉腋有明显的腺体，叶柄长 1.5 ~ 3cm。圆锥花序腋生，长 5 ~ 7.5cm；具多花，花小，淡黄绿色；花被片 6，椭圆形，长约 2mm，外面无毛，内面密生短柔毛；能育雄蕊 9，花药 4 室，第三轮雄蕊花药外向瓣裂；子房球形，无毛。果卵圆形或近球形，直径 6 ~ 8mm，熟时紫黑色；果托杯状。花期 4 ~ 5 月，果期 8 ~ 11 月。（图 13–1）

龙脑樟与普通樟树比较的不同点为：龙脑樟叶基部楔形，无白粉；普通樟树叶

图 13–1 龙脑樟原植物

基部椭圆，有白粉；龙脑樟芽苞深绿色，普通樟树芽苞青绿色；龙脑樟叶片有龙脑的香气，味尝有清凉感，嚼之味苦，普通樟树无龙脑香，只有樟脑味，清凉感不明显。

【种质资源及分布】

樟树是我国二级保护树种和特有的分布植物，是亚热带地区较为重要的用材和特种经济树种，广泛分布于长江以南各地，以湖南、浙江、福建、广西、广东、江西等省份居多。龙脑樟为亚热带常绿阔叶乔木，是樟树按照枝叶精油中所含主要成分的不同，将其划分为龙脑樟、芳樟、异樟、油樟和脑樟五种类型，其中龙脑樟以富含龙脑而命名。龙脑樟最早发现于印度尼西亚苏门答腊，是天然龙脑的主要提取来源，1988 年，龙脑樟首次在湖南省新晃侗族自治县的原始森林被发现，之后被广泛应用于天然龙脑提取的原料。据报道，湖南省新晃县境内和江西省吉安市分布有龙脑樟，两地对龙脑樟的良种繁育、规模化规范化技术进行了深入研究，形成了产业化发展。

【适宜种植产区】

现贵州、四川、江西、江苏等地多有栽培。其中新晃县作为在我国内地首次发现龙脑樟的地域，在其品种保存及生长环境上具有明显优势，新晃县已逐渐发展成为全国最大的龙脑樟种植生产基地，种植面积达 2 万亩，并且新晃侗族自治县申报的"龙脑樟 L-1"获批国家新品种保护树种，新晃龙脑获批国家地理商标产品。江西吉安平均年产扦插苗达100 万株，已有龙脑樟人工种植的矮化林超过 200 公顷。

【生态习性】

龙脑樟是中性偏阳树种，有较强的耐寒力，可忍耐最低气温 5℃而不致冻死。幼树幼苗对低温和霜冻较为敏感。喜气候温暖向阳，冬季多风干燥区生长不良，阴湿处病害多。龙脑樟对土壤要求不严，一般土壤均可栽培，但仍以土层深厚、肥沃、湿润的微酸性至中性的砂质土壤生长较好。龙脑樟是亚热带绿阔叶林带的树种，适合生长于平均气温 16℃以上，绝对最低温度 7℃以上，年降水量 1000mm 以上的地区。

【品种介绍】

龙脑樟 L-1，即新晃龙脑樟，是进行林业资源普查时发现的含有右旋龙脑的母树，从该母树上剪取部分枝条进行无性系扦插种获得的。其品种优势在于龙脑樟 L-1 含右旋龙脑量达 2%～3%，而普通樟树不含右旋龙脑。现已优化无性系规模化快繁育苗技术以及密林矮植高产技术，并已在新晃县全县的种植基地中推广应用。

【栽培技术】

（一）种植地准备

1. 育苗圃选择及整地　育苗地以排水良好、地势较高、平坦且有水源的开阔地，忌积水地、沼泽地。土壤以土层深厚、肥沃的砂质土壤为宜，黏重的土壤通气性较差，排水不便，有碍根系生长。育苗地整地要求细致平坦，土壤细碎，表层无大土粒，否则插穗根系不能与土壤密切结合，吸收不到水分而枯死。扦插地苗床为垄作，陇面宽 1 ~ 1.5m，步道宽 30cm，垄高 20 ~ 25cm。垄及陇面整理完毕后，用 0.5% 高锰酸钾溶液给陇面喷雾消毒处理，再向陇面平铺 4cm 厚的新鲜砂土，用薄膜覆盖备用。

2. 移栽地选择及整地　移栽地宜选择在较平缓的红壤或丘陵营建，交通方便，山场相对集中连片，地势平缓，土层深厚，湿润肥沃，pH4.5 ~ 7.0，阳光充足，水源较好，空气湿度较大。整地前对移栽地进行清山处理，清除杂灌、小乔木及高大草本植物。坡度 10° 以下山场，采用撩壕整地，壕沟 40cm × 40cm。坡度 10° 以上的山场，采用条垦整地，条垦带呈环山水平，条带宽 1 ~ 1.2m，开穴 40cm × 40cm × 30cm，每穴复合肥 0.25kg 或有机肥 5kg，表土还穴，回填 2/3。

（二）繁殖方式

事实证明发现，通过种子繁殖的龙脑樟，有较大几率不能获得能提取龙脑的樟树，因此，为了保持龙脑樟母本的优良性状，龙脑樟繁殖主要通过扦插和组培的方式进行。

1. 扦插繁殖　龙脑樟扦插育苗是用半木质化的树木枝条的一部分作繁殖材料，插入土壤中进行育苗，这种方法简单可行，成活率高。扦插繁殖的关键在于根的形成，能生根的易成活，不能生根则死亡。生根快的成活率高，生根慢的成活率低。

①采穗母株的选择及采穗圃的建立：选择龙脑含量高、抗病能力强的优良单株作为繁殖来源。为了使扦插苗圃获得优良的插条，需要建立采穗圃，将优良采穗母株的幼苗按 1.0m × 1.0m 密度造林，成活后，加强中耕、施肥、除草及防治病虫害等管理，做到土地疏松、无杂草、苗木枝繁叶茂。

②插穗的选择及处理：枝条发育的好坏关系到营养物质的含量，对插穗的成活有一定影响。龙脑樟插条应选择母树年龄较小的一年生枝，在同一枝条上的上部略带紫红色枝条更为充实，扦插成活率高。选条时，还要选择枝条健壮无病害的。在正常情况下，龙脑樟侧枝条发育最好，分生能力强，用它作插条比主枝好，凡发育充实、营养丰富的枝条容易成活，此外还要考虑插条的木质化程度，半木质化枝条扦插成活率高，采用半木质化枝条较好。插条的裁剪需要考虑到长度、留叶量、茎粗三个方面，一般而言，插条长度一般取 6 ~ 8cm，并有两个以上的健壮芽最好，剪下的枝条应及时放置阴凉处，保持新鲜状态，但不宜浸入水中。插穗裁剪切口要平滑，上端在芽上方 1 ~ 2cm 处，下端在芽下方 1 ~ 2cm 处。每个枝条留叶 1/2 ~ 2/3 片叶。插穗越细，生根越快。插穗越粗，在 0.7cm 以上，生根缓慢。综合考虑，插穗茎粗以 0.2 ~ 0.6cm 范围为最佳。插穗裁剪完毕后，捆绑成束放阴凉处，将其用生根粉及药物处理。

③扦插：龙脑樟扦插生根必须在地温高于气温 3 ~ 5℃才行，扦插时间可分为春插、夏插和秋插，春插的最佳时间是以萌芽为界，在春梢一周之前进行扦插，夏插最佳时间是在下一个生长高峰之前，秋插最佳时间是 8 ~ 9 月中旬之前。扦插方法以直插为主，一般插入深入为插穗的 1/2 ~ 2/3，插条入床后应立即灌足第一次水，让砂土及下部泥土有充足的水分。夏季扦插时，可搭弓形遮阴棚，以保持湿度。早春或秋插时，可用新膜将苗床密封，提高低温，增加湿度，达到多生根的目的。

④扦插苗期管理：插后一周，每天检查苗床，保持苗床湿润，加强育苗地含水量的管理。一般而言，扦插 15 天以后，穗条陆续生根。当多数穗条生根后，应适当降低基质含

水量，保持在饱和含水量40%即可。在夏季和秋季，育苗地适当搭建遮阴网，遮阴率达75%～90%。气温不能超过38℃或喷雾降温。扦条生根发芽后喷施水溶性化肥（0.2%尿素），以促进扦插苗健壮生长。并隔20天，喷施多菌灵防治病虫害，发现病株，及时拔除销毁。

2. 组培繁殖

①外植体准备及处理：选取一年生发育良好、分生能力强的龙脑樟侧枝，取其萌条的嫩梢部分，用洗洁净洗涤后，再用自来水冲洗数次。在无菌条件下用70%的乙醇30分钟，再用0.1%的升汞溶液灭菌7～10分钟，再用无菌水反复冲洗数次，然后使用解剖刀切取0.5cm左右嫩梢为培养材料。

②接种及培养：将外植体接种在0.8%琼脂、质量分数为3%蔗糖的MS培养基中，培养温度25℃，培养一周左右茎段增粗，切口处产生一定量的愈伤组织，腋芽膨大突出，开始萌动，产生不定芽，当不定芽伸长至2～3cm时，再转入相应的培养基中进行继代培养，诱导产生丛生芽和根。

③瓶苗移栽：取出试管苗，洗净根部培养基，栽到装有珍珠岩的塑料育苗盘中，喷洒清水，1周后可喷洒营养液，逐渐增强光照，3周后将幼苗移植到土壤中，待长成幼苗。

（三）移栽

1. 起苗

①起苗时间：起苗时间影响到苗木成活率，一般而言，适宜的起苗时间在苗木休眠期，即从秋季苗木地上生长停止时开始，到翌年春季树枝芽头萌发以前。一般可分为秋季起苗和春季起苗。a. 秋季起苗：秋季苗木地上部分停止生长后开始起苗，即10～11月，有利于切断苗木根系，从而形成愈伤组织，起苗后立即造林，翌年春天能尽早开始生长。b. 春季起苗：春季起苗宜早不宜迟，需赶在苗木萌动前起苗，起苗时间过晚，极易导致死苗，造成损失。

②起苗方法：在苗圃上起苗，以顺着苗形方向起苗，以30cm的起苗深度切断苗根，再于第一、第二苗行中间切断侧根，再将苗木推倒在沟中，即可取出苗木。起苗后，分级捆绑装袋，及时运输栽种。

2. 移栽时间　按照龙脑樟生长特性，南方以春、冬、秋移栽最佳，即11月上旬至翌年3月。

3. 移栽密度及方法　造林前剪除龙脑樟苗的部分叶片以及离地面30cm以下的侧枝。将底肥匀施穴底，再填土10cm厚左右，将底肥全部覆盖。栽植深度一般为20～30cm，植苗做到位正根舒，并做到"三埋两踩一提苗"。覆土要细致，分层压实，先填表土湿土，再填心土，每填一层土踩紧一次，填两层土后提苗一次，穴面覆些松土，略高于地面，成龟背形，防止积水。

（四）田间管理

1. 养分管理　龙脑樟主要以采收枝叶为主，主要施氮肥，配合磷钾，随树龄增长和枝叶采收量，施肥量逐年提高。追肥于龙脑樟一侧开穴，严防伤及根茎，第一次于插条萌生嫩叶时施入人畜粪水800kg/亩，第二次追肥在插条长出新主干时施入人畜粪水

2000kg/亩加尿素 10kg，第三次视情况施有机肥适量。

2. 中耕除草　在整个生长过程中，及时除去杂草，且中耕不宜过深，以锄松表土除去杂草而不伤及根部为度。培土时，将畦沟底部泥土堆放于龙脑樟植株旁即可。培土中耕除草，施肥结合进行。

3. 灌溉　龙脑樟生长期，如果长期干旱，要进行灌溉，灌溉用水要达到用水质量标准，灌溉一般在早晨或傍晚进行。

4. 病虫害防治　龙脑樟的病害主要有黑斑病、煤烟病、炭疽病、根腐病，常采用土壤消毒，拔除毁掉病苗等方式处理，针对具体的发病情况，采用合适的除菌剂进行喷洒，同时注意田间管理，适时灌溉排水，修剪枝叶。龙脑樟的虫害主要有樟梢卷叶蛾、樟叶蜂、樟巢螟等，在发病期，及时进行捕杀，使用杀虫剂。

【采收加工】

长势良好的龙脑樟一般栽植 3 年以上，即可采收叶，采集时间为每年的 11 月份至下一年 3 月。常有三种采收方式，截干采收、修枝采收、间伐或全伐采收。密林矮植之后，多用修枝采收，一般种植后 2～3 年，修剪枝叶加工，等萌发生长 1～2 年或 2～3 年又可修剪树叶加工。采收后的枝叶应及时生产加工，在采伐后 48 小时内必须进行蒸馏提取天然冰片。

【质量要求】

以片大而薄、色洁白、质松脆、清香气凉。按《中国药典》（2015 版）标准，天然冰片质量要求见表 13-1：

表 13-1　天然冰片质量标准表

序号	检查项目	指标	备注
1	异龙脑	供试品色谱中，在与对照品色谱相应的位置上，不得显斑点	TLC法
2	樟脑（$C_{10}H_{16}O$）	≤ 3.0%	GC法
3	右旋龙脑（$C_{10}H_{18}O$）	≥ 96.0%	GC法

【贮藏与运输】

温度、空气和光照对冰片的稳定性有影响，因此，应采取低温、密封避光保存的方式，一般可用真空密封避光贮存，或者充惰性气体密封避光保存，同时应防止老鼠等啮齿类动物的为害，并定期检查。运输工具应保证天然冰片避光，干燥，并具有较好的防潮措施，同时尽可能缩短运输时间。运输过程中不应与其他有毒、有害、易串味物质混装。

【参考文献】

[1] 洪净，宁石林. 我国原生中医药材瑰宝——新晃龙脑 [N]. 经济日报，2011-07-25015.

[2] 陈建南，曾惠芳，李耿，欧阳少林. 龙脑樟挥发油及天然冰片成分分析 [J]. 中药材，2005，28（9）：781-782.

［3］国家药典委员会. 中华人民共和国药典［M］. 一部. 北京：化学工业出版社，2015：59-60.

［4］曾建国. 天然冰片的研究进展［J］. 中国药物经济学，2011，2：83-89.

［5］欧阳少林，龙光远，黄璐琦. 天然冰片的新资源［J］. 江西林业科技，2005（5）：38.

［6］中国科学院中国植物志编辑委员会. 中国植物志［M］. 北京：科学出版社，1982，31：182.

［7］俞新妥，陈承德. 我国的樟树和樟脑［J］. 生物学通报，1985（1）：23-28.

［8］陈美兰，华永丽，黄璐琦，等. 龙脑樟有性繁殖后代叶油分析［J］. 中国中医药信息杂志，2010，17（08）：37-40.

［9］郭英. GC/MS法对龙脑樟的质量评价研究［D］. 长沙：湖南中医药大学，2009.

［10］陈红梅，孙凌峰. 江西吉安龙脑樟资源开发与利用前景［J］. 林业科学，2006，42（03）：94-98.

［11］石林，刘小燕，何洪城，等. 龙脑樟无性系规模化快繁育苗方法［J］. CN101263765. 2008-09-17.

［12］刘塔斯，龚力民，郭英，等. GC-MS测定龙脑樟植物不同部位右旋龙脑的含量［J］. 中国中药杂志，2009，34（14）：1692-1694.

［13］录文. 龙脑樟种植技术［N］. 中国中医药报，2009-09-04005.

［14］郭照光，孙秀泉，周晓勤，等. 龙脑樟树快繁育苗技术的研究与应用［J］. 湖南林业科技，2003，30（3）：44-46.

［15］何洪城，马芳，殷菲. 龙脑樟扦插育苗技术研究［J］. 湖南林业科技，2009，36（2）：7-9.

［16］邱凤英，宋晓琛，程强强，等. 龙脑樟扦插繁育试验技术研究［J］. 江西林业科技，2014，42（2）：5-7.

［17］龙光远，彭招兰. 龙脑樟矮林作业技术和效益分析［J］. 林业科技开发，2000，14（6）：30-31.

十四、玄参Xuanshen
Scrophulariae Radix

【来源】

本品为玄参科植物玄参*Scrophularia ningpoensis* Hemsl. 的干燥根。冬季茎叶枯萎时采挖，出去根茎、幼芽、须根及泥沙，晒干或烘至半干，堆放3~6天，反复数次至干燥。始载于《神农本草经》，为中品，有滋阴、降火、生津、解毒的功效，常用于热病烦渴、发斑、扁桃体炎、痛肿等症。

【别名】

元参《本草通玄》；重台《神农本草经》；黑参《孙天仁集效方》；逐马《药性论》；野脂麻《本草纲目》；鬼藏《吴普本草》

【植物形态】

多年生高大草本，高60~150cm。根多分叉，支根数条，纺锤形或胡萝卜状膨大，粗可达3cm以上，外皮灰黄色。茎直立，四棱形，有浅槽，无翅或有极狭的翅，无毛或多少有白色卷毛，常分枝。叶在茎下部多对生而具柄，上部的有时互生而柄极短，柄长者4.5cm，叶多变化，多为卵生，有时上部的为卵状披针形至披针形，基部楔形、圆形或近心形，边缘具细锯齿，稀为不规则的细重锯齿，长7~20cm，宽1~19cm，叶背有稀疏散生的细毛，具柄，柄长0.5~4.5cm。花序疏散开展，呈圆锥状，由顶生和腋生的聚伞圆锥花序聚集而成，长10~50cm，花梗长3~30mm，有腺毛；花冠暗红紫色，唇形，长8~9mm，上唇长于下唇，花萼长2~3mm，裂片圆形或卵圆形，边缘稍膜质；雄蕊5枚，4枚有花药，2强，一枚退化呈鳞片状，贴生在花冠管上；雌蕊一枚，花柱细，稍长于子房，子房上位，2室。蒴果卵圆形，连同短喙长8~9mm。花期7~9月，果期9~11月。（图14-1）

图14-1 玄参原植物

【种质资源及分布】

玄参科全世界约 200 属，3000 余种，我国产 60 属，640 余种，是中国种子植物中 50 个大科之一，种类极为丰富，有资料记载可供药用者 38 属 130 余种，包括玄参 *Scrophularia ningpoensis* Hemsl.、北沙参 *S. buergeriana* Miq.、长梗玄参 *S. fargesii* Franch.、玄台 *S. henryi* Hemsl.、安东玄参 *S. kakudensis* Franch.、穗花玄参 *S. spicata* Fr. 等。玄参在我国主要分布于河北、山西、陕西、河南、江苏、安徽、浙江、江西、湖南、福建、广东、四川、贵州等地。现栽培玄参主产于浙江、湖北、陕西、山东、四川等地，其中浙江杭州、磐安、东阳等地为传统道地产区。

玄参为我国特产，生于海拔 1700m 以下的竹林、溪旁、丛林以及草丛中，分布区域在东经 104.27°~120.30°，北纬 23.88°~37.44°。

【适宜种植产区】

玄参适应性较强，一般均种植在低海拔（600m）地区，但也有少数高海拔（1200m）地区种植，平原、丘陵以及低山地均可栽培。南方各地均有栽培，主产于浙江磐安、仙居、东阳、缙云，湖南龙山、怀化，四川巫山、北川、南山、秀山，湖北建始、巴东，河北晋县；陕西镇坪、平利、南郑，山东沂水、临沂、营南，河南南阳、安阳，山西芮城，贵州黔西、道真等地。

【生态习性】

玄参喜温暖湿润、雨量充足、日照时间短的气候条件，能耐寒，忌高温。对土壤要求不严，以土层深厚、疏松肥沃、结构良好、含腐殖质多、排灌方便的砂质壤土为宜，土壤黏紧、排水不良的低洼地不宜栽种。植株吸肥力强，病虫害多，忌连作。

玄参于秋季栽种，地上部分生长期 3~11 月，220~240 天，要求有效积温为 5885℃，降雨量为 1276mm。移栽后，于翌年春 3 月中下旬开始出苗，植物生长速度随着气温升高而逐渐加快，当月平均气温 20~27℃时茎叶生长发育较快，5 月初可全面封行，玄参进入 6 月底开始抽薹开花，8~9 月气温 21~26℃为根部生长发育最适时期，根部明显增粗增重。在这一时期内如水分供应充分，根部生长更快，产量亦高；倘若天气干旱又不及时抗旱，产量下降。10 月后气温逐渐下降，植株生长速度缓慢，直至 11 月地上部枯萎，全生育期大约 247 天。

玄参完成一个生长周期可分为四个阶段：①萌芽期（3 月中下旬~5 月）：3 月中下旬气温开始升高，平均气温为 12~13.6℃，植株开始发芽出苗；②旺盛生长期（5~7 月）：玄参植株生长速度随着气温升高而逐渐加快，5~7 月平均气温达 20~27℃，萌发后生长较快，肥水合适时 5 月即可全面封行，进入 6 月底开始抽薹开花，此时在地上部生长发育达高峰期，根部的生长也逐渐加快；③块根膨大期（8~9 月）：根部生长发育的最适合气温是 21~26℃，在 8~9 月平均气温 21~26℃是玄参根部生长的最佳时期，此时根部明显增粗增重，水分供应充分，根部生长更快，产量亦高；④停滞期（10~11 月）：10 月后气温逐渐下降，植株生长速度缓慢，直至 11 月地上部枯萎。

【品种介绍】

龙山玄参，是龙山县家种药材，原种从外省引进之后在当地高山地区驯化演变而成家种。适在腐殖质的沙质土壤中生长，病虫少，易培植，亩产最高达八百多斤。

湖南玄参，主产于以廉桥市场为中心，方圆辐射百来公里之乡镇，其每年总产量在3000吨左右。

浙玄参，分为洋玄参、土玄参。洋玄参产量高，主根发达，子芽粗大，苗高大；土玄参产量较低，子芽较小，苗细。

河南玄参，根纺锤形，冬季易烂根。

【栽培技术】

（一）种植地准备

1. 选地　玄参喜温暖湿润气候，适应性较强，抗肥水、抗旱、抗寒等能力较强。对土壤要求不严，选地时宜选择土壤深厚、疏松肥沃、排水良好、富含腐殖质的砂质土壤，不宜选择土质黏重、排水不良的低洼地，土壤过于黏重、排水不良，植物生长缓慢，根部容易腐烂而减产。海拔高低对玄参的生长影响不显著，一般选择在低海拔（600m）的平原、丘陵、低山地地区，但也有少数高海拔（1200m）地区种植。玄参不宜连作，前茬作物以禾本科或豆科为佳。（图14-2）

图14-2　玄生种植基地

2. 整地和施基肥　玄参属深根系植物，栽种前要深翻25～40cm，深翻后暴晒数天。整地时要清除残株落叶，拣去石块，使土壤细碎疏松。翻地时每亩施腐熟的农家肥1500～3000kg，翻土后整地时适量增施磷钾肥，捣细撒匀整平后作畦，畦宽1.2～1.4m左右，地膜栽培按行距 80cm 开沟，露地栽培按 40cm 开沟，沟宽 25～40cm，套作田块，在所套作物间开沟。山坡地要横山作畦，以防水土流失，同时注意开好四周排水沟。

（二）繁殖方法

玄参的繁殖方法主要有子芽繁殖、种子繁殖和分株繁殖，其中以子芽繁殖为主。

1. 子芽繁殖

①选子芽及处理：秋末冬初玄参收获时，将白色子芽从芦头上掰下作繁殖材料，并选择无病、粗壮、洁白的子芽留种，收后的种芽在室内摊放 1～2 天，以免入坑后发热腐烂。下种前需对种苗进行消毒处理，用多菌灵 500 倍液或退菌特 1000 倍液浸种 3～6 小时，晾干后准备下种，试验表明，消毒的芽头出苗率高，而不消毒的芽头出苗相对较低。

②栽种：子芽繁殖根据地区和气候可分为冬栽和秋栽，冬栽于 12 月中下旬至翌年 1 月上旬进行，春栽于 2 月下旬至 4 月上旬进行。按行距 40～50cm，株距 35～40cm 开沟栽种，栽种时把芽头向上，齐头不齐尾，覆土 3～4cm，用种量大约 600～750kg/亩。

2. 种子繁殖　种子繁殖速度快，病害少，但总体产量较低。玄参种子繁殖分为秋播和春播，南方适宜秋播，在 10 月～11 月上旬进行，幼苗于田间越冬，翌年返青后适当追肥，加强田间管理，培育 1 年即可收获。与秋播不同，春播宜在早春将种子播种进行育苗，至 5 月中旬苗高 5～6cm 后定植，当年可收获，品质比秋播要差。

3. 分株繁殖　分株繁殖栽后成活快，长势较好。玄参种植后第二年，玄参萌发很多幼苗，当幼苗长成 30～45cm 时，保留 2～3 根幼苗，其他全部拔除作繁殖材料。并将繁殖材料用多菌灵 500 倍液消毒斜插入整好的畦面，稍镇压，覆土，浇水，移栽后的第二年可收获。

（三）田间管理

1. 中耕除草　玄参生长周期间中耕除草 3 次。3 月底 4 月初，玄参出苗后开始中耕除草。中耕不宜过深，以免伤根。苗出齐，生长到 5cm 左右时，及时浅耕除草，促进幼苗生长。5 月中旬至 6 月上旬深耕除草；6～7 月，苗封行前需再次中耕除草。7 月以后，植物生长旺盛，杂草不易生长，不必再中耕除草。

2. 追肥培土　玄参封垄前应追肥 3 次，追肥可结合中耕除草。齐苗第一次中耕后追肥一次，以人畜粪为主，每亩 500～700kg；出苗 20～30cm 之后再施一次，追施浓度较大的人畜粪水，或 50kg/亩的高磷钾复合肥。在植株封垄前第三次中耕后追肥一次，肥种以磷、钾等肥为主，可掺入土杂肥在植株间穴施或沟施。结合追肥，疏通畦沟，将土培到植株基部，一方面可以保护子芽生长，利于根部膨大，另一方面可起到固定植株，防止倒伏的作用，此外还有保湿抗旱和保肥的作用。培土时间一般在 6 月中旬施肥后进行。

3. 灌溉排水　玄参比较耐旱怕涝，除严重干旱外，一般不需要浇水，干旱特别严重时，适时浇水，使土壤保持湿润，不易漫灌浇水。多雨季节应注意及时排水，可减少烂根。

4. 打顶　玄参药用部位为根，开花结实容易消耗大量的养分，不利于根茎的膨大，造成减产，因此植物开花时应将植株顶部花序摘除。玄参生长期内分 2 次打顶，第一次于 7 月中旬蕾末期至始花期选晴天露水干后打顶，第 2 次期间植株已高达 1.5～2m，用镰刀将上部 1/3 茎秆及侧枝割去，20～30 天后再将重新萌发出的侧枝处理 1 次。打顶不宜过早或过迟，过早，会影响植株的成长壮大，且易刺激形成大量赘枝，干扰植株正常成长，过迟则消耗养分过多。

5. 病虫害防治　玄参容易被多种病虫害为害，造成产量减产，常见的病害有斑枯病、叶斑病、白绢病；常见虫害有红蜘蛛、蜗牛和黏虫、地老虎等。病害发生一般在4月中旬初发，6～8月为发病高峰，9月份发病基本停止；虫害一般在6～8月发生。在病虫害防治过程中，应遵循"预防为主、综合防治"为主的策略，根据发病规律选择好用药时间和药剂品种，不应使用国家明令禁止的农药。

①斑枯病：该病主要为害叶片、叶柄以及茎，初期为淡褐色油渍状小斑点，由植株下部向上部叶片蔓延，以后逐渐扩大成病斑，严重者全叶变枯，植株死亡。4月中旬发生，6～8月发病较重，直到10月为止。防治方法：加强田间管理，增施磷钾肥，植株发病初期可喷施波尔多液，连续喷3～4次。

②叶斑病：该病是叶片组织局部侵染，导致出现各种形状斑点病，主要为害叶片、茎干、花以及果实。叶斑病聚集发生时，可引起叶枯、落叶及枯茎，严重影响植物的正常生长发育。该病于4月中旬开始发生，5～6月较重，7月后因气温上升病情逐渐减轻。防治办法：清除田间残株病叶，减少越冬病原菌；与禾本科轮作；加强田间管理，合理施肥，中耕除草；发病初期可喷施波尔多液，每隔10～11天施用1次，连续喷4～5次。

③白绢病：该病通常发生在根茎部或茎基部，严重影响水分和养分的吸收，以致生长不良，严重时枝叶凋零，植物枯死。一般发病于4月下旬，7～8月较重，9月停止。防治方法：加强田间管理，提高抗病能力；发病初期，及时拔除病株，防止病势蔓延，并在病穴内用石灰水消毒。

④红蜘蛛：棉红蜘蛛通常在叶背面吸食叶汁，受害叶片出现白色斑点，严重时叶片全部变红、卷缩、干枯脱落，影响植株正常生长，严重甚至干枯死亡，减少产量。5月下旬开始，7月下旬到8月中旬最为严重。防治方法：在栽种前可以用600～800倍三氯杀螨砜每亩75～100kg喷洒。

⑤蜗牛：蜗牛舐食玄参嫩叶或者咬断嫩茎而阻碍植株生长，3月中旬发病，4～5月较重。防治方法：可以进行清晨人工捕杀，及时中耕除草，清除底面杂草，喷洒1%石灰水。

【采收加工】

玄参于11月中旬茎叶枯萎时采收。过早采收，根茎内干物质积累不充分，质嫩，折干率低，品质差。过迟采收，根茎上长出新芽，消耗了养分，影响产量和质量。收获选晴天进行，先割去茎秆，将全株挖起，抖去泥沙，掰下子芽，将子芽妥善运回晾放留种，严防碰伤或污染。将根上的泥沙刷净，白天暴晒4～7天，经常翻动，使上下块根受热均匀；夜间堆积，盖上稻草或其他防冻物，反复晾晒堆积至半干，修去芦头和须根后，堆积2～5天"发汗"，使其块根内部变黑，再反复晾晒堆积数次，直至全干，内部色黑为止。遇雨天可用炕烘烤，温度不超过60℃，并及时翻动，烘至半干时，进行"发汗"2～3天，反复操作几次，直至烘干。

【质量要求】

以条粗壮、坚实、断面乌黑色者为佳（图14-3）。按《中国药典》（2015版）标准，玄参药材质量要求见表14-1：

表 14-1 玄参质量标准表

序号	检查项目	指标	备注
1	水分	≤ 16.0%	
2	总灰分	≤ 5.0%	
3	酸不溶性灰分	≤ 2.0%	
4	浸出物	≥ 60.0%	水溶性浸出物；热浸法
5	哈巴苷（$C_{15}H_{24}O_{10}$）和哈巴俄苷（$C_{24}H_{30}O_{11}$）总量	≥ 0.45%	HPLC法

图 14-3 玄参鲜药材

【贮藏与运输】

本品易虫蛀，易反潮，应贮于通风干燥处，温度 30℃ 以下，忌与藜芦混存。定期检查，发现轻度霉变、虫蛀，及时晾晒或翻垛。虫情严重时，用磷化铝等药物熏杀。

【参考文献】

[1] 国家药典委员会. 中华人民共和国药典［M］. 一部. 北京：化学工业出版社，2015：117.

[2] 中国科学院中国植物志编辑委员会. 中国植物志（第二册）［M］. 北京：科学出版社，1979，67：55.

[3] 李江陵，陈兴芳，尹国萍. 四川省玄参科药用植物新资源的调查研究［J］. 中国中药杂志，1997，22（6）：329-328.

[4] 王家葵，王佳黎. 中药材品种沿革及道地性［M］. 北京：中国医药科技出版社，2007.

[5] 王东辉. 环境要素对玄参次生代谢的影响［D］. 北京：中国科学院研究生院（教育部水土保持与生态环境研究中心），2010.

[6] 张家春，林绍霞，张清海，等. 玄参生物学特性及GAP栽培技术研究［J］. 耕作与栽培，2013，02：56-58.

[7] 孔德山，刑作山，顾士领，等. 玄参种植·加工·留种技术［J］. 安徽农业科学，2004，32（1）：122-125.

[8] 蒲盛才，宋廷杰，肖忠，等. 酉阳玄参规范化生产技术规程［J］. 中国现代中药，2011，13（10）：17-20.

[9] 薛琴芬，李红梅，许家隆，等. 玄参栽培管理及病虫害防治［J］. 特种经济动植物，2009，04：37-38.

十五、天麻 Tianma

Gastrodiae Rhizoma

【来源】

本品为兰科植物天麻 *Gastrodia elata* Bl. 的干燥块茎。立冬后至次年清明前采挖，立即洗净，蒸透，敞开低温干燥。天麻在我国有两千多年的用药历史，始载于《神农本草经》，列为上品，具有息风止痉，平抑肝阳，祛风通络的功效。我国长江中游两岸的山区天麻生长较多，其主产于云南、四川、贵州、湖南、湖北等省份。

【别名】

鬼督邮《神农本草经》；明天麻《临证指南医案》；水洋芋《中药形性经验鉴别法》；赤箭《唐本草》

【植物形态】

多年生腐生草本，与蜜环菌共生。茎高 30～150cm，有时可达 2m，全株不含叶绿素。块茎横生，肥厚肉质，椭圆形或卵圆形，长约 6～13cm，直径 3～7cm，有不甚明显的环节。茎圆柱形，黄赤色、橙黄色、黄色、灰棕色或蓝绿色，全体不含叶绿素。叶呈鳞片状，膜质，长 1～2cm，具细脉，下部短鞘状抱茎。总状花序顶生，长 10～45cm，花黄赤色或淡黄色；花梗短，长 2～3mm；苞片膜质，狭披针形或线状长椭圆形，长约 1cm；花被管歪壶状，口部斜形，基部下侧稍膨大，先端 5 裂，裂片小，三角形；唇瓣高于花被管的 2/3，具 3 裂片，中央裂片较大，其基部在花管内呈短柄状；合蕊柱长 5～6mm，顶端具 2 个小的附属物；子房下位，倒卵形，子房柄扭转。蒴果长圆形至长圆状倒卵形，长约 15mm，具短梗。种子多而细小，呈粉末状，花期 6～7 月。果期 7～8 月。（图 15-1）

图 15-1　天麻原植物

【种质资源分布】

天麻属 *Gastrodia* R. Br. 隶属兰科 Orchidaceae、兰亚科 Subfam. Orchidoideae、树兰族 Trib. Epidendreae、天麻亚族 Subtrib. Gastrodiinae。世界上已发现该属植物约 30 余种，主要分布在东经 43° 至 179°、北纬 50° 至南纬 47° 范围内的热带、亚热带、温带及寒温的山地。东起新西兰、新喀里多尼亚岛，西至马达加斯加，南达澳大利亚、新西兰，北抵中国的东北、前苏联远东地区；涵盖国家及地区包括中国、印度、泰国、不丹、尼泊尔、锡金、日本、斯里兰卡、马达加斯加、澳大利亚、新西兰、日本的琉球群岛、小笠原群岛、加里曼丹岛、新几内亚岛、马来西亚的马来半岛、新喀里多尼亚岛，以及朝鲜、菲律宾、前苏联远东的阿穆尔州、沿海边疆区、千岛群岛等地区。非洲大陆和欧洲、美洲未发现本属植物。我国共发现天麻属植物 16 种及 6 个变型，世界上大部分该属植物在我国均有分布，其中，台湾省共约 10 种，在我国所占天麻种类最为丰富。

天麻 *Gastrodia elata* B1. 为天麻属中唯一入药植物，我国是世界上野生天麻分布的主要国家之一。东经 91° 至 132°、北纬 22° 至 46° 范围内的山区、潮湿林地为野生天麻分布区，长江中游两岸山区天麻生长较多。野生天麻生于海拔 200~3200m 的疏林下、林中空地、林缘，山坡、河谷、灌木林下，以 1600~2400m 的箭竹林、小竹林下为常见。我国天麻分布由南到北跨过了云南中部山区及黑龙江尚志、林口等县；自西向东穿越了西藏错那及台湾兰屿岛等地，主产于四川、云南、陕西、安徽、河南、辽宁、吉林、湖北、湖南、贵州、甘肃、西藏及台湾等省区。

此外，我国还发现了天麻的 6 个变型：毛天麻 *G. elata* f. pilifera. Tuyama、绿天麻 *G. elata* f. viridis Mak.、乌天麻 *G. elata* f. glauca S. Chow、松天麻 *G. elata* f. alba S. Chow、红天麻 *G. elata* f. elata Bl. 和黄天麻 *G. elata* f. flavida S. Chow，现 6 个变型均被处理为异名。在产区内，野生天麻多见于红天麻、乌天麻和绿天麻，而主要适宜用作种源引种栽培的有产自云南的红天麻和乌天麻。

【适宜种植产区】

天麻适应性较广，气候、土壤适宜的地方均可栽培。湖南省的靖县、会同、黔阳、沅陵等地有栽培。

【生态习性】

天麻喜凉爽、湿润环境，怕冻、怕旱、怕高温、怕积水，宜选腐殖土质深厚、排水良好、半阴半阳之地栽培。天麻无根无叶不能自养，必须依靠紫萁小菇和蜜环菌才能繁殖生长。根据天麻不同时期的形态可将其生长阶段分为种子时期、原球茎时期、白麻和米麻时期以及箭麻时期。种子时期，天麻在紫萁小菇的营养供给下发芽生长成原球茎，随着营养需求的增加，紫萁小菇的供给不足以满足天麻的生长，少数原球茎得以与蜜环菌建立营养关系，蜜环菌则逐渐替代紫萁小菇成为原球茎时期及后期天麻的主要营养来源。紫萁小菇和蜜环菌在空气流通时生长良好。紫萁小菇在 10~28℃ 的温度条件下均可生长，蜜环菌在 6~8℃ 时就能开始生长，两者都在 25℃ 时生长最快，超过 30℃ 就停止生长；相对应地，天麻 10℃ 以上时开始萌动，20~25℃ 生长最快，30℃ 生长受抑制。蜜环菌喜潮湿环境，土壤含水量过低，其生长不良，天麻生长受到影响；水分过高，则土壤中空气不足，不仅影响蜜环菌与天麻的生长，甚至造成天麻腐烂。天麻在 200～3200m 范围内海拔均有分布，据研究报道，海拔区域内坡向对天麻长势有一定影响，相比而言南坡较北坡更利于天麻的生长。

【栽培技术】

（一）栽培场地选择

天麻喜冷凉、潮湿的气候环境，以 800～1400m 的高山环境为宜，海拔较低，夏天温度较高，天麻会腐烂，影响产量；海拔过高，适宜天麻生长的温度为 18～28℃的时间短，过早低于 18℃，提前休眠，产量仍不高。种植天麻需要一定水分，但其又不喜欢太多的水，因此种植时，既要保持一定的湿度，又要排除多余的水分。土壤条件的好坏与天麻的生长关系密切，以未耕过作物的半阴半阳的砂质荒山荒坡为宜，这样的条件最适宜天麻的生长。

（二）菌材的培养

菌材是指有蜜环菌段木的简称，是天麻生产必不可少的首要材料。菌材的培养是种好天麻的关键，在生产上，菌材有 2 种：一种是用树枝直径 1～4cm 的段木培育出来的叫菌枝，另一种是用 5～10cm 以上段木培育出来的叫菌棒。

1. 蜜环菌的选择及培养　蜜环菌是白蘑科蜜环菌属的一种真菌，喜微酸性腐殖土，有子实体和菌丝体两种形态，菌丝体又分为菌丝和菌索两种。生产上，可采集野生蜜环菌作菌种，经提纯分级扩大培养纯种，菌索棕红色，生长旺盛，具有白色生长特点，在黑暗中观察发出荧光，折断时有弹性。菌材皮层无朽变黑现象，杂菌生长不得超过 1/5。

2. 菌材的选择及处理　蜜环菌对木材的选择并不是很严格，除松树外的许多杂木均能生长，但优质的木材，蜜环菌生长较快，生长旺盛，以野樱桃、青杠、麻栎、水东瓜、桦子树等为好。木材砍伐后，将其锯成 40cm 长一节的段木，长短可以不等，但要求每节都要直。为了使蜜环菌更容易浸染木材，缩短接种时间，木材一般需要进行破口处理，即将锯好的段木用刀每隔 3cm 左右砍 1 个刀口，深以砍到木质部为宜，整体形成鱼鳞状。然后对段木进行处理，将砍口已砍好的段木架成火盆架，让其水分干到皮层裂口，放入消毒池，用浓度为 0.2% 的高锰酸钾溶液或 0.2% 的石灰水浸泡 3 小时，捞起晾干水气后可使用。

3. 菌材的培养方法　选择土质无污染较清洁的地方，挖深 30cm、宽 60cm 的土坑，依据地势的不同，采用

图 15-2　天麻人工培育

堆培、坑培和半坑培进行。首先在坑底铺1层树叶，然后将处理好的木材一根靠一根摆上2行，最好是将树枝两端砍口相对。在树枝的空隙缺口结合部撒上蜜环菌菌种或菌棒，再撒1层树叶后覆盖腐殖土或山沙或河沙后用同样的方法把菌床堆砌3～4层，最后再在上面覆盖6～10cm厚腐殖土或山沙或河沙，上面再覆盖1层塑料薄膜保温保湿。经过2～4个月，蜜环菌浸染木材，即得可种植天麻的菌材。（图15-2）

（三）繁殖方式

天麻的繁殖方式有无性繁殖和有性繁殖两种。无性繁殖用初生块茎做种，只需与蜜环菌共生而获得营养；有性繁殖种子播种需要与小菇属（Mycena）萌发菌和蜜环菌两种菌共生获取营养。

1. 有性繁殖　天麻的有性繁殖个体发育健壮，可防品种退化，扩大种源和良种繁育。

①种子采收及处理：天麻从授粉到种子成熟需要15～18天，果实开裂后采收的种子发芽率很低，应采即将开裂果的种子，其发芽率较高。天麻蒴果的颜色由深红变成浅红，果侧面6条缝线稍微突起，手感由硬变软（微软），手掰开果子，种子乳白色，已散开，不再成团时即可采收。天麻种子寿命短，应随采随播。若需保存，可在干燥阴凉、通风的室内保存1～2天，也可与萌发菌菌种拌种装入塑料袋内，保存4～5天。另外，天麻种子可在冰箱（3～5℃）保存，半个月内发芽率不会明显降低。

②播种：播种方法可分为菌叶拌种、菌床拌种、畦播三种。a. 菌叶拌种：播种前先将萌发菌三级种，按4瓶/m² 用清洁的铁钩从菌种瓶中取出，放入清洁的拌种盆中，将菌叶撕开成单张。将种子抖出装入播种筒，按30～40个/m² 撒在菌叶上，同时用手翻动菌叶，将种子均匀拌在菌叶上，分成两份。撒种和拌种应两人分工合作，以免湿手粘去种子，也要防止风吹失种子。b. 菌床播种：播种时挖开菌床，取出菌材，耙平床底，先铺一薄层湿落叶，然后将分好的菌叶1份撒在落叶上，按原样摆好下层菌材（菌材间留3～4cm距离），盖土至菌材平，再铺湿落叶，撒另一份拌种菌叶，放菌后覆土5～6cm，床顶盖一层树叶保湿。c. 畦播（菌枝、树枝、种子、菌叶播种）：挖畦长2～4m，宽1m，深20cm，将畦底土壤挖松整平，铺一层水泡透并切碎了的青冈树落叶，撒拌种菌叶一份，平放一层树枝段，树枝段间放入蜜环菌三级种，盖湿润腐殖质土填满树枝段间空隙，然后用同法播第二层，盖腐殖质土10cm，最后盖一层枯枝落叶，保温保湿。

2. 无性繁殖　冬栽11月、春栽3～4月。选择发育完好，色泽正常，无损伤，个体种10g以上的白麻，做商品天麻的种麻。10g以下的米麻做种子天麻的种麻。栽培在已培育有蜜环菌生长的菌棒土窝内，上盖树叶，覆土封顶，经8个月至1年半生长，即可采挖。将大天麻作商品，小天麻做种。

（四）田间管理

天麻种植后田间管理相对简单，主要包括防旱、防涝、防冻、防高温和防病虫害。

1. 常规栽培管理　天麻种子发芽、天麻及蜜环菌生长繁殖时，土壤要有足够的湿度和透气条件，湿度一般保持在50%～60%，久旱或土壤干燥时，及时浇水。连续多雨季节也要防止水涝，天麻种植遇积水容易腐烂，雨水过多应开沟排水，防止积水。高温季节要做好遮荫、降温。初冬温度突然降低时，天麻最容易遭受冻害，应加盖土或覆盖稻草、薄膜等防止冻害。

2. 病虫害防治 天麻常见病害有霉菌（杂菌）感染、块茎腐烂病，常见虫害可见蛴螬、介壳虫等。

①霉菌（杂菌）：霉菌病原有木霉、根霉、青霉、黄霉、绿霉、毛霉等，好发于蜜环菌材和天麻块茎上，其表面呈片状或点状分布，部分发黏并有霉菌味，菌丝白色或其他颜色，影响蜜环菌生长，破坏天麻的营养供给。防治方法：杂菌喜腐生生活，选用新鲜木材培养菌材尽可能缩短培养时间；种天麻的培养土要填实，不留空隙，保持适宜温度、湿度，可减少霉菌发生；加大蜜环菌用量，形成蜜环菌生长优势，抑制杂菌生长；小畦种植，有利蜜环菌和天麻生长。

②腐烂病：腐烂病的病原主要为黑腐病（多为镰刀菌属一种真菌）和褐腐病（为葡萄孢菌属一种真菌），主要好发于天麻块茎，染病块茎皮部萎黄，中心腐烂，有异臭，有的块茎内充满了黄白色或棕红色的蜜环菌索，染病块茎有的呈现紫褐色，有的手捏之后渗出白色浆状脓液。防治方法：选地势较高、不积水、土壤疏松、透气性好的地方种植；选择完整、无破伤、色鲜的初生块茎作种源，采挖和运输时不要碰伤和日晒；用干净、无杂菌的腐殖质土、树叶、锯屑等做培养料，并填满、填实，不留空隙。

③蛴螬（金龟子幼虫的总称）：蛴螬在地下将天麻咬食成空洞，并在菌材上蛀洞越冬，毁坏菌材。防止方法：设置黑光灯诱杀成虫；栽种和收获天麻时捕杀幼虫。

④介壳虫（粉蚧）：粉蚧群集天麻块茎及菌材上，使天麻块茎生长停滞，瘦小。防止方法：天麻生长在土中防止不便，可在天麻收获时进行捕杀，将严重为害的菌材烧毁。

【采收加工】

（一）采收

天麻按时间采收可分为冬麻和春麻，冬麻是指每年秋冬季节收获的天麻，该天麻块茎饱满、皮细色白、坚实肥壮，品质较好；春麻是指每年春季采收的天麻，该天麻块茎肉薄、皮粗色灰、"跑浆"中空，品质相对较差。选择晴天刨挖天麻，收货时慢慢刨开覆盖物，顺着天麻生长处刨开沙土，无论白头麻，还是箭麻，都要同时取出，白头麻作种，箭麻作商品用。

（二）加工方法

天麻采挖后，洗去泥沙，用谷壳加少量水，反复搓擦，搓去块茎鳞片、粗皮和黑斑，再用清水洗净或明矾水漂渍，以防变黑。分大小，蒸或煮10~30分钟，以中心无白心为度。蒸煮后取出摊开晾透，低温烘炕，经常翻动，如有气泡，用竹针穿刺放气。干到七八成时，用木板压扁，继续烘炕。烘至八九成干时，停炕回潮，堆放盖闷，习称"发汗"，是天麻内部水分外溢，然后继续烘炕或晒至全干。

【质量要求】

以质地坚实沉重、有鹦哥嘴、断面明亮无空心者为佳，以质地轻泡、有残留茎基、断面色晦暗空心者次之（图15-3，图15-4）。按照《中国药典》（2015版）标准，天麻药材质量要求见表15-1：

表 15-1　天麻质量标准表

序号	检查项目	指标	备注
1	水分	≤ 15.0%	
2	总灰分	≤ 4.5%	
3	二氧化硫残留量	≤ 400 mg/kg	
4	浸出物	≥ 15.0%	
5	天麻素（$C_{13}H_{18}O_7$）和对羟基苯甲醇（$C_7H_8O_2$）总量	≥ 0.25%	HPLC法

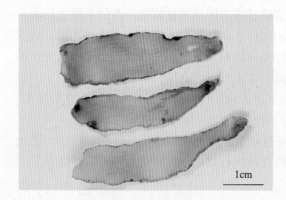

图 15-3　天麻精制饮片

图 15-4　天麻药材

【储藏与运输】

（一）储藏

仓库应通风、干燥、避光，最好有空调及除湿设备，地面为混凝土，并具有防鼠、防虫设施。天麻装麻袋后应存放在货架上，与墙壁保持足够距离，并定期抽查，防止虫蛀、霉变、腐烂等。

（二）运输

批量运输时，车辆不应与其它有毒、有害物品混装；车辆和运输容器必须清洁，有较好通气性，以保持干燥，遇阴雨天，应严密防潮。

【参考文献】

[1] 国家药典委员会. 中华人民共和国药典 [M]. 一部. 北京：化学工业出版社，2015：58~59.
[2] 卢进，丁德荣. 天麻的本草考证 [J]. 中药材，1994，17（12）：31-36.
[3] 袁崇文. 中国天麻 [M]. 贵州：贵州科学技术出版社，2002：31-35.

［4］杨文权. 天麻种质资源的研究［D］. 咸阳：西北农林科技大学，2005.

［5］孟千万，赵志礼，罗毅波，等. 国产天麻属药用植物资源［A］. 中华中医药学会第九届中药鉴定学术会议论文集，2008：224-226.

［6］周铉，陈心启. 国产天麻属植物的整理［J］. 云南植物研究，1983，5（4）：361-368.

［7］刘威. 天麻仿野生栽培关键技术研究［D］. 贵州：贵州大学，2015.

［8］徐锦堂，冉砚珠，郭顺星. 天麻生活史研究［J］. 中国医学院学报，1989，11（4）：237-241.

［9］刘桂春，时香云，孙雅君. 浅谈天麻生长习性［J］. 黑龙江医药，1998，11（3）：163-164.

［10］余昌俊，王绍柏，曹斌. 利用海拔温差调控种植天麻的研究［J］. 农业生物技术科学，2008，24（9）：48-53.

［11］曾勇，蔡传涛，文平. 不同海拔两种天麻仿野生栽培下产量和品质变化［J］. 植物科学学报，2011，29（5）：637-643.

［12］刘威. 天麻仿野生栽培关键技术研究［D］. 贵州：贵州大学，2015.

［13］黄柱，陈能刚. 林间天麻栽培技术［J］. 现代农业科技，2007，14：38.

［14］李育生，吴仲珍，冯嘉盛，等. 高山地区天麻仿野生栽培及加工技术研究［J］. 安徽农业科学，2013，41（30）：11967-11968.

［15］许兴生. 天麻人工栽培技术［J］. 现代农业科技，2012，5：169-171.

［16］祝友春，桑子阳，杨武松，等. 天麻的有性繁殖栽培技术［J］. 湖北林业科技，2015，44（4）：76-78.

十六、枳壳 Zhiqiao

Aurantii Fructus

【来源】

本品为芸香科植物酸橙 *Citrus aurantium* L. 及其栽培变种的干燥未成熟果实。7 月果皮尚绿时采收，自中部横切为两半，晒干或低温干燥。枳壳具有理气宽中，行滞消胀等功效，为常用中药。在我国，酸橙已有上千年栽培历史，以长江流域及南方各省资源最为丰富，主要栽培于江西、湖南、四川、浙江等省。以湖南沅江地区为代表所出产的湘枳壳品质优良，产量位居全国首列，并在海内外享有盛誉。

【植物形态】

常绿小乔木，多分枝，小枝有刺。单身复叶互生；叶色浓绿，革质；叶片阔卵形或阔椭圆形，长 7~12cm，宽 4~7cm，顶端短尖或近渐尖，基部阔楔形或近圆形，全缘或有波状锯齿，无毛，有半透明油点；叶柄处有长 8~15mm，宽 3~6mm 的倒卵形叶翼。花白色，单生或 2~3 朵簇生于叶腋，总状花絮。花萼杯状 5 浅裂，阔三角形，近无毛。花瓣 5，近长圆形，气味芳香，有脉纹。子房上位，雌蕊小于雄蕊，柱头头状。雄蕊 20~25 枚，通常基部合生成多数。果圆球形或扁圆形，直径约 5~8cm，橙黄至朱红色，果皮厚而粗糙，难剥离；瓤囊 10~13 瓣，果肉味酸有时兼有苦味或特异气味；种子约 20，卵形，子叶乳白色，单或多胚。花期 4~5 月，果期 9~12 月。（图 16-1）

图 16-1　酸橙原植物

【种质资源及分布】

柑橘属（*Citrus* L.）隶属芸香科（Rutaceae），有记载约 20 种，原产亚洲东南部及南部，现热带及亚热带地区常有栽培。我国有 14 种，其中 11 种为原产。该属植物主要分布在秦岭南坡以南，由北向南跨越甘肃、陕西、河南、安徽等省份地区，向东向南延伸至江苏省太湖地区、约北纬 33° 以南至海南等地。柑桔属植物用作枳壳、枳实入药的种类主要有 7 种，酸橙 *Citrus aurantium* L. 为该属入药植物之一。其大抵可分为黄皮酸橙与红皮酸橙两大类，尚有一些变异型与自然杂交种。枳壳喜温暖湿润、雨量充沛、阳光充足的气候，多生于丘陵、低山地带及江河湖泊沿岸，一般在年平均温度 15℃ 以上生长良好，酸橙主要分布于长江流域及南方各省，江西、浙江、四川、湖南等省栽培于丘陵、低山地带，江河湖泊沿岸或平原多见。

湖南省酸橙种植历史悠久，早在明朝末年就已有栽培酸橙的记录。湖南出产的枳壳称湘枳壳，主要来源于酸橙的未成熟果实，主产于沅江、益阳、黔阳等县，以沅江产量最大。1957 年起湖南省即成为全国枳壳的主要产区，高峰期酸橙种植面积达 1.4 万亩，枳壳产量达 1600 多吨，占全国总产量的 40%～60%，枳壳常年保有量亦占到全国总需求量的 1/4～1/3，并出口至东南亚等地区各国。

【适宜种植产区】

我国长江流域及南方地区，江西、四川、湖南、浙江、福建、江苏、湖北、广东等省气候温暖湿润，多丘陵、低山地带及江河湖泊，一般在年平均温度 15℃ 以上，适宜酸橙的种植。其中以湖南沅江县栽培面积最大，产量最高。

【生态习性】

酸橙 *Citrus aurantium* L. 为柑橘属（*Citrus* L.）植物，这类植物都适宜在温暖湿润的环境中生长，不耐长时期的过低温度或过高温度，但又需要有一定季节的较低温度，以便休眠，贮藏养分，以蕴育花芽，开花结果。酸橙喜生长在阳光充足、雨量充沛的气候地区，因此在我国多分布在约北纬 30° 左右以南的长江流域及南方各省。这些地区均为亚热带季风气候，温湿多雨，年平均降水量 1000mm 以上，平均温度可达 16℃ 左右。酸橙不耐寒，在 -9℃ 以下的严寒中，将受到严重冻害。酸橙对土壤的适应性良好，要求不严格，适宜于湿润、疏松、排水良好、土层深厚的砂质土壤和冲击土种植，但以微酸性的红土壤上生长最佳，肥沃程度中等以上。

【品种介绍】

江枳壳主产于江西新干县，又名商洲枳壳、三湖枳壳。呈半球形，直径 3.5～5cm，外皮略粗糙，青绿色，口面反卷，具有"果肉厚，外翻如覆盆，瓤瓣数较多"的特点，其药用的有效成分优于其他品种。

川枳壳主产于四川江津、綦江。直径 3～5cm，外皮略粗糙，黄绿色至棕黄色，口面略呈反卷状。

湘枳壳主产于湖南沅江。大小、外观与川枳壳相似，但皮薄，口面仅略呈反卷，香气较淡。

【栽培技术】

（一）种植地准备

1. 苗圃地选择、整地及施肥　苗圃地应选择水源方便、土层深厚、质地疏松肥沃、排水良好的壤土或沙壤土，以未曾培育过柑橘类苗木的土地为宜。酸橙对土壤适应性较广，红、黄壤均能栽培，以中性沙壤土最为理想，过于黏重的土壤不宜栽培。选好苗圃地后，翻耕 25～30cm，每亩施入腐熟有机肥 3000～4000kg。播前耙平，做成 1～1.5m 宽、25cm 高的长畦。播前对土壤进行消毒，选用硫酸亚铁、生石灰等消毒剂进行处理。（图 16-2）

图 16-2　枳壳药材育苗基地

2. 移栽地选择及整地　移栽地选择阳光充足、排水良好、疏松、湿润、土层深厚的砂质土壤和冲积土为好。酸橙移栽一般以挖穴定植为主，选好移栽地后，清除灌木、杂草等，砍伐遮阴度较大的乔木或进行梳枝，移栽前一年进行全面复垦，让土地熟化。移栽前，选用生石灰对土壤进行大面积消毒。

（二）繁殖方法

酸橙移栽种植后，可因种苗来源而结果时间存在较大差异。一般而言，压条或嫁接苗在移栽后 4～5 年开始挂果，种子繁殖的实生苗移栽后 8～10 年开始开花结果。生产上，一般采用先培育实生苗再嫁接的处理，提前挂果期。

1. 种子繁殖

①采种与处理：选择旺盛结果年龄、丰产优质、生长健壮、无病虫害的植株留种，在向阳面保留色泽亮、果大、表皮清洁无病虫害的果实，不作为枳壳采摘，于冬至后果实充分成熟时摘下留种，将鲜果摊放室内，待来年播种时从果实中洗出种子，剔除瘪粒，即可播种。常规处理为将种子用 0.1% 高锰酸钾液浸种 10 分钟，再用 1 份种子和 3 份湿润的细砂拌匀，放于木箱内进行层积处理，层积期间要经常翻动、检查，防止种子发霉腐烂，这样可大大提高出苗率。

②播种：种子播种可分为冬播和春播，冬播在种子采收后进行，春播在春季 3 月上、中旬进行。播种方式可分为条播和撒播，条播按行距 30cm、株距 3~6cm 进行，播种后用细肥土覆盖 2~3cm，再覆草，以保湿。撒播可将种子均匀撒在畦面，覆盖 3cm 左右的细肥土，再覆草，播种量控制在 3~4kg/亩。播种浇一次水，保持畦面湿润。

③苗期管理：种子播种后，定期浇水，保持畦面湿润，但不能太湿，阴雨天要防涝，挖沟排水。幼苗期，原则上见草就除，除草时用手小心翼翼地去拔，切不可伤及幼苗根系。待到苗高 5cm 时，可用施入少量农家肥或复合肥，注意施肥量，不可重施。夏季气温过高，太阳直射，幼苗容易被灼伤，需搭建遮阳网，以防太阳直晒。当年秋天可间苗，保持 23~27cm 株距，每亩地 4000~5000 株。幼苗期需定期观察，发现病苗，及时拔除，集中销毁，并对未发生病害的幼苗及时防治。

2. 嫁接繁殖　嫁接繁殖是枳壳栽培生产中提早挂果期常用栽培技术。选择长势较好、适应性强、无病害的母树，择优树冠外围中上部向阳处 2~3 年的健壮枝梢做接穗。嫁接用的砧木一般用种子繁殖 2~3 年的实生苗。嫁接一般采用芽接和枝接，枝接以 2~3 月为好，芽接以 7~9 月为好。嫁接时要求刀利，手稳，削口要平，错芽要准，包扎紧实。嫁接成活后，在苗圃培育 1~2 年后，当苗高 60cm 以上、地径 0.8cm 以上时，可出圃定植。

3. 扦插繁殖　扦插繁殖以粗壮的一年生老化枝条进行扦插为好，每根枝条长度 7~20cm，即 3~5 片叶为一段，有 3 个芽眼以上，剪时要求一刀清，不留余地。枝条上的叶片有保留二三片的，也有一片不留的。根据经验"保留二三片的插穗，先生根后抽芽，不留叶的插穗先抽芽后生根。扦插时间春季一般在 3~4 月，秋季在 8~9 月进行。

（三）移栽定植

幼苗移栽定植可于秋冬、春季栽植，秋冬季节选择 10 月至 11 月间或春季 3~4 月，一般选择在雨后晴天或阴天进行。移栽方法以挖穴定植为主，按行距 3~4m，株距 5~6m 挖穴，穴深 50~60cm，长宽各 70cm，移栽时每穴施入腐熟的堆肥或厩肥 20~30kg 作基肥。移栽时使根部接近地面土壤处，一般低于地表 1.5cm 左右。覆土 1/2 时轻提树苗，使根系舒展与土壤结合，然后填土至满穴，用脚踏实，浇透定根水，表面再覆盖松土。

（四）田间管理

1. 施肥追肥　酸橙耐肥，每年施肥 3 次，氮、磷、钾肥配合，以农家肥与化肥相结合为原则。第一次在 3~4 月进行，每株施沤肥 25kg，尿素 0.5kg，此时植株生长旺盛，应避免损伤根系，施肥方法宜以树为中心开十字形浅沟施入土中。第二次在采果后，每株施沤肥 25~50kg，饼肥 1kg。第三次结合防霜冻，每株堆塘泥或草皮、火土灰、猪牛粪

50～100kg，培土护茁。

2. **排水与灌溉** 枳壳栽植不宜选择低洼之处，春夏季节雨水较多，要做好清沟排水工作，以防止烂根，引起落叶落果、植株死亡。秋冬季节相对较旱，如果出现严重干旱，要及时灌溉防旱，幼龄期树宜少量多次浇水，成年树可一次灌足水，要求达到水分浸透根系为止。

3. **中耕除草** 定植后幼龄期树苗每年除草3～5次，成龄树1～2次。夏季高温多湿、多雨时，宜少锄浅锄，防止园内积水烂根。雨季过后可适当深锄，以利保水防旱。冬季低温寒冷，杂草少，可结合施冬肥中耕除草1次，施后要培土，可保温防冻。

4. **整形修剪** 整形修剪是使树枝排列均匀，通风透光，生长强健，提高产量的一种方法，一般在春节以后进行，即在三月间发芽以前为最好。

①幼年树：幼年树的修剪。在幼树定植1～2年后，在幼树干高1m左右，短截中央主干，第1年选粗壮的3～4个枝条，培养成第1层骨干主枝，第2年再在第1层主枝50～60cm处留枝梢4～5个，培养为第2层骨干主枝，然后在其上70～75cm处选留5～6个枝梢，使之形成第3层骨干主枝。促进幼树的苗壮生长，整成自然半圆型。

②成年树：成年结果树的修剪，应掌握强疏删、少短截、删密留疏、去弱留强的原则，一般宜在早春进行，剪去枯枝、霉桩、病虫枝、荫蔽枝、丛生枝、下垂枝以及衰老和徒长枝，有目的地培养预备枝。经过修剪以后，要达到树体结构合理，冠形匀称，营养集中，空间能充分利用，改善树冠内通风透光条件，形成上下内外立体结果的丰产稳产树形。

③衰老树的修剪：以更新复壮为主，进行强度短截，删去细弱、弯曲的大枝。注意加强管理，培育好新梢，勤施肥松土，采取防治病虫危害等措施，促使当年能抽生充实的新梢，翌年可少量结果，第3年可逐渐恢复树势。

5. **保花保果** 酸橙坐果率很低，粗放管理下只有1.5%左右。增加坐果率，可采取以下措施：①在施足冬肥的基础上，适量的增施春肥；②花期可喷施0.15%硼酸，在花谢3/4时和幼果期，以50×10^{-6}赤霉素加0.5%尿素进行根外追肥，还可喷施10mg/kg的ABT加0.2%的磷酸二氢钾；③控制夏梢的抽生，当夏梢生长15cm左右时摘心。

6. **病虫害防治** 常见病害有疮痂病、溃疡病及真菌病；虫害主要是星天牛和潜叶蛾等。

①疮痂病：5月下旬至6月中旬容易发病，主要为害叶、果和新梢幼嫩枝叶。防治办法：a. 发现病枝，及时剪除，集中烧毁；b. 移栽前和春芽萌动前，每隔10～15天喷1:1:200倍波尔多液1次或喷施50%多菌灵。

②溃疡病：高温季节易发，主要为害叶、枝梢、果实，严重者可造成植株死亡。防治办法：a. 合理修剪，剪除病枝，就地烧毁；b. 春季萌动前，喷施1:1:200波尔多液2～3次。

③树脂病：常见病害之一，主要为害枝、干和叶片，可导致树势衰弱、枝条枯死，严重时整枝死亡。防治办法：a. 剪除病枝，收集落叶，集中烧毁或深埋；b. 加强酸橙园管理，疏通排水沟，增施追肥，增强树体本身抗病能力；c. 在夏、秋季治理患部，刮除病菌直至树干木质部，然后涂上1:1:100波尔多液进行防治。

④虫害：主要有橘天牛、介壳虫、潜叶蛾、红蜘蛛、红蜡蚧等，主要为害树叶、枝梢

等，一般 6、7 月份发生。防治方法：可根据不同害虫及为害情况用 90% 敌百虫 500 倍液或螨虫克星 2000～3000 倍液喷杀。新农药杀螨、螨绝代、克螨特王、除虫菊酯等防止效果都较好。

【采收加工】

枳壳一般在 7 月果实未成熟时采摘，趁鲜将收摘的果实自中部横切成两半，晒干或烘干。或晒至 7 成干时，收入干燥通风处堆放 2～3 天进行发汗，再晒至完全干燥。晒时先晒瓤肉一面，待晒干至不沾灰土时再翻晒果皮面，直至全干。晒时切忌沾灰、淋雨，也忌摊晒在石板或水泥地面上，如此干后才能达到皮青肉白。烘干时注意火候，以低温干燥，以防止香气散失和焦糊。

【质量要求】

枳壳药材以个大、果皮青绿色、切面果肉厚而色白、气清香者为佳（图 16-3）。按《中国药典》（2015 版）标准，枳壳药材质量要求见表 16-1：

表 16-1　枳壳质量标准表

序号	检查项目	指标	备注
1	水分	≤ 12.0%	
3	总灰分	≤ 7.0%	
4	柚皮苷	≥ 4.0%	HPLC 法
5	新橙皮苷	≥ 3.0%	HPLC 法

图 16-3　枳壳精制饮片

【储藏与运输】

（一）储藏

本品易虫蛀，受潮生霉、散失气味。吸潮后，质返软，气味散失，内皮及果瓤可见灰色霉斑。储藏期间，定期检查，发现吸潮、轻度生霉或虫蛀品，及时通风晾晒，或翻剁通风，虫情严重可用磷化铝熏杀。高温高湿季节前，可将药材密封保存。

（二）运输

运输工具或容器应具有较好的通气性，以保持干燥，并且应有防潮设施。尽可能地缩短运输时间。不得与其他有毒、有害、易串味的物质混装。

【参考文献】

［1］国家药典委员会. 中华人民共和国药典［M］. 一部. 北京：化学工业出版社，2015：246.

［2］国家中医药管理局《中华本草》编委会. 中华本草［M］. 北京：上海科学技术出版社，1996：983.

［3］蔡逸平，曹岚，范崔生，等. 枳壳、枳实类原植物调查及商品药材类鉴定［J］. 江西中医学院学报，1998，10（4）：184-187.

［4］罗跃龙，周日宝，贺又舜，等. 湖南省沅江市枳壳种植基地的概况与分析［J］. 中南药学，2004，2（1）：41-42.

［5］彭华胜，郝近大，黄璐琦. 近2000年来气候变化对道地药材产区变迁的影响——以泽泻与枳壳为例［J］. 中国中药杂志，2013，38（13）：2218-2222.

［6］谢雨露. 枳壳高产栽培技术［J］. 林业实用技术，2003，01：40.

［7］彭锐. 枳壳规范化栽培及炮制加工技术［J］. 重庆中草药研究，2008，57：1-3.

［8］朱培林，吴金城，郑昭宇，等. 道地药材江枳壳规范化种植技术［J］. 林业科技开发，2004，18（5）：51-54.

十七、三棱Sanleng

Sparganii Rhizoma

【来源】

本品为黑三棱科植物黑三棱*Sparganium stoloniferum* Buch.–Ham. 的干燥块茎，湖南湘北洞庭湖平原有分布。秋末至初春采挖，去掉茎叶须根，洗净，削去外皮，晒干，切片生用或醋炙后用。三棱始载于《本草拾遗》，具破血行气，消积止痛之功，多用于月经不调、积聚结块等，为临床常用的活血化瘀中药。

【别名】

草根《抱朴子》；京三棱《开宝本草》；红蒲根《本草图经》；光三棱《药材资料汇编》

【植物形态】

多年生水生或沼生草本植物，高 60～100cm。地下根茎圆柱形，横走，下生粗而短的块茎及多数须根。茎直立，光滑，圆柱形。叶丛生，两列，叶片长条形，长 60～90cm，宽 1.5～2.5cm，背部具有纵棱，先端钝尖，基部抱茎。花茎从花丛中抽出，大多单一。花单性，雌雄同株，集成头状花序，有叶状苞片。雄花序位于雌花序之上，雄蕊序通常 2～10 个，雄花花被片 3～4 片，倒披针形，雄蕊 3，雌花序 1～3 个，雌蕊 1，子房纺锤形，花柱长 3～4mm，柱头狭披针形。聚花果，倒卵状圆锥形。花期 6～7 月，果期 7～8 月。（图 17–1）

图 17–1　三棱原植物

【种质资源分布】

黑三棱属植物约有 18 种，主要分布在北半球温带地区，个别种类也见于东南亚、澳大利亚和新西南等地。亚洲以我国种类最多，类型最丰富，约 10 种；其次是日本，共计 9 种。黑三棱属植物，通常生于海拔较低的沼泽或浅水区，很少生于海拔 3000m 以上。该属植物中，入药的有两种：小黑三棱*Sparganium simplex* Huds. 和黑三棱*Sparganium stoloniferum* Buch.–Ham.，其中，黑三棱作为中药三棱的正品为药典记载。

黑三棱喜向阳、低湿的环境，通常生于海拔 1500m 以下的湖泊、河沟、沼泽、水塘边浅水处，分布于东北、黄河流域、长江中下游各省区及自治区。主要产自黑龙江、吉林、辽宁、内蒙古、河北、山西、陕西、甘肃、新疆、江苏、江西、湖北、云南等省区，湖南省湘北洞庭湖一带亦有分布。我国以外，黑三棱还分布于阿富汗、朝鲜、日本、中亚地区和西伯利亚及远东其他地区。

【适宜种植产区】

全国大部分地区均可栽培。

【生态习性】

黑三棱对温度适应性较差。一般来说，植物通过调整形态、生理生化等一系列的生态适应性反应，对气候变化做出感受、传导及调节。当植物处于良好的适应状态时，温度升高，植物的生物量、株高、总叶绿素含量等体现其自身调节水平的参数将随之增长。当黑三棱的生长温度由 17℃ 左右升高至 20℃ 左右，前述两项参数中生物量、株高的值反而减小，叶绿素含量的增加趋势则明显弱于温度的涨幅。由此可见，温度升高，黑三棱无法很好地调节自身以适应环境的变化，对温度的适应性较弱。不同的海拔梯度环境代表着温度、降雨量、光照强度、紫外辐射等的一系列环境因子的剧烈变迁，研究发现，温度成为海拔改变时影响黑三棱生长的重要因素之一。黑三棱多生长在海拔 1500m 以下区域，在高于 3000m 的海拔时受到环境胁迫。在海拔高于 3000m 的地区，黑三棱株高降低、茎粗和叶宽数值变小、叶绿素（a+b）含量减少，以此适应高海拔低气温的环境变化；但是，代表着植物抗寒抗逆能力的参数可溶性糖含量、游离脯氨酸（Pro）含量、过氧化物酶（POD）含量在黑三棱处于高海拔（3000m 以上）时并没有随海拔增高而显著增加，这从一方面解释了黑三棱很少生长于高海拔地区的原因。虽为喜水忌旱植物，黑三棱在干旱环境下表现出一定的抗旱能力，其通过在细胞内产生大量可溶性蛋白、游离脯氨酸（Pro）等渗透调节物质，以调节细胞水势，抵御细胞过度失水；同时，主动调动抗氧化酶，减少或免除细胞膜系统损害，以达到抵御干旱的作用。生长在低湿浅水环境下的黑三棱，对水质和土壤的要求不严，常常栽种于河道、沟渠、池塘浅水处。在富营养化水体中，黑三棱植株中各生化指标显著改变，指示着水体成分的变化；同时，富营养化水体对其入药部位块茎的生理指标多有一定促进作用，说明黑三棱对水体环境良好的指示作用和适应性。

【栽培技术】

（一）种植地准备

1. 移栽地选择及整地　选择光照充足、地平沟畅、保水性好、排灌方便、肥沃的水稻种植环境，不要选择贫瘠干旱的山地或死水的水田，也不要选择虫源较多的种植环境。确定种植地后，当年秋季深翻晒土，深翻 30 ~ 40cm。种植前，耙平整细，之后灌水，保持种植地湿润。

2. 施基肥　深翻种植地时，以施入腐熟农家肥为主，每亩 1000 ~ 1500kg。移栽前，施肥以复合肥为主，结合氮肥。一般而言，复合肥 60kg/亩，尿素 20kg/亩。具体视土壤贫瘠程度而定。

（二）繁殖方式

黑三棱的繁殖方式以块茎和根茎无性繁殖为主，也是黑三棱获得优质丰产的关键性栽培技术。在 10~12 月，选择长势较好的同一种或品种的根茎或块茎留种，用湿润细土或细沙集中排种于避风、湿润、荫蔽地块越冬，翌年春季 3~4 月，选择健壮、无病害的块茎和根茎，将根茎或块茎切削成小块，用草木灰涂切口，于太阳下暴晒 1~2 小时，或用 50% 多菌灵进行消毒，晾干备种。

（三）移栽

1. 移栽时期　移栽时期一般在早春萌发时，即春季 3~4 月，具体时间因根据当地气候变化因地制宜。栽种过早，气温过低，易受冻害；栽种过迟，影响出苗，不利于正常生长发育。南方春季气温和土温均较高，可适当早栽，促使地下部分充分长根。我国北方严寒地区，为了防止冻害，宜在春季解冻后尽早种植。

2. 移栽方法　黑三棱栽种以浅栽为主，按株行距 15cm×30cm 浅栽于移栽地中，尽量保证根芽朝上。移栽深度一定适宜，过浅，容易随水流飘动；过深，出苗迟，生长发育迟缓，缺苗率较高。移栽后及时灌水，保持水深 2~5cm。

3. 栽后保苗措施　移栽后，定期查看出苗情况，由于死苗过稀要补苗。

（四）田间管理

1. 除草和追肥　出苗后，须经常拔除杂草，切勿杂草丛生，幼苗期除草较频繁。生长期追肥两次，六、七月份追肥一次，以追氮肥为主，按尿素 30kg/亩施肥，可适当加施农家肥，九、十月份再追肥一次，氮肥、磷肥、钾肥结合，按氮∶磷∶钾=1∶0.5∶0.3 的比例施肥，具体施肥量可按植物生长情况而定。

2. 排水和灌溉　移栽两个月内，移栽地需有充足的水量，水深保持 2~5cm。雨水较足的季节，注意排水，不可水深淹没过顶。生长后期，保持水田湿润即可，切忌断水干旱。

3. 病虫害防治　定时清理杂草和病害植物，保持田间清洁。病虫害防治遵循预防为主，综合防治的基本原则，早发现，早防治，优先采用农业防治、物理防治、生物防治，科学合理使用化学药剂防治。黑三棱的病虫害发生具有随机性的特点，根据病虫害发生规律，选择合适的方法进行防治，尽量减少产品农残和环境的污染。

【采收加工】

采收以秋末、冬季、初春为宜，即秋后至翌年初春出芽前为最佳。栽培品栽种年限应在两年及两年以上，不可采挖过早。采收时，割去枯残茎叶，采挖块茎，洗净泥土，晒至五成干时，装进框中，撞去部分须根，然后晒至六七成干时，再撞一次，以去掉全部老皮，晒至全干时最后撞一次，即可，可用于规模化加工。小批量可以直接削去外皮，自然晒干即可，也可以采用烘干的方法。

【质量要求】

以体重、质坚、去净外皮、黄白色为佳。按《中国药典》（2010 版）标准，三棱药材的质量要求见表 17-1：

表 17-1　三棱质量标准表

序号	检查项目	指标	备注
1	水分	≤ 15.0%	
2	总灰分	≤ 6.0%	
3	浸出物	≥ 7.5%	

【储藏与运输】

（一）储藏

贮藏之前，其含水量应达到标准，用麻袋封包堆放于货架上，并将药材处于阴凉避光处，室内环境保持干燥通风，储存温度不超过 20℃，相对湿度控制在 45% ~ 75%。定期检查药材的贮存情况，应及时将已经变质和有虫害的药材清除。气候湿润地区，最好有空调及除湿设备，以防害虫侵入和湿气影响，达到防止霉变的目的。

（二）运输

运输车辆尽可能固定，运输之前对车辆进行清洗、消毒，以保证运输容器和运输工具的清洁，保证药材免遭污染。药材运输包装必须有明显的运输标识，包括收发货标志和包装储运指示标志，运输时不应与其它有毒、有害特品混装，要有较好通气性，以保持干燥，遇阴雨天，应严密防潮。

【参考文献】

［1］国家药典委员会. 中华人民共和国药典［M］一部. 北京：化学工业出版社，2015：12-13.

［2］迟芳振，邓君丽. 三棱的本草考证［J］. 北京中医，1996，（5）：35-37.

［3］中国科学院中国植物志编辑委员会. 中国植物志［M］. 第八卷. 北京：科学出版社，2004：25.

［4］陈耀东. 中国黑三棱属的研究［J］. 植物分类学报，1981，19（1）：43-55.

［5］龚春梅，白绢，梁宗锁. 植物功能性状对全球气候变化的指示作用研究进展［J］. 西北植物学报，2011，31（II）：2355-2363.

［6］董瑜，田昆，郭雪莲，等. 不同区域气候条件影响下的纳帕海湿地植物叶绿素荧光特性［J］. 生态环境学报，2013，22（4）：588-594.

［7］李娟，林萍，郭绪虎，等. 海拔梯度对高原湿地植物形态和生理学效应研究［J］. 植物科学学报，2013，31（4）：370-377.

［8］孙亚昕，巢建国，刘菊燕，等. 干旱胁迫对不同产地黑三棱生理生化的影响［J］. 中药材，2014，37（3）：369-371.

［9］陈广云. 富营养化水体对黑三棱品质的影响［D］. 南京：南京中医药大学，2013.

十八、芡实 Qianshi

Euryales Semen

【来源】

本品为睡莲科植物芡 Euryale ferox Salisb. 的干燥成熟种仁。秋末冬初采收成熟果实，除去果皮，取出种子洗净，再除去硬壳（外种皮），晒干。首载于《神农本草经》，味甘、涩，性平，因具有益肾固精、补脾止泻、除湿止带的疗效，中医将其归于脾、肾二经，并广泛用于治疗遗精滑精，遗尿尿频，脾虚久泻，白浊带下等疾病。产于我国南北各省，分布于黑龙江、辽宁、河南、山东、江苏，浙江、福建、台湾、湖南、湖北等地。主产区有江苏太湖流域、湖南湘北洞庭湖区、山东微山湖区域等。生在池塘、湖沼中。

【别名】

卵菱《管子》；鸡瘫《庄子》；鸡头实、雁喙实《神农本草经》；鸡头、雁头、乌头《方言》；水流黄《东坡杂记》；水鸡头《经验方》；肇实、刺莲藕《广西中兽医药植》；刀芡实、鸡头果、苏黄、黄实《江苏植药志》；鸡咀莲《民间常用草药汇编》；鸡头苞《江西中药》；刺莲蓬实《药材学》

【植物形态】

一年生大型水生草本。沉水叶箭形或椭圆肾形，长 4~10cm，两面无刺；叶柄无刺；浮水叶革质，椭圆肾形至圆形，直径 10~130cm，盾状，有或无弯缺，全缘，下面带紫色，有短柔毛，两面在叶脉分枝处有锐刺；叶柄及花梗粗壮，长可达 25cm，皆有硬刺。花长约 5cm；萼片披针形，长 1~1.5cm，内面紫色，外面密生稍弯硬刺；花瓣矩圆披针形或披针形，长 1.5~2cm，紫红色，成数轮排列，向内渐变成雄蕊；无花柱，柱头红色，成凹入的柱头盘。浆果球形，直径 3~5cm，污紫红色，外面密生硬刺；种子球形，直径 10 余毫米，黑色。花期 7~8 月，果期 8~9 月。（图 18-1）

图 18-1　芡实原植物

各 论

【种质资源及分布】

芡实是芡属下唯一的一个物种，有南芡和北芡之分。南芡，也称苏芡，为芡的栽培变种，原产苏州郊区，现主产于湖南、广东、皖南及苏南一带，植株个体较大，地上器官除叶背有刺外，其余部分均光滑无刺，采收较方便，外种皮厚，表面光滑，呈棕黄或棕褐色，种子较大，种仁圆整、糯性，品质优良，但适应性和抗逆性较差。北芡，也称刺芡，有野生也有栽培，主产于山东、皖北及苏北一带，质地略次于南芡，地上器官密生硬刺，采收较困难，外种皮薄，表面粗糙，呈灰绿或黑褐色，种子较小，种仁近圆形、粳性，品质中等，但适应性较强。芡按花色分类，目前南芡常见的有紫花、白花和红花3种类型，北芡常见的有紫花和红花2种类型。但南芡主要作食品并出口，而北芡主要作药用。芡实生于池沼湖泊中。分布黑龙江兴凯湖区以及松花江流域、吉林以及辽宁的松辽流域、山东日照、江苏苏州，安徽巢湖、湖南湘北、等地。主产江苏太湖流域、湖南湘北洞庭湖区、山东微山湖区域。此外，福建、河北、河南信阳、江西、浙江太湖、四川简阳等地亦产；日本，印度也有。

【适宜种植产区】

芡实适宜在池塘、水库、沟渠、沼泽地及湖泊中生长。水底土壤以疏松、中等肥沃的黏泥为好。带沙性的溪流和酸性大的污染水塘不宜栽种。广泛分布于中国、俄罗斯、朝鲜、日本以及印度等国家，喜温暖水湿的环境，适宜水深80~100cm，不宜超过1m，幼苗期水深10~20cm为宜。直播育苗进行有性繁殖。可点缀或遍植于水面。我国各地皆有种植，有南芡和北芡之分。南芡，现主产于湖南洞庭湖区、广东、皖南及苏南太湖一带。北芡，也称刺芡，有野生也有栽培，主产于山东日照、皖北及苏北一带，质地略次于南芡。

【生态习性】

芡实喜温暖水湿，阳光充足，不耐寒冷干旱，只能在无霜期生长。全长育期180~200天，最适温度为20~30℃。花果期如温度低于15℃，果实不能成熟。要求水深不超过1m，水位比较稳定，底泥肥沃松软，含有机质较多，贫瘠的砂土、硬板土不适于芡实生长。土壤酸性不宜过大。果实成熟后，果壳裂开，种子散落水底，在0℃以上的较低温度中越冬，翌年春季萌发。

【栽培技术】

（一）种植地选择及整地

1. 育苗地选择及整地 育苗地宜选择在背风向阳、地势平坦低洼、土壤肥沃黏重的地块，育苗地和移栽地不宜相隔太远。选好育苗地后，地块深翻，整平，四周作高梗，施足底肥，放水保持水深5~8cm。（图18-2）

2. 移栽地选择及整地 芡实种植地应选择避风向阳、土壤肥沃、质地黏重、微酸性或中性、排灌方便的地块，大多选用水位涨落平稳或排灌方便、风浪较小的湖边浅滩、沼泽低塘栽培，每年 1 茬，可以连作。砂质土壤或耕层浅薄的田块需加入大量的塘泥和有机肥方可种植。水田或浅塘水深超过 1.5m，否则植株长势减弱，产量下降。大风大浪也影响芡实扎根或易将叶片打碎，需要避免。整地和施肥同育苗地。

图 18-2 芡实种植基地

（二）栽培方法

生产上，芡实的繁殖主要用种子繁殖，一般可分为直播和育苗移栽 2 种方法。两种栽培方法各有利弊，直播法较粗放，出苗率和产量较低，成本较低；育苗移栽，流程繁杂，人工成本较高，但可获得高产。

1. 育苗移栽法

①种子选择及处理：挑选粒大、饱满，均匀一致的种子作种，在 3 月下旬至 4 月上旬，气温达到 10℃左右时，即可浸种。将种子淘洗干净，用桶装清水浸没种子，种子厚度不宜超过 30cm，加水淹没种子 15cm 左右，使其白天温度在 20℃以上，晚上不低于 15℃，每天换水一次，经过 8～10 天，种子即可发芽露白。

②播种：种子播种时期一般在 4～5 月进行，播种前 7 天，选避风向阳的水田做好苗床，整平泥土，清除浮萍、丝状藻类和杂草，灌水 10cm，待苗床池水澄清、底土沉实后，即可播种。种子催芽露白后，将种子捞出，稍晾干。种子播种最好选择在无风的阴天进行，播种动作要轻，将发芽的种子靠近水面均匀撒播，种芽朝上，将其轻轻放入水中沉入床面。播种注意种子撒播密度，播种量控制在 1kg/m^2。播种后，搭建小棚架，盖上塑料薄膜，白天揭去，定期保证池水深度 5～7cm。

③移栽定植：5月中旬以后，当幼苗有4～6片绿叶、叶片直径达25～30cm时可起苗定植。起苗过程要小心，不可过多损伤根系。起苗后将叶面上的泥土洗净，并将根系理好，遮阴防止日晒。浅水区域可先规划好定植点，种植密度按照宽窄行进行，宽行距4m，窄行距2m，株距2m，种植密度控制在2000～2500株/hm²。定植时2个人操作，1人包裹基肥，即在心叶以下根部每株包0.5kg左右的泥肥，另1人栽苗。定植深度以没根和地下茎高为度，不能埋没心叶。深水区域应先除去水底青苔和水生杂草，在幼苗根部用肥泥包裹，依次放入水中，注意种植密度。定植后及时检查苗情，发现缺株，立即补栽。一般定植后7～10天植株开始返青。

2. 直播法

①种子选择及处理：同育苗移栽法。

②播种：直播法一般在4月下旬和五月上旬进行。在实际生产中，按照品种、水深状况等情况，将播种方法分为穴播、泥团点播和条播，穴播适于浅水播种，每隔2.3～4m见方挖一浅穴，每穴播种子3～4粒，覆盖泥土0.5cm左右，以保证齐苗；泥团点播多在水深超过0.5m且水生动物较多的湖荡进行，其方法是先用湿润泥土将3～4粒种子包成一个泥团，然后再按株行距把它直接投入水底，或通过插至水底的粗塑料管点播；条播即在水面按2.6～3.3m行距直线撒播，一般每隔0.7～1m播1粒种子，要求落子均匀，肥荡稀播，瘦荡密播。

（三）田间管理

1. 查苗补苗　幼苗移栽或种子直播后，要及时查苗，移密补稀。育苗移栽田中，幼苗定植7～10天，即可成活。要检查苗心是否被淤泥埋没，若有缺株，应立即补栽，确保全苗。种子直播田中，待幼苗出土后叶片直径长到10cm时，要检查苗情，及时移密补稀，每平方米保苗130～200株。栽后及时检查，缺株应立即补栽。

2. 除草和壅土　5月中旬定植到7月下旬封行前，芡实苗尚小，四周杂草容易滋生，需耘田除草3～4次。除草时，将穴边泥土推盖在根系上，进行培泥壅根，保证心叶逐步上升以及长新根时有泥土和充足的肥料，后期可将塘穴逐步培平或培土壅根。待植株开始封行，即可停止除草。

3. 防风　大风大浪容易影响芡实扎根或易将叶片打碎，因此种植地要做好防风措施。一般可在湖荡或大田四周栽种茭草，形成茭草防风带，减少风浪对芡实的影响，以利于其正常生长。

4. 灌水管理　芡实生长过程中绝对不能断水，且在生长过程中对水的需求量较大，芡实丰产的关键是适时调节水位。生长前期保持浅水，水层一般7～10cm，生长中期水位保持在30～50cm，后期最深可达1.3～1.5m。水位较深虽然有利于芡实生长，但当水位超过1.5m时，由于水大、浪大，芡实的叶柄、花梗生长量较大，大量消耗养分，不利于芡实产量的增加，而且给采收带了困难。池塘、湖泊芡实定植时，水深以30cm为宜，之后逐渐加深至50～90cm；洼地、水田定植至返青期，水深可保持在15～20cm。返青后，由于气温较高，植株开始迅速生长，应加深水层至30～50cm。8月中旬以后，气温逐渐下降，水层宜放浅至18～20cm。

5. 追施肥料　根据芡苗生长情况决定追肥，一般芡实生长期只需追肥2次。第1次为提苗肥，在芡苗出水后或成活后 20 天内，应及时追施氯化钾 150kg/hm²；第 2 次在开花结果期（9 月上旬），施尿素 75 ~ 120kg/hm²。当植株叶色褪淡，新生叶片出叶缓慢，与前 1 叶大小相差很小，叶面皱褶密，即为缺肥征兆，应进行追肥。增施磷、钾肥；重视微肥及叶面营养喷施剂的使用，尤其在开花、结苞期适时、适量进行根外追肥。根据芡实不同生育期对水分的需要调节水位，尤其在 6 ~ 9 月病害流行期更要注意科学用水，做到深浅适度，既要使叶片不离水，又要防止水位过高而浸没顶部，达到以水调温、以水调肥的目的，提高植株抗逆性。力求细心农事操作，减少机械损伤。

6. 病虫害防治　芡实生长期间的病虫害主要有黑斑病、叶瘤病、炭疽病、食根金花虫、斜纹夜蛾、福寿螺、椎实螺。病虫害防治主要以预防为主，综合防治，通过科学施肥、田间管理等措施，将病虫害控制在允许范围。

①黑斑病：该病害主要在 5 月中旬始发，7 月盛行。发病时多从叶缘开始发病。病斑圆形、多角形或不规则形，初呈水渍状湿腐，后迅速扩大呈黑褐色软腐，斑面生灰褐色霉层，并易破裂或脱落，致叶片残缺，甚者叶片大部分变黑腐烂。防治方法：a. 种植地实行水旱轮作并做好田间清洁工作；b. 发病初期用 50% 的多菌灵可湿性粉剂与 75% 百菌清可湿性粉剂按 2：1 混合稀释 500 ~ 600 倍，隔 7 天左右喷 1 次，连喷 2 ~ 3 次，采收前 7 天停止用药。

②叶瘤病：该病害为担子菌亚门实球黑粉菌属真菌。发病初期叶面出现淡绿色黄斑，后隆起膨大呈瘤状，黄色带有红色条纹或斑块，后期开裂或腐烂，叶片下沉。防治方法：a. 轮作换茬，与其他水生蔬菜轮作或与旱生蔬菜轮作或与粮油作物轮作；b. 适时播种，合理灌水，增施基肥；c. 定期查看，发现病株及时拔除烧毁；d. 发生初期，可叶面喷施 70% 甲基硫菌灵可湿性粉剂 1000 倍液或 20% 三唑酮乳油 1000 倍液、10% 苯醚甲环唑水分散粒剂 1500 ~ 2000 倍液，喷药的同时可结合喷施 0.20% 磷酸二氢钾和微量元素或其他叶面肥。

③炭疽病：该病害 5 月下旬始发，7 ~ 9 月盛行，严重影响芡实正常开花结果，种籽小而少，产量降低，种仁品质差。防治办法：用 25% 使百克乳油 800 ~ 1000 倍液，或 70% 甲基托布津可湿性粉剂 1000 倍液，或 10% 世高水分散颗粒剂 1500 ~ 2000 倍液喷雾或大水泼浇，隔 7 天喷施一次，连续喷施 2 ~ 3 次。

④食根金花虫：以幼虫集中根部为害，致植株生长缓慢，花小，果实生长缓慢，结籽少而小。严重时植株根系被毁，造成严重减产。防治方法：结合冬耕或春耕，用 50% 西维因可湿性粉剂 1.5 ~ 2.0kg 与细土 5kg 拌匀混合，撒入田中耕耘。

⑤斜纹夜蛾：该幼虫喜食叶片和花蕾，造成芡实减产。防治办法：用 90% 晶体敌百虫 800 ~ 1000 倍液，或 20% 灭扫利乳油 2000 ~ 3000 倍液，或 2.5% 敌杀死乳油 2000 ~ 3000 倍液喷雾防治。

⑥福寿螺和椎实螺：福寿螺从叶背或叶缘啮食芡实叶片，造成叶片穿孔或缺刻，椎实螺主要啮食芡实嫩叶、嫩芽。防治办法：可用茶枯饼粉制成毒土撒入田内毒杀，或用 0.5kg 硫酸铜晶体或 70% 百螺杀 50g 或 6% 密达杀螺颗粒剂进行防治。

【采收加工】

（一）采收

白露至寒露期间，芡实陆续成熟，可分 7 ~ 8 批采收。采收过早，种仁嫩，产量低，且质量差。由于芡实浑身长刺，不能真接用手采摘。湖区的收芡方法是：每船三人，一人在船尾撑船，一人在船中间持长柄镰刀从水下割断果柄，使芡果带梗漂浮于水面。另一人坐在船头用捞篮捞起果实，并且用小镰刀砍去果柄。芡实首次采收在 8 月下旬，早的8 月 20 日左右。一般在芡实果九成熟即手捏果梗发软，果实柔软饱满即可采收，不需完全老熟，否则会自动散落，或不易加工芡实米。一般 8 ~ 10 天采收 1 次，如遇低温，间隔12 天左右采收 1 次。采收时注意轻提芡实果，用尖弯刀轻挖果实基部，取出果实，保留完整果梗，忌将果梗弄断，水沿气孔进入，造成短缩茎腐烂。

（二）加工

取出种子洗净，阴干。或用草覆盖 10 天左右至果壳沤烂后，淘洗出种子，搓去假种皮，放锅内微火炒，大小分开，磨去或用粉碎机打去种壳，簸净种壳杂质即成。

【质量要求】

以质较硬，断面白色，粉性，无臭，味淡为优（图 18-3，图 18-4）。按《中国药典》（2015 版）标准，芡实药材质量要求见表 18-1：

表 18-1　芡实质量标准表

序号	检查项目	指标	备注
1	水分	≤ 14.0%	
2	总灰分	≤ 1.0%	

图 18-3　芡实饮片（炒）

图 18-4　芡实饮片

【储藏与运输】

（一）储藏

芡实含糖分较高，极易生虫和发霉，保管时特别要注意防虫。用竹篓或木箱内垫防潮纸包装贮运，防止受潮发霉。库房务必保持干燥，注意通风、干燥、避光。气候湿润地区，最好有空调及除湿设备，以防害虫侵入和湿气影响，达到防止霉变的目的。

（二）运输

运输时不应与其它有毒、有害特品混装，要有较好通气性，以保持干燥，遇阴雨天，应严密防潮。药材运输包装必须有明显的运输标识，包括收发货标志和包装储运指示标志。

【参考文献】

［1］李密，雷家祥，王云，等. 芡实生物学特性的研究［J］. 湖南文理学院学报（自然科学版），2012，24（04）：65–69.

［2］沈蓓，吴启南，陈蓉，等. 芡实的现代研究进展［J］. 西北药学杂志，2012，27（02）：185–187.

［3］凌庆枝，袁怀波，赵美霞，等. 瓦埠湖产芡实种仁的蛋白质、氨基酸测定［J］. 食品研究与开发，2009（06）：56.

［4］宋晶，吴启南. 芡实的本草考证［J］. 现代中药研究与实践，2010，24（02）：22–24.

［5］朱纪谷. 芡实栽培技术［J］. 现代农业科技，2009（12）：59.

［6］李青松. 芡实优质高产栽培技术［J］. 现代农业科技，2014（10）：115–117.

［7］马泽松，林燕绒，丁绍薇. 水田芡实高产栽培技术［J］. 现代农业科技，2008（14）：61.

［8］李良俊，吴仰风，曹碚生，等. 芡实高产栽培技术［J］. 中国蔬菜，2005（6）：51–52.

十九、莲子 Lianzi
Nelumbinis Semen

【来源】

本品为睡莲科植物莲 *Nelumbo nucifera* Gaertn. 的干燥成熟种子。秋季采挖，除去泥沙，晒干。莲子自古以来就是一种高级滋补食品，具有补脾止泻、养心安神等功效，入药则常用于脾虚泄泻、心悸失眠等症，是药食同源的中药之一。我国是中国莲的栽培中心，以湖南湘莲、福建建莲、江西赣莲、浙江宣莲为莲子的四大品系，远销海外，在国际上享有盛誉。

【别名】

藕实、水芝丹《神农本草经》；莲实《尔雅》；泽芝《本草纲目》；莲蓬子《山西中药志》

【植物形态】

多年生水生草本。根状茎横生，长而肥厚，节间膨大，内有多数纵行通气孔道，节部缢缩，上生黑色鳞叶，下生须状不定根。叶圆形，盾状，直径 25～90cm，全缘稍呈波状，上面光滑，具白粉，下面叶脉从中央射出，有 1～2 次叉状分枝；叶柄粗壮，圆柱形，长 1～2m，中空，外面散生小刺。花梗和叶柄等长或稍长，也散生小刺；花单生于花梗的顶端，直径 10～20cm，；萼片 4～5，早落；花瓣多数，红色、粉红色或白色，矩圆状椭圆形至倒卵形，长 5～10cm，宽 3～5cm，由外向内渐小，有时变成雄蕊，先端圆钝或微尖；花药条形，花丝细长，着生在花托之下；花柱极短，柱头顶生；花托（莲房）直径 5～10cm。坚果椭圆形或卵形，长 1.8～2.5cm，果皮革质，坚硬，熟时黑褐色；种子（莲子）卵形或椭圆形，长 1.2～1.7cm，种皮红色或白色。花期 6～8 月，果期 8～10 月。（图 19-1）

图 19-1 莲原植物

【种质资源及分布】

莲属是历史悠久的古老植物。据考古学家对化石研究证实，一亿三千五百万年以前，北半球的很多水域中都有莲属植物的分布。当时，地球上莲属植物约 10～12 种，五大洲均有分布。冰期的到来使得大部分植物惨遭灭绝，莲属植物幸存两种，分布在亚洲、大洋洲北部者为中国莲 *Nelumbo nucifera* Gaertn.，漂迁至北美洲的为美洲黄莲 *N. lutea* Pers.。因此，莲同水杉 *Metasequoia glyptostroboides* Hu et Cheng、银杏 *Ginkgo biloba* Linn.、中国鹅掌楸 *Liriodendron chinense* Sargent.、北美红杉 *Sequoia sempervirens* Endl. 等同属于未被冰期的冰川噬吞而幸存的孑遗植物代表物种。另据报道，1951 年日本千叶县发现 2000 多年前的古莲子，并由研究者大贺一郎博士培植成功，命名为一大贺莲。

莲属（*Nelumbo* Adans.）植物品种繁多，目前已有 600 多种，新品种还在不断出现，在世界上的地理分布甚广。中国莲 *N. nucifera* 主要分布于亚洲及大洋洲。西起亚洲西部和里海，东至日本、朝鲜半岛，北迄俄罗斯，南抵澳大利亚北部。主要生长在中国以及日本、印度、泰国、斯里兰卡、菲律宾、印度尼西亚一带。中国是中国莲的世界分布中心。中国莲在中国的地理分布：南至天山北麓（东经 85.8°，北纬 44.4°），东接台湾宝岛（东经 121.7°），北达黑龙江抚远县（北纬 48.2°，东经 134.2°），靠近俄罗斯哈巴罗夫斯克（伯力），南抵海南三亚市（北纬 18.2°）。垂直分布不仅可达秦岭、神农架，在海拔 2780m 的云南宁蒗县永兴镇附近亦有栽培。莲在大陆主要分布在长江、黄河、珠江三大流域两岸的淡水湖泊的浅水区，以及云贵高原上的某些淡水湖泊，野荷则多散见于黑龙江、吉林。

中国不仅是中国莲的世界分布中心，而且还是中国莲的世界栽培中心。倪学明等以品种自身演化观点为依据，并结合生产应用的实际需求，首先将莲分为花莲、籽莲和藕莲。莲栽培种中，藕莲以江苏、浙江、湖北、安徽、山东、广东等地为主；籽莲以湖南、江西、福建、三省居多；花莲则以武汉、杭州、北京、济南、南京、深圳、三水、安新、大足等城市较为集中。可以说，除了西藏、青海外，神州大地随处可见荷花的芳迹。

【适宜种植产区】

全国大部分地区均可栽培，湖南湘潭县、韶山市、湘乡市、常德市、安乡、南县、沅江、益阳市，株洲市、衡阳市等地产量也大，质量佳，市场上统称"湘莲"，其中湘潭县质量最佳，为道地药材产区。

【生态习性】

莲适宜栽培在稻田、池塘、洼地和浅水湖滩等相对稳定的静水或缓流水域，土层深度在 30～60cm，pH5.6～7.5。莲为喜光喜温植物，在其整个生长季节最适宜的温度为 20～30℃，水温 21～25℃。生长后期，莲需要日温较高而夜温较低的气候，以有利于莲子早日成熟。

【品种介绍】

莲子为湖南道地药材，栽培历史悠久，品种类型丰富，目前已经形成三代品种。第一代以安乡"红莲"、华容"荫白花"、益阳"冬瓜莲"为代表，其莲子呈橄榄球形，果形指数为1.6~1.7，淀粉含量低，特别是支链淀粉的含量较少，糯性较差，产量低，但抗逆性强，耐深水，一般处于野生或半野生状态。第二代以桃源"九溪红"、汉寿"水鱼蛋"等为代表，其莲子果形指数为1.4~1.5，呈长卵形，品质较好，抗逆性强，耐深水，但开花数较少，有效蓬数为2500~3000个/亩，莲子百粒重为110~122g，一般为多年生人工栽培，1hm²产壳莲225~450kg。第三代以耒阳"大叶帕"、湘潭"寸三莲"等为代表，其莲子果形指数为1.2~1.3，呈卵形，较大，百粒重为127~230g，有效蓬数为6000~7000个/亩，单个莲蓬结实数15~22颗，为近20年来的主要栽培品种。湘潭寸三莲与福建建莲杂交培育的新品种湘潭"芙蓉莲"，品质优于双亲，单产高达185kg/亩，是目前最优的湘莲品种。

【栽培技术】

湘莲为源自湖南省莲栽培品种的统称，湘莲的栽培一般分为浅水和深水栽培2种，前者多种于稻田，后者多植于池塘、洼地和浅水湖滩。湖南省湘潭县在长期的实践中，总结出"选择莲田，精选藕种，适时移栽，壮苗早发，以水调温，清除老藕，调整莲鞭，增施肥料，防治病虫，保叶摘叶，增蓬增粒，适时采摘"的48字经验，创造出莲田养鱼，莲稻轮作等综合利用莲田的立体生产模式，使湘潭莲籽在种植面积、单位面积产量和质量上都大大提高。

（一）栽地选择及准备

1. 浅水种植地选择及整地　应选择那些避风、向阳、土质疏松、肥沃、富含有机质、保水保肥能力强、灌溉和排水都比较方便的水稻田进行栽植。连作藕田连作期一般不要超过3年。连作期较长，不仅莲藕容易发生腐败病等病害，而且产量逐年下降，品质也越来越差。选好种植地后，3月中下旬浅耕1~2遍，施足底肥精细耙平，使其泥烂如浆，基肥以绿肥或腐殖质肥为主，每亩施入人畜粪2000~3000kg，并撒生石灰进行土壤消毒。定植前一星期，喷1次水田除草剂。

2. 深水种植地选择及整地　深水栽培莲藕的湖、塘要求日照充足，水深不超过1.5m，水底土质肥沃，有10~20cm的淤泥层，水位比较稳定，水流较缓。深水湖塘含有有机质和养分较多，可以不施基肥。

（二）莲种植

1. 种藕的选择及处理　应选择藕头饱满、顶芽完整、藕身肥大、藕节细小、后把粗壮、色泽光亮、整齐一致、无畸形、无病虫害的整藕作种藕，做到随挖、随选、随种。也可用子藕作种，子藕必须粗壮且有2节以上充分成熟的藕身和顶芽完整的子藕。种藕挖取过程中，不要挖破种藕的节部和藕身，防止泥水灌入，引起腐烂。种藕贮存时，用洁净的稻草、麻袋覆盖，用喷壶洒水保湿。栽植前，用50%多菌灵，或甲基托布津800倍液，或75%百菌清可湿性粉剂800倍液，喷雾种藕，密封闷种24小时，杀菌消毒。为了提高成活率，栽植前先将种藕先催芽，即将种藕置于暖室，

2. 栽植

①适时栽植：栽植时期不能过早或过晚，过早，水温和地温低，发芽缓慢，藕苗不

旺，过晚，种苗过大，缓苗时间长，栽植时容易碰伤或折断顶芽，同时生长期缩短，影响莲藕产量、品质和种植效益。春季气温上升到15℃，低温达到10~15℃时即可种植，一般在3月中旬~4月上旬。

②合理栽植：移栽种藕时，田间保持3~5cm的浅水，采用斜植的方式，将藕头插入泥中，栽植深度10~15cm，前后与地平面成20°~25°的倾斜角，这样不仅可有效地防止地下茎抽出时露出泥外，而且可使藕身接近阳光提高自身温度，促进早发。深水湖塘栽藕，必须将种藕2~4支捆成一把，手持藕叉，先用脚踏泥开沟，然后用藕叉将种藕插入沟中，再用脚将泥压盖，或者用充填湖泥的草包袋，内放种藕2~3支，袋底放置石头，沉入湖塘底部。种植密度因品种、种藕大小、环境条件等的不同而不同，一般早熟品种比晚熟品种密，浅水藕比深水藕密，用小藕、子藕等栽植比大藕、整藕密。一般而言，栽植行距为1~3m，株距0.5~1.5m，每亩种藕控制在200~400个。（图19-2）

图19-2　莲种植

（三）田间管理

1. 排灌措施　前期浅水灌溉，水深3~5cm。中耕除草2~3次，第1次在5月上旬进行，结合补苗进行2次。以后随立叶的不断增高而加深水层，促进早生快发，6月下旬，气温稳定在25℃以上时，水深保持15~20cm。5月下旬，即定植后50~55天，需看苗追肥，以枯饼和氮磷钾复合肥为主，每次每667m²施10~20kg，如果叶片生长浓绿，硕大，边缘下垂，出现叶多花少，则要停止追肥，并适当摘叶，抑制徒长。7月是湘莲的盛花期和采收旺期，需加深水层多次追肥，摘除老叶，便于通风透。

2. 科学追肥　在施足底肥的基础上，及早追肥。在第1片立叶出现时，追施尿素225~300kg/hm²，或腐熟粪肥22.5吨/hm²；第2次在结藕初期施结藕肥，施尿素或复合肥300kg/hm²。

3. 合理除草　莲藕栽植后，由于前期水浅，杂草生长较快，妨碍了莲藕生长，此时要中耕除草。除草可采用以下 2 种方法：一是封行前，有草即除，边锄草边中耕。如有缺苗，进行补种，注意不要踩伤地下茎芽。二是使用除草剂，用 15% 的稳杀得 600 倍液，当露水干时对杂草叶面喷施。

4. 病虫害防治　莲田种植可通过水旱轮作防治病虫害。莲常见虫害有莲缢管蚜、斜纹夜蛾、稻根叶甲、黄刺蛾，病害有黑斑病、根腐病。莲缢管蚜、斜纹夜蛾、黄刺蛾宜喷施 40% 乐果乳剂 1000 倍液或加喷 2.5% 高效氯氟氰菊酯 1000 倍液防治，斜纹夜蛾亦可采取人工摘卵或捕杀幼虫防治。稻根叶甲可采用水旱田轮作、清除莲田杂草，尤其是眼子菜，可以减少成虫产卵机会和食料。病害防治可用多菌灵、百菌清、甲霜灵等防治。

【采收加工】

6 月下旬至 9 月初成熟，采摘时以莲蓬呈黑褐色或棕褐色为适度。采摘过早，颗粒不饱满，含水量大，易霉烂，不宜贮存，且晒干后莲肉干瘪；采摘过迟莲子易脱壳落水，造成损失。莲蓬摘下后，应及时将莲子脱出剥离莲衣、晒干，清除杂质和瘪子，装包入库。在采收莲子的同时可以收集药材莲房、莲衣、莲子心等。

【质量要求】

以粒大、饱满、完整、无破碎者为佳（图 19-3）。按照《中国药典》（2015 版）标准，莲子药材质量要求见表 19-1：

表 19-1　莲子质量标准表

序号	检查项目	指标	备注
1	水分	≤ 14.0%	通则 0832 第二
2	总灰分	≤ 5.0%	通则 2302
3	黄曲霉毒	本品每 1000g 含黄曲霉毒素 B_1 不得过 5μg，黄曲霉毒素 G_2、黄曲霉毒素 G_1、黄曲霉毒素 B_2 和黄曲霉毒素 B_1 总量不得过 10μg。	

图 19-3　莲子

【储藏与运输】

（一）储藏

莲子应用新麻袋或纸盒包装，内套聚乙烯薄膜袋，每件净重 25kg 或 50kg，储藏在阴凉、通风、干燥、清洁的库房内，堆垛不宜过高，一般以 5～10 层为好，并经常倒垛翻晒，并注意防治仓库害虫和老鼠。有条件的地方可以采取低温贮藏，一般保持在干燥、低温的条件下可储藏 3～5 年。

（二）运输

运输车辆必须清洁。药材运输包装必须有明显的运输标识，包括收发货标志和包装储运指示标志，运输时不应与其他有毒、有害特品混装，要注意防雨、防潮及防止其他有霉物品污染。

【参考文献】

［1］国家药典委员会. 中华人民共和国药典［M］. 一部. 北京：中国医药科技出版社，2015：273.

［2］郑宝东，郑金贵，曾绍校. 我国主要莲子品种中种功效成分的研究［J］. 营养学报，2004，26（2）：158-160.

［3］王玲，王硕，周世良，等. 中国野生莲莲子的形态变异［J］. 河北农业大学学报，2013，36（1）：16-20.

［4］曾绍校，张怡，郑宝东，等. 中国 22 个莲子品种外观品质和淀粉品质的研究［J］. 中国食品学报，2007，7（1）：74-78.

［5］郑宝东. 中国莲子（Nympheaceae Nelumbo Adans）种质资源主要品质的研究与应用［D］. 福州：福建农林大学，2004：1-133.

［6］向巧彦. 莲种质资源遗传多样性研究及DNA指纹图谱构建［D］. 北京：北京林业大学，2008.

［7］么厉，程惠珍，杨智. 中药材规范化种植（养殖）技术指南［M］. 北京：中国农业出版社，2006：1004-1007.

二十、白芷baizhi

Angelica Dahurica Radix

【来源】

本品为伞型科植物白芷Angelica dahurica（Fisch. ex Hoffm.）Benth. et Hook. f. 或杭白芷Angelica dahurica（Fisch. ex Hoffm.）Benth. et Hook. f. var. formosana（Boiss.）Shan et Yuan的干燥根。夏、秋间叶黄时采挖，除去须根及泥沙，晒干或低温干燥。始载于《神农本草经》，具有散风除湿、通窍止痛、消肿排脓的功效。临床上广泛用于鼻渊头痛，风湿痹痛等多种疼痛的治疗。近年来，还发现它对功能性头痛，白癜风和银屑病等疑难杂症也有较好的疗效。白芷主要分布于我国东北及华北地区，其主产区有四川遂宁、浙江磐安、河南禹县、河北安国、湖南茶陵等地。

【别名】

薜、芷《楚辞》；芳香《神农本草经》；苻蓠、泽芬《吴普本草》；白茝《别录》；香白芷《夷坚志》

【植物形态】

1. 白芷　多年生高大草本，高 1~2.5m。根圆柱形，粗大实心，部分由侧根基部有横梭状木栓突起围绕，突起不高，有的是宅条形，有香气。茎粗 2~5cm，圆柱形，中空，外表皮为紫色，有纵沟纹，近花序出有短柔毛。基生叶一回羽状分裂，有长柄；茎中部叶二至三回羽状分裂，叶片轮廓为卵形至三角形，边缘有锯齿，沿叶轴下延成翅状；叶柄下部有囊状的膜质叶鞘，叶鞘被稀毛或无毛；末回叶片有叶鞘，无柄，长圆形或线状披针形。顶生或侧生的复伞形花序，伞辐 18~40，中央主伞可多达 70；花小，无萼片，白色，倒卵形，先端内凹；总苞片通常缺或有 1~2，膨大呈鞘状；果实长圆形至卵圆形，黄棕色，部分带紫色，嫩果被毛，成熟后渐脱至无毛；背棱扁，钝圆且厚，侧棱翅状，比果体窄。花期 7~8 月，果期 8~9 月。（图 20-1）

图 20-1　白芷原植物

2. 杭白芷 与白芷的植物形态基本一致，但植株高 1~1.5m。根长圆锥形，上部近方形，表皮为灰棕色，有很多排成纵行的皮孔样横向突起，质硬较重，断面白色，粉性大。茎及叶鞘多为黄绿色。

【种质资源及分布】

原产于我国东北、华北地区，现主要分布东北、华北、华东以及半湿润和湿润的季风气候区，主要生长在海拔为 50~500m 低山、丘陵、平原地带，林下、林缘、溪边、灌木丛或者山谷草地上均有生长。白芷按产地不同分为"祁白芷"（产于河北），"禹白芷"（产于河南），"杭白芷"（产于浙江），"川白芷"（产于四川），均为栽培的伞形科当归属植物的根。关于白芷的基原植物及分类历来争议较多。1960 年，木村康一认为我国白芷的原植物应为 *Angelica dahurica* Benth. et Hook. 1962 年，木村康一对我国产杭、川、鄂、湘四种白芷的外部形态和内部结构进行了详细的研究，认为无本质差别，基源于同一植物。根据地上部分形态可认为是日本产白芷原植物 *Angelica dahurica* Benth. et Hook. 的变种，定名为 *A. dahurica* Benth. et Hook. var. *pai-chi* Kimura Hata et Yen。1965 年，宋万志等收集全国 10 样白芷的主要产地原植物，经研究结果，川白芷原植物主要是兴安白芷及库页白芷。杭白芷原植物主要是 *Angelica formosana* Boiss.。禹、祁、湘、鄂、毫白芷则均为 *A. dahurica*。1979 年，袁昌齐经鉴定整理，认为应分为川、杭白芷（杭白芷）和禹、祁白芷（白芷）两大类，这两种地上部分形态没有显著差别，根据根的形状、显微观察及薄层色谱结果也基本一致，但略有不同，将杭白芷列为白芷的变种（新等级），定名为 *A. dahurica*（Fisch.）Benth. et Hook. var. *formosana*（Boiss.）Shan et Yuan St. Nov.。此后，国内学者大多接受此观点。1985 年，潘泽惠等对白芷染色体的研究表明，祁、禹、川、杭白芷的核型极为相似，认为南北各省栽培的四种白芷关系密切。谢成科等人通过实地调查，进行植物学研究，在《常用中药材品种整理与质量研究》中认为白芷类药材都来源于一种植物。近年来，黄璐琦、王年鹤等人对白芷的原植物和其近缘野生植物兴安白芷、台湾白芷和雾灵当归进行了形态解剖、染色体、花粉、香豆素类化学成分的比较以及 RAPD 分析，结果证明祁、禹、川、杭白芷在以上各方面均不存在明显的区别，不应做分类上的区分。中药白芷的基源植物应为台湾白芷。吴拥军等采用近红外光谱法，结合模式识别技术，也证明了台湾白芷与川、杭白芷等的亲缘关系较兴安白芷更近。中国药典 2015 年版一部收载：白芷为伞形科植物白芷或杭白芷的干燥根。我国白芷主要生长于东亚季风气候区。生长地多为地势平坦、土层深厚、土壤肥沃、质地疏松、排水良好的砂质壤土，海拔多在 50~500m 之间。但不同产地生态环境差异较大，造成各地白芷的栽培生长有所不同。①川白芷生长区域的气候条件为：年均气温 17.7℃，平均最高气温为 19.4℃，平均最低为 7.5℃，气温在 5~25℃ 之间白芷生长正常。该地区年平均降雨量 900~1000mm，年平均太阳总辐射 87.4~93.37 千卡/平方厘米，平均湿度 0.95~1.10，平均日照时数 1299~1380 小时，土壤酸碱度适中。②重庆产白芷主要栽种于南川三泉，该地自然条件优越，以中山地形为主，海拔高度在 580~2250m 之间，绝对高差 1670m。该地区属亚热带湿润气候，常年平均温度 16℃，全年日照在 140~160 天，降雨量为 1100mm 左右。③杭白芷目前主产于浙江磐安，该地区位于浙江省中部，属亚热带季风气候区，年均气温 16.1℃，年均降水量 1450mm 左右。④祁白芷主产于河北安国，该地区属华北大陆季风性气候，特点是冬春季节干旱多风，降雨集中于7、8、9月份。白芷喜温要求有阳光充足的环境，在阴蔽的地方生产不良。白芷主产地无霜期187天，年平均气温12.1℃。年日照总时数2685.3小时，年降水量550mm左右。⑤河南产禹白芷适宜暖温带半湿润气候，年降水量要求在550~900mm，相对湿度68%以上，海拔50~500m。该地域全年太阳总辐射量110~130千卡/平方厘米，平均日照1900小时以上。年平均气温14~15℃，无霜期190~230天，土壤为砂质壤土。⑥亳白芷栽种区域属暖温带半湿润性季风气候，为热带海洋气团和极地大陆气团交替控制接触地带，有明显的过渡性特征。四季分明，雨量适中，光照充足，年平均气温14.5℃，主导风向为东北风。平均日照2320小时，平均无霜期216天，平均降水量822mm，雨水集中于6~8月。⑦山东菏泽地区属暖温带大陆性气候，四季分明，雨热同季。这里是黄河冲积平原，地势平坦，土层深厚，水资源丰富。该地区无霜期平均213天，年平均日照2496小时，年平均气温13.7℃。⑧甘肃华亭属黄土高原丘陵沟壑区，温带湿润性气候，年平均气温7.9℃，平均海拔1575m，最高海拔2748m。年平均降雨量607mm，年平均日照2223小时，全年无霜期150天。⑨兴安白芷产自吉林延边地区。延边气候属于中温带湿润性季风气候，春季干燥多风，6月至8月为雨季，秋季凉爽，冬季寒冷。年平均气温为2~6℃，年日照时数在2150~2480小时之间，年均降水量400~650mm，雨量多集中在6、7、8三个月，占年降水量60%。无霜期110~145天。

湖南茶陵盛产白芷，量多，质量好，名扬中外。茶陵白芷栽培历史2000年，是茶陵"三宝"之一，誉满全国。茶陵白芷古称"楚芷"，今称"茶芷"，和"杭芷""川芷并列为全国三大名芷，1987年出版的《全国土特产大全》，茶芷名列白芷榜首，茶陵白芷菊花心，个大洁白又无筋，气烈香重药味浓，是芷类之中的上品。茶陵发展白芷，有独特的土壤、气候资源，悠久的栽培历史，较强的品质优势，在同类药材中有无可比拟的竞争优势。

【适宜种植产区】

白芷主要栽种于河北安国，河南长葛、禹县等地。杭白芷栽培于四川遂宁、浙江磐安、湖南茶陵、山东菏泽、甘肃华亭、重庆南川及南方一些省区，为著名常用中药，主产四川、浙江销全国并出口，各地栽培的川白芷或杭白芷的种子多引自四川或杭州。湖南种植的主要为杭白芷，种植区域有茶陵、平江、慈利、安仁、涟源等地。

【生态习性】

白芷适应性较强，喜温暖湿润气候，阳光充足，耐寒；亦为深根系植物，适合种植在土层深厚肥沃，疏松排水良好的砂壤土上，不喜盐碱。北方地区可选择种植在海拔50~100m的冬寒、夏热、地势高燥的平原地区，南方地区适合种植在海拔50~500m温暖湿润平坝或平原地区。

白芷为多年生高大草本，花期7~8月，果期8~9月，白芷全年生长可分为四个时期，第一个时期为出苗期，为春季播种后至5月，这个时期种子萌发，幼苗刚刚破土长出；第二个时期为幼苗生长期，为5~7月，这时期幼苗生长，苗壮；第三个时期为叶生长盛期，为7~9月，这个时期植株快速生长，光合速率增加；第四个时期为根生长盛期，为9~11月，这个时期光合速率缓慢下降，地下干物质积累迅速增加。

【栽培技术】

（一）种植地的准备

1. 选地和整地　选择地势平坦、阳光充足、耕作层深厚、排水良好的壤土作为种植地，土壤质地以结构疏松的壤土为佳，土壤pH以 5.5～6.5 为宜，土层厚度在 30cm 以上，海拔在 50～500m，以坡度小于 15° 的坡地或平地，坡向以东南至西北方向为佳，田间通风和排水条件良好，有浇灌条件。种植地选后秋季深翻 30～40cm，以熟化土壤、杀灭地下害虫，耙细整平做畦。畦面宽 1～1.5cm，高 20～30cm，两畦之间沟深 20～30cm，宽 30～50cm。（图 20-2）

图 20-2　白芷药材种植基地

2. 施基肥　每亩施农家肥 2000～3000kg，配施 50kg 过磷酸钙。施肥量根据土地条件而定，以有机肥为主。

（二）繁殖方法

采用种子繁殖。由于白芷的根部有分叉，移栽会损伤根部，影响产量和品质，因此白芷一般采用大田直播方式繁殖。白芷分为春播和秋播，而隔年种子发芽率明显降低，故生产上以秋播为主。

1. 留种　白芷是跨年收获的作物，无法做到药材与种子兼收，须单独培育种株。收获白芷后，选择主根健壮、无分叉、无病虫害的植株，阴凉处摊晾 2～3 天，以减少烂种，然后按照株行距 40cm×80cm 开穴栽种，覆土厚约 5cm，出苗后加强中耕除草、培土、肥水等田间管理工作。第二年 5 月抽薹后为防止倒伏，应培土一次。7～9 月份种子成熟时分批采收。

2. 播前处理　用机械方法去掉种翅膜，45℃温水浸泡 6 小时，沥干水后播种；或者用 2%磷酸二氢钾水溶液喷洒种子，搅拌均匀后闷润 8 小时左右，播种。两种方法均可提高发芽率，加速出苗。

3. 播种　播种时期可分为春播和秋播，春播在清明前后，秋播在处暑至白露之间，秋播出苗快，产量高，质量佳，生产上常常以秋播为主。播种方式以条播为主，按行距 30cm 开浅沟，深度 1~1.5cm，将种子均匀撒于沟内，覆土 2~3cm，稍镇压，每亩用种量 2~4kg。

（三）田间管理

1. 间苗和定苗　秋季播种当年幼苗生长缓慢，无需间苗。第 2 年早春返青后，苗生长至 5cm 时间苗 1 次，主要疏除过密及弱小幼苗。待清明前后苗高约 15cm 时，条播按株距 12~15cm，穴播按每穴 1~3 株定苗。定苗为防止提早抽薹开花影响白芷药材品质，应将生长过旺，叶柄呈青白色的大苗拔除。

2. 中耕除草　中耕除草 2~3 次，结合间苗和定苗同时进行，前两次注意只松浅表层的土壤，避免伤害根系，第三次定苗时，松土稍深，并彻底除草。当植株长大，畦面上封垄荫闭，无须除草。

3. 追肥　白芷深根喜肥，但播种当年为避免幼苗徒长，提早抽薹开花，应少施或不施肥料。第二年返青后，结合间苗、中耕除草追肥两次，每次每亩施用稀人畜粪 500kg 或者饼肥 150~200kg。定苗和封垄前再追肥 1~2 次，每次每亩施肥量增加到 1000~1500kg，并配施过磷酸钙 20~25kg，也可雨后喷施磷肥，促进根系生长，提高药材产量和质量。追肥次数和施肥量可根据植株的生长情况而定，封垄前叶片浓绿可不再追肥，若叶片浅绿植株不茂盛可再追肥 1 次。依据植株的长势而定，快要封垄时植株叶片颜色浅绿不太旺盛，可再追肥 1 次。

4. 排灌　白芷喜水，怕积水。播种后，幼苗出土前保持畦面湿润，利于出苗；出苗后保持土壤湿润，利于侧根发生，避免出现黄叶；越冬前浇透水。第 2 年返青后合理浇灌，保持土壤水分充足，雨季及时开沟排水，避免积水引起烂根和病害。

5. 拔除抽薹苗　提早抽薹开花会影响药材品质，留种其下一代也会提早抽薹开花，不宜种用。因此对于播后第 2 年 5 月份左右抽薹开花的植株及早拔除，以保证药材品质和种子质量，减少田间养分消耗。

6. 病虫害防治　以农业防治为基础，冬前深翻土地，开春后清除杂草和枯枝落叶，及时拔除病株、科学施肥、排灌等抑制病虫害的发生和为害。化学防治时要严格控制农药使用浓度，不同机理农药交替使用最佳。

①斑枯病：由真菌引起的病害，主要危害叶片。发病时叶片开始出现暗绿色斑点，斑点逐渐变大，最后叶片枯死。防治方法：发现病株及时拔除，集中深埋或烧毁。初期可用 1∶1∶100 波尔多液或 65%代森锌 400 倍液喷洒叶面 1~2 次。

②紫纹羽病：主要危害根部，特别是雨水较多时易发病。发病初期是根部出现白色物质，逐渐变成紫红色，最后导致根部腐烂。防治方法：雨季注意疏沟排水，避免积水；整地时用 70%敌克松可湿性粉剂 1000 倍液进行土壤消毒。发病初期用 25%多菌灵可湿性粉

剂 1000 倍液喷雾。

③黄凤蝶：幼虫咬食叶片，高发期 6~8 月。防治方法：前茬采收后清除杂草，减少越冬虫源。幼虫盛发期可选用 90% 晶体敌百虫 1000 倍液，或 50% 敌敌畏乳油 800~1000 倍液，或 40% 乐果乳油 1000 倍液喷雾。

④蚜虫：成虫、若虫刺吸嫩叶或者嫩梢的汁液，危害花序，传播白芷病毒。防治方法：冬季清园，集中深埋或烧毁枯枝落叶；离地面 1m 处用黄板诱蚜；或者喷 50% 杀螟松 1000~2000 倍液，或 40% 乐果乳油 1500~2000 倍液，每隔 7 天喷 1 次，连续数次。

【采收加工】

白芷秋播后第 2 年 9 月下旬秋分前后茎叶枯萎时采收，春播白芷于当年 10 月份霜降前后采收。采挖时选择晴天进行，先割去地上部分，然后小心挖取全根，抖净泥土。采收的药材，趁鲜切片，晾干或低温烘干，温度不超过 45℃，或直接晒干，在晾晒过程中注意及时翻动，防止霉烂。规模化生产可采用烤房烘烤，烤时不要横放，大小不同规格分别应按头部向下尾部向上摆放，温度 60℃ 左右为宜；烤时不翻动，以免断节，全干后装包，存放于干燥通风处。

【质量要求】

以根条肥大、挺直、体坚实、外皮细、肉色白、粉性足、香气浓郁者为佳（图 20-3）。按照《中国药典》（2015 版）标准，白芷药材质量要求见表 20-1：

表 20-1　白芷质量标准表

序号	检查项目	指标	备注
1	水分	≤ 14.0%	
2	总灰分	≤ 6.0%	
3	浸出物	≥ 15.0%	
4	欧前胡素（$C_{16}H_{14}O_4$）	≥ 0.080%	HPLC法

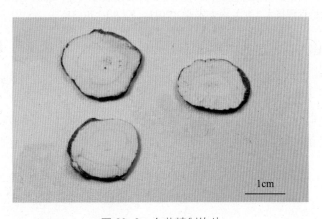

1cm

图 20-3　白芷精制饮片

【储藏与运输】

（一）包装

包装材料用干燥、清洁、无异味以及不影响品质的材料制成。包装要牢固、密封、防潮、能保护品质。包装材料应易回收、易降解。包装明确标明品名、重量、规格、产地、批号、日期、编号等。

（二）贮藏

贮藏与阴凉干燥处，温度低于30℃，相对湿度70%~75%，商品安全水分12%~14%。本品含有淀粉及挥发油，易发生虫蛀、霉变及变色，贮藏期间定期检查，发现虫蛀、霉变等情况及时用微火烘烤，并筛除虫体碎屑，放凉后密封保存，或用塑料薄膜封垛，充氮降氧养护。

（三）运输

运输工具清洁、干燥、无异味、无污染，运输过程中注意防雨、防潮、防暴晒、防污染等，避免与其他货物混装运输，保证药材品质。

【参考文献】

[1] 刘先华. 白芷栽培管理技术 [J]. 南方农业，2001，5（9）：30-31.
[2] 郭丁丁. 白芷种质资源调查及其评价的研究 [D]. 成都中医药大学，2008.
[3] 孙凤建，陈绕生. 白芷GAP生产技术 [J]. 上海农业科技，2012（05）：56.
[4] 蒲盛才，申明亮，谭秋生，等. 南川白芷规范化生产技术规程（SOP）[J]. 中国现代中药.2010（09）：20-25.
[5] 蒲盛才，申明亮，谭秋生，等. 南川白芷规范化生产技术规程（SOP）[J]. 中国现代中药.2010（09）：56-67.
[6] 赵东岳，郝庆秀，金艳，等. 白芷生物学特性及栽培技术研究进展 [J]. 中国现代中药，2015，17（11）：1188-1192.
[7] 杨晴，李靖实，刘艳芳，等. 祁白芷光和特性和生长发育动态研究 [J]. 中国中药杂志，2014，39（15）：2881-2885.
[8] 何士剑，李天庆. 白芷的特征特性及栽培技术 [J]. 甘肃农业科技，2004（1）：44-45.
[9] 刘先华. 白芷栽培管理技术 [J]. 南方农业，2011，5（9）：30-31.

二十一、黄柏 **Huangbo**

Phellodendri Chinensis Cortex

【来源】

本品为芸香科植物黄皮树 *Phellodendron chinense* Schneid. 的干燥树皮。习称"川黄柏"。剥取树皮后,除去粗皮,晒干。黄柏为国家二级保护物种,我国传统的常用中药材,至今已有 2000 多年的药用历史,以去栓皮的树皮入药。黄柏始载于《神农本草经》,原名"檗木",列为上品,具有清热解毒、泻火燥湿的功效,主治湿热泻痢、黄疸、小便淋沥涩痛、赤白带下、阴虚发热、盗汗等症。

【别名】

檗木《神农本草经》;檗皮《伤寒论》;黄檗《本草经集注》

【植物形态】

黄皮树为落叶乔木,高 10 ~ 15m。树皮二层,外层灰褐色,木栓较薄,可见唇形皮孔;内皮黄色,味苦。小枝通常暗红褐色或紫棕色,光滑无毛,具长圆形皮孔。裸芽生于叶痕内。叶对生,奇数羽状复叶,小叶 7 ~ 15 片,有短柄,薄纸质,长圆状披针形或卵状椭圆形,长 8 ~ 15cm,宽 3.5 ~ 6cm,顶部短尖至渐尖,基部阔楔形至圆形。两侧通常略不对称,边全缘或浅波浪状,叶背密被长柔毛或至少在叶脉上被毛,叶面中脉有短毛或嫩叶被疏短毛;小叶柄长 1 ~ 3mm,被毛。花单性,雌雄异株,圆锥花序顶生,花小,紫绿色;雄花有雄蕊 5 ~ 6,比花瓣长,退化雌蕊钻形,短小;雌花有退化雄蕊,子房上位。果轴及果皮粗大,常密被短毛;核果近球形,果皮浆质,有特殊气味;密集成团,熟后蓝黑色,内有种子 5 ~ 6 颗。花期 5 ~ 6 月,果期 9 ~ 10 月。(图 21-1)

2005 版《中国药典》以前,黄柏药材来源为川黄柏和关黄柏,现在将两者单列,前者为黄柏,后者为关黄柏。两者的

图 21-1 黄皮树原植物

主要区别在于是否具有厚而软的木栓层：黄皮树树皮颜色稍深，叶背被有白色长柔毛，花为紫色（中国植物志，1997）。另外，据报道，黄柏中小檗碱的含量明显高于关黄柏。

【种质资源及分布】

黄柏属植物有 4 种，我国有 2 种及 1 变种，分别为黄檗 *Phellodendron amurense* Rupr.、黄皮树 *Phellodendron chinense* Schneid. 和秃叶黄皮树 *Phellodendron chinense* var. *glabriusculum* Schneid.，前两者作为关黄柏和黄柏药材来源收载于 2015 版《中国药典》。黄柏分布范围较广，主要分布于暖温带及亚热带山地，海拔 1000 ~ 1200m 处，主要有秃叶黄皮树 *P. chinense Schneid.* var. *Glabriusculum* Schneid.、黄皮树 *P. chinense* Schneid.，我国学者黄成就所建的三个变种，即峨眉黄皮树 *P. chinense* Schneid. var. *omeiense* Huang、云南黄皮树 *P. chinense Schneid.* var. *yunnanense* Huang、镰刀黄皮树 *P. chinense.* Schneid. var. *falcatum* Huang，已和原种归并。黄皮树主要分布于湖北、湖南西北部、四川东部（现重庆的达县、通江、巴中等地）；秃叶黄皮树主要分布于陕西、甘肃两省的南部、湖北、湖南、江苏、浙江、台湾、广东、广西、贵州、云南、四川。近年来，由于提取黄连素原料——三颗针等资源减少，大量转向用黄皮树提取黄连素，砍伐和偷盗黄柏情况十分严重，黄柏资源受到严重破坏。目前，已经很难见到成片的野生黄柏分布，只是零星分布在各自然区内。从 20 世纪 70 年代开始，在四川、湖北、湖南、陕西等地进行人工种植，人工造黄柏林面积达 13 多万公顷。

【适宜种植产区】

黄柏分布范围较广，适宜种植区域遍及四川、重庆、贵州、湖南、湖北、安徽、浙江、福建、云南、广西、陕西、甘肃等地。湖南省龙山、古丈、保靖、慈利、安化等地有大面积的黄柏人工种植林。

【生态习性】

黄皮树喜生长在温和湿润的气候环境条件下，垂直分布可达 1500m，在海拔 600 ~ 700m 处的天然混交林中长势较好。黄皮树为较喜阴的树种，要求避风而稍有荫蔽的山间河谷及溪流附近，喜混生在杂木林中，在强烈日照及空旷环境下则生长不良。黄皮树是一种速生树种，较耐阴、耐寒。种子具有浅休眠特性，通过播期调节可以打破休眠，不需进行层积处理。种子播种后，幼苗 1 ~ 2 年即可移栽，5 年以后开花结果，10 ~ 15 年可成材剥皮。黄皮树根系生长时间比地上茎叶生长时间长，全年无明显的休眠时间。黄皮树枝条萌发能力较弱，但侧枝被砍伐后，萌发抽枝能力强。黄柏果实成熟在 10 月底至 11 月上旬，此时果实浆果颜色为蓝黑色，较硬，尚未裂开，用力挤压能挤出种子。50 年生以后及环剥皮的植株虽能结实，但种子极不充实，不能用来播种育苗。

【栽培技术】

（一）选地和整地

1. 育苗地选择及整地　黄柏喜温暖湿润的气候，苗圃地应选择无积水、排灌方便、水源充足、交通便利的向阳背风平缓地，适当遮阴，透风透气。土壤以深厚、肥沃、质地疏松的砂质壤土为好。土壤过于黏重，苗木根系发育不良。苗圃地选择后，深翻30cm以上，使土壤熟化、细碎、整平，每亩用75kg生石灰加硫酸铜配成波尔多液消毒杀虫。苗床每畦规格为15m×1.2m×0.2m，畦距0.5m，并施以腐熟人畜肥1000~2000kg/亩和复合肥50kg/亩作为底肥。畦面要求平整、细碎。

2. 种植地选择及整地　黄皮树为阳性树种，房前屋后、溪边沟坎、荒山荒坡、自留山、自留地均可种植，但以土层深厚、便于排灌、腐殖质含量较高的地方为佳。低洼容易积水的地方不能移栽。荒山种植多采用全垦或带状整地，砍荒时间可放在秋、冬农闲时进行。并按株、行距3m×3m或4m×3m开穴，开穴时，将土壤全部挖起来堆放一边，将基肥均匀洒在上面，然后再将土壤回填到穴内，充分混合肥料和土壤。

（二）繁殖方法

1. 种子繁殖

①种子选择及处理：选择树龄10年以上健壮、叶大、皮厚、无病虫害和未剥皮的壮龄雌株作为采种母树，高海拔地区（高于1500m）种子质量差，不宜选择。9月下旬至10月下旬，果实有绿变黄最后呈黑色，表示完全成熟，即可采收。采收过早，种子质量、饱满度降低，出苗率下降。果实采集后，堆放沤10~15天后，手搓脱粒，把果皮捣碎，用筛子在清水中漂洗，除去果皮杂质，捞起种子阴干。堆沤时间不宜过长，否则会降低种子萌发率。

②播种：种子播种可分为秋播和春播，秋播于11月份左右进行，春播于2~3月进行，播种过早或过晚，均不利于出苗，从3月中旬起，出苗率随播种期推迟而下降，5月播种几乎不出苗。播前先将种子用清水浸泡24小时，取出稍晾后催芽，催芽破口后立即播种。播种可分为撒播和条播，撒播优点省事省力，但种子分布不均匀，造成幼苗生长不均匀，难以达到苗木标准化。条播，便于起苗，控制间苗数量，促进苗木生长均一，保证种苗质量。条播行距30cm左右，沟深3~5cm，沟宽约10cm，将种子均匀撒入沟内，每公顷用种量50kg左右。播后覆盖秆草，保持畦面湿润。

③苗期管理：播种出苗后，应及时进行间苗和补苗，拔除弱苗和过密苗。一般苗高7~10cm时，按株距3~4cm间苗，苗高17~20cm时，按株距7~10cm定苗。间苗应本着"间小留大，间劣留好，间稠留稀"的原则，以每亩留苗1.2~1.4万株为宜。缺苗要补齐，以保证全苗。出苗后及时松耕除草，做到有草必除，半个月左右松土浇灌，及时洒水或灌水，以利于幼苗生长。春季多雨积水，应及时排除，以防烂根。播后半个月追施稀薄人尿粪或尿素2~3次，促使枝叶旺盛生长，中期施肥以磷肥和氮肥为主，后期加施钾肥。

2. 扦插繁殖

①采条及剪枝：选择1~2年生健壮、无病害的枝条，在春季枝条萌动前剪下枝条，然后窖储至扦插前。将枝条剪成10~15cm，保留3~4个侧芽的小段，下切口为斜切，上切口为平切。枝条下端浸入生根粉溶液中，准备插入苗床中。激素浓度不宜过高，浸泡时间要适宜，以15~30分钟为宜。

②扦插及管理：黄柏扦插有春插和秋插，春插时间为枝条萌动前，即3月至4月，

秋插为立秋过后，即9月至10月。天气干旱，需盖棚遮阴。扦插时，插穗入沙深度为3~4cm，两底芽一定入沙，插后每天定时喷水2次，保持畦面湿润。一般而言，插后40~60天可生根。扦插出苗注意插后管理，随时查看扦插成活情况，为确保预计出圃数，及时补插。

3. 根蘖繁殖　黄柏树被砍伐后，就地培土，地下根系会萌发许多枝条，生根后截离母树，进行移栽。

（三）移栽造林

1. 起苗　冬末春初、苗木尚未萌出新芽时起苗，起苗时尽量不要伤害根系，移栽时将根系多余过长根剪掉，用黄泥水蘸根备植。

2. 苗木标准　苗木质量衡量指标是地径粗度和根系数量，可分为1级苗、2级苗和不合格苗，1级苗：地径>1cm，苗高>100cm，竹根长25cm，侧根2~3条，根幅>30cm，顶芽完好，无机械伤和病虫斑；2级苗：地径0.6~0.9cm，苗高60~99cm，主根长15~24cm，侧根1个，根幅20~29cm，无病斑；不合格苗：地径<0.5cm，苗高<59cm，以及未木质化苗。苗木的质量与后期生长关系密切，弱苗、劣质苗生长缓慢，长势很弱。

3. 移栽　可分为春栽和秋栽，春栽在育苗后第二年春季3~4月进行，秋栽在育苗当年10~11月进行，按株行距3m×3m或4m×3m开穴，穴大70m×70m×40cm，穴内拣净石头草根，并每穴施入农家肥3~5kg作底肥，浇水覆土。营造黄柏丰产林，要选择合理的移栽密度，如土层深厚、肥沃，可适当稀植，如立地条件差，树木生长慢，郁闭迟，冠幅小，可适当密植。

（四）田间管理

1. 除草　定植后第一年除草2次，一般在4~5月和9~10月进行。第二年除草3次，在2月、5月、9~10月进行。可用化学除草剂农达或草甘膦，须在无风天气使用，喷头应放矮，防止药液溅到枝叶上，造成药害；也可用人工除草，靠近植株茎基周围的杂草宜采用人工除草，工具避免伤及树干。

2. 施肥　定植后第一年苗木树冠小根系少，根系吸收能力有限，只能采用少量多次的办法，一年应保证施肥3次。第一次施肥结合4~5月除草进行，每株用尿素30~40g，距树干30~35cm左右，在左右两边各挖一个浅坑，一锄宽，约3cm深，均匀撒施尿素，盖土。如果是头年秋季植苗，第一次施肥料提前到2~3月进行。第二次在7~8月进行，肥料用量同第一次。第三次施肥结合9~10月除草进行，除尿素外，每株增加过磷酸钙150g，方法、距离同第二次。

第二年结合除草施3次肥。2月、5月每株施尿素50g，9月每株施尿素50g，加施过磷酸钙200g，施肥距离树干基部50~80cm，树体越大距离越远。

第三年施肥2次，2月、5月各1次。2月每株施尿素100g，5月每株施尿素70g，加施过磷酸钙250g、氯化钾100g。

肥料也可使用复合肥或复混肥，以复混肥为例N：P_2O_5：K_2O=16：6：8，根据树体大小和生长年限，每次每株可施用50~100g。

施肥注意事项：每次施肥前，应检查根系生长范围，以须根分布外围为施肥处；每次尿素不可过多；化肥要均匀撒施；要避免肥料直接施用在大侧根上；施肥后必须立即覆土。

3. **整枝** 黄柏为阔叶树，为确保主干直立、端正，定植后前 3 年每年在冬季至春季整枝，去掉已缺失顶芽下面的两个对生侧芽中的一个侧枝，促使剩下的侧枝直立生长，尽快形成中心干，确保用材质量。

4. **病虫害防治**

①黄柏主要多发锈病和褐斑病两种病害。

锈病一般在 5 月开始发生，7～8 月发病严重，主要危害黄柏叶片，发病初期叶片出现黄绿色近圆形斑，发病后期叶背出现橙黄色突起小疱斑，此为病原菌的夏孢子堆，疱斑破裂后散出橙黄色夏孢子，叶片病斑增多，失绿发黄，严重时整个叶片变为黄色、早落；可在发病前喷施 0.2～0.3 波美度石硫合剂，或 25% 粉锈宁 700～1000 倍液，或 40% 敌锈钠 400 倍液，每隔 15 天喷 1 次，连续喷 3 次，各种药剂交替使用。

褐斑病是一般在夏季发病，主要为害叶片，发病初期叶片上出现椭圆形病斑，直径 1～3mm，褐色且病斑两面均有淡褐色霉状物；秋末清除落叶、病枯枝以减少病源，在 5 月下旬至 6 月下旬，喷施 80% 代森锰锌 1000 倍液，或 70% 甲基托布津 1000 倍液，每隔 10～15 天喷 1 次。

②虫害主要是凤蝶、蚜虫、木蠹蛾和螨类（红蜘蛛、黄蜘蛛）。

凤蝶为害在每年 5～7 月，主要以幼虫为害叶片，幼虫很小时在叶片上形如鸟粪，随着虫体长大，其头部的两个腺体（俗称触角）散发出臭味，取食量增大，所到之处叶片无存；如果发生范围较大，用化学药剂防治，喷 90% 敌百虫 800～1000 倍液，或 2.5% 敌杀死 2000 倍液，每隔 7～10 天喷 1 次，连续喷施 2 次。

蚜虫一年可发生多代，很短时间内成片发生，整个生长季均可发生，连续干旱无雨时也可发生，发生初期有明显的中心区域，以成虫、幼虫吸食叶片汁液，可是幼芽畸形，叶片皱缩，严重者可导致叶发黄、早落；发生初期可采用剪除个别新梢的办法，也可喷施 2.5% 敌杀死 2000 备用，或天王星乳油 1000～2000 倍液，每隔 10～15 天喷 1 次，连续喷 2～3 次。在干旱天及时灌水，可减轻蚜虫的发生。冬季清园，将骨质落叶深埋或烧毁。另外，蚜虫的天敌较多，如蜘蛛、七星瓢虫、异色瓢虫、草蛉、食蚜蝇等注意保护，尽量少用广谱性杀虫剂。

木蠹蛾春季钻蛀枝条和茎干为害树干和新梢，是蛀孔上部叶片或枝条枯萎。可在春季检查受害株树干，截取枝干后集中烧毁，截干处可再生新枝条；较大树可采用 80% 敌敌畏乳油 30 倍液注射孔洞，用湿泥堵塞虫孔。

螨类一年发生多代，从春季 5 月开始一直到秋季 10 月均可为害，5～6 月和 8～9 月为高峰期，多聚集在叶背为害幼嫩叶片，受害后叶片呈不规则黄斑，边缘不明显，严重时叶片黄化脱落；在 5 月螨类发生后喷施 20% 螨死净 2000～3000 倍液或 75% 克螨特 2000 倍液。

【采收加工】

1. **采收** 黄柏在定植后 8～10 年可以采收，宜在 5～6 月进行，此时植株水分充足，有黏液，容易剥皮。利用环剥技术可持续利用资源，选择胸径 12~25cm，采用树皮全剥，剥皮长度 80~100cm，剥后立即用农用薄膜包裹剥面，上下端扎紧，7~10 天解开薄膜。新皮再生的关键是雨天不可剥皮，勿用手摸剥面，上下端扎紧；据气温及时解膜，气温较高，覆膜时间略短，气温较低，覆膜时间延长。剥皮后植株易感染病害，可在剥面施 70% 甲基托布津 1000 贝尔后覆膜，解膜后喷第 2 次。

2. 加工　剥下的树皮趁鲜刮去粗皮，至显黄色为度，晒至半干，重叠成堆，用石板压平，再晒干即可。商品规格标准分为两个等级：一等品呈平块状，去净粗皮，表面黄褐色或黄棕色，内表面暗黄色或淡棕色，体轻，质较硬，断面显黄色，味极苦，长 40cm 以上，宽 15cm 以上；二等品树皮呈卷筒状或板片状，长宽大小不分，厚度不得低于 0.2cm，无粗栓皮，间有枝皮者列入二等。

【质量要求】

以片张厚大、鲜黄色、无栓皮者为佳（图 21-2）。按照《中国药典》（2015 版）标准，黄柏药材质量要求见表 21-1：

表 21-1　黄柏质量标准表

序号	检查项目	指标	备注
1	水分	≤ 12.0%	
2	总灰分	≤ 8.0%	
3	浸出物	≥ 14.0%	
4	盐酸小檗碱（$C_{20}H_{17}NO_4 \cdot HCl$）	≥ 3.0%	HPLC法
5	盐酸黄柏碱（$C_{20}H_{23}NO_4 \cdot HCl$）	≥ 0.34%	

图 21-2　黄柏精制饮片

【储藏与运输】

（一）储藏

本品易虫蛀、发霉、变色，包装后宜置阴凉干燥通风处，并定期检查，储藏温度应低于30℃，相对湿度70%～80%，商品安全水分10%～12%。

（二）运输

运输车辆必须清洁、干燥、无异味、无污染，具有较好的通气性，以保持干燥，并有防晒、防潮等措施。注意不应与其他有毒、有害、易串味物质混装。

【参考文献】

［1］张冠英，董瑞娟，廉英．川黄柏、关黄柏的化学成分及药理活性研究进展［J］．沈阳药科大学学报，2012，29（10）：812-821．

［2］中国科学院中国植物志编辑委员会．中国植物志．［M］．第43卷2分册．北京：科学出版社，1997：99-105．

［3］朱志明，赖潇潇，苏慕霞．不同产地黄柏及关黄柏有效成分的含量测定［J］．临床医学工程，2011，18（1）：106-107．

［4］刘钊圻，叶萌．四川黄柏资源现状及可持续利用对策［J］．四川林业科技，2007，28（3）：84-88．

［5］黄明远，周仕春，弓加文，等．四川的川黄柏资源调查［J］．乐山师范学院学报，2004，4：45-48．

［6］叶萌．黄柏规范化育苗技术［J］．林业科技开发，2005，19（1）：56-58．

二十二、牡丹皮Mudanpi
Moutan Cortex

【来源】

本品为毛茛科植物牡丹 *Paeonia suffruticosa* Andr. 的干燥根皮。秋季采挖根部，除去细根和泥沙，剥取根皮，晒干或刮去粗皮，除去木心，晒干。前者习称连丹皮，后者习称刮丹皮。丹皮始载于《神农本草经》，记为牡丹，列为中品，其味苦辛，微寒，归心、肝、肾经，具有清热凉血和活血化瘀之功效，主治热入营血、温毒发斑、经闭痛经、痈肿疮毒和跌扑伤痛等。牡丹在湖南地区有自然分布，同时，湖南邵阳地区也是全国丹皮的中心产区之一。

【别名】

牡丹根皮《本草纲目》；丹皮《本草正》；丹根《贵州民间方药集》

【植物形态】

落叶小灌木，高 0.5~2m。根粗壮，皮厚肉质，表皮灰褐色至紫棕色，有香气。茎直立，表皮黑灰色。2回3出复叶或2回羽状复叶互生，纸质，叶柄长约5~11cm，无被毛。叶片上面绿色，无被毛，下面淡绿色，被白粉，叶脉被短柔毛或近无毛，顶端小叶深3裂，裂片浅裂或不裂。大花单生枝顶，两性重瓣花；苞片5，长椭圆形；萼片5，宽卵形，绿色。花瓣，倒卵形，先端呈不规则的波状，花色较多，有紫色、红色、粉红色、玫瑰色、黄色、豆绿色或白色等；雄蕊多数，花药黄色；雌蕊4~8，密生柔毛。蓇葖果长圆形，腹缝线开裂，密被黄褐色硬毛。花期4~5月，果期6~7月。（图22-1）

图 22-1 牡丹原植物

【种质资源及分布】

牡丹（*Paeonia suffruticosa* Andr.）为毛茛科（Ranunculaceae）芍药亚科（Subfam. Paeonioideae）芍药属（*Paeonia* L.）牡丹组（Sect. Mouton DC.）多年生落叶灌木。牡丹是我国特产的珍贵观赏和药用植物，

其根皮作药用有 2000 多年的历史，从野生引入观赏栽培已有 1650 年左右的历史。

作为牡丹的故乡，我国的牡丹种质资源非常丰富，牡丹组所有各种（含亚种、变种、变型）在我国均有分布。经过大量的野外考察和分析，洪德元等在前人研究基础上，将牡丹组分为 8 个种。在 8 个种中，*P. decomposita* 和 *P. rockii* 各含两个异域的亚种，*P. suffruticosa* 分为栽培和野生两亚种，分别为：①牡丹 *P. suffruticosa* Andrews，原亚种 *P. suffruticosa* subsp. *suffruticosa*，野生亚种银屏牡丹 *P. suffruticosa* subsp. *yinpingmudan* D. Y. Hong, K. Y. Pan et Z. W. Xie；②矮牡丹 *P. jishanensis* T. Hong et W .Z. Zhao；③卵叶牡丹 *P. qiui* Y. L. Pei et D. Y. Hong；④凤丹 *P. ostii* T. Hong et J. X. Zhang；⑤紫斑牡丹 *P. rockii*（S. G. Haw et L. A. Lauener）T. Hong et J. J. Li，原亚种紫斑牡丹 *P. rockii* subsp. *rockii*，亚种太白山紫斑牡丹 *P. rockii* subsp. *taibaishanica* D. Y. Hong；⑥四川牡丹 *P. decomposita* Hand.-Mazz.，原亚种四川牡丹 *P. decomposita* subsp. *decomposita*，亚种圆裂四川牡丹 *P. decomposita* subsp. *rotundiloba* D. Y. Hong；⑦滇牡丹 *P. delavayi* Franch；⑧大花黄牡丹 *P. ludlowii*（Stern et Taylor）D. Y. Hong。野生牡丹大都分布于我国北部、西北及西南部省份，如滇牡丹 *P. delavayi* 广泛分西藏自东部、四川西部和西南部以及云南中部和北部；大花黄牡丹 *P. ludlowii* 分布于西藏；四川牡丹 *P. decomposita* 及其亚种圆裂四川牡丹 *P. decompositasubsp. roundiloba* 以邛崃山为分水岭，前者分布于金川－大渡河流域，海拔 2050～3100m，后者分布于岷江流域，见于海拔 1700～2700m；矮牡丹 *P. jishanensis* 自然分布于山西、河南、陕西；卵叶牡丹 *P. qiui* 分布区极为狭窄，仅见于湖北神农架和河南的西峡，都生长在石灰岩岩石上，甚至生在悬崖上；凤丹 *P. ostii* 野生类群分布于河南西部；紫斑牡丹 *P. rockii* 在地理分布分化为两个亚种，原亚种分布于甘肃、陕西、河南以及河北，生于海拔 1100～2800m 的落叶林中；太白山牡丹 *P. rockiisubsp* subsp. *taibaishanica* 仅局限于陕西、甘肃等地区，但目前数量极少。而牡丹 *P. suffruticosa* 的亚种银屏牡丹 *P. suffruticosasubsp* subsp. *yinpingmudan* 仅见到两株植物，一株在安徽巢湖银屏山悬崖上，一株在河南嵩县。目前，牡丹已在我国大范围种植，品种数量达到 800 种以上。从整个中国牡丹品种分布及品种特点来看，牡丹又可分为中原牡丹品种群、西北牡丹品种群、江南牡丹品种群、黄牡丹品种群和紫牡丹品种群。

虽 2015 年版《中国药典》规定了牡丹皮来源植物为牡丹 *Paeonia suffruticosa*，但经调查，牡丹 *P. suffruticosa* 常作为普遍栽培作观赏用，而全国中药牡丹皮药用的来源植物则主要为江南牡丹品种群的凤丹 *P. ostii* 及牡丹 *P. suffruticosa* 的单瓣类型。凤丹栽培品种主要分布于安徽铜陵、亳州等地，湖南邵阳、邵东等地，重庆垫江，山东菏泽等，各地区所产丹皮分别习称为凤丹、湖丹、垫丹以及东丹。另一药用栽培品种牡丹 *P. suffruticosa* 主要分布于河南及重庆地区。

【适宜种植产区】

牡丹适应性较强，全国各地均可栽培。主产于河南、安徽、山东、河北、陕西等地。湖南的邵东、邵阳和祁东等地有栽培。

【生态习性】

牡丹喜温，对温度适应性较高，在高温和低温环境中均有一定耐受能力，40℃左右的

高温至 –18℃左右的低温下，牡丹均可生存。牡丹较耐旱，涝害将严重影响其生长。研究表明，牡丹在淹水胁迫下生长受到抑制：在淹水胁迫下实验条件下，土壤正常的系统遭到破坏，土壤环境缺氧，牡丹根系活力下降，根系水分饱和使牡丹根系周围被水包围，引起根系无氧呼吸，产生乙醇等有害物质，从而阻碍牡丹苗高和地径的生长。牡丹忌强光，以根皮入药，适宜种植在土层深厚、肥沃，疏水性好，排水良好的坡地，坡度在 10°~45°均可，以 15°~20° 的荒山缓坡为佳。土壤方面，牡丹在中性或微酸性砂壤土上均生长良好，但强酸性土壤、盐碱地、过于黏重的土壤、黏土、低湿土壤及树荫下土地则不适宜种植。忌连作，种植一茬后隔 3~5 年种第二茬。

【栽培技术】

（一）种植地的准备

1. 移栽地选择及整理　牡丹适应性较强，但怕水涝。种植时宜选择向阳、地势高燥、土层疏松深厚、排水良好的地块，最好选择前茬作物为芝麻、玉米、花生或豆类的地块或新开垦的荒地，切忌种植在土壤黏重、低洼地带。土壤要求疏松透气、排水良好，适宜 pH 值 6.5~7.8。

2. 育苗地选择及整地　育苗地最宜选择向阳，地势高燥，土层疏松深厚，排水良好的种植地，前茬以芝麻、玉米、花生或者豆类为最好，切忌种植在土壤黏重、低洼地带，易发生病害，且不利于根部生长。播种前深翻土地，深翻土壤 30~50cm，晒土消毒。然后整平耙细，育苗地做成宽 1.2~1.5m 的畦，行距 15~20cm 开沟。

（二）繁殖方法

采用种子繁殖、分株繁殖、扦插繁殖和嫁接繁殖，药用牡丹以种子繁殖为主，也可用分株繁殖，扦插繁殖和嫁接繁殖主要用于观赏牡丹。

1. 种子繁殖

①种子采收及处理：选择 4~5 年生长健壮，无病害的植株留种。7 月至 8 月种子牡丹果实陆续成熟，呈黄色时采收。采收后将种子放阴凉潮湿的室内，让其完成后熟，期间经常翻动，避免发热。待到大部分果实开裂，种子脱出即可用于播种。播前选择粒大饱满者用种，播前用 50℃ 温水浸泡 24~30 小时，使种皮变软脱胶，吸水膨胀易于萌发。

②播种及管理：最好选择当年种进行播种，发芽率高，出苗整齐。播前一定需要深翻土地，耙平整细，施足底肥。将湿草木灰与处理后的种子按 2∶1 拌后播下，条播或撒播均可。条播按行距 15~20cm 进行，沟深 3~4cm，将种子均匀撒入沟内，覆土 3cm 左右。覆土镇压，每亩用种量控制在 25~35kg。撒播可先将畦面表面扒去 3cm 的表层土，将种子均匀撒入畦面，然后用湿土覆盖 3cm，稍加镇压，每亩用种量约 50kg。播种后，用杂草、玉米秆、稻草等覆盖，浇水，覆膜，一方面防止土壤快速干旱，影响种子发芽，另一方面可适时保温，促进种子发芽出苗。来年春季，扒去保墒防寒的覆盖物和膜，幼苗出土前浇水一次，以后若遇干旱亦浇水，雨季排除积水，并经常松土除草，松土宜浅。出苗后春季及夏季各追肥一次，每亩追施腐熟有机肥 15~20kg。幼苗出齐

后，适时进行间苗，疏除过密及弱小幼苗。定期除草，避免草荒。幼苗期间做好病虫害防治。

2. **分株繁殖** 分株繁殖于收获丹皮时进行。一般在9月下旬到10月上旬收获丹皮，将大根切下药用，选取部分无病虫害、生长健壮、芽体饱满的中小根作为种根。将种根从根茎交接处切下，带2～3个芽和部分茎，栽种前种根用1000倍生根粉溶液浸泡。按株行距50cm×40cm挖穴栽种，穴深25cm左右，每穴栽植一株。覆土镇压，土的厚度以完全覆盖种根为宜。栽后浇足水。

（三）大田移栽

1. **移栽苗选择及处理** 种子播种后第二年可进行移栽，有时可根据苗情起苗移栽。起苗后，按大小分级，一般可分为大、中、小三级，剔除病残及瘦弱植株，并将其烧毁。幼苗要求主根粗壮、无病虫害、长势良好，幼苗过长者可适当剪短至穴深。

2. **幼苗移栽** 一般在每年9月下旬至10月上旬进行移栽，华南地区种植者可适当推迟。按株行距35cm×45cm挖穴，穴深15～25cm，保证种苗放入穴内不弯曲，穴中施入适量基肥，每穴可放幼苗2～3株。填土时，注意将幼苗根部伸直，填一半土时将幼苗轻轻上提，使根舒展不弯曲，再将泥土压实，以保证根系舒展，与土壤密接。

（四）田间管理

1. **松土除草** 牡丹生长期应经常中耕松土，以防土壤板结，促进苗木生长和营养吸收。中耕时避免伤根，深度为8～10cm为宜，秋季中耕后注意植株茎四周进行培土，保护牡丹越冬。除草结合中耕进行，拔除杂草和病害植株，保持地内土壤疏松无杂草，促进牡丹生长。

2. **田间补苗** 幼苗移栽后，定期查看田间生长状况，如发现病苗、弱苗、死苗，及时清除并进行补苗，减少大田缺苗现象。

3. **追肥** 牡丹喜肥，生长期每年追肥3次，第一次在开春萌芽前，第二次花凋谢后，第三次在入冬前。施肥时在植株旁开浅沟，将肥料施入沟中。第一次和第三次每亩施入腐熟农家肥1500～2000kg，第二次施入农家肥并配施30kg磷肥促进芽体生长。

4. **排灌** 浇水和追肥结合，春季萌芽时浇水一次，夏季干旱时及时浇水，每年入冬前还要浇水一次，但具体可视环境而定，特别是幼苗期，不能长期干旱。牡丹特别怕涝，长时期积水容易造成烂根。雨季做好排水工作，避免涝害发生。

5. **摘蕾与修剪** 牡丹以根皮入药，为促进根部生长，提高产量和质量，对于不留种的植株，在2～3月份花蕾期将花蕾全部摘除。摘蕾注意选择晴朗露水干后进行，减少伤口感染病害几率，加速愈合。而秋季倒苗后将地上部分的枯枝、纤细弱小的茎枝从基部剪除，促发新枝。

6. **病虫害防治** 防治原则：预防为主，综合防治，通过选育抗性品种培育壮苗、科学施肥、加强田间管理等措施，综合利用农业防治、物理防治、生物防治、配合科学合理的化学防治，将有害生物控制在允许范围内。

①病害：牡丹易发根腐病、白绢病、锈病、灰霉病等，但这些病害大多发生在高温高湿多雨季节，土壤湿度过大，通风不良，阳光不足等加速病害蔓延，连作导致病害加

重。因此为减少病害发生，将牡丹种植基地选址在高燥地方，雨季做好排水工作，降低土壤湿度，合理密植，执行严格的轮作制度。发病初期也可以适当用波尔多液、多菌灵等防治。

②虫害：牡丹虫害主要有蛴螬和小地老虎。蛴螬的防治可以用 90% 敌百虫 200 倍液喷杀，或者用灯光诱杀成虫。小地老虎发生初期及时拔除病株和藏身的杂草，或者用 98% 的敌百虫晶体 1000 倍液或者 50% 辛硫磷乳油 1200 倍液喷雾防治。

【采收加工】

种子繁殖 4 ~ 6 年可采收，分枝繁殖 3 ~ 4 年可采收。一般在 9 月下旬到 10 月上旬进行，选择晴天，采挖根部，抖土去沙，趁鲜将皮用竹片轻轻刮去，置阴凉处堆放 1 ~ 2 天，待其稍失水分而变软时，除去须根，用手紧握鲜根，扭裂根皮，抽出木心，或者用刀将根部一侧划开，深入木质部，抽取木心，晒干即可。规模化生产基地可采用烤房烘烤，全干后装包，存放于干燥通风处。

【质量要求】

以条粗长、无木心、皮厚、粉性足、断面粉白色、香气浓郁、有亮洁晶者为佳（图 22-2），条细、带须根及木心、断面粉性小、无亮星者质次。按照《中国药典》（2015版）标准，牡丹皮药材质量要求见表 22-1：

表 22-1 牡丹皮质量标准表

序号	检查项目	指标	备注
1	水分	≤ 13.0%	
2	总灰分	≤ 5.0%	
3	浸出物	≥ 15.0%	
4	丹皮酚（$C_9H_{10}O_3$）	≥ 1.2%	HPLC法

图 22-2 丹皮精制饮片

【储藏与运输】

（一）包装

因丹皮易断碎，要分等级用竹筐或柳条框包装，其内放防潮纸，包装封好，置于干燥通风处。包装材料用干燥、清洁、无异味以及不影响品质的材料制成。包装要牢固、密封、防潮、能保护品质。包装明确标明品名、重量、规格、产地、批号、日期、编号等。

（二）贮藏

贮藏与阴凉干燥处，商品安全水分 13.0%。为保持色泽、香气，还可以将干燥丹皮放在密闭的聚乙烯塑料袋中贮藏。贮藏中应定期检查，夏季高温应注意降温、通风，保证药材质量。

（三）运输

运输工具清洁、干燥、无异味、无污染，运输过程中注意防雨、防潮、防暴晒、防污染等，避免与其他货物混装运输，保证药材品质。

【参考文献】

［1］国家药典委员会. 中华人民共和国药典［M］. 一部. 北京：中国医药科技出版社，2015：172.

［2］邓新华，侯伯鑫，陈周. 湖南牡丹栽培和利用溯源.［J］. 湖南林业科技，2009，36（3）：50-53.

［3］张秀云. 牡丹皮本草学考证［J］. 安徽农业科学，2013，41（3）：1052-1053.

［4］方前波，王德群，彭华胜. 中国芍药属牡丹组的分类、分布与药用之间的关系研究［J］. 现代中药研究与实践，2004，18（2）：20-22.

［5］马燕，刘龙昌，臧德奎. 牡丹的种质资源与牡丹专类园建设［J］. 中国园林，2010，26（1）：54-57.

［6］洪德元，潘开玉. 芍药属牡丹组的分类历史和分类处理［J］. 植物分类学报，1999，37（4）：351-368.

［7］沈保安，刘长庚，叶良源. 药用牡丹栽培技术［J］. 时珍国药研究，1996，7（5）：327-328.

［8］彭华胜，王德群，黄璐琦，等. 药用牡丹与观赏牡丹的种质分野：建议中国药典修订药用牡丹基原［J］. 时珍国药研究，1996，7（5）：327-328.

［9］朱向涛，金松恒，时浩杰，等. 淹水胁迫下江南牡丹生长及光合特性研究［J］. 广西植物，2015，35（5）：20-22.

［10］沈保安，刘长庚，叶良源. 药用牡丹栽培技术［J］. 时珍国药研究，1996，7（5）：327-328.

［11］郭巧生. 药用植物栽培学［M］. 北京：高等教育出版社，2004.

［12］么厉，程惠珍，杨智. 中药材规范化种植（养殖）技术指南［M］. 北京：中国农业出版社，2006.

［13］申明亮，邓才富，易思荣，等. 重庆药用牡丹规范化生产技术规程（SOP）［J］. 中国现代中药，2009，11（5）：9-11，16.

［14］周成明. 80 种常用中药栽培［M］. 北京：中国农业出版社，2009.

［15］王惠清. 中药材产销［M］. 成都：四川科学技术出版社，2007.

二十三、薄荷Bohe

Menthae Haplocalycis Herba

【来源】

本品为唇形科薄荷属植物薄荷 *Mentha haplocalyx* Briq. 的干燥地上部分。夏、秋二季茎叶茂盛或花开至三轮时，选晴天，分次采割，晒干或阴干。薄荷为药食同源物品，在南北朝《雷公炮制论》中首次被提及，作为药物始载于唐代《新修本草》。薄荷揉搓后产生一种特殊清凉香气，其主要来源于薄荷的挥发油成分。这些成分不仅是薄荷为药用时疏散风热、清利头目等功效的主要药效成分之一，同时薄荷精油还在化妆品、饮食、香料、烟草等领域有广泛的应用。

【别名】

蓄荷菜《千金·食治》；菝萳、吴菝萳《食性本草》；南薄荷《本草衍义》；猫儿薄苛《履巉岩本草》；升阳菜《滇南本草》；薄苛《品汇精要》；菝荷《本草蒙筌》；夜息花《植物名汇》

【植物形态】

多年生芳香草本，高 30～80cm。有多数纤细须根和匍匐根状茎。茎直立，四棱形，上端有倒向柔毛，下端被柔毛，分枝多。单叶对生，密被白色短柔毛和腺点；叶片形状较多，长卵形至椭圆状披针形，基部阔楔形或近圆形，先端锐尖，边缘锯齿状；叶柄长 2～10mm，密被白色柔毛。轮伞花序腋生，有梗或无梗，梗长 3mm 左右，有柔毛；苞片 1，线状披针形；花萼钟状，5 裂，裂片近三角形，外面密生白色柔毛及腺点；花冠二唇形，紫色或淡红色，也有白色，长 3～5mm，上唇 1 片，长圆形，先端微凹，下唇 3 裂片，较小，全缘，花冠外面光滑或上面裂片被毛，内侧喉部被一圈细柔毛；雄蕊 4，花药黄色，花丝丝状，着生于花冠筒中部，伸出花冠筒外；子房 4 深裂，花柱伸出花冠筒外，柱头2 歧。小坚果长 1mm，藏于宿萼内。花期8～9 月。果期 10～11 月。（图 23-1）

图 23-1　薄荷原植物

【种质资源及分布】

薄荷属（*Mentha* L.）植物根据其花萼形状不同而分为薄荷组和唇萼薄荷组，其中薄荷组又按其轮伞花序着生位置不同而分为薄荷亚组、头序薄荷亚组和穗序薄荷亚组。由于多型性和种间杂交以及丰富的遗传变异，薄荷的形态种的确定非常困难。全世界薄荷共有约30种，广泛分布在北半球的温带地区，少数种见于南半球，在南半球1种见于非洲南部，1种见于南美及1种见于热带亚洲至澳大利亚。在我国，现今连栽培种在内比较确切的薄荷属植物有约12种，其中野生种6种，分别为薄荷 *M. haplocalyx* Briq.（野生或栽培）、东北薄荷 *M. sachalinensis*（Briq.）Kudo、兴安薄荷 *M. dahurica* Fisch. ex Benth.、皱叶留兰香 *M. crispata* Schrad. ex Willd.（野生或栽培）、假薄荷 *M. asiatica* Boriss. 和灰薄荷 *M. vagans* Boriss.。我国薄荷野生种多分布于东北部、西北部及云南、四川等省份地区，栽培品种则广泛分布于全国各地，主要集中在江浙地区、江西、河南、安徽等省，湖南也是薄荷的产区之一。

【适宜种植产区】

薄荷适应性较强，全国各地均可种植。湖南省永州市种植薄荷历史悠久，永州薄荷另有别称为永叶薄荷。永州薄荷年出口量达15~50吨，远销新加坡、马来西亚、美国、日本等国家。

【生态习性】

薄荷对环境的适应性很强，喜温暖湿润气候，耐寒，喜阳光充足。地表温度达2℃以上时薄荷的根茎开始出土，幼苗可耐-5~-10℃的低温，根茎可耐-20~-30℃的低温。气温6℃时，新苗即可出土，地上茎生长适宜温度为20~25℃，30℃以上也能正常生长。一般昼夜温差大，有利于油、脑的合成与积累。有研究表明，薄荷在生长期间，如果夜里较凉爽，或虽气温较高（>30℃）但进行喷雾灌溉使植株温度降低，则薄荷挥发油的品质较高；此外，较高海拔（1000~1500m）地区的薄荷所产精油品质优于较低海拔地区，最可能的原因也是由于高海拔地区温差更大，更利于薄荷醇的生成，从而提高精油品质。湿润的环境利于薄荷生长，干燥环境可能对薄荷造成威胁。在年降雨量在1000~1500mm的地区，薄荷能良好地生长发育，如栽培于少雨地区，则需要人工灌溉。薄荷属长日照植物，阳光充足时挥发油产量较高。在荫处或日照不足时，则易徒长，叶片变薄，植株下部叶片易变黄、脱落，并易感染病害，造成减产。薄荷在一般土壤中都可以生长，但以疏松、肥沃、湿润的夹沙土或油沙土最好，pH在6.5~7.5的微酸至微碱土壤为宜。薄荷喜肥，氮、磷、钾三要素都不可缺少。窦宏涛以美国辣薄荷紫茎种为材料的研究结果表明，氮肥用量对精油品质的影响与栽培密度密切相关，在栽培密度较低时影响不明显，而在密度较高时，适量控氮可以提高精油品质，磷肥用量对精油品质影响不明显。

【栽培技术】

（一）种植地的准备

1. 选地整地　薄荷对土壤要求不严格，但是在地势平坦，排灌方便，疏松肥沃，阳光充足的地块生长较好，最好是 2~3 年期间没有种过薄荷的沙壤土，确保空气、水、土不被污染。排水不畅通、地下水位高的水田等不适宜种植。前茬收获后，深翻土壤 30cm，晒土后将土耙细、耙平，做成宽 1.2~1.5m 的畦，挖好排水沟，沟深约 30cm。

2. 施基肥　结合整地，种植地要施足基肥，每亩施充分腐熟农家肥 2000~3000kg，配施 25kg 复合肥，把基肥翻入地里；深耕 25cm。施肥量可视土地条件而定，以有机肥为主。

（二）繁殖方法

薄荷为多年生宿根草本植物，生产上，可见种子、根茎、分株和扦插繁殖，常用主要为根茎繁殖和分株繁殖。

1. 根茎繁殖　薄荷的根茎无休眠期，只要条件合适，全年均可繁殖移栽，一般在 10 月上旬至 11 月上旬进行。在自留地挖出根茎后，选择节间短、色白、粗壮、无病虫害的根茎作种，并将其剪成 5~10cm 的小段，每段留 2~3 个节，按行距 25cm 开沟，深 6~10cm，将种根放入沟内，可整条排放，也可切成 6~10cm 长的小段撒入，密度以根茎首尾相接为好。栽后覆盖 3cm 薄细土，耙平压实。

2. 分株繁殖　选择生长良好、品种纯一、无病虫害的田块作留种地，秋季收割后，立即中耕除草和追施腐熟农家肥一次。翌年 3 月中下旬至 4 月初期间，挖取生长健壮、苗高 15cm 左右的幼苗进行移栽，移栽时期宜早不宜迟，以清明前后为宜，可显著提高产叶量和产油量，最迟不宜推迟到端午节后，否则减产降质。移栽地按株行距 15cm×20cm 挖穴，每穴移栽两棵幼苗，栽后盖土压紧，再施入稀薄人畜粪水定根，移栽以清明前进行为宜。

（三）田间管理

1. 间苗和补苗　4 月上旬，当移栽苗高 10cm 时，查看植株长势，拔除过密过弱的幼苗，保持 15cm 的株距，即每亩留苗 2~3 万株。田间死苗过多的地块，需要及时补苗，保证田间整齐度。

2. 中耕除草　薄荷根系集中于浅土层 15cm 处，地下根状茎集中于 10cm 处，中耕除草时宜浅不宜深。每年中耕除草 4~5 次，当苗高 7~10cm 时，中耕除草 1 次，在 6 月上旬封垄前进行第 2 次中耕，这 2 次中耕都要浅锄表土。7 月份，第 1 次收割后，及时进行第 3 次中耕，这次要将收割时剩下的老桩和地上茎、杂草铲除，促使萌发新苗。铲根深度要适当，原则上铲除老桩、松破表土为宜。9 月份进行第 4 次中耕。10~11 月第 2 次收割后，在进行 1 次中耕除草。薄荷根茎能在地下过冬，可连续割 1~2 年，第 3 年以后，一般病虫害增多，土地肥力下降，生长不良，应及时换地耕种。每次收割后及时松土和清理排水沟。除草以人工除草为主，除草次数视杂草多少而定，确保薄荷正常生长，减少杂草危害。

3. 田间追肥　薄荷每年追肥 3~4 次，春天返青时施肥一次，苗高 15cm 左右施肥一次，收获后追肥一次，9 月份促进茎叶生长再次追肥一次。追肥应结合中耕除草，原则上每次中耕除草后均应追肥一次，每次追肥量应适当增多，以促进幼苗生长。追肥以氮肥为主，每亩 100~120kg，将人畜粪和氮肥混合施用更好。若下一年还作药材用，收割后应增施圈肥、厩肥和熏土。

4. 排灌 薄荷怕旱，适宜在湿润的土壤中生长。高温干旱季节应及时浇水抗旱，多雨季节开沟排水，积水容易引发病害，影响生长，因此要密切注意雨后排水。

5. 病虫害防治 以农业防治为主，种植前深翻土地晒土消毒，及时拔除病株、科学施肥、排灌等抑制病虫害的发生和危害。化学防治时要严格控制农药使用浓度，多种农药交替使用，防止产生抗药性。薄荷常见病虫害有锈病、斑枯病、小地老虎等。

①薄荷锈病：该病在 5～6 月份连续阴雨或过于干旱时易发，主要为害茎叶，严重时可导致植株死亡。染病初期，叶背出现橙黄色、粉状夏孢子堆，后期形成黑褐色、粉状冬孢子堆。防治方法：可用 50% 莠锈灵乳油 800 倍液，或 50% 硫磺悬浮剂 300 倍液，或 25% 敌力脱乳油 3000 倍液，隔 15 天左右喷施 1 次。收获前 20 天内停止喷药。

②薄荷斑枯病：该病多在 5～10 月发生，主要为害叶片，发病时叶片出现圆形、暗绿色小病斑，以后逐渐扩大、变为暗灰褐色，病部着生黑色小点，叶片逐渐枯萎、脱落。防治方法：若发现病叶，及时摘除烧毁，注意轮作。发病初期喷洒 12% 绿乳铜乳油 500 倍液或 50% 琥胶肥酸铜可湿性粉剂 500 倍液防治。

③小地老虎：该害虫主要为害田间幼苗及嫩茎叶，春季幼虫咬食苗茎，造成幼苗死亡，造成大面积缺苗。防治方法：定期清除田间杂草，防止小地老虎成虫产卵；可采用 90% 敌百虫原粉 800 倍液喷雾杀之；用 90% 晶体敌百虫 1.5kg 与炒香的菜饼 75kg 拌成毒饵进行诱杀。

④银纹夜蛾：该害虫主要为害叶和花蕾，幼虫咬食叶片，造成孔洞缺刻。防治方法：用 24% 万灵水剂 1000 倍液，或 5% 锐劲特悬浮剂 750～1500ml/hm^2，或 30% 敌氧菊酯 2500 倍液喷防，交替使用，效果较好。

【采收加工】

薄荷种植后可采收 2～3 年，每年采收 2 次。第一次 6～7 月上旬采收，不宜太迟，否则影响第二次采收产量；第二次于 10 月份开花前采收。选择晴天于中午前后，用镰刀贴地将植株割下，摊晒 2 天，注意翻晒，七八成干时，扎成小把，悬挂起来阴干或晒干，晒时须经常翻动，防止雨淋、夜露，否则容易霉变。

【质量要求】

以叶茂、枝匀紫梗绿叶、基茎短、气味浓郁者为佳（图 23-2）。按照《中国药典》（2015 版）标准，薄荷药材质量要求见表 23-1：

表 23-1 薄荷质量标准表

序号	检查项目	指标	备注
1	叶	≥ 30.0%	
2	水分	≤ 15.0%	
3	总灰分	≤ 11.0%	
4	酸不溶性灰分	≤ 3.0%	
5	挥发油	≥ 0.080%	

图 23-2　薄荷药材

【储藏与运输】

（一）包装

包装材料用干燥、清洁、无异味以及不影响品质的材料制成。包装要牢固、密封、防潮、能保护品质。包装材料应易回收、易降解。包装明确标明品名、重量、规格、产地、批号、日期、编号等。

（二）贮藏

贮藏与阴凉干燥处，贮藏期间定期检查，发现虫蛀、霉变等情况及时处理。

（三）运输

运输工具清洁、干燥、无异味、无污染，运输过程中注意防雨、防潮、防暴晒、防污染等，避免与其他货物混装运输，保证药材品质。

【参考文献】

［1］国家药典委员会. 中华人民共和国药典［M］. 一部. 北京：中国医药科技出版社，2015：377.

［2］郭晓恒，杨新杰，严铸云，等. 药用薄荷的来源研究［J］. 安徽农业科学，2013，41（11）：4787-4788.

［3］中国科学院中国植物志编辑委员会. 中国植物志第六十六卷.［M］. 北京：科学出版社，1977：260.

［4］梁呈元. 中国薄荷属（Mentha L.）植物种质资源多样性研究［D］. 南京：南京农业大学，2009：1-101.

［5］窦宏涛，冯武焕，赵朝毅，等. 栽培措施对椒样薄荷精油产量及品质的影响［J］. 西北农林科技大学学报（自然科学版），2009，37（6）：111-124.

［6］李娟娟，王羽梅. 薄荷精油成分和含量的影响因素综述［J］. 安徽农业科学，2011，39（36）：22313-22316.

［7］郑成才. 薄荷栽培技术［J］. 现代农业科技，2010（12）：121.

［8］陈祥，郑玉彬. 薄荷栽培田间管理技术［J］. 农村百事通，2006（21）：39-40.

［9］李旭平. 薄荷种植技术要点［J］. 现代园艺，2012（3）：54.

二十四、蛇足石杉 Shezushishan
Huperzia Serrata Herba

【来源】

本品为石杉科石杉属植物蛇足石杉 *Huperzia serrata*（Thunb. ex Murray）Trev. 的全草，又名千层塔，金不换，具有清热解毒、生肌止血、散瘀消肿的功效，常常用于治疗跌打损伤、瘀血肿痛、内伤出血等症状。1972 年，国内首次报道，从蛇足石杉中提取的石杉碱甲是一种高效、低毒、可逆并高选择性抑制乙酰胆碱酯酶的物质，可用于治疗重症肌无力、提高学习效率、改善老年人记忆功能等，该物质是我新药研究国际化的重大突破，也是新药研究的热点之一。蛇足石杉广泛分布于东北、长江流域、华南及西南地区，遍及湖南、广东、福建、广西、云南、贵州、吉林、辽宁、黑龙江等省份，是民间跌打损伤常用药。

【别名】

蛇足草《贵州民间药物》；千金榨，矮杉树《四川中药志》；万年杉、铁板草《重庆草药》；刘果奴、矮罗汉、狗牙菜《湖南药物志》；金不换、金锁匙、横纹草、充天松《福建中草药》；打不死《江西草药手册》

【植物形态】

多年生草本，全株暗绿色，株高 10～30cm。根须状。茎直立或下部平卧，2～4 回二叉分枝，顶端常具生殖芽，落地成新苗。叶纸质，疏生，螺旋状排列，通常向下反折，椭圆状披针形，长 1～3cm，宽 1～2mm，基部变狭，楔形或柄状，先端短渐尖，边缘有不整齐锯齿，具明显中脉，两面光滑。孢子叶和营养叶同型，绿色，散生于分枝的上部。叶腋单生孢子囊，孢子囊肾形，横生，两端超出叶缘，淡黄色，光滑，全株上下均有。孢子三面凹棱形，黄色。（图 24-1）

图 24-1　蛇足石杉原植物

【种质资源及分布】

石杉属是蕨类植物门中最原始的植物类群，全属约 100 种，我国分布有 25 种 1 个变种。蛇足石杉是石杉科石杉属蛇足石杉组的一种，常常以丛生、直立、叶披针型、边缘具锯齿、叶缘不呈波状的形态特征区别于该属其他种类。属内有 2 个变型，即：①长柄蛇足石杉 *Huperzia serrata* var. *longipetiolata*（Spring）H. M. Chang，其根茎较粗大，呈褐红色，小叶大 2.5 ~ 3.5，该变型见于我国南亚热带和热带分布；②小叶蛇足石杉 *Huperzia serrata* var. *myriophyllifolia*（Hayata）H. M. Chang，该变型叶片小而狭窄，呈长披针状，常石生，见于我国中亚热带区域。

蛇足石杉及其种下变异类型广布于亚洲、大洋洲、美洲热带、亚热带及温带地区，尤其在东亚的中国东部和东南部，我国海南省是蛇足石杉的分布中心。据报道，蛇足石杉分布在北纬 18°30′（海南崖县）~ 47°30′（黑龙江完达山），东经 95°30′（西藏墨脱县）~ 134°00′（黑龙江东北部）广袤的区域内，但并不总是呈连续分布状，大致以北纬 33°00′ 以南，东经 100°00′ 以东，形成占我国亚热带至北热带面积 90% 以上的分布主体。由此向东南、西南、南和东北方向，分别形成大陆 - 台湾岛、中国东部 - 东喜马拉雅、大陆 - 海南岛、中国亚热带 - 东北温带的间断分布格局。从垂直分布来看，多见于海拔 300 ~ 1500 范围内，我国横断山以东、秦岭淮河以南广阔的丘陵、低山湿润温暖的亚热带季风气候条件，均属于此范围内。同时，在北亚热带和中亚热带北部亚地带，该种趋向于散生状分布，而在南亚热带和中亚热带南部有团块分布现象。湖南省是蛇足石杉资源主要分布省，主要集中于湘西地区，蕴藏量每公顷干重在 0 ~ 15.09kg，且分布不均衡。近年来，由于人们无节制的采挖，致使蛇足石杉野生资源量锐减，据调查，花垣、吉首几乎找不到蛇足石杉，古丈县最大，每公顷干重约 15kg，凤凰县最少，每公顷干重约 1.08kg。

【适宜种植产区】

由于蛇足石杉种植条件苛刻，适宜种植产区多集中在其天然分布较多的地区。目前，广西、云南、浙江等地有栽培。我省的种植区主要集中在湘西的武陵山区，现洪江市的雪峰山、湾溪乡等的人工种植基地较具规模。

【生态习性】

蛇足石杉是丛生的草本植物，常常伴生于苔藓层中，分布在海拔 300 ~ 2700m 的山地密林下、沟谷阴湿土中及潮湿背阴的岩石陡壁上。群落上层乔木树种主要有毛竹、三尖杉，灌木树种有栅木、金银花、映山红、紫金牛等，草本植物有蕨、多花黄精、三脉紫菀、泽兰等，伴生植物有金发藓及暖地大叶藓等。蛇足石杉生长对湿度的要求较高，较低的湿度不适宜生长，适宜生长条件在郁闭度较高，气温 20℃ 以上，年降水量 1500mm 以上，空气湿度 78% 以上，土壤含水量较高的高温高湿下。

蛇足石杉生长缓慢，在野生条件下通过孢子繁殖和生殖芽繁殖。其孢子存在于孢子囊中，成熟时横裂出孢子，孢子萌发后，先形成初生的配子体，30 天左右变成成熟的配子体。成熟的配子体能独立生活，通常贴在地面上利用苗根获取营养，配子体会产生颈卵器和精子器，而精子和卵在潮湿的环境下完成受精。受精卵发育成胚，幼胚暂时寄生在配子体上，长大后配子体死亡，孢子体独立生活。幼孢子体的顶端先长一片幼叶，随着幼苗的长大，相继长新叶，等到幼苗长至 2～3cm 时，开始出现二叉分枝。

【栽培技术】

（一）种植地的准备

1. 圃地选择与整地　圃地宜选在海拔 600～1200m，水源充足、灌排方便、土层深厚、疏松肥沃湿润、富含腐殖质的沙壤地块。深耕碎土、晒土一周左右，作畦，畦宽100～120cm、高 20～25cm。结合整地，每亩施腐熟有机肥 1500kg 左右，均匀撒于畦面，将肥料翻入土层，整平畦面，四周开排水沟。

2. 移栽地准备与整地　移栽地选择以水源充足、排灌方便、土层深厚、疏松肥沃、富含腐殖质的沙壤地块，周围生态环境以荫蔽湿润的林缘、小溪、山谷最好，忌黏重地、盐碱地、涝洼地。选好地后，深翻土地 15～25cm，除去砾石及杂草，每亩施入腐熟农家肥 5000～10 000kg，过磷酸钙 40～50kg，翻入土中作基肥。并按宽 120～140cm，高20～25cm 起畦，畦面及时覆盖黑地膜以保持水分湿度，四周盖土压实至畦沟盖满为宜，四周开好排水沟待种。

（二）繁殖方式

野生条件下，蛇足石杉通过孢子和生殖芽繁殖，其中孢子繁殖周期太长，生产上常不采用，另外蛇足石杉茎节发根能力较好，用此特性可进行繁殖。因此生产上常常采用扦插育苗和芽孢繁殖，达到快速繁殖，扩大生产的目的。

1. 扦插育苗

①插穗的选择及处理：选择生长健壮无病害的萌芽枝条，剪取 5～8cm 长的顶芽作为插条，切口呈 45° 斜剪，剪口平滑无毛，每个插条保留芽 2～4 个。插条修剪完成了，对其基部，扎成捆状，用高锰酸钾灭菌消毒，再 2000g/L 吲哚丁酸、1000mg/L 生根粉和适量芸薹素内酯混合液浸枝 12 小时，稍晾干，备插。

②扦插：蛇足石杉的扦插方法为斜插，即以地面 70°～90° 斜插入苗圃地，株行距3cm×5cm，或者开沟 5～6cm，按株行距 3cm×5cm 斜摆于沟内，覆土压实。插条露出地面约 1/3，长度不宜过长，否则成活率较低。

③苗期田间管理：晴天多浇水，雨天及时排涝，保持苗床土壤相对湿度达 70% 以上。光照强烈及气温较低时，还需进行搭棚处理，保持棚内遮光度 70% 左右，气温低时可起到增加温度，保湿作用。当气温稍高时，打开薄膜两端进行通风换气。扦插成活后，可适当提高光照进行炼苗，每隔 30 天浇稀薄腐熟人畜粪尿 1 次，其间勤加除草。扦插苗一般在苗高 20cm 以上即可出圃定植。移栽前一周继续炼苗，移栽前一天，将苗床浇透水，带土起苗，尽量不伤根、不伤皮，以苗高 20cm 以上，根系完整，须根多且粗长，无伤根烂根，茎段无折损，叶片浓绿、厚长，无光叶枯叶，苗木新鲜，苗芽鲜活的幼苗为好。

2. 芽孢繁殖

①芽孢的采集与保存：芽孢是一种变态叶，一般每年 2～3 月在植株顶部围绕茎产生

芽孢,7~9月逐渐成熟脱离母株,在适宜的条件下,芽孢能迅速生长成新植株。芽孢采集时间在秋季,收集时用镊子夹住芽孢苞片的基部,轻轻上翻。如芽孢能轻易脱落,表明芽孢已经成熟,如难以脱落,则不能采收。采集芽孢后,随采随种。若不能立即播种种植,将芽孢放入低温4~6℃保存。

②播种栽种:芽孢播种前,在苗圃地畦面铺一层4~6cm的腐殖质土层,浇透水。用镊子轻轻夹住芽孢,按株行距5cm×10cm排列栽种,基部朝下插入苗圃中,深度以芽孢2/3为宜,播种栽种后立即喷水保湿。芽孢育苗繁殖需要搭建遮阴棚,栽种完毕后,设立拱形塑料薄膜覆盖保湿,保持空气湿度在80%。

③苗期管理:芽孢播种后1~2周即可萌发,根据幼苗生长情况将薄膜去掉,每天早晚各降水一次,保证畦面湿润。育苗期间,虫害是影响幼苗生长的关键因素,尽量保证荫棚内部的密闭性,防止害虫进入。如若需要喷洒农药,以选择低浓度、低毒害的农药为主。幼苗期间施入稀释人畜粪,每隔15天进行一次。

(三)移栽

1. 移栽前幼苗处理　移栽前几天揭去苗圃地覆盖物,揭去过程勿伤害幼苗。移栽前1天将苗床浇透水,用小铲等工具逐行挖出,连根带土一起移栽,尽量做到随采随栽。

2. 移栽方法　幼苗移栽最好选择春季阴天或雨后进行移栽,先用小锄头或木棍(5cm×6cm)透过黑地膜按株行距(8~10)cm×(10~15)cm进行打穴,穴深8~10cm,穴径以幼苗根系能在穴中自然舒展为度,将幼苗垂直放入穴中,每穴1苗,穴口四周覆土压实,洒水保持畦面湿润。

(四)田间管理

1. 补苗　幼苗移栽后,定期查看植株生长情况,发现死苗、缺苗或弱苗,及时拔除或补栽同龄幼苗。

2. 排灌　蛇足石杉种植期间最重要的就是水分管理,保持土壤相对湿度70%左右,遇旱要注意浇(灌)水,雨后及时排涝,忌持久干旱或长期积水。在种植地表面覆盖2~3cm的苔藓或地衣层,起到保湿的作用。浇水过程中,切勿直接喷冲植株,防止植株水流冲击伤害。有条件者可安装喷雾器或自动喷水系统,水雾状浇水,保持畦面湿润即可。

3. 中耕除草　幼苗期间,应及时清除杂草,用小锄等工具浅锄,深度不宜超过3cm。原则上,见草就除,保持田间无杂草。幼苗移栽后,植株与杂草共生,杂草很容易抢夺水肥,造成植株长势太弱,特别要注意避免草荒,否则可能出现大面积弱苗,甚至死苗。若施用除草剂,可用敌草胺在早晚无风无露水时候进行定向喷雾,尽量压低喷头,避免灼伤蛇足石杉。

4. 追肥　一般而言,追肥与中耕除草结合进行,特别是前期,要注重水肥的管理。每月施肥一次,交叉施用适量稀薄的腐熟人畜粪尿和复合肥。施用复合肥,选择在晴天09:00~17:00进行,边撒施边用软枝条将残留在蛇足石杉叶片上的肥料轻扫至畦面上。若施肥后持续干旱,应及时浇水,促进蛇足石杉对肥料的吸收。

5. 病虫害防治　蛇足石杉幼苗期间极易造成病虫害,生长后期抗病虫害相对增强,发病相对较少。病害以根腐病为主,主要由于土壤过于潮湿或培土施肥碰伤所致,如若发现病株，立即拔除，并周围撒施生石灰，同时做好排水工作，防止病菌蔓延成灾。虫害主要有蚜虫、蚂蚱、蜗牛等，采用人工捕捉或物理方法诱杀，尽量不使用农药。

【采收加工】

蛇足石杉以全草入药，于夏末秋初采收。采收宜选择天晴进行，深挖 20～30cm，将全株挖出，抖去泥土，装袋运输至晾晒坪，分开摊放，晒干即可。晾晒过程中，注意防止雨淋，避免霉变。

【质量标准】

以茎叶完善、无杂质者为佳。

【贮藏与运输】

（一）贮藏

蛇足石杉经干燥后，将根、茎、叶、孢子分别用聚乙烯专用袋包装，置于通风、阴暗、干燥处保存。垫高储藏室地面并用薄膜覆盖蛇足石杉，以防受潮霉变，同时注意防水、防虫、防鼠，设施好的储藏室一般可保存 3～5 年不变质。

（二）运输

运输车辆、工具或容器要保持清洁、通风、干燥，有良好的防潮措施，不与有毒、有害、有挥发性的物质混装，防止污染，轻拿轻放，防止破损、挤压，尽量缩短运输时间。

【参考文献】

［1］鲁翠涛，梅兴国，钟凡，等．千层塔生物学特性的初步研究［J］．中国野生植物资源，2002，21（4）：33-35.

［2］张君诚，邢健宏，宋育红，等．药用植物蛇足石杉研究新进展［J］．中国野生植物资源，2008，27（2）：1-5.

［3］吴茳，庄平，冯正波，等．中国蛇足石杉资源调查与评估［J］．自然资源学报，2005，20（1）：59-66.

［4］中国科学院中国植物志编辑委员会．中国植物志［M］．北京：科学出版社，1979，6（第3册）：18.

［5］周毅，黄衡宇，李菁．湘西地区蛇足石杉资源调查研究［J］．中药材，2010，33（2）：186-188.

［6］杨秋荣，夏玉玲．蛇足石杉资源分布和种植方面的研究进展［J］．吉林农业，2014，17：27-30.

［7］王志安，徐建中，俞旭平，等．生态环境因子对千层塔生长发育的影响研究［J］．中国中药杂志，2008，33（15）：1814-1816.

［8］鲁润龙，沈显生．药用植物蛇足石杉的生物学特性［J］．中国科学技术大学学报，1999，29（1）：118-121.

［9］韦荣昌，闫志刚，马小军，等．蛇足石杉种植关键技术［J］．江苏农业科学，2013，41（10）：222-223.

［10］盛束军，徐建中．千层塔扦插繁殖研究［J］．资源开发与市场，2000，16（5）：268-269.

［11］何全慧，万联新，杨再江，等．千层塔的扦插繁殖方法［P］．重庆：CN102511274A，2012-06-27.

［12］冯世鑫，马小军，闫志刚．千层塔扦插繁殖方法［P］．广西：CN102714991A，2012-10-10.

二十五、绞股蓝 Jiaogulan

Gynostemma Pentaphyllum Herba

【来源】

本品为葫芦科多年生草质藤本植物绞股蓝 *Gynostemma pentaphyllum*（Thunb.）Mak. 的全草。秋季采收，晒干。绞股蓝始载于明《救荒本草》，最初仅作为救荒的野菜食用。后明代徐光启将《救荒本草》中有关绞股蓝的文字全部收入《农政全书》，清《植物明实图考》对绞股蓝植物的药用功效亦有记载。现《中药大辞典》中，绞股蓝以七叶胆记载，别名小苦药、遍地生根等，有消炎解毒，止咳祛痰之功效。因含有与人参皂苷相似的达玛烷型皂苷，加之其多产于陕西南部及长江以南地区，绞股蓝又被冠以"南方人参"之称。在湖南，绞股蓝主要分布湘东、湘西等地。

【别名】

七叶胆、小苦药《中华本草》；公罗锅底《全国中草药汇编》

【植物形态】

草质攀缘植物；茎细弱，具分枝，具纵棱及槽，无毛或疏被短柔毛。叶膜质或纸质，鸟足状，具 3～9 小叶，通常 5～7 小叶，叶柄长 3～7cm，被短柔毛或无毛；小叶片卵状长圆形或披针形，中央小叶长 3～12cm，宽 1.5～4cm，侧生小较小，先端急尖或短渐尖，基部渐狭，边缘具波状齿或圆齿状牙齿，上面深绿色，背面淡绿色，两面均疏被短硬毛，侧脉 6～8 对，上面平坦，背面凸起，细脉网状；小叶柄略叉开，长 1～5mm。卷须纤细，2 歧，稀单一，无毛或基部被短柔毛。花雌雄异株。雄花圆锥花序，花序轴纤细，多分枝，长 10～15（～30）cm，分枝广展，长 3～4（～15）cm，有时基部具小叶，被短柔毛；花梗丝状，长 1～4mm，基部具钻状小苞片；花萼筒极短，5 裂，裂片三角形，长约 0.7mm，先端急尖；花冠淡绿色或白色，5 深裂，裂片卵状披针形，长 2.5～3mm，宽约 1mm，先

图 25-1　绞股蓝

端长渐尖，具1脉，边缘具缘毛状小齿；雄蕊5，花丝短，联合成柱，花药着生于柱之顶端。雌花圆锥花序远较雄花之短小，花萼及花冠似雄花；子房球形，2~3室，花柱3枚，短而叉开，柱头2裂；具短小的退化雄蕊5枚。果实肉质不裂，球形，径5~6mm，成熟后黑色，光滑无毛，内含倒垂种子2粒。种子卵状心形，径约4mm，灰褐色或深褐色，顶端钝，基部心形，压扁，两面具乳突状凸起。花期3~11月，果期4~12月。（图25-1）

【种质资源及分布】

绞股蓝属 *Gynostemma* BL. 是葫芦科 Cucurbitacea 的一个中小属，全世界约有16种2变种，隶属于2亚属2组，我国国产绞股蓝属植物有14种2变种，其中9种两变种为我国特有种，两个亚属分别为喙果藤亚属及绞股蓝亚属。喙果藤亚属包括五柱绞股蓝组和喙果藤组，有五柱绞股蓝 *G. pentagynum* Z. P. Wang、小籽绞股蓝 *G. microspermum* C. Y. Wu et S. K. Chen、聚果绞股蓝 *G. aggregatum* C. Y. Wu et S. K. Chen、心籽绞股蓝 *G. cardiospermum* Cogn. ex Oliv.、喙果绞股蓝 *G. yixingense*（Z. P. Wang et Q. Z. Xie）C. Y. Wu et S. K. Chen、毛果喙果藤 *G. yxingnse* var *trichocakpum* J. N. Ding、疏花绞股蓝 *G. laxiflorum* C. Y. Wu et S. K. Chen。绞股蓝亚属包括：广西绞股蓝 *G. guangxiense* X. X. Chen et D. H. Qin、扁果绞股蓝 *G. compressum* X. X. Chen et D. R. Liang、缅甸绞股蓝 *G. burmanicum* King ex Chakr.、大果绞股蓝 *G. burmanicum* var. *molle* C. Y. Wu ex C. Y. Wu et C. Y. Chen、毛果绞股蓝 *G. pentaphyllum* var. *dasycarpum* C. Y. Wu ex C. Y. Wu et S. K. Chen、单叶绞股蓝 *G. simplicifolium* Bl.、光叶绞股蓝 *G. laxum*（Wall.）Cogn.、绞股蓝 *G. pentaphyllum*（Thunb.）Makino、长梗绞股蓝 *G. longipes* C. Y. Wu ex C. Y. Wu et S. K. Chen。绞股蓝属植物在印度、斯里兰卡、缅甸、泰国、中南半岛、马来西亚、菲律宾、印度尼西亚、加里曼丹岛及巴布亚新几内亚等亚洲热带区域及温带亚洲的朝鲜半岛南部及日本北部均有分布，我国则是其多样化中心或现代分布中心。

绞股蓝在我国的自然分布，北至秦岭南坡，南到海南岛，东及长江三角洲，西达横断山脉以南，陕西、四川、湖北、湖南、福建、云南、贵州、安徽、海南等省均有分布于。多生于热带雨林、季雨林、常绿阔叶林、针阔叶林混交林、针叶林等海拔200~3200m的小溪边、林地悬崖基部、灌草丛、草本植物群落中、山地林下等。

【适宜种植产区】

绞股蓝适应性广，对土壤条件要求不严格，暖温带、亚热带的山、丘、岗、岭及平原等皆可种植，适宜种植在秦岭及长江以南地区。

【生态习性】

绞股蓝喜温暖气候，适宜生长于年平均气温8~14℃、年积温3660~4250℃的地区，在极端温度-14~-18℃下也能生存，但夏季温度不超过28℃为宜。喜湿润，生长地区年降水量达到850mm时绞股蓝正常生长，其中7~9月为其生长旺盛期，所需水量占全年需水量的80%~90%，生长区域空气湿度在60%以上为宜；不耐旱，在半干旱地区或坝区干旱地区基本无法生长。对土壤要求不严格，宜选择山地林下或阴坡山谷种植，以肥沃、疏松的砂质壤土和腐殖土为好，相对较深的土层和腐殖较丰富的土壤利于绞股蓝根茎的发育，最适土壤pH在6.5~7.0之间。耐荫蔽，忌烈日直射，年平均日照1000~1400小时时最佳。

【栽培技术】

（一）种植地选择及整地

绞股蓝是多年生草本藤本，喜阴。种植地宜选择林荫下的缓坡地，富含腐殖质、具有较好的排灌条件、中性或微碱性的砂质壤土，亦可选土质疏松、肥沃、排水良好的平地，利用高秆作物遮阳进行人工栽培。种植地选择后，去除枯枝、杂草和石头等，过于郁闭的树林进行修剪，郁闭度在60%左右为佳，空旷地带要搭棚遮荫。种植地需要深耕耙细，冬前深翻30~40cm，以熟化土壤、杀灭地下害虫，耙细整平。底肥用人畜粪2000~2500kg/亩和过磷酸钙1100kg/亩混合堆沤腐熟后施用，施肥均匀，做到土肥相融。土地作成高畦，以利排水，畦面宽1.2m，高30cm，长度不限。

（二）繁殖方式

绞股蓝以种子繁殖为主，也可用扦插繁殖、根茎繁殖。

1. 种子繁殖

①种子采收及储藏：秋末冬初10月至11月为绞股蓝种子的成熟期，成熟的浆果为黑色，豌豆大小，内有1~3粒种子，绞股蓝果实由深褐色转变成紫色时即可采收。把采收的果实堆放（温度不超过35℃）发汗，以能把浆果揉烂为度。用清水边冲边搓洗去果皮，即得纯种子，然后晾干备储藏。种子处理好后，备润湿河沙储藏，种子与沙比例1：4拌和，湿度以手抓成团、手松散开为度，用玻璃瓶或陶器装载，半个月检查1~2次，结合翻动，防止过干、过湿、发霉。沙子发白应喷水保湿，过湿发霉应及时翻动摊开风吹，确保发芽率。

②种子播种前处理及播种：春季5cm地温恒定在12℃时即可播种，丘陵山区在清明节前后，中、高山区在谷雨前后为适播期。播前一周处理种子，先搓去果皮，用35℃的温水浸泡2~3小时，捞出，晾干表面水分，再与5~10倍量的细沙和细土掺和均匀，备播。第二年春季土温恒定在12℃以上即可播种。采取条播方式，按行距30~40cm横向开深3~5cm、宽10cm的播种沟，将种子和细沙掺和拌匀撒入沟内，覆盖细土1~2cm播后浇透水，并覆盖1层草保温保湿，促进其发芽，约半个月左右即可出苗，每亩用种量1kg左右。出苗后，加强苗床管理，保持苗床湿度，勤松土，除草和追肥。当出现3~4片真叶即可移栽。

2. 扦插繁殖　绞股蓝扦插一般在3~5月，气温25~28℃为宜，以清明、立秋两个节令为佳。苗床最好用沙或一半沙一半土，略呈龟背形、四周开沟排水。选取粗壮、无病虫害的茎枝截成小段，插条长约8cm，每段带有2~3个节，顶节留叶子，下1~2节去叶插入沙土中。枝条或根茎应选择强壮茎蔓，老枝条或嫩枝成活率较低。枝条下端可用（1500~3000）×10^{-6}吲哚乙酸（IAA）溶液，快速浸蘸下端剪口，然后扦插，可加速发根，提高出苗率。按照株行距 12～15cm 进行扦插，扦插时用木棍在畦上钻眼，栽后封土压实，并浇水淋透。扦插一周后可施淡尿素液肥，促使苗肥、根状，在移栽前追施第二次肥料。

（三）移栽

当幼苗长至 4 片叶子时选择阴天即可移栽，按行距 50cm、深 15cm、宽 10cm 的沟，施入基肥与沟土的混合土，按株距 20cm 种植于沟内，覆土填平，压实。栽植深度一般适龄苗应使叶片以下完全入土，最深不超过 6cm。也可按行株距 50cm×20cm 挖穴移栽，每穴单株或双株种植。移栽后，浇透定根水，保持表土湿润不积水。

（四）田间管理

1. 中耕除草　种苗移栽后勤中耕除草，少用或不用化学除草剂。除草过程中，不宜离苗头太近，以免对地下嫩茎造成损伤。在绞股蓝未封垄前，原则上见草就除，避免荒地。

2. 肥水管理　苗期及定植后浇足水，并保持床土湿润，雨季注意排水防涝。定植成活后追施农家肥促进其壮苗和分枝，孕蕾前追施有机肥或者复合肥，也可在页面配施氮肥，加速生长。采收一茬后，松土施用一次农家肥，促进根系生长。

3. 搭架遮阴　绞股蓝多年生攀缘、喜阴植物，育苗期及生长期注意遮阴，避免暴晒伤苗。可以与玉米等作物间作，也可以搭高 1.5m 左右的竹木架子，在架子上放稻草、玉米秸、小麦秆等遮阴，林下种植无需搭架遮阴。

4. 打顶摘蕾　在 7～9 月绞股蓝旺盛生长季节，当主蔓长到 40～50cm 时打顶，促进侧枝生长，并在孕蕾期将不留种用绞股蓝的花序摘除，以提高其产量和品质。

5. 病虫害防治　绞股蓝的病虫害主要有白粉病、白绢病、叶甲、蛴螬、地老虎和蜗牛等。

①白粉病：植株生长期间均可发生，而以生长中、后期发病较多，主要为害叶片，其次为叶柄和茎。发病叶片病斑处退绿呈枯黄色，受害植株生长衰弱，影响光合作用和呼吸作用，致使绞股蓝枯萎，以致植株枯死。防治方法：加强田间管理，及时中耕除草，合理施肥，控施氮肥，适当增施磷钾肥，促使植株健壮生长，增强抗病力；发现病株，及时清除病株残体、落叶，并集中烧毁；发病初期，可用 70% 甲基托布津可湿性粉剂 1000～1500 倍液或 50% 托布津可湿性粉剂 500～800 倍液或可湿性硫磺 300 倍液，每隔 7～10 天喷施，连续 2～3 次。

②白绢病：该病菌为半知菌亚门、丝孢纲、无孢目、小核菌，根茎患病处着生白色丝绢状菌丝体，病叶暗褐色水渍状，似开水烫过样软腐，叶面也长有白色丝绢状菌丝体。该病害严重者可直接导致植株凋萎或腐烂枯死。防治办法：加强田间管理，通风透气，雨季注意开沟排水，降低田间湿度，减少发病机会；发现病株及时拔除，病株及时拔除烧毁，病穴及时撒上石灰消毒；发病初期或发病前，喷 75% 的百菌清可湿性粉剂 500 倍液或 50% 克菌丹可湿性粉剂 400～500 倍液于茎部及其周围土壤，每隔 7～10 天喷施一次，连喷 2～3 次。

③蛴螬、地老虎、蜗牛等害虫：主要咬食叶片或幼苗，造成植株缺刻或枯死。防治方

各 论

法：用 40% 的乐果或 10% 敌百虫 1000～1500 倍液进行喷杀，蜗牛可以在清晨进行人工捕捉或撒石灰粉灭杀。

【质量标准】

以缠绕成团、气清香为好（图 25-2）。

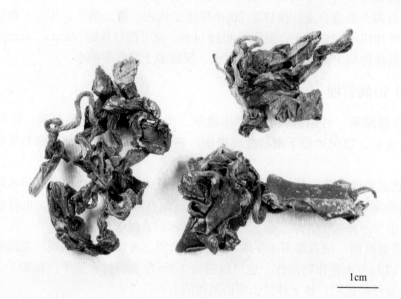

图 25-2　绞股蓝精制饮片

【采收加工】

绞股蓝种植后，可连续采收多年，南方地区一年可以采收 2 次，第一次于 6 月中下旬至 7 月上旬采收，只采收离地面 10～15cm 以上的茎叶，第二次在 10 月中下旬采收；北方地区每年 10 月份只可采收一次。采收宜在早晨或傍晚进行，采收后去掉杂质及时阴干，防止霉烂，然后扎成捆或装入麻袋，放入通风干燥处贮存。为保证质量，绞股蓝不能暴晒。

【储藏与运输】

（一）包装

包装材料用干燥、清洁、无异味以及不影响品质的材料制成。包装要牢固、密封、防潮、能保护品质。包装材料应易回收、易降解。包装明确标明品名、重量、规格、产地、批号、日期、编号等。

（二）贮藏

贮藏与阴凉干燥处，贮藏期间定期检查，发现虫蛀、霉变等情况及时处理。

（三）运输

运输工具清洁、干燥、无异味、无污染，运输过程中注意防雨、防潮、防暴晒、防污染等，避免与其他货物混装运输，保证药材品质。

【参考文献】

［1］陈建国. 绞股蓝与其混淆品乌蔹莓的本草考释［J］. 中草药，1999，21（9）：40－42.

［2］中国科学院中国植物志编辑委员会. 中国植物志［M］. 北京：科学出版社，1986，73（1）：269.

［3］陈书坤. 绞股蓝属植物的分类系统和分布［J］. 植物分类学报，1995，33（4）：403－410.

［4］庞敏. 药用植物股绞蓝种质资源研究［D］. 西安：陕西中医药大学，2006：26.

［5］张涛，袁弟顺. 中国绞股蓝种质资源研究进展［J］. 云南农业大学学报，2009，24（3）：459－464，469.

［6］毕胜，蒋勇，李桂兰. 绞股蓝栽培技术［J］. 时珍国医国药，2000，11（2）：191-192.

［7］刘相根，胡福高，王好好，等. 绞股蓝在高山地区种植技术要点［J］. 安徽农学通报，2012，18（8）：177-178.

［8］江泽慧，吴泽民，何云核，等. 绞股蓝的林下栽培［J］. 植物资源与环境，1995，4（1）：43-46.

二十六、雷公藤Leigongteng

Tripterygium Wilfordii Radix Et Rhizoma

【来源】

本品为卫矛科雷公藤属植物雷公藤 *Tripterygium wilfordii* Hook. f. 木质部或带皮根。栽培3~4年便可采收，秋季挖取根部，抖净泥土，晒干。或去皮晒干。雷公藤是我国的一味传统中药，具有杀虫、消炎、解毒、祛风湿等作用，临床上广泛用于治疗类风湿性关节炎、慢性肾炎、血小板减少性紫癜和各种皮肤病。

【别名】

旱禾花《湖南药物志》；黄藤木《广西药植名录》；红药、红紫根、黄藤草《江西草药手册》

【植物形态】

藤本灌木，高1~3m，小枝棕红色，具4细棱，被密毛及细密皮孔。叶椭圆形、倒卵椭圆形、长方椭圆形或卵形，长4~7.5cm，宽3~4cm，先端急尖或短渐尖，基部阔楔形或圆形，边缘有细锯齿，侧脉4~7对，达叶缘后稍上弯；叶柄长5~8mm，密被锈色毛。圆锥聚伞花序较窄小，长5~7cm，宽3~4cm，通常有3~5分枝，花序、分枝及小花梗均被锈色毛，花序梗长1~2cm，小花梗细长达4mm；花白色，直径4~5mm；萼片先端急尖；花瓣长方卵形，边缘微蚀；花盘略5裂；雄蕊插生花盘外缘，花丝长达3mm；子房具3棱，花柱柱状，柱头稍膨大，3裂。翅果长圆状，长1~1.5cm，直径1~1.2cm，中央果体较大，约占全长1/2~2/3，中央脉及2侧脉共5条，分离较疏，占翅宽2/3，小果梗细圆，长达5mm；种子细柱状，长达10mm。（图26-1）

图26-1 雷公藤

【种质资源及分布】

雷公藤属 *Tripterygium* Hook. f. 植物仅3种，分别为昆明山海棠 *Tripterygium hypoglaucum*（Levl.）Hutch、东北雷公藤 *Tripterygium regelii* Sprague et Takeda

和雷公藤 *Tripterygium wilfordii* Hook. f.，三种植物皆作药用，收载于《全国中草药汇编》，临床上常用为后两种。植物形态上，雷公藤叶小、叶背无白粉无蜡被、种子黑色；根皮层窄，初皮射线外部宽广呈漏斗状，初皮部狭尖，木质部导管呈径向排列。昆明山海棠叶片大、叶背白粉明显有蜡被、种子黑色；根皮层较宽，初皮部较窄，其中多数含色素细胞和石细胞群，木质部较窄，导管大，多单个径向排列。东北雷公藤叶大、种子暗红色、花期 7 ~ 8 月，较上两个种晚 2 个月。资源分布上，三种植物主要分布于我国及东亚地区，其中昆明山海棠为我国独有，主要集中分布于云南、贵州、四川、广西、湖南等省海拔 500 ~ 800m 以上的山地；东北雷公藤分布中心为我国吉林和辽林的长白山区域，朝鲜、日本等国也有分布。雷公藤多生于海拔 300 ~ 800m，阳光充足，潮湿，土壤肥沃的山坡、山谷、溪边灌木林、次生杂木林、毛竹林中林内阴湿处，在田头、地脚、田坎上也有分布；主要产于长江流域以南各地及西南地区，包括台湾、福建、江苏、浙江、安徽、湖北、湖南、广西等地，朝鲜、日本也有分布。

【适宜种植产区】

长江流域以南地区均可种植。目前湖南的岳阳县等地方有栽培基地。

【生态习性】

雷公藤适宜种植在海拔 300 ~ 800m 丘陵、山地，喜阳光充足、温暖避风的环境，抗寒能力较强但怕霜，产区 −5℃ 以下可自然越冬，但霜害将导致雷公藤幼苗冻伤，影响次年生长。喜排水良好、微酸性类泥沙或红壤，土壤 pH 5 ~ 6 时生长良好，潮湿、荫蔽的泥沙土壤下生长不良。

【栽培技术】

（一）种植地的准备

1. 育苗地的选择及整地　雷公藤幼苗忌烈日暴晒，育苗地应选择阴湿环境，应选择海拔 400 ~ 800m 向阳的干燥、土壤肥力好、土层深厚、土质疏松、水源充足、排灌管理方便的农田。育苗地土地深翻 30cm，并施入腐熟厩肥 3000 ~ 4000kg/亩作基肥，育苗前耙细整平，做成宽 1 ~ 1.5cm 的畦，步道 20cm。

2. 移栽地的选择及整地　栽培地选择喜阳光充足、温暖避风、排灌良好，土层深厚、弱酸性的砂壤土或黄壤土，海拔在 100 ~ 1200m 的中下坡位。整地前把杂草、灌木等天然植被清除，采用全垦、穴（块）状和带状整地，禁止 25° 以上坡度的山地全垦整地。山地、丘陵要适当保留山顶、山脊的天然植被，或沿等高线保留 3m 宽天然植被。栽培地深翻晒土，撒施土杂肥、农家堆肥 30 000 ~ 45 000kg/公顷，与细土混合耙匀，备种。施肥量亦可根据土地条件而定，以有机肥为主。

（二）繁殖方法

雷公藤繁殖方法有扦插繁殖、种子育苗、压条繁殖、野生驯化等，由于种子采集困难、发芽率低、苗木生长周期太长而不被种植者采用；扦插繁殖以雷公藤嫩茎或根扦插，可获得大量的种苗且成活率高，在生产上常常以此种繁殖方式为主，此方法具有取材方便、快速造林、成活率高等特点。

1. 扦插繁殖

①插条选择及处理：在11月下旬至次年2月下旬，采集健壮无病虫害的1~2年生茎枝或根。把插条修剪成12~15cm，每条插穗留3~4个节，插条下端剪口在节处45°角斜剪，上剪口在节上2~3cm处平剪，注意形态学上端朝上，成捆绑缚备用。为提高成活率，加速生根，茎枝插穗下端用生根粉溶液处理2~4小时，浸泡后晾干备种。一般而言，1g生根粉可处理3000条插穗。如果插条为根则无需处理。

②扦插：扦插时间为每年3月至4月或9月下旬至10月中旬，插条用生根粉溶液处理后，捞出稍晾，即按10cm×10cm的株行距斜插在准备好的苗床上，入土1/2~2/3，压紧，插后立即浇水，搭建约50cm的拱棚，盖上薄膜，四周用土压实。如有需要，需要用竹帘搭建荫棚，正常情况下，光照控制在8~12klx，育苗初期搭荫棚遮阴，30~50天后可撤去荫棚。

③苗期管理：育苗期间，保持苗床土壤湿润，浇水宜用喷淋，经30~50天萌芽长新根。扦插后要勤浇水，待生根成活后再浅松土、除草，连锄两遍，保持土表疏松湿润。在5月中旬与7月上旬追施速效肥料，保证幼苗快速生长。经过1年育苗期，幼苗株高30cm以上，根径（最大处）3mm以上，长15cm以上，侧根达3根以上时，即可移栽。

2. 种子繁殖　雷公藤种植生产上，种子繁殖的方法较少常用，但在种源选择、优良品种选育、杂交育种等方面还是离不开的。

①种子选择及处理：选择植株生长健壮、无病虫害的2~3年的雷公藤作为采种母树。在9月中旬至10月下旬，雷公藤种子变成黑褐色时即可采收，将成熟的果实带翅采回后晒2~3天，搓去蒴果和翅，晒干后除去杂质，放阴凉通风处晾干贮藏备种。

②种子前处理与播种：将处理后的种子用温水（40~45℃）浸种24小时，除去漂浮种子，捞出晾干水分。浸种过程中，种仁还未完全充分膨胀时可适当延长浸种时间，直至种仁充分膨胀。种子播种选择3月中下旬进行，将处理后的种子按行距15cm左右进行条播，盖细沙土2~3cm。如采用随采随处理随播方式，一般11月播种，至次年的3月上、中旬出芽。

③苗期管理：春节播种，从播种到苗木出齐，气温正常约15~25天出全苗。出苗后应及时松土除草、控制浇水，促进根的生长。在苗高10cm左右时进行间苗，去弱留强，株距8~10cm，苗高15cm左右时进行定苗。在5月中旬与7月上旬追施速效肥料，保证幼苗快速生长。幼苗移栽规格同扦插繁殖。

3. 野生驯化　野生驯化方法是挖取野生的雷公藤植株移植进行人工驯化，此种方法容易成活、易成林、成材，收获早、产量高，但野生幼苗数量有限，不能适应大面积种植。不能为大面积种植提供苗木，只能是作为优良品种的选育引种驯化提供材料等。野生雷公藤移栽过程中，注意不宜选择过高大的植株，否则不易成活。野生雷公藤挖取时间宜选择每年秋冬季节，挖苗时应带根，根长15cm以上，根径1~3cm左右，地上部分保留40cm左右，其余剪除。移栽后加强人工抚育力度，保证植株成活。

4. 压条繁殖　压条繁殖的原理同扦插繁殖，在7~8月将雷公藤的枝条的尖端压入土中，当年1~2个月时间便可在叶腋处长出新梢和不定根，来年即可定植移栽。

（三）苗木移栽

雷公藤在每年 11 月至翌年 3 月进行幼苗移栽，此时移栽幼苗成活率高，植株生长整齐。在起苗、运苗及假植过程中，要切实保护好幼苗，使幼苗根系不受损伤，不大量失水。起苗后，对幼苗进行适当修剪处理，剪去过长根须及地上茎。移栽种植株行距为 1m×1m，每公顷 9000~10 000 株，起苗后若不能及时移栽，需要进行假植保活。移栽过程中，需做到苗正根舒（苗木位于穴中，根系舒展，不得窝根）、深浅适宜（深度以苗木出圃时所留茎干土痕为基准，再高出 5cm）、穴土打紧（以两指提苗，感觉苗木稳固为准）、植后培土（苗木打紧后应再培上 10cm 松土）。种植后覆土压实，浇足定根水。移栽中进行适当培土，起到保温、保湿的作用，有利于苗木的成活及恢复生长。

（四）田间管理

1. 中耕除草 每年中耕除草 2~3 次，前两次注意只松浅表层的土壤，避免伤害根系。为减少杂草丛生，保持土壤水分，可以覆盖稻草，并起到增加土壤有机质的作用。

2. 追肥 结合中耕，第一年施用追施氮肥，每亩施用腐熟农家肥 1000~1500kg，并配施尿素或者碳酸氢铵 10~12kg。第二、三年为促进根茎生长，提高产量，以农家肥为主，配施氮磷钾复合肥，7~8 月期间还可以叶面喷施 1% 是硫酸钾或者 0.3% 的磷酸二氢钾溶液，每半个月喷施一次，连续喷 3~4 次，促进根部生长。

3. 排灌 雷公藤对水分要求不严格，在湖南地区主要是育苗期保持苗床湿润，其他时间基本不需要刻意浇水，雨季挖沟排水，长时间连续干旱浇水。

4. 打顶修剪 栽植当主茎高超过 1m，即可去除顶端，促发侧枝。待植株生长茂盛后，每年夏秋对植物体修剪 1~2 次，开花初期及时除去花蕾，避免生殖生长过旺影响营养生长，并修剪枯枝，剪除徒长枝，促进地下根茎增粗增长，提高产量和品质。

5. 病虫害防治 以农业防治为基础，冬前深翻土地，开春后清除杂草和枯枝落叶，及时拔除病株、科学施肥、排灌等抑制病虫害的发生和为害。化学防治时要严格控制农药使用浓度，不同机理农药交替使用最佳。

①根腐病：主要危害根部，发病时期为 7~8 月份高温多雨季节，防治方法以科学管理为主。育苗地和栽植地严格选地，播前和种植前深翻晒土杀菌，并撒石灰消毒，减少土壤中根腐病残留。移栽时起苗轻缓，避免伤根。生长期间加强田间管理，注意排灌时间，避免涝害，施肥以充分腐熟农家肥为主，发现病株及时拔除，发病初期亦可用 50% 的多菌灵灌根防治。

②炭疽病：主要危害叶片，叶上呈现病斑灰绿色，高发于干旱高温高湿天气，物理防治结合化学防治。发现病枝及时疏除，每年进行 1 次清园，残枝落叶清除园外烧埋；发病初期喷 1∶1∶200 波尔多液。

③卷叶蛾类幼虫：该虫主要危害叶片，取食叶肉，破坏光合作用，导致叶片卷曲，严重的甚至干枯，影响植物的光合作用。该害虫具咀嚼式口器，食量大，繁殖能力和抗药性强，往往易爆发成灾。防治办法：虫害发生时，可用菊酯类农药进行药剂防治，或者用喷洒白僵菌或者绿僵菌进行生物防治。

【采收加工】

（一）采收

苗木移栽后 3~4 年，根粗约 2~3cm 即可采挖。采收宜选择在秋末冬初落叶进行，适时采收可保证药材的品质。因雷公藤根皮放置过久不易去除，在采挖过程中可边采挖边去根皮，采挖后抖净泥土。采挖过程中，尽量避免用水浸泡，否则根皮的有毒成分容易渗入木质部，影响药材质量。

（二）产地初加工

将采收回来的根切片晒干，截根后余下的茎叶亦可作药用。在加工过程中，要保证根皮剔除完全，需特别注意凹凸不平或有空洞的部分。雷公藤药材宜切成薄片，厚度以 2mm 左右为好，这样既使有效成分易于煎出，又减少煎煮时间。

【质量要求】

以根条粗大片厚，外表黄色或橙黄色，断面皮部红棕色，质坚硬，无农残、有害重金属不超标，无霉虫蛀、无杂质者为佳（图 26-2）。参照浙江省地方标准，雷公藤药材质量要求如下：

表 26-1　雷公藤质量标准表

序号	检查项目	指标	备注
1	水分	≤ 16.0%	
2	总灰分	≤ 6.0%	
3	总生物碱	≥ 3.0%	
3	雷公藤甲素	≥ 0.001%	

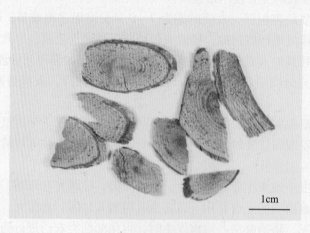

图 26-2　雷公藤精制饮片

【储藏与运输】

（一）包装

包装材料用干燥、清洁、无异味以及不影响品质的材料制成。包装要牢固、密封、防潮、能保护品质。包装材料应易回收、易降解。包装明确标明品名、重量、规格、产地、批号、日期、编号等。

（二）贮藏

雷公藤容易发霉，贮藏时应注意晒至足干，并放置于阴凉干燥处，商品安全水分低于10%。贮藏期间定期检查，发现虫蛀、霉变等情况及时用微火烘烤，并筛除虫体碎屑。

（三）运输

运输工具清洁、干燥、无异味、无污染，运输过程中注意防雨、防潮、防暴晒、防污染等，避免与其他货物混装运输，保证药材品质。

【参考文献】

[1] 中国科学院中国植物志编辑委员会. 中国植物志 [M]. 北京：科学出版社，1999，45（3）：178.
[2] 林光美，姜建国，江锦红，等. 雷公藤的开发利用及引种驯化栽培技术 [J]. 中国野生植物资源，2004，23（1）：60-63.
[3] 林照授，田有圳，涂育合，等. 雷公藤苗木的繁育方法 [J]. 林业实用技术，2013，4：23-25.
[4] 许元科，李桥，柳春鹏，等. 药用雷公藤扦插及栽培技术 [J]. 浙江农业科学，2011，6：1264-1266.

二十七、钩藤 Gouteng

Uncariae Ramulus Cum Uncis

【来源】

本品为茜草科植物钩藤 *Uncaria rhynchophylla*（Miq.）Miq. ex Havil.、大叶钩藤 *Uncaria macrophylla* Wall.、华钩藤 *Uncaria sinensis*（Oliv.）Havil.、毛钩藤 *Uncaria hirsuta* Havil.、无柄果钩藤 *Uncaria sessilifructus* Roxb. 的干燥带钩茎枝。秋、冬二季采收，去叶，切段，晒干。始载于《名医别录》，列为下品，主治小儿寒热十二惊痫。钩藤来源多种，记载产地也较多，《本草衍义》曰为湖南、湖北、江南、江西；陶弘景称"出建平"（今之四川巫山）；《植物名实图考》载："江西、湖南山中多有之。"今钩藤主产于广东、广西、贵州、云南、四川、湖南等长江流域以南各省份，其中贵州所产剑河钩藤优质道地，剑河县也被冠以"钩藤之乡"的美誉。

【别名】

钩藤《本草经集注》；钩藤钩子《小儿药证直诀》；钓钩藤《滇南本草》；莺爪风《草木便方》；嫩钩钩《饮片新参》；金钩藤《贵州民间方药集》；挂钩藤《药材学》；钩丁《陕西中药志》；倒挂金钩、钩耳《湖南药物志》

【植物形态】

1. 钩藤

藤本；嫩枝较纤细，方柱形或略有 4 棱角，无毛。叶纸质，椭圆形或椭圆状长圆形，长 5~12cm，宽 3~7cm，两面均无毛，干时褐色或红褐色，下面有时有白粉，顶端短尖或骤尖，基部楔形至截形，有时稍下延；侧脉 4~8 对，脉腋窝陷有黏液毛；叶柄长 5~15mm，无毛；托叶狭三角形，深 2 裂达全长 2/3，外面无毛，里面无毛或基部具黏液毛，裂片线形至三角状披针形。头状花序不计花冠直径 5~8mm，单生叶腋，总花梗具一节，苞片微小，或成单聚

图 27-1　钩藤原植物

伞状排列，总花梗腋生，长5cm；小苞片线形或线状匙形；花近无梗；花萼管疏被毛，萼裂片近三角形，长0.5mm，疏被短柔毛，顶端锐尖；花冠管外面无毛，或具疏散的毛，花冠裂片卵圆形，外面无毛或略被粉状短柔毛，边缘有时有纤毛；花柱伸出冠喉外，柱头棒形。果序直径10~12mm；小蒴果长5~6mm，被短柔毛，宿存萼裂片近三角形，长1mm，星状辐射。花、果期5~12月。（图27-1）

2. 大叶钩藤　本种与钩藤的区别：嫩枝较扁，嫩枝与钩被毛；叶片革质；花序大约4~4.5cm，淡黄色；蒴果纺锤形，花和果有长梗。

3. 华钩藤　本种与钩藤的区别：嫩枝四棱柱形，托叶全缘，反卷，宽三角形至圆形；花序较大3~4cm，蒴果棒状。

4. 毛钩藤　本种与钩藤的区别：嫩枝四棱柱形，钩和嫩枝被粗毛。叶片椭圆形或卵状披针形，下部有长粗毛，革质；花序4.5~5cm，淡黄色或淡红色，花萼和花冠有粗毛，蒴果纺锤形，被粗毛。

5. 无柄果钩藤　本种与钩藤的区别：嫩枝四棱柱形，节和钩被毛。叶基部短尖，椭圆形，革质。花序直径2.5~3cm，花冠白色或者淡黄色。蒴果纺锤形。

【种质资源及分布】

钩藤属 Uncaria 植物全世界有约34种，主产于热带地区，并以热带亚洲为分布中心，集中分布在以马来西亚到所罗门群岛的东南亚一带，同时，亚洲其他地区及澳大利亚、非洲马达加斯加和热带美洲地区也有分布。在我国，钩藤属植物主要分布于南方热带地区，11种、1变型以中南和西南地区为集中分布，少量分布见华东和西北地区，东北及华北地区则未见分布。

钩藤属药用植物主产于我国广西、云南、广东、四川、贵州、湖北、湖南、福建、江西、陕西、甘肃及台湾等省、区，国外主要分布于印度—南亚一带，钩藤在日本也有分布，而华钩藤和毛钩藤为我国特有。钩藤属药用植物多分布于湿润温暖的气候环境下，大都生长于海拔600~1400m的山地。钩藤、毛钩藤、大叶钩藤常生于山谷溪畔或灌木丛中；大叶钩藤常生长在次生林中，攀缘于林冠之上；华钩藤则常生于中等海拔的山地疏林或润湿次生林下，在我国云南地区海拔2900m地区亦见分布。

【适宜种植产区】

钩藤适应性强，全国大部分地区可以栽培，但现在以野生的为主，栽培量不是很大，贵州剑河等地有少量栽培。

【生态习性】

钩藤集中分布在海拔450~1250m范围内，生长温度在15~23℃，喜温暖、湿润的环境，但对环境适应能力强，短暂的极端天气如低温、大风、雨雪等不会影响其正常生长。常生于林下的坡地，坡度从30°~70°不等，以50°~70°为多，坡度大，不积水，多数钩藤生长在阴坡面，少数生长在半阴坡，属于耐阴植物。钩藤对土壤要求不严，土壤有机质不高的情况下也能旺盛生长，但以透气性良好的偏酸性壤土为最佳，土壤水分一般在60%左右。钩藤属于藤茎攀缘植物，所攀缘的高度最高可达20m左右。野生钩藤生长在杂木林中,伴生植物主要为高大的乔木如松树、杉木、盐肤木、青冈树、樟树等;灌木如野生板栗树、油茶树等;还有一些带刺的蔷薇科藤本植物,如刺莓蔷薇等。

【栽培技术】

(一)种植地的准备

1. 苗圃地的选择及整地　苗圃地宜选择地势平坦,枯枝落叶层深厚,光照条件好,水源方便,位于坡的中下部的阔叶林地。以土层深厚、疏松肥沃、腐殖质含量高、通气性好不结板、湿润且排水良好的壤土或砂壤土为宜。育苗前清除枯枝,拣净树根、石块,并施入腐熟的有机肥 2000~3000kg/亩,深耕土地 30cm,再耙细。然后顺坡开沟着厢,苗床长 10m、宽 80~100cm、高 15~20cm 的苗床,然后再喷施多菌灵或甲基托布津进行土壤消毒,整平厢面,待育苗。

2. 移栽地的选择及整地　钩藤适应性较强,对土壤要求不严,在土层深厚、肥沃疏松、排水良好的土壤上生长良好,喜温暖、湿润、光照充足的环境,常常生长在海拔800m 以下的山坡、山谷、溪边、丘陵地带的疏生杂木林间或林缘向阳处。因此,移栽地宜选择土壤肥沃、土层深厚、疏松、稍荫蔽的地块。把种植地块上的杂物清除掉,一般采用火烧清除或人工清除,根据不同地形进行全垦、带垦或穴垦。种植地每穴施入充分腐熟农家肥 2kg,配施氮磷钾复合肥 0.15kg,把肥料与表层土混合均匀,以待定植。

(二)繁殖方法

钩藤的繁殖有种子繁殖、扦插繁殖和分株繁殖三种,生产上,以种子繁殖与扦插繁殖为主。

1. 种子繁殖

①种子采集及贮藏:一般在 10 月下旬,当果实转变成黄褐色时进行采集,置于阴凉处风干,搓出种子,晒干后用编织袋或透气袋装好,放置在通风干燥的地方备用。

②种子前处理与播种:为提高种子发芽率和出苗整齐度,播种前种子需进行前处理。将备播种的种子细筛除杂,用白布包好,放入温度为 50~55℃的水中浸泡 5 小时,种子吸水膨胀后,晾干,将种子、河沙、草木灰按比例 1:2:2 进行均匀混合备播。播种时间一般为 3 月下旬至 4 月上旬,将处理好的种子均匀撒播在厢面上,然后用扫把来回扫动,盖上一层薄层土,播种量一般为 15kg/公顷,并在苗床上盖稻草或茅草保湿。

③苗期管理:播种后 60 天左右开始出苗,出苗后 10 天达出苗高峰期,出苗后 20 天结束。出苗后揭除盖草,搭建荫棚。做好苗期管理,保持苗期苗床湿润,苗高 2~3cm 时,结合中耕除草,施用有机肥。苗高 10cm 时,将过密、长势较好的幼苗移栽到新苗床假植;苗高 30~40cm 时去除顶端优势,促茎部木质化。

2. 扦插育苗

①插条选择及处理:在 3 月和 4 月,选取 1~2 年无病虫害的健壮的茎枝,用剪刀截成 12~15cm 长的插条,每个插条留 3~4 个节,插条上端距芽 1~1.5cm 处平剪,下端在侧芽基部或节下斜剪,注意剪口平滑。插条用 1%的生根粉浸泡 0.5~1 小时,捞出晾干,备用。

②扦插：扦插时间宜选择 3 月至 4 月，按株行距 15cm×20cm 左右，将插条的 2/3 斜插入畦面，压紧，浇足水，并搭设荫棚。

③苗期管理：扦插后定期查看，适时浇水，保持畦面湿润。扦插成活后，揭去覆盖物，每隔半个月浇施稀薄人畜粪一次。苗高 30~40cm 时，去除顶端优势，促茎秆木质化。钩藤扦插苗一般在当年 11 月或第 2 年春季就可出圃定植。

3. 分株繁殖

钩藤地下根粗壮发达，易萌生小芽。分株繁殖可在春季选择健壮无病虫害、钩藤产量和品质较好者作为母株，用锄头将植株周围的根锄伤，促发不定芽。并加强管理，一般一年后即可分株定植。

（三）移栽

幼苗移栽可在春秋两季进行移栽，春季 3 月上旬至 4 月中旬，秋季 10 月上旬至 11 下旬期间，选择阴天或雨后进行。幼苗高约 50~100cm，主茎直径达 0.5cm 时即可移栽。起苗如遇苗床干燥，可先行浇水使土壤湿润松软，便于起苗，起苗过程中尽量保持根系完整。幼苗移栽时可截干定植，保持苗芽，利于幼苗成活。定植穴宜选择 2m×2m，定植时先在原来的穴中间挖小穴，穴长、宽、深以苗根系能在穴中自然舒展为度，栽时每穴 1 株，扶正苗木，用熟土覆盖根系，当土填至穴深 1/2 时，将苗木轻轻往上提一下，以利根系舒展，再填土满穴，踏实土壤，浇定根水。

（四）田间管理

1. 补苗　幼苗移栽后，定期查看，发现缺苗或死苗，需要及时补栽。

2. 灌溉、除草与追肥　移栽成活后，一般不需要浇水，连续干旱的情况下可适当浇水。移栽后 1~2 年植株生长缓慢，移栽地容易滋生杂草，每隔 2~3 个月进行一次中耕除草，深度约 10cm，注意不要碰伤基茎，四周的杂草堆于钩藤根部附近。3 年后植株枝繁叶茂，每年除草 2 次，除草时将植株四周的杂草用锄头除去后，抖尽泥土，覆盖于钩藤的根部，保持水分。中耕除草时，沿树冠外缘挖成深 10cm 的环状沟，施入充分腐熟的专用生物肥或农家肥 5kg 左右，然后再培土覆盖杂草。

3. 搭架设棚　定植成活后第二年搭架设棚，或者利用钩藤植株旁的林木，让枝藤攀缘。

4. 修剪打顶　为提高钩藤的产量和质量，应定期修剪。当钩藤高约 1.5m 或者主茎直径为 1cm 时及时打顶，促使钩藤多发分枝。每年秋季将徒长枝疏除，产钩收获后，茎蔓短截，留 60cm 左右，使伤口促发新梢，多产钩。

5. 病虫害防治　钩藤病虫害很少，一般以预防为主，无需使用药剂防治。主要病虫害有根腐病、蚜虫、蛀心虫等。采取预防为主，综合防治原则，禁止使用国家禁用农药，达到环保、无公害的防治目的。

①根腐病：多发于幼苗，染病后幼苗根部腐烂，茎叶枯死。防治方法：发现病株及时拔除销毁，病穴用石灰消毒或用 50% 多菌灵 2500 倍液全面浇洒，以防蔓延；雨季防止积水，及时开沟排水。

②蚜虫：多发生于 4~5 月幼苗长出嫩叶时，蚜虫主要啃食嫩茎叶，严重影响植株正

常生长。防治方法：利用蚜虫对黄色的较强趋性原理，在田间设置黄板，上涂机油或其他黏性剂吸引蚜虫并消灭；或者利用银灰色遮阳网、防虫网覆盖栽培隔离蚜虫；或者喷施40%乐果乳油1500~2000倍液、50%杀螟松乳油1000~2000倍液等药剂，每7~10天喷施1次，连续数次。

③蛀心虫：幼虫蛀入茎内咬坏组织，截断水分和养料的运输，致使顶部逐渐萎蔫下垂。防治方法：植株顶部出现萎蔫现象，及时剪除；发现心叶变黑或成虫盛发期，可用95%敌百虫1000倍液喷杀。

【采收加工】

幼苗移栽2~3年后即可采收，第4~5年达到丰产期。采收时期为秋冬两季，将带钩的茎枝剪下，摘除叶片，直接晒干（或者置锅内稍蒸片刻，亦或投入开水中略烫，取出晒干）。亦可将其置锅内稍蒸片刻，或于沸水中略烫，取出晒干，切段即可。

【质量要求】

以茎细带双钩、质嫩、紫红色、光滑、无枯枝、无虫蛀、无霉变者为佳（图27-2）。灰白色枯枝死钩和黑色粗壮木质老钩不可药用。按照《中国药典》（2015版）标准，钩藤药材质量要求见表27-1：

表27-1 钩藤质量标准表

序号	检查项目	指标	备注
1	水分	≤ 10.0%	
2	总灰分	≤ 3.0%	
3	浸出物	≥ 6.0%	

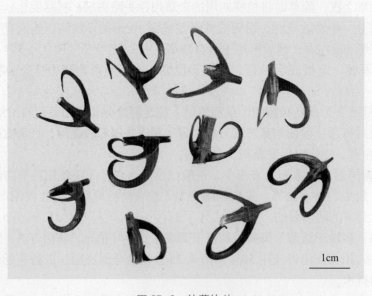

图27-2 钩藤饮片

【储藏与运输】

（一）贮藏

贮藏于阴凉干燥处，温度低于30℃，相对湿度65%～75%，商品安全水分9%～11%。

（二）运输

运输工具清洁、干燥、无异味、无污染，运输过程中注意防雨、防潮、防暴晒、防污染等，避免与其他货物混装运输，保证药材品质。

【参考文献】

[1] 仲耘，冯瑞芝. 钩藤的本草考证及原植物研究 [J]. 中国中药杂志，1996，21（6）：327-328.

[2] 中国科学院中国植物志编辑委员会. 中国植物志 [M]. 北京：科学出版社，1999，71（1）：255.

[3] 余再柏，舒光明，周毅，等. 国产钩藤类中药资源调查研究 [J]. 中国中药杂志，1999，24（4）：198-202，254.

[4] 李金玲，赵致，罗夫来，等. 贵州野生钩藤生长环境调查研究 [J]. 中国野生植物资源，2013，32（4）：58-60.

[5] 梁平，龙先菊，韦波. 剑河县关口农场钩藤种植气候条件分析 [J]. 贵州气象，2009，33（1）：11-13.

[6] 吴安相，龙晓梅. 钩藤高产栽培技术 [J]. 农机服务，2010，27（1）：106-107.

[7] 杨武亮，林谋信. 钩藤的驯化栽培 [J]. 中药材，1992，15（1）：9-10.

[8] 刘玉德，王桃银，李世玉，等. 钩藤的规范化栽培研究 [J]. 中国现代中药，2012，14（7）：31-34.

二十八、射干 Shegan
Belamcandae Rhizoma

【来源】

本品为鸢尾科植物射干 *Belamcanda chinensis*（L.）DC. 的干燥根茎。春初刚发芽或秋末茎叶枯萎时采挖，除去须根及泥沙，干燥。始载于《神农本草经》，曰"一名乌扇，一名乌蒲，生川谷田野。"射干味苦寒，入肝、肺经，具有清热解毒、利咽消痰、散血消肿的功效，现临床多用于治疗呼吸系统疾病，如上呼吸道感染，急、慢性咽炎，扁桃体炎，支气管炎等。射干为常用中药，多生于林缘或山坡草地，在我国大部分地区均有分布，资源较丰富。

【别名】

乌扇、乌蒲《神农本草经》；黄远《吴普本草》；夜干《本草经集注》；乌要、乌吹、草姜《别录》；鬼扇《补缺肘后方》；凤翼《本草拾遗》；仙人掌、紫金牛《土宿本草》；野萱花、扁竹《本草纲目》；地蒲竹《镇江府志》；较剪草、黄花扁蓄《生草药性备要》；开喉箭、黄知母《分类草药性》；较剪兰、剪刀桔《广州植物志》；冷水丹、冷水花《南京民间药草》；扁竹兰《中药形性经验鉴别法》；金蝴蝶、金绞剪《浙江中药手册》；紫良姜、铁扁担《江苏植药志》

【植物形态】

多年生草本。根状茎为不规则的块状，斜伸，黄色或黄褐色；须根多数，带黄色。茎高 1～1.5m，实心。叶互生，嵌迭状排列，剑形，长 20～60cm，宽 2～4cm，基部鞘状抱茎，顶端渐尖，无中脉。花序顶生，叉状分枝，每分枝的顶端聚生有数朵花；花梗细，长约 1.5cm；花梗及花序的分枝处均包有膜质的苞片，苞片披针形或卵圆形；花橙红色，散生紫褐色的斑点，直径 4～5cm；花被裂片 6，2 轮排列，外轮花被裂片倒卵形或长椭圆形，长约 2.5cm，宽约 1cm，顶端钝圆或微凹，基部楔形，内轮较外轮花被裂片略短而狭；雄蕊 3，长 1.8～2cm，着生于外花被裂片的基部，花药条形，外向开裂，花丝近圆柱形，基部稍扁而宽；花柱上部稍扁，顶端 3 裂，裂片边缘略向外卷，有细而短的毛，子房下位，倒卵形，3 室，中轴胎座，胚珠多数。蒴果倒卵形或长椭圆形，长 2.5～3cm，直径 1.5～2.5cm，顶端无喙，常残存有凋萎的花被，成熟时室背开裂，果瓣外翻，中央有直立的果轴；种子圆球形，黑紫色，有光泽，直径约 5mm，着生在果轴上。花期 6～8 月，果期 7～9 月。（图 28-1）

图 28-1　射干原植物

【种质资源及分布】

射干类药材在我国使用广泛，历史悠久，民间射干及作为射干类药材基源的鸢尾属植物共有 30 种，包括 4 变种和 1 变型，但 2015 版《中国药典》主要收载了射干属 *Belamcanda* 植物射干 *Belamcanda chinensis*（L.）DC. 和鸢尾属 *Iris* 植物鸢尾（川射干）*Iris tectorum* Maxim. 的干燥根茎。

鸢尾属 *Iris* 是射干类药材的主要来源，该属全世界约有 300 种，广泛分布于世界各地。其中巴基斯坦有 16 种，印度有 12 种，埃及有 3 种，土耳其有 37 种，我国约有 60 种及 13 变种，主要分布在西南、西北和东北地区。

射干属 *Belamcanda* 植物在世界上仅两种，我国有一种即射干 *Belamcanda chinensis*（L.）DC.，广泛分布于华北、吉林、辽宁河北、山西、山东、河南、安徽、江苏、浙江、福建、台湾、湖北、湖南、江西、广东、广西、陕西、甘肃、四川、贵州、云南、西藏。生于林缘或山坡草地，大部分生于海拔较低的地方，但在西南山区，海拔 2000～2200m 处也可生长。朝鲜、日本、印度、越南、前苏联地区等也有分布。

【适宜种植产区】

种植射干主要分布在湖北，河南，江苏，安徽等地。浙江、湖南、陕西、贵州、云南以及两广地区也有栽培。

【种植环境】

射干喜温暖，但对寒冷气候适应性良好，5～30℃温度范围内，射干的种子均可以正常发芽，但相对于恒温条件，昼夜温差较大将利于种子的萌发。耐干旱，对土壤要求不严。适合种植在土层深厚肥沃，疏松排水良好，地势较高的砂壤土上，中性和微碱性土壤均可，不适宜种植在低洼及盐碱地带。

【栽培技术】

（一）种植地的准备

1. 育苗地选择及整地　育苗地宜选择土层深厚、肥沃、排水良好的砂壤土或向阳的山地栽种，不宜选择低洼积水地、盐碱地。清除灌木、杂草、石块等，深翻 30cm，施入腐熟厩肥或堆肥 3300～3500kg/亩，耙细整平，做成宽 120cm、高 20cm、长 10m、沟宽 40cm 的畦，畦面保持弓背形，四周开好排水沟。

2. 移栽地选择及整地　射干喜温暖、湿润、阳光充足的环境，耐干旱，耐低温，怕涝渍，适应性较强。移栽地宜选地势平坦、排灌方便、土层深厚的砂质壤土种植，pH 值 5.6～7.4 为宜。种植前深翻 20cm，结合耕翻施入腐熟厩肥或堆肥 37 500kg/公顷，加腐熟饼肥 750kg/公顷，并施入磷钾复合肥 1500kg/hm²，深耕 30cm 左右，将基肥翻入土中，整平耙细，顺地势开好排水沟，待种。

（二）繁殖方法

射干可用种子或根茎繁殖，生产上两种方式均有用的，根茎繁殖 2 年收获，而种子繁殖 3 年收获，可根据实际情况选用繁殖方式。

1. 种子繁殖

①种子采收及贮藏：射干果实变黄时连果柄采下，置于室内通风处晾干脱粒，经过净选，将千粒重在 9～10g 以上，发芽率 80% 以上的种子作种。用湿沙和种子按比例 3∶1 混合进行湿沙贮藏，备种，种子直接晒干发芽率会大大降低。

②种子播种前处理及播种：射干种子种皮透气性较差，不易出苗，需在播种前 10 天对种子进行处理，一般用多菌灵可湿性粉剂溶液浸泡 24 小时，然后进行沙藏催芽。射干种子播种可分为秋播或春播，秋播为 10 月下旬至 11 月上旬，可直接下种，春播为 3 月下旬至 4 月上旬，需要进行播前处理。将种子与 5 倍湿沙混合均匀，按行距 10～15cm，深 3cm，宽 8cm 条播于浅沟内，播后覆细土 5cm，压实浇足水，每亩用种量约 2kg。射干种子播种也可直播，按株行距 25cm×30cm 开穴，每穴施入土杂肥或干粪肥少许，与底土拌匀，再盖上 2cm 细土，每穴撒入 5～6 粒，覆土，压实，浇水，每亩用种量 2.5～3.0kg。

③苗期管理：种子出苗后，进行间苗，除去过密瘦弱和有病虫的幼苗，选留生长健壮的。间苗宜早不宜迟，一般间苗 2 次，最后在苗高按 5～10cm 进行定苗。当苗高 20cm 时可进行移栽定植。

2. 根茎繁殖　选择生长两年以上的实生苗或一年以上根茎繁殖的生长健壮、颜色鲜黄、无病虫害的根茎作为种茎。移栽一般在春季的 3 月中、下旬进行。先将健壮种茎切成 3～4cm 小段，每段留 2～3 个根芽，作为种栽。待种栽切口干后将种茎浸入 50mg/kg ABT 生根粉溶液中，浸泡 3 小时后再栽种。选晴天的傍晚或阴天栽种，在整好的畦面上，按行株距 30cm×25cm，沟深 10~15cm 的规格挖穴，每穴栽苗 1 株。扶正、栽稳，覆土厚 6~7cm，稍压紧，浇透定根水。

（三）移栽定植

射干种子播种育苗时需要移栽定植，播后种苗高 5~10cm 即可移栽。选择阴天进行起苗，尽量保全完整根系，切忌过度损伤根系。起苗后，将幼苗按大、中、小分三个等级分别移栽。按株行距 25cm×30cm 进行开沟或挖穴种植，覆土 3~5cm，压实，浇水，即用地膜覆盖，保温保湿，促使射干早出苗，延长生长期，覆膜前要整平畦面，清除畦面上残枝、大石头等杂物，保证地膜平整覆盖。也可以覆草保温保湿，保证出苗。

（四）田间管理

1. 中耕除草、培土　春夏未封垄前应勤除草和松土，移栽或播种当年苗高 3~5cm 时开始第一次中耕除草，以后 5~7 月每月中耕除草一次，封行后不再松土除草。6 月开始，在根际培土，否则雨季容易倒伏或从叶柄基部折断，严重影响产量。每年秋后植株枯黄后进行根际培土越冬。

2. 灌溉　射干需水量不多，苗期和移栽后需保持土壤湿润，确保植株成活率，覆膜种植可适当减少浇水量和次数。射干幼苗期应适当控水，在快速生长期，叶片蒸腾量大，耗水多，应适当增加水量。灌溉宜选择傍晚进行，切忌大水漫灌，影响根系发育。多雨季节应及时排水防涝。

3. 追肥　射干喜肥，应施足底肥，种植当年可在 6 月中旬和 8 月中旬进行追肥，以氮肥为主。第二、三年每年可追施三次，第一次施碳酸氢铵 450kg/hm² 或尿素 225kg/hm²；第二次施碳酸氢铵 375kg/hm²，过磷酸钙 225kg/hm²；第三次施复合肥 450kg/hm²。

4. 摘蕾保产　种子繁殖的射干次年开花结果，根状茎繁殖的当年开花结果。射干药用部分为根状茎，除留种地外，应在抽苔时期摘除花茎，使养分集中于根部生长，以增加产量。宜在晴天上午用剪刀剪除花蕾，严禁用手摘。

5. 病虫害防治　射干种植过程中，常见的病害有锈病、根腐病、叶斑病、叶绢病等，常见虫害有地老虎、蛴螬和钻心虫。病虫害防治以农业防治为基础，冬前深翻土地，开春后清除杂草和枯枝落叶，及时拔除病株、科学施肥、排灌等抑制病虫害的发生。化学防治时要严格控制农药使用浓度，不同机理农药交替使用最佳，防止抗药性的产生。

①锈病：一般发生于 8 月上旬至 9 月上旬，发病初期，叶片出现褪绿小斑，不久即发展为淡黄色或锈黄色的小斑，叶片提早枯黄，植株提早衰退死亡。在叶片或嫩茎上产生黄色微隆起的疱斑，破裂后散发出橙黄色或锈色粉末，此为病菌的夏孢子。后期发病部位长出黑色粉末状物，此为病菌的冬孢子。发病后叶片干枯，早期落叶，使嫩茎枯死。防治方法：发病初期喷 95% 敌锈钠 400 倍液或丙环唑乳油 4000~5000 倍液或 12.5% 烯唑醇可湿性粉剂 3000 倍液或 50% 萎锈宁乳油 800 倍液或 50% 硫磺甲硫灵悬浮剂 500~700 倍液，7~10 天喷洒 1 次，连喷 2~3 次。

②根腐病：主要危害根部，特别是雨水较多时易发病。发病初期是根部出现白色物质，逐渐变成紫红色，最后导致根部腐烂。防治方法：雨季注意疏沟排水，避免积水；整

各 论

地时用 70% 敌克松可湿性粉剂 1000 倍液进行土壤消毒。发病初期用 25% 多菌灵可湿性粉剂 1000 倍液喷雾。

③叶斑病：多发于高温多雨季节，主要危害叶片。发病初期叶片上出现淡黄色斑点，后期斑点扩大相互融合，形成大斑，颜色渐变为深褐色，叶片发黄、早枯。防治方法：发病初期及时清除带病植株，秋后清园，较少病害；也可用 50% 复方硫菌灵可湿性粉剂 800 倍液或 50% 代森锰锌可湿性粉剂 800 倍液喷雾，每隔 7 天喷 1 次，连喷 2~3 次。

④虫害：射干虫害主要有地老虎、蛴螬和钻心虫等。地老虎和蛴螬可采用毒饵诱杀、灯光诱杀，对于虫害严重地块可喷施 90% 敌百虫晶体 800 倍或 45% 乐果乳油 800 倍液或 59% 辛硫磷乳油 700 倍液或 50% 磷胺乳油 2000 倍进行杀灭。

【采收加工】

射干种子繁殖 3 年采收，根茎繁殖 2 年采收。10 月下旬，地上部分干枯后采挖。除去泥土，剪掉须根后晒干或炕干。将根状茎暴晒至半干，搓去须根，再晒至全干规模化生产基地可采用烤房烘烤。烤时不要横放，大小不同规格分别应按头部向下尾部向上摆放，温度 60℃ 左右为宜，全干后装包，存放于干燥通风处。

【质量要求】

以无须根、无泥土、健壮、质硬、断面黄色者为佳（图 28-2）。按照《中国药典》（2015 版）标准，射干药材质量要求见表 28-1：

表 28-1 射干质量标准表

序号	检查项目	指标	备注
1	水分	≤ 10.0%	
2	总灰分	≤ 7.0%	
3	浸出物	≥ 18.0%	
4	次野鸢尾黄素（$C_{20}H_{18}O_8$）	≥ 0.10%	HPLC法

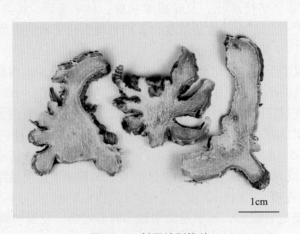

图 28-2 射干精制饮片

【储藏与运输】

（一）包装

包装材料用干燥、清洁、无异味以及不影响品质的材料制成。包装要牢固、密封、防潮、能保护品质。包装材料应易回收、易降解。包装明确标明品名、重量、规格、产地、批号、日期、编号等。

（二）贮藏

贮藏与阴凉干燥处，贮藏期间定期检查，发现虫蛀、霉变等情况及时处理。

（三）运输

运输工具清洁、干燥、无异味、无污染，运输过程中注意防雨、防潮、防暴晒、防污染等，避免与其他货物混装运输，保证药材品质。

【参考文献】

［1］中国科学院中国植物志编辑委员会. 中国植物志［M］. 北京：科学出版社，1985，16（1）：131.

［2］黄龙. 白射干化学成分研究及我国鸢尾属药用亲缘学初探［D］. 北京：北京协和医院（中国医学科学院），2010.

［3］秦民坚，李贵英，徐国钧. 温度对射干种子萌发影响的试验研究［J］. 武汉植物学研究，2000，18（2）：151-156.

［4］李燕. 水分胁迫对三种地被植物生理生化特性的影响［D］. 呼和浩特：内蒙古农业大学，2009.

［5］朱金英，韩金龙，高春华，等. 射干高产高效栽培技术规程［J］. 农业科技通讯，2016，8：216-218.

［6］刘合刚，刘国社. 射干速生高效栽培技术［J］. 中草药，2001，32（8）：749-751.

［7］周成明. 80中常用中草药栽培［M］. 北京：中国农业出版社，2009.

［8］范士河. 射干的栽培技术［J］. 时珍国医国药，2001，12（10）：959.

［9］何显文. 射干高效栽培技术浅议［J］. 种植技术，2014，31（12）：57.

二十九、鱼腥草 Yuxingcao

Herba Houttuynlae

【来源】

本品为三白草科植物蕺菜 *Houttuynia cordata* Thunb. 的干燥地上部分。夏季茎叶茂盛花穗多时采割，除去杂质，晒干。原产我国，在我国主要分布于长江以南地区。鱼腥草作为传统的中草药及药草茶饮，具有悠久的历史，首载于《履巉岩本草》，明《名医别录》称其为蒤蕺，《吴越春秋》称其为岑草，《救急易方》称其为紫蕺，距今已有 2000 多年的药用历史。如今，鱼腥草主要以嫩茎叶和地下茎供作蔬菜食用，全株可鲜用或晒干入药。其已经被国家卫生部正式确定为"既是药品，又是食品"的药食两用资源，日益受到人们的关注，极具开发潜力。

【别名】

岑草《吴越春秋》；蕺《别录》；菹菜《唐本草》；紫背鱼腥草《履巉岩本草》；紫蕺《救急易方》；菹子《本草纲目》；臭猪巢《医林纂要》；侧耳根《遵义府志》；猪鼻孔《天宝本草》；九节莲《岭南采药录》；重药《现代实用中药》；狗贴耳《广州植物志》；肺形草《贵州民间方药集》；鱼鳞真珠草、猪姆耳《福建民间草药》；秋打尾《浙江中药手册》；狗子耳、臭草、野花麦《江西民间草药》；臭菜《中药志》

【植物形态】

腥臭草本，高 30 ~ 60cm；茎下部伏地，节上轮生小根，上部直立，无毛或节上被毛，有时带紫红色。叶薄纸质，有腺点，背面尤甚，卵形或阔卵形，长 4 ~ 10cm，宽 2.5 ~ 6cm，顶端短渐尖，基部心形，两面有时除叶脉被毛外余均无毛，背面常呈紫红色；叶脉 5 ~ 7 条，全部基出或最内 1 对离基约 5mm 从中脉发出，如为 7 脉时，则最外 1 对很纤细或不明显；叶柄长 1 ~ 3.5cm，无毛；托叶膜质，长 1 ~ 2.5cm，顶端钝，下部与叶柄合生而成长 8 ~ 20mm 的鞘，且常有缘毛，基部扩大，略抱

图 29-1　鱼腥草原植物

茎。花序长约 2cm，宽 5~6mm；总花梗长 1.5~3cm，无毛；总苞片长圆形或倒卵形，长 10~15mm，宽 5~7mm，顶端钝圆；雄蕊长于子房，花丝长为花药的 3 倍。蒴果长 2~3mm，顶端有宿存的花柱。花期 4~7 月。（图 29-1）

【种质资源及分布】

鱼腥草 *Houttuynia* cordata Thunb. 为三白草科蕺菜属植物。三白草科 Saururaceae 是东亚－北美间断分布的一个十分古老的残存小科，分布于亚洲东部和北美洲，现仅存 4 属 7 种。三白草科是胡椒目中较原始的类群，与胡椒科有着十分密切的关系。胡椒目的古老性与被子植物一些原始类群的密切联系，使得三百草科在系统学研究中有着重要的意义，历来受到系统学家的重视。我国有三百草科植物 3 属 4 种，其中，蕺菜属 1 种，即鱼腥草。蕺菜俗称鱼腥草、侧耳根，主要分布于我国中部、东南及西南部各省区，东起台湾，西南至云南、西藏，北达陕西、甘肃，尤以四川、湖北、湖南、江苏等省居多。怀化地区为湖南鱼腥草的主要分布区域。鱼腥草常生于海拔 300~2600m 的山坡潮湿林下、路旁、田埂及沟边。祝正银等在四川省峨眉山发现一个蕺菜属新种，即峨眉蕺菜 *Houttuynia emeiensis* Z. Y. Zhu et S. L. Zhang。

【适宜种植产区】

鱼腥草适应性较强，全国大部分地区可以种植。

【生态习性】

鱼腥草喜温暖潮湿的环境，较耐阴；多生于阴湿的水边、背阴山坡、低洼地、村边田埂、水沟和田边。鱼腥草对温度适应范围广，在 0℃以下地下茎可越冬，12℃以上时可出苗，生长前期温度以 16~20℃为宜，地下茎成熟期要求 20~25℃。土壤方面，喜潮湿土壤，保持土壤含水量为 75%~80% 最佳；对土质要求不严格，以微酸、肥沃的沙质土壤及腐殖质壤土为佳。施肥以氮肥为主，适当施磷钾肥。地下葡萄茎生长于浅层土壤中，主要分布于 15~30cm 土层内，嫩茎白色，老茎黄棕色，节长 1~4cm，但因土壤肥力及水分状况而差异较大。

鱼腥草一般在秋末冬初播种，长江流域一般在 2 月下旬到 3 月下旬开始出苗，3 月底至 4 月中旬快速成长，5 月中旬齐苗；茎叶生长集中在 4 月初至 5 月中旬，在此期间主茎迅速增高，叶片快速增多；在 16.0~25.8℃时，主茎生长量随温度的升高而增加。鱼腥草一般在 4 月下旬左右现蕾，5 月中旬开花，始花一般在第 6 或者第 7 节位上，花期 5~8 月，长达近 5 个月。植株 4~8 月生长旺盛，10 月地上部分生长缓慢，果熟期 9~11 月；11 月茎叶开始枯黄谢苗，冬季遇霜冻地上部枯萎，但地下茎仍有一定的生长量，地下茎在土壤里越冬。第二年立春后气温回升时，2~3 月发芽，地下茎迅速生长、穿插，3 月返青。鱼腥草为多年宿根草本植物，因种茎先发子蔓，再生孙蔓，生命力极强，故通常采用根茎繁殖，每个节都可产生分枝长成地下茎或出土成株，广为繁衍。不同鱼腥草种源在株高、茎生长量和蒴果、种子数量等方面均有明显差异。

【栽培技术】

（一）种植地选择及整地

鱼腥草喜温湿怕旱，整个生长发育期都要注意保持土壤湿润。种植地适宜选择在背风、荫蔽、排灌方便的地带，土壤疏松肥沃、土层深厚、肥力适中、土壤结构适宜、理化性状良好的砂质土壤，pH值为6.5~7。为减少病虫害和杂草的生长，可以实行水旱轮作。选择种植地后，清除杂草及前茬作物，深耕晒垡，深翻至少30cm，熟化土壤，杀灭地下害虫。每亩施农家肥1500~2000kg，配施50kg过磷酸钙和30kg的硫酸钾复合肥，结合翻耕，使肥料与土壤充分混合。种植前起垄耙平，垄宽2~2.5m，长度依地势而为，沟宽30~35cm，深25~30cm。（图29-2）

图 29-2　鱼腥草种植基地

（二）繁殖方法

鱼腥草可以采用种子繁殖、跟进、扦插繁殖。生产上一般采用无性繁殖为主，如根茎或扦插繁殖。种子发芽率较低，仅20%，并不常用。

1. 根茎繁殖

①选种：选择大田生产中长势好、生长整齐一致、无病虫害鱼腥草作种。由于老熟的健壮粗茎抗寒抗旱能力较强，利于培育壮苗，减少病虫害发生。嫩茎容易腐烂，发根慢，不宜作种。因此，作种根茎宜挑选新鲜、粗壮、腋芽饱满、成熟的老茎。

②根茎处理及种植：鱼腥草全年即可种植，一般春季和初夏种植的当年可收获，秋季

种植的需要次年4~5月可收获。一般而言，以秋季9月下旬至10月以及初春3月份种植为好，最佳为10月中旬。将作种的根茎切成小段，每个小段约4~6cm，并保留2~4个节。种植前用多菌灵、甲基托布津等药剂消毒15~20分钟，晾干备种。整地作畦后，按行距20~30cm开4~5cm深的浅沟，用种量约150kg/亩。按照株距8~10cm将处理好的根茎排放于沟内，盖细土5~6cm，然后覆土轻轻镇压，注意不能用土完全盖住种茎，应将其一节露于土上。畦面覆盖玉米秆、稻草等，保持土壤湿润，提高土温，促进种根出苗。

2. 分株繁殖　在3月下旬至4月上旬，将长势好、生长整齐一致、无病虫害的母株挖出，保留根系，防止失水，保证成活率。随挖随栽，若当天不能及时移栽种植，可以假植保活。移栽按株行距10cm×16cm进行移栽定植，浇足定根水，覆土压实，盖草保温保湿，保证成活率。

（三）田间管理

1. 中耕除草　鱼腥草种植地湿润、肥沃，极易滋生杂草，出苗至封行前，须除草3~4次。封行后，若杂草较多，应采用人工方法及时除草，以免杂草争光、争水和争夺养分。鱼腥草为浅根系植物，为防止损伤根，中耕深度宜浅不宜深，离植株根部5cm处可不再松土，且应选在雨后初晴进行。也可在种植后出苗前采用50%乙草胺乳油喷雾封闭，能有效的提高除草效果。

2. 大田追肥　为保证出苗，可在栽植3天后补施一次稀薄人畜粪。出苗后，第1次于鱼腥草齐苗后开始追施，每亩施1000~1500kg淡人畜粪水加尿素3~5kg施于根部，以促进幼苗快速生长；第二次于5月中下旬进行追施尿素15~20kg/亩，保证植株快速生长；第三次于中后期追施复合肥10~20kg/亩，硫酸钾肥10~12kg/亩，保证地下茎快速生长；生长后期为促进根茎生长可在叶面喷施0.2%~0.3%的磷酸二氢钾溶液。

3. 排灌　鱼腥草喜湿润环境，需保持种植地湿润。出苗后，根据天气及土地墒情酌情浇水，保持湿润状态，但不可多浇，造成积水。若遇夏季高温干旱，应及时抗旱，采用淋湿、浸灌、喷洒、沟灌等方式补水，但不宜漫灌，以防土壤板结。雨季应及时排水，保证畦面无水而床沟有积水。

4. 摘花保质　开花现蕾时及时摘除花蕾，以免开花消耗大量养分而抑制地下茎的生长，一般而言，花蕾饱满未开放时打蕾最好。

5. 病虫害防治　鱼腥草较少发生病虫害，常见病害有白绢病、叶斑病、根腐病等，虫害主要有黄卷蛾、红蜘蛛等。生产上常常采用农业防治方法进行预防，如根茎种植前进行消毒消除病源；禁用未经腐熟的农家肥，增施磷钾肥，培植健壮植株，增强抗病性；实行水旱轮作，等等。如若病虫害较为严重，可辅以农药防治，化学防治时要严格控制农药使用浓度，不同机理农药交替使用最佳。

①白绢病：常常在6月至7月开始发生，7~9月为发病高峰期，10月以后，降雨量减少、温度降低、气候干燥等原因，病害停止。该病害主要为害植株茎基和地下茎。发病初期地上茎叶变黄，地下茎表面遍生白色绢丝状菌丝，茎基及根茎出现黄褐色至褐色软腐。后期病株周围可见明显的白色菌丝及菌核，整个植株枯黄而死。防治方法：注意

水旱轮作，雨季及时排水，发现病株及时拔除，集中销毁处理；发病初期可用哈茨木霉0.4~0.5kg，加细土50kg，混合匀后撒施在病株茎基部，或用40%福星乳油6000倍液，或43%菌力克悬浮剂8000倍液，或45%特克多悬浮液1000倍液，或10%世高水分散粒剂8000倍液，或50%敌菌灵可湿性粉剂400倍液进行喷施防治，每隔5~7天喷1次，连喷2~3次。

②紫斑病：该病害发生于3月至9月，4月上旬至5月中旬病害较为严重。发病初期叶片上出现淡紫色小斑点，扩大后病斑近圆形，有明显的同心轮纹，边缘有时不明显，轮纹之间为灰白色，严重者整个叶面布满病斑而枯死。防治方法：发病初期可喷洒1∶1∶160倍的波尔多液，或70%代森锰锌500倍液，或50%多菌灵可湿性粉剂500倍液，每隔一个星期喷施1次，连喷2~3次。

③小地老虎：该害虫于4月中上旬出现，以4月下旬至5月中上旬最为严重，主要为害鱼腥草幼苗。低龄阶段一般多为害嫩叶，咬食呈凹斑、空洞或缺刻；三龄后幼虫潜入地表，咬断根、地下茎或近地面的嫩茎，为害严重时造成缺苗断垄。防治方法：播种前精细整地，播前播后及时拔除田间杂草，可消灭部分虫卵和杂草寄主；苗期于清晨扒开被害幼苗的土壤，人工捕捉小地老虎幼虫；也可用90%敌百虫3.75kg兑水45kg，喷拌35kg切碎的新鲜杂草，撒于田间，诱杀幼虫。

④红蜘蛛：该害虫于6月上旬为害最为严重，主要在叶面吸食汁液，出现灰白或黄褐色斑点，严重时叶片枯黄脱落。防治方法：清除田间、田边杂草，深翻土地，消灭越冬虫源；也可用73%克螨特乳油2500倍液或40%乐果乳油800倍液喷雾防治，注意叶背面施药。

【采收加工】

鱼腥草药用有效成分的含量在4~5月即花期前高，但此时产量不高；花期后药用有效成分的含量有所下降，但此时茎叶产量最高，综合考虑，以7~8月采收最为适宜。采收宜选晴天、多云天或阴天采收，不宜在土壤潮湿、有露水、下雨、大风或空气湿度特别高的情况下采收。用刀割取地上部茎叶，或将全草连根挖起，挖出后，抖净泥土，及时晒干或烘干，避免堆沤和雨淋受潮霉变。

【质量要求】

以叶多、色绿、有花穗、鱼腥气浓者为佳（图29-3）。按照《中国药典》（2015版）标准，鱼腥草药材质量要求见表29-1：

表29-1 鱼腥草质量标准表

序号	检查项目	指标	备注
1	水分	≤15.0%	
2	酸不溶性灰分	≤2.5%	
3	浸出物	≥10.0%	

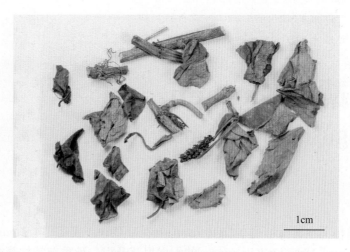

1cm

图 29-3 鱼腥草精制饮片

【储藏与运输】

（一）包装

包装材料用干燥、清洁、无异味以及不影响品质的材料制成。包装要牢固、密封、防潮、能保护品质。包装材料应易回收、易降解。包装明确标明品名、重量、规格、产地、批号、日期、编号等。

（二）贮藏

贮藏与阴凉干燥处，贮藏期间定期检查，发现虫蛀、霉变等情况及时处理。

（三）运输

运输工具清洁、干燥、无异味、无污染，运输过程中注意防雨、防潮、防暴晒、防污染等，避免与其他货物混装运输，保证药材品质。

【参考文献】

[1] 祝正银，张士良. 峨眉山蕺菜属药用植物一新种 [J]. 植物研究，2001，21（1）：1-2.
[2] 吴卫. 鱼腥草种质资源研究 [D]. 成都：四川农业大学，2002：1-115.
[3] 王成伟. 鱼腥草种质资源的收集保存与繁殖技术研究 [D]. 湖南长沙：湖南农业大学，2014.
[4] 吴令上. 鱼腥草地理变异及种源选择研究 [D]. 杭州：浙江林学院，2009.
[5] 王坤. 湖南地区鱼腥草遗传多样性研究 [D]. 长沙：湖南农业大学，2010.
[6] 刘春江，刘金波，陈海英. 鱼腥草的人工栽培技术 [J]. 湖北农业科学，2002（5）：119-120.
[7] 莫金文. 鱼腥草特征特性及无公害高产栽培技术 [J]. 现代农技，2014（3）：98-99.
[8] 李炳麟，廖双源. 全州县鱼腥草高产栽培技术 [J]. 南方园艺，2015，26（3）：41-43.
[9] 汤红卫. 鱼腥草的人工栽培技术 [J]. 农技服务，2009，26（9）：105.

三十、藁本Gaoben

Ligustici Rhizoma Et Radix

【来源】

本品为伞形科藁本属植物藁本 *Ligusticum sinense* Oliv. 或辽藁本 *Ligusticum jeholense*（Nakai et Kitagawa）Nakai et Kitagawa. 的干燥根茎及根。秋季茎叶枯萎或次春出苗时采挖，除去泥沙，晒干或烘干。藁本始载于《神农本草经》，列为中品。藁本具有悠久的用药历史，入药部位为其干燥根茎及根，植株具芳香味，具祛风、散寒、除湿、止痛的功效，中医常用于治疗巅顶疼痛、风寒感冒、风湿肢节痹痛、寒湿腹痛等症。

【别名】

藁茇《山海经》；鬼卿、地新《神农本草经》；山茝、蔚香《广雅》；微茎《别录》；藁板《山东中药》

【植物形态】

1. 藁本　多年生草本，高达 1m。根茎发达，具膨大的结节。茎直立，圆柱形，中空，具条纹，基生叶具长柄，柄长可达 20cm；叶片轮廓宽三角形，长 10～15cm，宽 15～18cm，2 回三出式羽状全裂；第一回羽片轮廓长圆状卵形，长 6～10cm，宽 5～7cm，下部羽片具柄，柄长 3～5cm，基部略扩大，小羽片卵形，长约 3cm，宽约 2cm，边缘齿状浅裂，具小尖头，顶生小羽片先端渐尖至尾状；茎中部叶较大，上部叶简化。复伞形花序顶生或侧生，果时直径 6～8cm；总苞片 6～10，线形，长约 6mm；伞辐 14～30，长达 5cm，四棱形，粗糙；小总苞片 10，线形，长 3～4mm；花白色，花柄粗糙；萼齿不明显；花瓣倒卵形，先端微凹，具内折小尖头；花柱基隆起，花柱长，向下反曲。分生果幼嫩时宽卵形，稍两侧扁压，成熟时长圆状卵形，背腹扁压，长 4mm，宽 2～2.5mm，背棱突起，侧棱略扩大呈翅状；背棱槽内油管 1～3，侧棱槽内油管 3，合生面油管 4～6；胚乳腹面平直。花期 8～9 月，果期 10 月。（图 30-1）

图 30-1　藁本原植物

2. 辽藁本 多年生草本，高 30~80cm。根圆锥形，分叉，表面深褐色。根茎较短。茎直立，圆柱形，中空，具纵条纹，常带紫色，上部分枝。叶具柄，基生叶柄长可达19cm，向上渐短；叶片轮廓宽卵形，长 10~20cm，宽 8~16cm，2~3 回三出式羽状全裂，羽片 4~5 对，轮廓卵形，长 5~10cm，宽 3~7cm，基部者具柄，柄长 2~5cm；小羽片3~4 对，卵形，长 2~3cm，宽 1~2cm，基部心形至楔形，边缘常 3~5 浅裂；裂片具齿，齿端有小尖头，表面沿主脉被糙毛。复伞形花序顶生或侧生，直径 3~7cm；总苞片2，线形，长约 1cm，粗糙，边缘狭膜质，早落；伞辐 8~10，长 2~3cm，内侧粗糙；小总苞片 8~10，钻形，长 3~5mm，被糙毛；小伞形花序具花 15~20；花柄不等长，内侧粗糙；萼齿不明显；花瓣白色，长圆状倒卵形，具内折小舌片；花柱基隆起，半球形，花柱长，果期向下反曲。分生果背腹扁压，椭圆形，长 3~4mm，宽 2~2.5mm，背棱突起，侧棱具狭翅；每棱槽内油管 1（~2），合生面油管 2~4；胚乳腹面平直。花期 8 月，果期9~10 月。

【种质资源及分布】

伞形科 Umbelliferae 是双子叶植物纲蔷薇亚纲的一个较大的科，该科约有 270 属2800 种，广布于北温带至热带和亚热带高山地区。我国约有 95 属，产全国各地，以西部为最多。藁本属 *Ligusticum* L. 系伞形科 Umbelliferae 芹亚科 Apioideae Drude 阿米芹族 Ammineae Koch. 西风芹亚族 Seselinae Drude，苏格兰藁本 *Ligusticum scoticum* L. 为本属模式种。藁本属植物为多年生草本植物，全世界约有 60 余种，分布于北半球。我国现约有 40 余种，占该属总数一半以上，其中 35 种为我国特有。藁本属植物在我国大部分地区均有分布，主要分布在包括云南西北部、四川西部和东部、湖北西部、西藏东部和南部的我国西南部地区，其次为西北和东北部地区，华中地区也有分布。根据性状分析，以小总苞片作为藁本属次级分类的主要特征，结合分身果形态学性状及孢粉形态学性状的相关性，藁本属植物可划分为两个类群：藁本组 Ligusticum（本组约40 种，中国约 22 种）和羽苞组 Pinnatibracteola（本组约 20 种，中国约 12 种）。目前，临床上常用藁本类药物有藁本、辽藁本和新疆藁本 3 种，分别为伞形科 Umbelliferae 藁本属*Ligusticum* L. 植物藁本 *Ligusticum sinense* Oliv. 和辽藁本 *Ligusticum jeholense*（Nakai et Kitagawa）Nakai et Kitagawa 以及伞形科山芎属 *Conioselinum* Fisch. ex Hoffm. 植物鞘山芎*Conioselinum vaginatum*（Spreng.）Thell.。2015 年版《中国药典》收载了两种道地藁本药材，即藁本和辽藁本，新疆藁本（即鞘山芎）产量最大，但仅限当地习用。

藁本生于海拔 1000~2700m 的林下、沟边草丛中及湿润的水滩边，分布于黄河流域以南，南岭以北，到达南面的广西，约在东经 95°~102°、北纬 22°~31°范围区域。此分布区包括云南西北部、四川西部和东部、湖北西部和西藏东部、南部和甘肃。藁本野生品分布区域有陕西、甘肃、四川、贵州、湖北、湖南、江西等省区，浙江、安徽、河南、福建、广东、广西、云南也有分布，主产于陕西安康、汉中；湖南酃县、桂东；江西遂川、井冈山；甘肃天水、武都；湖北巴东、英山、建始。栽培品主要分布于湖南省和江西省，主销华东、华中及华南。辽藁本主要分布于河北北部和辽东半岛海拔为 1200~2500m的林下、草甸、林缘、阴湿石砾山坡及沟边，分布于吉林、辽宁、湖北、山西、山东等地。

【适宜种植产区】

藁本适宜种植于湖北、陕西、甘肃、四川、重庆、湖南、江西、广东等地；辽藁本适宜种植于河北、辽宁、内蒙古、吉林、山东等地。湖南的茶陵、桂东、酃县等地有野生或家种藁本。

【生态习性】

藁本喜冷凉湿润、耐寒、忌高温、怕涝，适宜栽种在海拔 700～2500m，气候凉爽，雨水较多，土层深厚、排水良好的沙壤土或者腐殖土中，多野生于山坡的阴坡、林缘及半阴半阳排水良好的地块，土质肥沃疏松且土层深厚的黑钙土。刚采摘的藁本种子发芽率为 16%，存在一定程度的休眠现象，这主要是由于种胚的发育不全和发芽抑制物质的抑制作用共同造成的。藁本种子最适合发芽温度为 25℃，发芽率可达到 95.33%，适宜发芽温度范围为 20～25℃。光照对藁本种子萌发没有影响。藁本当年开花结籽，花期 6～7 月，果期 7～8 月。一般在 9～10 月采挖入药，4 月中下旬也可采挖，但质较次；野生藁本一般在野外都是有性繁殖，而栽培品藁本主要是无性繁殖。辽藁本适合栽培在海拔 500～1500m 河北北部区域。两者均不宜在黏土和贫瘠干燥的地方种植，忌连作。

【栽培技术】

（一）种植地的准备

1. 育苗地选择及整地　育苗地以阳光充足、排灌方便、交通方便的地块最好，宜选择土层深厚、腐殖质含量丰富的砂质土壤，黏土或贫瘠地不宜选择。整地前施腐熟农家肥 2500～3000kg/亩，磷酸二铵 20kg，硫酸钾 20kg，尿素 10kg，拣除杂草碎石，深翻 30cm，使土地疏松、土肥均匀，做成"龟背形"的育苗床，宽 120～150cm，高 30～40cm，长 20～30cm，畦沟深 30cm，宽 50cm，待播。

2. 种植地选择及整地　藁本种植对土壤要求不是很严格，宜选择土层深厚、排水良好、疏松肥沃、阳光充足，pH 值 5.5～7 的壤土、沙壤土或腐殖质壤土。藁本忌连作，一般前茬作物为玉米、小麦等禾本科作物有利于藁本的生长。前茬收获后深翻 30～40cm，施入腐熟农家肥每亩 3000～3500kg，并拌入 48% 乐斯本乳油或敌百虫颗粒剂 3kg 以防治地下害虫，耙细整平做畦。畦面宽 1～1.5cm，高 20～30cm，两畦之间沟深 20～30cm，宽 30～50cm。

（二）繁殖方法

藁本可以采用种子繁殖和根茎繁殖两种方式，用种子繁殖需 2～3 年收获，用根芽繁殖 2 年可收获。

1. 种子繁殖

①种子采收及贮藏：夏秋季节，藁本果序颜色转变为棕褐色即可采收。用工具将整个果序采下，风干，拣选，干燥阴凉处保存。或者用湿藏的方法进行储存，即湿沙与种子按

1∶5 的比例混合，袋装，储存于阴凉处，待播。

②种子前处理及播种：藁本种子寿命为 1～2 年，陈年种子尽量不要用。种子处于 15～30℃的范围内均可萌发，以 20℃温度最宜，发芽率可达 90%以上。播前优选干净饱满的种子，以晒种方式灭杀病菌，晒 1～2 天即可。播种时期春、秋皆可，秋播在 10 月下旬至结冻前，春播在 4 月下旬至 5 月初。藁本种子体积小、重量轻、易被风吹跑，为使种子播种均匀，需将干种拌在沙土中，再将沙土和种子搅拌均匀后播种。用小型机械或人工开沟条播，播深 3～4cm，行距 40cm，每亩播种 2.0～2.5kg，播种做到下籽均匀、深浅一致，浇水压实，保持土壤湿润。也可撒播，将处理好的种子均匀撒播到畦面，播种量 2kg，覆土 2～3cm，浇水覆草，保持畦面湿润，待出苗。

③育苗管理：种子播种后 10～15 天出苗，此时每隔半月施稀释人畜粪，保证幼苗生长。定期查看播种情况，出现缺苗情况，及时补种，将种子浸泡 24 小时，催芽露白后再人工挖穴补种。出苗后，第一次间苗在幼苗 3～4 片真叶时进行，间除弱小苗，第二次在 5～6 片真叶时进行，定苗株距为 10cm，行距为 20cm。出苗后应保持畦面湿润，干旱适当浇水。幼苗期间要及时除草，在杂草长出 2 片真叶时尽快拔掉，否则若杂草过大，拔时易将种子或小苗带出。

2. 根茎繁殖 根茎繁殖可大大缩短生长周期，当年种植隔年或当年即可采收。在早春萌发前或晚秋地上部分枯萎后，选择健壮、无病虫害的 2～3 年生的根茎，主根可作药用，侧根茎分为 3～4 小株，挖穴移栽，株距 25cm，行距 40cm。种根芽头朝上，覆土压实，浇透水。春栽覆土至根茎上 2～3cm 处，秋栽 4～5cm 处。春栽地温 5～10℃约 10 天即可出苗，秋栽翌年 3～5℃出苗。

（三）大田移栽

幼苗移栽前，须起苗备栽。宜选择阴天或晴天早上和傍晚进行起苗，按行起苗，抖净泥土，打捆备栽。若当年不能移栽，需将幼苗放入地窖或假植进行保活。按株行距 30cm×40cm 的密度进行移栽，根据种苗的大小挖出移栽沟，将种苗顶芽朝上，摆放于沟内，顶芽低于畦面 2～3cm，覆土压实，浇水。覆土厚度不超过顶芽 5～6cm，过深出苗困难，过浅易于倒伏，秋季栽培可适当增加覆土厚度，以利越冬。

（四）田间管理

1. 中耕除草 藁本为多年生草本药材，前一年长势较弱，杂草较多。种苗移栽或种子播种后，每亩可用 50%扑草净 160g 喷雾封闭，可有效减少杂草。藁本根系较浅，一般不需要中耕。藁本封行后出现的杂草，只能用人工拔除，尽量少用锄头中耕，避免损伤根茎和幼根。

2. 排灌 藁本耐寒怕热，喜湿怕涝，幼苗期和移栽后需要保持土壤湿润。干旱季节，根据土壤水分情况，及时浇水，保证灌溉均匀、深透，使田间植株生长一致。多雨季节，及时疏沟排水，防止积水烂根。

3. 追肥 在施足基肥情况下，藁本生长期每年追肥两次，分别于春季和秋季。春季追肥以氮肥为主，每亩施尿素 15kg，秋季加施复合肥、磷酸二氢钾。第一年以培育壮苗为主，根据植株长势追肥浇水。

4. **掐薹去蕾**　为减少养分消耗，以集中养分供应地下根茎生长，除留种地外，植株现蕾开花前从基部将花蕾全部摘除。摘蕾时间宜选择晴天进行。藁本花期较长，只要环境条件适宜，开花持续不断，分期及时摘除，提高药材品质，达到增产目的。

5. **病虫害防治**　藁本适应能力较强，病虫害比较少，但病害可见白粉病、根腐病等，病虫害可见红蜘蛛、蛴螬等。

①白粉病：该病害主要为害叶片，发病初期在叶背面出现圆形或椭圆形、黄褐色的小病斑，后期叶表面逐渐长出白色粉末，表面比背面多。发病有老叶逐渐向新叶蔓延，致使植株逐渐枯萎死亡。防治方法：定期疏沟排水，不积水；发现病株，及时拔除，集中焚烧，防止蔓延；发病初期可用50%多菌灵1000～1500倍液或70%甲基托布津800～1000倍液或20%施宝灵3000倍液进行防治，7～10天施一次，交替使用，连喷3次。

②根腐病：该病害发生后，根茎逐渐变黑褐色，干枯腐烂。随着病情发展，叶片呈枯萎状，直至植株死亡。防治方法：定期疏沟排水，不长时间积水；切忌长时间连作，不宜与易感农作物轮作；发现病株，及时拔除，并用石灰消毒；发病初期可用50%退菌特1000倍液或40%克瘟散1000倍液，每7～10天喷施一次，连喷3～4次。

③虫害：主要为害叶片，导致植株生长不良，甚至枯萎死亡。防治方法：移栽前深翻土地以消灭越冬虫卵；堆肥、厩肥要充分腐熟，减少害虫产卵量；也可用锌硫磷5%颗粒剂或3%米尔乐颗粒剂或90%晶体敌百虫30倍液进行喷杀或诱杀。

【采收加工】

藁本根茎一般需要生长2～3年方可入药，在秋后10月底至11月中旬或早春萌芽2月中旬至3月上旬进行采收，采收前先割去地上茎叶部分，从畦的两侧向里刨，将地下根茎刨出来，刨时注意不能用力太大，不能从畦面直接向下刨，以免损伤根茎。根茎采挖后，清除泥土，避免淋雨水，及时晒干或烘干，贮藏。

【质量要求】

藁本药材以个大，外表黄且光净，质坚，中空，油性，气味浓香者为佳（图30-2）。按照《中国药典》（2015版）标准，藁本药材质量要求见表30-1：

表30-1　藁本质量标准表

序号	检查项目	指标	备注
1	水分	≤ 10.0%	
2	总灰分	≤ 15.0%	
3	酸不溶性灰分	≤ 10.0%	
4	浸出物	≥ 13.0%	
5	含阿魏酸（$C_{10}H_{10}O_4$）	≥ 0.050%	HPLC法

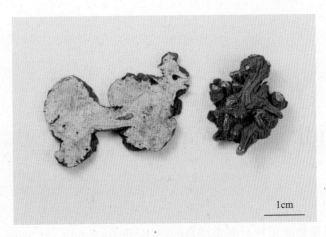

图 30-2 藁本精制饮片

【储藏与运输】

（一）包装

包装材料用干燥、清洁、无异味以及不影响品质的材料制成。包装要牢固、密封、防潮、能保护品质。包装材料应易回收、易降解。包装明确标明品名、重量、规格、产地、批号、日期、编号等。

（二）贮藏

贮藏与阴凉干燥处，商品安全水分 10% 以下。贮藏期间定期检查，避免虫蛀、霉变等情况发生。

（三）运输

运输工具清洁、干燥、无异味、无污染，运输过程中注意防雨、防潮、防暴晒、防污染等，避免与其他货物混装运输，保证药材品质。

【参考文献】

［1］罗光明，赖学文，邓子超，等. 遂川藁本生态环境及传统种植经验调查［J］. 中国研究与信息，2003，5（10）：28-30.
［2］王菲. 藁本种子萌发特性的初步研究［D］. 雅安：四川农业大学，2010.
［3］马玎. 三个不同产地川芎与其近缘植物藁本的对比研究［D］. 成都：成都中医药大学，2009.
［4］赵伟. 辽藁本栽培技术研究［D］. 长春：吉林农业大学，2007.
［5］王惠清. 中药产销［M］. 成都：四川科学技术出版社，2007：248-251.
［6］赵英华，何贵富，车寿林. 藁本高产栽培技术［J］. 农业科技通讯，2013，7：215-216.
［7］姚文飞. 野生藁本的生物学特性和高产栽培技术［J］. 种子科技，2009（9）：42-43.

三十一、重楼 Chonglou

Paridis Rhizoma

【来源】

本品为百合科重楼属植物云南重楼 *Paris polyphylla* Smith var. *yunnanensis*（Franch.）Hand.–Mazz. 或七叶一枝花 *Paris polyphylla* Smith var. *chinensis*（Franch.）Hara 的干燥根茎。秋季采挖，除去须根，洗净，晒干。始载于《神龙本草经》，曰"蚤休"，列为下品。味苦，微寒，有小毒。归肝经。常用于治疗疔疮痈肿，咽喉肿痛，蛇虫咬伤，跌扑伤痛，惊风抽搐等。

【别名】

七叶一枝花，白蚤休，独脚莲，七叶莲，白草河车。

【植物形态】

1. **云南重楼** 又名滇重楼。多年生直立草本，高 50～100cm。根状茎肥厚，黄褐色，节结较细。茎直立，表面青紫色或者微红色，基部有叶鞘抱茎，膜质。叶轮生于茎顶，6～9 片，厚纸质，披针形或倒卵状，有叶柄，长 5～20cm。花生于茎顶，外轮花瓣 6～9 片，绿色；内轮花被线形，前端略宽大；雄蕊 8～12 枚，花丝很短，花柱较粗。蒴果球形，花期 4～6 月，果期 8～9 月。

2. **七叶一枝花** 又名华重楼，金线重楼。高 50cm 左右。根状茎横生，较粗壮，棕褐色，表面粗糙，节结明显，有须根。茎圆柱形，光滑无毛，叶片 5～9 片，通常为 7 片，倒卵状披针形、矩圆状披针形或倒披针形，基部通常楔形。顶生 1 朵花，花青紫色或者紫红色，外轮花被 4～7 片，黄色或黄绿色，内轮花被片狭条形，通常中部以上变宽，宽约 1～1.5mm，长 1.5～3.5cm，长为外轮的 1/3 至近等长或稍超过；雄蕊 8～10 枚，花药长 1.2～1.5（～2）cm，长为花丝的 3～4 倍，药隔突出部分长 1～1.5（～2）mm。蒴果近球形，成熟时瓣裂，种子鲜红色。花期 5～7 月。果期 8～10 月。（图 31-1）

图 31-1 重楼原植物

【种质资源及分布】

重楼属 *Paris* L. 全世界约有 10 种，我国有 7 种和 8 变种。根据重楼属植物的性状细分，全世界重楼又可分为 26 种（不包含变种和变型），我国作为重楼的资源分布中心，分布约有 20 种。世界范围内，本属植物主要分布于欧洲和亚洲温带和亚热带地区，除欧洲有少数种类（约 2 种）以外，绝大多数的种类分布在亚洲大陆的温带地区，少数种类分布区到达我国北回归线以南的热带，总的分布区限于北纬 18° 以北至北纬 68° 之间的地域。在我国，重楼有着广泛分布，73% 的种类集中分布在我国西南地区，华南、华北等地区亦有少量种类分布，大部分种类分布范围均狭窄，具有一定的区域性，其范围从南至北涵盖了贵州、广西、西藏、湖南、广东、陕西、甘肃等省地区，蕴藏量最大的地方是云贵高原至邛崃山区，其中以云南省重楼资源最具多样性，分布约 16 种，占全部种类的 62%。总的分布趋势是：重楼种数从云贵高原向东以及向东北呈梯度急剧下降，到黄河以北基本上只有北重楼的分布，宁夏、新疆和青藏高原大部分地区没有重楼的记录（李恒，1988）。湖南产重楼属植物 5 种、6 变种和 1 变型，其中有 2 种凌云重楼 *Paris cronquistii*（Takht. H. Li）、北重楼 *Paris verticillata* M.–Bieb.、3 变种滇重楼 *Paris polyphylla* Smith var. *yunnanensis*（Franch.）Hand.–Mazz.、卵叶重楼 *Paris delavayi* var. *petiolata*（Baker ex C. H. Wright）H. Li、长药隔重楼 *Paris polyphylla* var. *pseudothibetica* H. Li. 和 1 变型（宽叶重楼 *Paris polyphylla* f. *latifolia*（Wang et Tang）H. Li.）为湖南新纪录。

七叶一枝花 *Paris polyphylla* Smith var. *chinensis*（Franch.）Hara 产西藏（东南部）、云南、四川和贵州。生于海拔 1800～3200m 的林下。不丹、锡金、尼泊尔和越南也有分布。

【适宜种植产区】

云南重楼主产于云南，四川，贵州，甘肃等地；七叶一枝花主产于广西，湖北，湖南，福建，江西，江苏，浙江和安徽等地。湖南主要是西南地区有七叶一枝花的种植。

【生态习性】

重楼喜凉爽、阴湿环境，怕霜冻和阳光直射，分布于 700～3600m 的山谷、溪涧边及阔叶林等区域，其天然的生长对生态环境要求十分苛刻，野生重楼大都仅正常生长在原生林或保存较好的次生林内，在遭受破坏后而形成的次生林灌丛中，偶见某些广泛种。天然林下的重楼对海拔、光线、湿度、气候和土壤都有不同程度的要求。就海拔而言，高海拔较低海拔更利于滇重楼植株的生长，其根茎生物量分配比例也会明显提高；就光线而言，重楼属植物喜荫蔽忌阳光直射，因此，微弱的光照即可满足其生长需要，其中低遮光条件（遮光度 50%）将最有利于滇重楼根茎生物量的积累；就湿度和气候而言，重楼属植物喜生于林下暖和、高湿的气候环境，林下的湿度常常达到 60%～90%，因此它们常常集中分布于离沟谷或溪边 5～20m 山坡中下部的阴湿沟谷内，极少见于山脊；就土壤而言，重楼属植物喜生于林下酸性并富含有机质的肥沃砂质土壤中，在高钾含量的土壤中重楼根茎将获得更多的关键成分重楼总皂苷及多糖，土壤的湿度对植株根茎的生长也很关键，相对湿润的土壤（相对含水量 80%±5% 和 100%±5%）更利于植株根茎生物量的累积。

各 论

【栽培技术】

（一）种植地的准备

1. 育苗地选择及整地　重楼育苗地宜选择缓坡地种植，要求灌溉方便，荫蔽。土壤以土层深厚、疏松、富含有机质和腐殖质的沙质黑壤土或红壤土，切忌在贫瘠易板结的土壤中种植。海拔要求至少800m，最适宜为1500～3100m。忌连作，要求选择新地或间隔年限在5年以上地块种植。选好地块后，清除地块中的杂质、残渣，并用火烧净。每亩施入3000～3500kg腐熟农家肥，50kg过磷酸钙，深翻30cm以上，晒垡一个月，以消灭虫卵、病菌，耙细整平，做成120cm宽，20cm高的垄。若地形复杂，不利于起垄整平，也可挖穴移栽。（图31-2）

2. 移栽地选择及整地　重楼喜温，喜湿，喜荫蔽，尤以河边、山沟、背阴

图31-2　重楼药材种植基地

山地种植为宜。其他可参照育苗地进行。

（二）繁殖方法

重楼既可种子繁殖，也可根茎繁殖。种子繁殖的技术要求较高，生长周期较长，但可提供大量的种苗，经济成本相对较低。生产上，繁殖大量种苗时可用种子繁殖，小量种苗可用根茎繁殖。

1. 种子繁殖

①种子采收及贮藏：9～10月，果实裂开后外种皮为深红色时即可采收。洗去果肉，稍晾水分，用赤霉素水溶液处理12小时，捞出晾去水分，将种子摊晾在无太阳直射的室内地板上，摊晾厚度不超过4cm，每日翻动，保持室温3～25℃，待种子干燥后，收集储藏在阴凉处。或用3倍湿沙拌匀，装于托盘内，从14.6～18.9℃进行变温处理。

②种子处理及播种：选择饱满、成熟、无病虫害的种子，种子千粒重要求在12g以上，发芽率不低于80%，净度不低于95%。将其与干净的细沙以2:1混合，搓擦除去外种皮，洗净，并用500倍的多菌灵浸种1小时，埋入湿沙种，2～5℃冷藏半个月，再20℃左右处理半个月，反复4次，直至种子生根后待播。种子播种可按株行距4cm×5cm进行点播，每穴1～2粒种子，播后覆盖腐殖土和草木灰（1:1），覆土厚度3cm，再盖一层细碎草以保水分，这样可极大提高出苗率。种子播种也可撒播或条播。

③育苗管理：种子播种后当年极少出苗，大部分需要待到次年5月左右才能出苗。在杂草高1～2cm时及时拔除，做到田间无杂草。幼苗出苗后，用稀释人畜粪或2%尿素水

溶液浇施，每月一次，直到8月份，可加施0.2%磷酸二氢钾水溶液三次。雨季到来时，对育苗地周围的排水沟应及时清理，保证及时排水。干旱时及时浇水，保持土壤湿润，维持育苗地田间含水量15%～20%。

2. 根茎繁殖　10月至11月挖起地下根茎，选择健壮、无病虫害的完整无损根状茎，再切取有芽头、大小约3cm的根茎做种，其余部分用于加工药材。切段后伤口用草木灰或1%高锰酸钾溶液处理30分钟，晾干，于秋冬季节按行株距7cm×7cm，覆土3cm进行移栽，上覆草保湿。秋冬季节，干旱少雨，有利于切段重楼根茎的伤口愈合。3～5天后浇水，保持土壤湿度65%，75天左右伤口愈合。一般当年不出苗，第二年即可出苗，秋冬倒苗后，即可移栽。

（三）移栽

移栽时间一般为冬季种苗倒苗后的11～12月或翌年的1～2月。将带顶芽的种苗挖出，要求随挖随采，按株行距15cm×20cm进行移栽，移栽时芽头朝上，根部在沟内舒展，注意保护顶芽和须根不受损伤，栽后浇足定根水，以利成活。栽后需要搭建遮阴棚，或间作高秆作物和藤本作物遮阴，遮阴度第一年为80%，第二年为70%，第三年以后保持60%。

（四）田间管理

1. 中耕除草　重楼要求土壤疏松，生长期间勤除草、浅松土。重楼根系较浅，须根较多，浅松表土即可，可每年覆盖1次腐殖土或者火灰土。除草以人工除草为主，避免伤害根系，勤除草，保证田间无杂草，拔除的杂草可以覆盖在植株四周以保湿。

2. 追肥　云南重楼需肥量很大，对氮肥和磷肥的吸收值较高，种植期间每年都要坚持施用追肥和基肥。幼苗期间每年施肥1～2次稀释人畜粪，栽后2年起每年施肥3～4次，每亩施用农家肥1000～1500kg，配施复合肥15～20kg。移栽后每年4～5月期间施用一次农家肥加复合肥，7月份左右施用腐熟农家肥，冬季倒苗后覆盖腐殖土。

3. 排灌　重楼喜潮湿，怕干怕涝，整个生长期注意保持床土湿润。种植地四周开好排水沟，以利排水，排水沟的深度为35cm以上，基本达到雨停水干。进入雨季，及时排水防涝，可以预防根腐病、立枯病等病害。如遇干旱，及时浇水，保证植物的正常生长。

4. 遮阴摘蕾　重楼喜欢阴凉潮湿的环境，怕强光照射和高温。出苗或移栽后要及时遮阴，透光率保持在40%～60%即可，避免强光直射，遮阴方法可以搭荫棚，也可以用草覆盖，或者因地制宜在林下、藤蔓下或高秆植物下种植。对于不留种的植株，由于重楼本身叶片较少，为保证营养的供给，应及时摘除子房，保留萼片。

5. 病虫害防治　以农业防治为基础，冬前深翻土地，开春后清除杂草和枯枝落叶，及时拔除病株、科学施肥、排灌等抑制病虫害的发生和为害。化学防治时要严格控制农药使用浓度，不同机理农药交替使用最佳。重楼常见的病害主要有叶斑病、根腐病、叶枯病，虫害主要有老虎、蛴螬。

①根腐病：主要危害根部，特别是雨水较多时易发病。发病初期是根部出现白色物质，逐渐变成紫红色，最后导致根部腐烂。防治方法：雨季注意疏沟排水，避免积水；整

地时用 70% 敌克松可湿性粉剂 1000 倍液进行土壤消毒。发病初期用 25% 多菌灵可湿性粉剂 1000 倍液喷雾。

②叶斑病：多发生于夏秋季节，特别是高温雨季发病严重。病害从叶尖或叶基开始，产生圆形或近圆形病斑，有时病害蔓延至花轴，形成叶枯和茎枯。防治方法：发现病株及时拔除，收获后清园，将枯枝病残枝集中深埋或烧毁。初期可用 1∶1∶100 波尔多液或 50% 退菌特 400 倍液，每 10 天左右喷一次，连续喷 3~4 次。

③立枯病：4~5 月低温多雨时常发生，发病初期，幼苗基部出现黄褐色水渍状病斑，并向基部周围扩展，致使幼苗枯萎，严重时成片枯死倒苗。防治方法：加强田间管理，进行土壤消毒；发现病害严重病株，及时拔除，集中销毁；发病初期，可用 50% 多菌灵 1000 倍液或 50% 代森锌 800 倍液进行防治，每 7~10 天一次，交替使用。

④菌核病：每年 5 月高温多雨时发生，为害基部，先出现软腐状，后可见病部出现白色丝状物，之后病毒周围出现黑褐色颗粒的病原菌菌核，最后植株全株枯死倒伏。防治方法：多雨季节及时疏沟排水，防止积水；发现少量病株，及时拔除，并向发病中心撒施石灰；发病初期，可用托布津或纹枯立连喷 2~3 次，严重时可用百菌清喷雾。

⑤虫害：重楼主要虫害有蛴螬、地老虎、蝼蛄，主要危害出苗时危害根部和茎部。防治方法：移栽前深翻晒土，杀越冬虫卵；翻耕后每亩用辛硫磷或敌虫克 2kg 与腐熟农家肥拌匀施入，也可每亩 90% 敌百虫 180~200g 拌炒香的米糠 8~10g，撒于田间进行诱杀。

【采收加工】

重楼种子萌发到产生新的种子的整个过程，需要 7 年以上，人工栽培都是采收生长 9 年以上。一般采收时期为秋季倒苗前后至春季 3 月以前。采收选择晴天进行，先割除茎叶，从种植地侧面由浅入深采挖，采挖时尽量避免损伤根茎，保持根茎完好。重楼药材不宜暴晒，放于室内摊晾。或切成 2~3mm 的薄片后放于通风处阴干，也可在 30℃ 左右小火烘干，然后装袋贮存。

【质量要求】

以根茎粗壮、质硬坚实、外皮黄棕、内色粉白、角质较少者为佳（图 31-3）。按照《中国药典》（2015 版）标准，重楼药材质量要求见表 31-1：

表 31-1　重楼质量标准表

序号	检查项目	指标	备注
1	水分	≤ 12.0%	
2	总灰分	≤ 6.0%	
3	酸不溶性灰分	≤ 3.0%	
4	重楼皂苷（$C_{44}H_{70}O_{16}$）、重楼皂苷（$C_{51}H_{82}O_{20}$）、重楼皂苷（$C_{19}H_{42}O_{13}$）和重楼皂苷（$C_{51}H_{82}O_{21}$）总量	≥ 0.60%	HPLC法

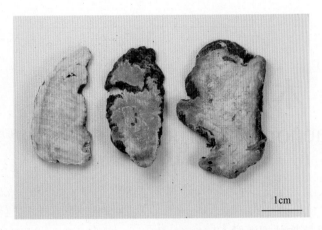

图 31-3　重楼精制饮片

【储藏与运输】

（一）包装

包装材料用干燥、清洁、无异味以及不影响品质的材料制成。包装要牢固、密封、防潮、能保护品质。包装材料应易回收、易降解。包装明确标明品名、重量、规格、产地、批号、日期、编号等。

（二）贮藏

阴凉干燥处贮藏，贮藏温度 25℃ 以下，相对湿度 55% ~ 70%。发现虫蛀、霉变等情况及时用微火烘烤，并筛除虫体碎屑，放凉后密封保存。

（三）运输

运输工具清洁、干燥、无异味、无污染，运输过程中注意防雨、防潮、防暴晒、防污染等，避免与其他货物混装运输，保证药材品质。

【参考文献】

［1］徐益祥. 蚤休本草考证［J］. 时珍国医国药，1999，10（7）：558.

［2］李恒，陈昌祥，丁靖凯. 重楼属植物的化学成分、地理分布及资源评价［J］. 云南植物研究，1988，增刊Ⅰ：38-46.

［3］叶晓霞. 广西重楼属植物分类学研究及资源现状［D］. 桂林：广西师范大学，2010.

［4］胡光万，雷立公. 出自深山的良药—重楼［J］. 植物杂志，2002，3：16.

［5］王印，何忠俊，范茂攀，等. 滇重楼根茎有效成分与土壤钾状况的关系研究［J］. 西南农业学报，2012，25（3）：950-953.

［6］高成杰. 滇重楼生物量分配与环境调控机制研究［D］. 北京：中国林业科学研究院，2015：1-152.

［7］陈翠，康平德，杨丽云，等. 云南重楼栽培技术［J］. 中国园艺文摘，2010，12：182-183.

［8］肖启银，高明文，张桢勇，等. 重楼栽培技术［J］. 现代农业科技，2015，22：95-96.

［9］李绍平，杨丽英，杨斌，等. 滇重楼高效繁育和高产栽培研究［J］. 西南农业学报，2008，21（4）：956-959.

三十二、木瓜Mugua

Chaenomelis Fructus

【来源】

本品为蔷薇科植物贴梗海棠 *Chaenomeles speciosa*（Sweet）Nakai 的干燥近成熟果实。夏、秋二季果实绿黄时采收，置沸水中烫至外皮灰白色，对半纵剖，晒干。蔷薇科 Rosaceae 木瓜属 *Chaenomeles* Lindl. 植物主要有皱皮木瓜 *C. speciosa*、光皮木瓜 *C. sinensis*、毛叶木瓜 *C. cathayensis*、西藏木瓜 *C. thibetica* 和日本木瓜 *C. japonica* 5 种，其中皱皮木瓜是药典收载的药用正品，其他几种为习用品。木瓜为常用抗风湿药，《名医别录》中列为中品，我国大部分地区均有栽培，其中产于安徽宣城的称宣木瓜，品质较好，为道地中药材。木瓜不仅能药食两用，近年来又应用于美容护肤化妆品、保健品行业，具有重要的经济价值及广泛的应用前景。

【别名】

楙《尔雅》；木瓜实《别录》；铁脚梨《清异录》

【植物形态】

落叶灌木，高达 2m，枝条直立开展，有刺；小枝圆柱形，微屈曲，无毛，紫褐色或黑褐色，有疏生浅褐色皮孔；冬芽三角卵形，先端急尖，近于无毛或在鳞片边缘具短柔毛，紫褐色。叶片卵形至椭圆形，稀长椭圆形，长 3 ~ 9cm，宽 1.5 ~ 5cm，先端急尖稀圆钝，基部楔形至宽楔形，边缘具有尖锐锯齿，齿尖开展，无毛或在萌蘖上沿下面叶脉有短柔毛；叶柄长约 1cm；托叶大形，草质，肾形或半圆形，稀卵形，长 5 ~ 10mm，宽 12 ~ 20mm，边缘有尖锐重锯齿，无毛。花先叶开放，3 ~ 5 朵簇生于二年生老枝上；花梗短粗，长约 3mm 或近于无柄；花直径 3 ~ 5cm；萼筒钟状，外面无毛；萼片直立，半圆形稀卵形，长 3 ~ 4mm。宽 4 ~ 5mm，长约萼筒之半，先端圆钝，全缘或有波状齿，及黄褐色睫毛；花瓣倒卵形或近圆形，基部延伸成短爪，长 10 ~ 15mm，

图 32-1 贴梗海棠原植物

宽 8~13mm，猩红色，稀淡红色或白色；雄蕊 45~50，长约花瓣之半；花柱 5，基部合生，无毛或稍有毛，柱头头状，有不显明分裂，约与雄蕊等长。果实球形或卵球形，直径 4~6cm，黄色或带黄绿色，有稀疏不显明斑点，味芳香；萼片脱落，果梗短或近于无梗。花期 3~5 月，果期 9~10 月。（图 32-1）

【种质资源及分布】

木瓜属 Chaenomeles Lindl. 是蔷薇科中的一个小属。Lindl 于 1822 年建立木瓜属，建属初期仅日本木瓜 C. japonica 一种。1890 年，Koehne 将 Thouin 发表在属 Cydonia 内的光皮木瓜 C. sinensis 组合到木瓜属中；Schneid 和 Nakai 也分别于 1906 年和 1929 年将毛叶木瓜 C. cathayensis 和皱皮木瓜 C. speciosa 组合到木瓜属中。1963 年，我国植物分类学家俞德浚发表了西藏木瓜 C. thibetica。至此，木瓜属植物划分为 5 个种：皱皮木瓜 C. speciosa、光皮木瓜 C. sinensis、毛叶木瓜 C. cathayensis、西藏木瓜 C. thibetica 和日本木瓜 C. japonica。王嘉祥等依据木瓜属植物形态特征和用途将其分为 3 类 5 种，即观赏类：单瓣观赏种、复瓣观赏种；药用类：光皮木瓜种、假光皮木瓜种；食用类：皱皮木瓜种。Weber 对 500 多个栽培品种进行了系统归类，以品种的来源把木瓜分为 8 种类型。木瓜属分布于亚洲东部的日本、东南部的缅甸，而我国是木瓜属植物的资源分布中心。

我国木瓜以栽培为主，有少量野生，主要分布于长江流域以南，适宜生长在海拔 2000m 以下温暖湿润山区，背风向阳坡较多。分布华东、华中及西南各地。

【适宜种植产区】

主产安徽、浙江、湖北、四川等地。此外，湖南、福建、河南、陕西、江苏亦产。湖南的桑植、慈利、石门、龙山、保靖和湘乡等地有种植。其中湖北产量大，安徽宣城产习称宣木瓜，湖北长阳产资丘木瓜，质量较佳。

【生态习性】

木瓜春天先花后叶，花繁，艳如桃花，胜似海棠；夏秋结果，果色金黄，满园飘香。适应性较强，对环境要求不严，既可分布或栽培在海拔 3700m 的高山地带，又可栽培在海拔较低的丘陵、平原地区，800~1200m 较适宜皱皮木瓜的生长。喜温暖、湿润、阳光充足的环境，能耐高温和低温，其花粉萌发受温度影响在 15~30℃萌发良好，最适宜温度为 20℃，但低于 5℃时，花粉萌发率及幼苗成活率明显降低。喜雨水，也比较耐旱，不耐涝。木瓜周年生长的各阶段对水分要求较高，但其根系发达，多分布于土壤中上部，长时间积水，易造成根系呼吸困难而导致叶片枯黄、落叶落果，故低洼、积水、隐蔽地带不适宜种植。木瓜生长对土壤要求不高，微酸、微碱或中性土壤中均能正常生长发育，但在较重盐碱地不宜栽培，疏松的沙质土壤比较适合。

【栽培技术】

（一）种植地的准备

1. 育苗地的选择及整地　育苗地宜选择通风、向阳的阳坡或半阳坡栽植，土壤以深厚、肥沃、疏松、有机质丰富的微酸性为最好。育苗地比播种时间提前 1~2 个月,前茬收获后深翻晒土,结合整地,每亩施入腐熟农家肥 2500~3000kg,土壤耙平破碎,使施入的肥料和土壤充分混匀。播前做畦,畦宽 120cm,长 5~10m,沟深 30cm,宽 50cm。(图 32-2)

图 32-2 木瓜种植基地

2. **移栽地的选择及整理** 木瓜适应性较强,宜选土壤肥沃、排灌方便的地块,以砂质壤土为好,也可利用村庄道边、宅旁、田坎、边地等地种植,低洼积水的盐碱地不宜种植。移栽前清除地面植被,深翻整地,晒土,杀灭病虫害。种植地于冬前按照 2m×3m 的株行距挖穴,穴规格为 1m×1m×0.7m,待种。

(二)繁殖方法

木瓜可采用种子繁殖、扦插繁殖、嫁接繁殖和分蘖繁殖等几种方式。

1. **种子繁殖**

①种子采收:选取健壮、无病虫害的植株留种,于 10 月中旬至 11 月初,木瓜的果。当木瓜的果实色泽由浅绿变为深黄,手捏稍有弹性感,整个果实透出浓厚的香味时,标志着果实(种子)已经完全成熟。采下的果实后,用刀将果肉逐块剖开从果核中取出种子。剖果取种时,不能将果实一劈两半,损伤种子。种子取出后摊放在阴凉通风处,把种子表面的黏液风干,摊开的厚度不能超过 6cm,并要定期翻动,以防霉变。或者种子采收后,将种子与湿沙按比例 1:3 混合储藏至播种。

②种子前处理及播种:种子播种可分为秋播和春播,秋播在 10 月下旬,播后当年不

能出苗，翌年春季出苗。春季播种，于2~3月播种。播前将种子进行拣选，除去不合格种子，用温水浸种24小时。播种时将育苗地浅翻10~15cm，耙细整平，如有必要，可覆盖2~3cm的腐殖土。播种可采用点播方式，按行距20~30cm开沟，沟深2~3cm，间距3~6cm，点播种子2~3粒，覆土后稍镇压，浇水，保持土壤湿润，30天左右出苗，用种量每亩2~3kg。

③苗期管理：播种后，地温10℃以上即可开始出苗。出苗后松土、除草、浇水，出苗3个月后可施入稀释人畜粪，保证幼苗的正常生长。育苗一年后即可开始移栽。

2. 扦插繁殖　扦插繁殖也分为秋插和春插，春插于2~3月萌芽前进行，秋插于秋季落叶后进行。一般以春插为主，特别是育苗量较大时。选择2~3年生、健壮、无病虫害、芽体饱满的枝条，剪成带有2~3个节的插条。在整好的苗床上按照株行距10cm×30cm斜插在苗床上，并填土压实，浇足水。覆盖稻草等保持土壤湿润。苗期勤于管理，出苗后勤松土除草。

3. 嫁接繁殖　培育实生苗作为砧木苗，选择丰产优质、生长健壮、抗性强的母树，截取1~2年生、芽体饱满的枝条作为接穗。嫁接方法多采用芽接和枝腹接，芽接为秋接，时间8~9月，枝腹接为春接，时间2月底至3月初。嫁接成活后及时剪砧和抹除砧木萌芽，以便集中养分供应接穗生长。当苗木达到出圃规格后，即可于秋季或春季出圃定植。

4. 分蘖繁殖　选择优质丰产的优良母树，于秋季10~11月或春季2~3月，选择生长健壮，无病虫害，高60cm左右，主干离地10cm左右直径在1.5cm以上的分蘖株移栽。苗木成活后要视墒情及时灌水，视苗木生长情况及时追肥促苗和防治病虫害。

（三）定植造林

木瓜栽植从落叶后至春芽萌动前均可进行，幼苗定植按行株距2m×2m开定植穴，穴宽、深各50cm，每穴施入腐熟厩肥或堆肥5~10kg，盖细土10cm，栽壮苗1株，覆土、浇水，保证成活。造林后，若遇干旱天气，要及时灌溉。在多雨的季节要及时疏沟排水，防止积水烂根。

（四）田间管理

1. 中耕除草　4~5月在木瓜树周围中耕除草一次，7~8月中耕除草一次，成龄树要在杂草易生时中耕除草一次。

2. 大田追肥　大田追肥一年1~3次，第一次是春暖3月份左右，幼树每株施入农家肥15~30kg，结果树施入农家肥30~50kg，并配施复合肥1kg左右，开花前后也可以喷一次0.3%尿素、1%过磷酸钙、0.3%硫酸钾的混合液，以促进果实细胞分裂；盛花期喷0.2%的硼酸或0.3%硼砂，提高坐果率；第二次是盛果期每株施入农家肥15kg，配施尿素250g；第三次是果实采收后，入冬前，每株输入农家肥25~30kg，注意这一次不要施入氮肥，以免树体生长过旺，影响其抗寒能力。施农家肥或者其他有机肥的同时，进行松土，并将树体周边的杂草清理，堆放于树体周围，杂草上面覆盖一些土壤，以利于保湿，越冬时还可以起到保温的作用。

3. 排灌　木瓜抗寒能力强，花期和果实迅速膨大期需连续浇水，果实收获后，冬前浇一次防冻水。雨季注意及时排水。

4. **整形修剪** 树形纺锤形，主干50cm作用，冠幅2～3m。树体主枝10个左右，交错分开，不要重叠。幼树以整形、培养主侧枝为主，疏除叠枝、病虫枝；初果树以培养结果枝为主，疏除部分营养枝，促进发育枝转化为结果枝，减少直立枝，促发侧枝；盛果树保持树形，疏除过密枝、弱小枝和老结果枝，概算通风透光条件，调整营养生长与生殖生长，及时培养结果枝，保证结果量的稳定。

5. **病虫害防治** 木瓜抗病虫害能力较强，只要加强整枝修剪和合理施肥，一般不易发生。常见的病虫害有叶枯病、轮斑病、蚜虫、食心虫等。冬季清洁园地，清除枯枝落叶，集中烧毁、深埋，可有效减少病源。

①叶枯病：该病害由半知菌亚门真菌引起，6月发生严重，7～8月最为严重。发病初期，叶片上出现褐色斑点，后逐渐扩大，变为黑褐色多角型病斑。防治方法：冬春清洁林地，将枯枝病叶烧毁、深埋，减少越冬病源；发病初期可用1∶1∶100倍波尔多液或50%多菌灵可湿性粉剂1000倍液喷雾防治，每7～10天一次，喷雾2～3次。

②锈病：该病害主要为害叶片、叶柄、嫩枝和幼果，叶片发病，先在正面出现枯黄色小点，后扩大成为圆形病斑，病部组织渐变厚，向叶背隆起，并长出灰褐色毛状物，破裂后，散发出铁锈色粉末，幼果发病，导致畸形，发病部位常开裂。防治方法：木瓜园选址应尽量远离松柏树等这些转主寄主；发病初期可用粉锈宁、可杀得、代森锌、多菌灵等进行防治。

③虫害：常见病虫害主要是食心虫、蚜虫、天牛等。防治方法：加强果园管理，及时清除园内落叶、落果，冬前深翻晒土杀虫卵；可用敌杀死、溴氰菊脂、杀灭菊酯、吡虫啉、乐果等进行防治。

【采收加工】

木瓜定植后3～5年开始挂果，7～15年为盛果期。秋季9～10月期间，木瓜果皮呈青黄色接近成熟时采收。采收过早，味淡，折干率低；过迟，果肉松泡，品质差。采收后趁鲜纵剖成2瓣或4瓣，放入开水中烫5分钟左右，也可以放蒸笼蒸10～20分钟，捞出后晒干，或者微火烘干；或者纵剖后直接薄摊在晒席上2～3天，翻过再晒，反复晒至全干。

【质量要求】

以果实均匀、皮舟紫红色、质坚肉厚、为酸涩者为佳（图32-3）。按照《中国药典》（2015版）标准，木瓜药材质量要求见表32-1：

表32-1 木瓜质量标准表

序号	检查项目	指标	备注
1	水分	≤ 15.0%	
2	总灰分	≤ 5.0%	
3	浸出物	≥ 15.0%	
4	齐墩果酸和熊果酸	≥ 0.50%	HPLC法

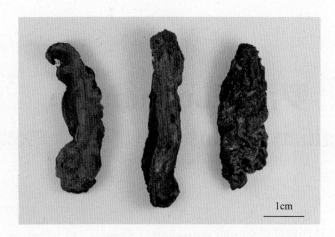

图 32-3　木瓜精制饮片

【储藏与运输】

（一）包装

包装材料用干燥、清洁、无异味以及不影响品质的材料制成。包装要牢固、密封、防潮、能保护品质。包装材料应易回收、易降解。包装明确标明品名、重量、规格、产地、批号、日期、编号等。

（二）贮藏

贮藏与阴凉干燥处，温度低于30℃，相对湿度70%~80%。贮藏期间定期检查，发现虫蛀、霉变等情况及时用微火烘烤，并筛除虫体碎屑，放凉后密封保存。

（三）运输

运输工具清洁、干燥、无异味、无污染，运输过程中注意防雨、防潮、防暴晒、防污染等，避免与其他货物混装运输，保证药材品质。

【参考文献】

［1］张超，陈奉玲，汤兴豪. 木瓜的本草考证［J］. 中草药，1999（30）12：943－944.

［2］王明明，王建华，宋振巧，等. 木瓜属品种资源的数量分类研究［J］. 园艺学报，2009，36（5）：701-710.

［3］王明明. 木瓜属栽培品种的分类研究［D］. 泰安：山东农业大学，2009.

［4］马诗钰，周兰英，蒲光兰，等. 贴梗海棠花粉生活力与贮藏性研究［J］. 北方园艺，2014，（16）：81-85.

［5］刘振岩，李震三. 山东果树［M］. 上海：上海科学技术出版社，1999.

［6］张国华. 木瓜栽培技术［J］. 现代农业科技，2009，21：95.

［7］胡小国. 野木瓜高产栽培技术［J］. 现代农业科技，2010，11：127-128.

［8］刘字平，王启苗. 木瓜栽培技术［J］. 现代农业科技，2007，1：17-18.

三十三、罗汉果 Luohanguo

Siraitiae Fructus

【来源】

本品为葫芦科植物罗汉果 *Siraitia grosvenorii*（Swingle）C Jeffrey ex A. M. Lu et Z. Y. Zhang 的干燥果实。秋季果实由嫩绿色变深绿色时采收，晾数天后，低温干燥。罗汉果是我国广西的特色地方植物，为我国特有。主产于广西，贵州、湖南、广东等地也有分布。广西永福县和龙胜县种植罗汉果历史悠久，其罗汉果产出占全国总产量的百分之九十以上。罗汉果为传统大宗中药材，入药有清热润肺，利咽开音，滑肠通便的功效；而作为国家首批批准的药食两用材料之一，常作为重要组成之一添加于凉茶、喉糖等保健食品中，具有良好的经济价值和广泛的应用前景。

【别名】

拉汗果、假苦瓜《广西药植名录》

【植物形态】

攀缘草本，根多年生，肥大，纺锤形或近球形；茎、枝稍粗壮，有棱沟，初被黄褐色柔毛和黑色疣状腺鳞，后毛渐脱落变近无毛。叶柄长 3~10cm，被同枝条一样的毛被和腺鳞；叶片膜质，卵形心形、三角状卵形或阔卵状心形，长 12~23cm，宽 5~17cm，先端渐尖或长渐尖，基部心形，弯缺半圆形或近圆形，深 2~3cm，宽 3~4cm，边缘微波状，由于小脉伸出而有小齿，有缘毛，叶面绿色，被稀疏柔毛和黑色疣状腺鳞，老后毛渐脱落变近无毛，叶背淡绿，被短柔毛和混生黑色疣状腺鳞；卷须稍粗壮，初时被短柔毛后渐变近无毛，2 歧，在分叉点上下同时旋卷。雌雄异株。雄花序总状，6~10 朵花生于花序轴上部，花序轴长 7~13cm，像花梗、花萼一样被短柔毛和黑色疣状腺鳞；花梗稍细，长 5~15mm；花萼筒宽钟状，长 4~5mm，上部径 8mm，喉部常具 3 枚长圆形、长约 3mm 的膜质鳞片，花萼裂片 5，三角形，长约 4.5mm，基部宽 3mm，先端钻状尾尖，具 3 脉，脉稍隆起；花冠黄色，被黑色腺点，裂片 5，长圆形，长 1~1.5cm，宽 7~8mm，先端锐尖，常具 5 脉；雄蕊 5，插生于筒的近基部，两两基部靠合，1 枚分离，花丝基部膨大，被短柔毛，长约 4mm，花药 1 室，长约 3mm，药室 S 形折曲。雌花单生或 2~5 朵集生于 6~8cm 长的总梗顶端，总梗粗壮；花萼和花冠比雄花大；退化雄蕊 5 枚，长 2~2.5mm，成对基部合生，1 枚离生；子房长圆形，长 10~12mm，径 5~6mm，基部钝圆，顶端稍缢缩，密生黄褐色茸毛，花柱短粗，长 2.5mm，柱头 3，膨大，镰形 2 裂，长 1.5mm。果实球形或长圆形，长 6~11cm，径 4~8cm，初密生黄褐色茸毛和混生黑色腺鳞，老后渐脱落而仅在果梗着生处残存一圈茸毛，果皮较薄，干后易脆。种子多数，淡黄色，近圆形或阔卵形，扁压状，长 15~18mm，宽 10~12mm，基部钝圆，顶端稍稍变狭，两面中央稍凹陷，周围有放射状沟纹，边缘有微波状缘檐。花期 5~7 月，果期 7~9 月。（图 33-1）

图 33-1　罗汉果原植物

【种质资源及分布】

　　罗汉果属（*Siraitia*）植物约 7 种，分布于我国南部、中南半岛和印度尼西亚，我国有 4 种。其中，罗汉果亚属 2 种，包括罗汉果 *S. grosvenorii* 和赤子罗汉果 *S. siamensis*；无鳞罗汉果亚属 2 种，包括无鳞罗汉果 *S. borneensis* 和台湾罗汉果 *S. taiwaniana*。

　　罗汉果为我国特有药用植物，作为药用正品收载于 2015 年版《中国药典》。野生和栽培均有，现多以栽培品为主。主产于广西，其中，桂林的永福、临桂两县为罗汉果的栽培起源中心，种质资源十分丰富。湖南、贵州、广东等地也逐渐有罗汉果的引种栽培，湖南省罗汉果主要栽培于新化、湘西等地区。罗汉果栽培品种主要有青皮果、红毛果、冬瓜果、长滩果、爆棚果等。

【适宜种植产区】

　　我国华南地区广西、贵州、湖南南部、广东和江西等地。

【生态习性】

　　罗汉果垂直分布于海拔 200~1000m 的亚热带地区，一般生长于山谷、溪边，少许长在湿润的山坡上。喜凉爽，生长区域年均气温 18℃左右。在罗汉果生育期（3~10 月）的不同阶段，前期出苗-藤蔓抽生时最适温度为 18℃左右，较低的温度可抑制藤蔓徒长，促进植株强壮，为前期营养生长和后期生殖生长作好铺垫。后期开花-果实膨大充实阶段，所需生长温度升高，以 30℃左右为宜，且昼夜温差大利于罗汉果果实生长。喜多湿多雾气候，在雾天散射光条件下生长良好，生长区域年降水量在 1000~1700mm 范围内，相对湿度大于 80% 为佳。罗汉果适宜栽培在排水较好、有机质丰富、疏松湿润的弱酸性黄、黑壤土和砂土中，5~9 月植株生长最旺盛时期需重点施肥，其中 5 月份以前以缓效性有机肥为主，配施以适量速效性氮素化肥，6~9 月则根据植株的生长发育状况和其叶片的 N、P、K 养分浓度变化，施以适量的 N、P、K 肥料，以促进花芽的分化和果实的膨大。

【栽培技术】

（一）种植地准备

　　1. 育苗地选择及整地　宜选择半阴半阳、土壤肥沃、土质疏松湿润处作育苗地。在头年冬季要翻地，并多次犁耙，每亩施厩肥 2500kg 作基肥。耙平整细，按畦高 20cm、宽

100cm作畦。

2. **种植地选择及整地** 根据罗汉果生长发育对气候、土壤条件的要求，在海拔1000～1200m地区种植宜选择向阳的山坡地，在300～500m地区则宜选择在背阳的北面山坡地，要求排水良好，通风透光，背风向阳的坡地，忌西晒，地层要深厚肥沃、腐殖质丰富、疏松湿润的黄壤或黄红壤。在头年冬季进行全垦30cm，种植前再翻耕一次，按畦高15～20cm，宽130～170cm要求作畦，以待种植。（图33-2）

图33-2 罗汉果种植基地

（二）繁殖方法

罗汉果的繁殖可采用种子育苗、扦插、块茎、压蔓等方法，种子繁殖的实生苗适应性强，但早期不易识别雌雄株；扦插苗成活率低，育苗技术要求较高；块茎和压蔓繁殖的重点在于选择优质、高产、果形好、适应性与抗病性强的优良母株。在生产上，常常用种子繁殖与压蔓繁殖较多。

1. **种子繁殖** 种子育苗选择无病虫害、充分成熟的果实晒干留作种用，翌年清明前后剥开果壳取种，放入水中把种子搓洗净。晾干后，在畦上按行距20cm、深2cm左右开播种沟，把种子均匀地撒在沟内。播种后覆土平畦面，并盖草淋水。第二年春，块茎长至3cm、长5cm时便可种植。

2. **压蔓繁殖** 在植株结果盛期，从中选择高产的单株，作为留种母株。于9月间选择生长粗壮、节间短而且有花蕾的藤蔓作压条进行压蔓。在蔓条的周围地面上挖长25cm、宽15cm、深15cm的土坑，将选择好的蔓条尖部弯曲，平放于坑底，覆土10cm，上盖杂草保湿，干旱时要浇水，经常保持土壤湿润。入土部分 10 ~ 15cm，每坑可压条 5 ~ 10 条，条距 3cm。压蔓 10 天左右开始生根，1 个月后地下形成块茎并逐渐膨大，于冬后藤蔓枯萎，将地下茎挖出置于地窖或阴暗潮湿地用砂藏越冬，待第二年春季取出定植。

（三）移栽定植

1. 种植时间　种植时间是 3 月下旬至 4 月上旬，当土温稳定在 15℃以上时，选择傍晚或阴天种植，避开强烈阳关和降雨天气。种植过早，新梢易受寒害；种植过迟，新梢萌芽迟，植株上棚慢，影响开花结果、降低产量和品质。

2. 种苗选择　种植时应选用壮苗，其标准是：根系发达，苗木粗壮，顶芽嫩而壮，叶片 6 ~ 8 片，且浓绿、肥厚、无病虫害，并经室外炼苗。雌株应选择早花早果、丰产稳产、无大小年、适应性强、品种优良的品种。雄株应选择开花早、花粉多、花期长、适应性强的品种。

3. 定植方法　定植时先于定植点用小锄或小铲刨一定植穴，深度以组培苗营养杯高度一致，种后压实，淋透定根水。距苗 10cm 于 4 角插 4 条 50cm 长的竹竿（棍），最后用两头通的薄膜袋套下，底部周围用土压紧。套袋既能避风保温又能防虫护苗，有效提高种植成活率。待苗长至 20cm 高时，在苗的旁边插上一根高达棚面的长竹条，用于苗蔓攀沿上棚。苗高 50cm 时可将塑料袋撤除。在定植组培苗时应按 100∶2 比例搭配雄株，也可选配无病害的 1 ~ 2 年生雄性种薯苗单独种植。罗汉果组培苗栽植成活率约 95%，栽植时应根据营养杯组培苗的质量预留 5% ~ 6% 的组培苗，并将其转移至口径 12 ~ 15cm 营养杯中，以便及时补苗。

（四）田间管理

1. 设立护苗套，搭建荫棚　移栽幼苗幼嫩，木质化程度低，抗性弱，应在苗木定植处，以苗木为中心，在周围用长 50cm、粗 1.5cm 的 4 根竹竿插成 30m×30cm 的正方形框架，套上尼龙薄膜套，地面处的套口用泥土压住尼龙薄膜 5cm，保护幼苗。当苗木生长至 20 ~ 25cm 并形成木质化程度高的株蔓时，即可除去护苗套。当主蔓长到 30cm 高时应立扶持秆，引导主蔓往上生长。4 月下旬至 5 月上旬，当苗木长至 50cm 左右，应立即搭棚。一般用竹木作支架，棚高 1.7m 左右，棚顶铺放小竹子或树枝，然后在株旁插一条小竹子，以便茎蔓往上攀缘生长。

2. 追肥　罗汉果植株只要气候适宜，生长量大，开花结果多，因此消耗的营养也多，如要达到高产，必须进行合理施肥，满足其生长发育的需要。罗汉果根系发达，吸肥力强，初期施肥过多，易引起徒长。根据这个习性，开花前宜少追肥，开花后可多追肥。一般全年追肥 4 ~ 5 次，施肥方法为在山坡的上方离块茎 25cm 处开半环状沟施下，切勿把肥料施在块茎上。第 1 次追肥：4 月下旬至 5 月中旬，当主蔓长至 30 ~ 40cm 时，每株施沤熟人粪尿 0.5kg 加水 1 ~ 1.5kg。第 2 次追肥：5 月下旬至 6 月上旬，主蔓上棚后追施人粪尿，促使分生侧蔓，提早开花。第 3 次追肥：6 月下旬到 7 月上旬为盛花期，为了提高坐果率，必须加大施肥量，以人粪尿和桐麸为主，并增施磷钾肥。第 4 次追肥：8 ~ 9 月是大批果实迅速发育长大阶段。再施 1 次人粪尿与磷钾肥，促进果实生长，提高产品质量。

3. 扶藤和摘侧芽　苗高 17 ~ 20cm 时，将藤茎上生长出的侧枝摘除，留下主蔓，以利主蔓迅速生长。苗高 30cm 时，用稻草或麻绳将主蔓松松绑在竹子上，帮助茎蔓上棚。上了棚的藤蔓如有掉下，必须及时扶上棚，以利于藤蔓生长。

4. 人工授粉 人工授粉是罗汉果生产的重要技术措施，能提高植株结果率，增加产量。在 6~7 月间植株开花时，每天早晨把开放的雄花摘下。用竹签刮取花粉，轻轻把花粉点放在雌花的柱头上，每朵雄花的花粉可授 10 朵左右的雌花。人工授粉要在上午结束，午后授粉效果差。收集的花粉宜在当天使用，若想留到第二天，必须进行干燥贮藏，否则会丧失发芽力。

5. 病虫害防治 罗汉果主要有花叶病毒病、疱叶丛枝病、根节线虫病、炭疽病等。可通过选用脱毒的组培苗作种苗，克服花叶病毒病、疱叶丛枝病和根结线虫病的危害。罗汉果虫害主要有果实蝇、黄守瓜、蚜虫等。

①花叶病毒病：该病害于 4~10 月发生，5~8 月是危害盛期。该病毒由媒介传播，刺吸式害虫吸食病株汁液后带毒，转吸其他植株汁液时传毒感染。最初表现为叶片部分或整株植物，可形成明显的花叶症状或坏死斑，严重者可产生褐色枯斑，导致植株死亡。防治方法：增施有机肥和磷钾肥，增加抗病能力；未发病前或发病初期，可用吡虫啉类或菊酯类农药防治刺吸式口器害虫，感病后期定期用药治疗，每隔半月用药 1 次，连续 2~3 次；该病毒可用植病灵 800 倍液或宁南霉素 300 倍液或病毒杀星或病毒速克等进行防治。

②炭疽病：该病害易发生 5~7 月，主要为害叶片，有时也可为害花、茎、嫩枝等，甚至可造成植株死亡。防治方法：定期清洁田园，及时扫除病残体；发病初期剪除病叶，并及时烧毁，防止病菌蔓延扩大；可用 50% 退菌特 800~1000 倍或 80% 炭疽福美 600~800 倍或 70% 代森锰锌 500~600 倍或 75% 百菌清 500~800 倍或 50% 多菌灵 800~1000 倍进行防治，每 7~10 天喷施一次，连续喷施 1~2 个月。

③白绢病：该病害常常发生于 5~6 月，高温高湿为发病高峰期。发病初期无明显症状，被害部位逐渐长出绵状白色菌丝体，严重时根茎腐烂，叶片变黄，植株死亡。防治办法：严格消毒种苗；定期清理种植园；发病初期用 1500 倍高锰酸钾溶液灌根，每 3~5 天一次，连用 2~3 次。

④根结线虫：该病害在整个生长期均可发生，6~8 月为危害盛期。由线虫为害引起的一种重要病害，主要为害地下部分的根和块茎，以侧根受害较多。根部受害后膨大形成瘤状的虫瘿，阻断维管束对地上部水分养分的输送，植株生长缓慢，发黄短小，严重时根和块茎腐烂，造成减产或失收。防治办法：深翻晒垄，肥料和种植穴用药剂杀虫灭菌；可用 10% 涕灭威颗粒剂或 5% 克线磷颗粒剂或米乐尔或线虫清等进行防治。

⑤罗汉果实蝇：该虫害易发生于 7~10 月，当果实已生长至 2~3cm 果径时开始危害。防治方法：摘拾病果、落果，集中焚烧；香蕉或苹果剖半后浸糖醋液于果园中，每 1m 放 1 个，果期可诱杀大量成虫；果期用 90% 敌百虫晶体 1000~2000 倍或 80% 敌敌畏 800 倍加 3% 红糖喷杀。

【采收加工】

罗汉果花期长，果实成熟期不一致，应分批采收。一般在授粉后 80~95 天，当果柄自然转黄，果皮颜色由嫩绿色转变成黄绿色，果皮有弹性时，于晴天采收。然后将摘回的鲜果堆放在阴凉通风处 3～5 天，使其完成后熟过程，之后进行分级装箱。分级标准为：果径≥ 7.0cm 为特果，5.7cm ≤果径＜ 7.0cm 为大果，4.7cm ≤果径＜ 5.7cm 为中果，3.0cm ≤果径＜ 4.7cm 为小果，果径＜ 3.0cm 为等外果。剪果、装筐、运输应轻拿轻放，防止损伤果皮。

【质量要求】

以足干、棕褐色，捏之不响、无烂果、味甜者为佳（图 33-3）。按照《中国药典》（2015 版）标准，罗汉果药材质量要求见表 33-1：

表 33-1　罗汉果质量标准表

序号	检查项目	指标	备注
1	水分	≤ 15.0%	
2	总灰分	≤ 5.0%	
3	照水溶性浸出物	≥ 30.0%	
4	罗汉果皂苷 V（$C_{60}H_{102}O_{29}$）	≥ 0.50%	HPLC 法

图 33-3　罗汉果精制饮片

【储藏与运输】

（一）储藏

罗汉果受潮后极易生虫和发霉，故应贮藏于通风、干燥处。为防止生虫和发霉，贮前对罗汉果进行筛除，去除杂质，对保管有利。发现发霉或者有虫害，要及时晾晒。定期检查药材的贮存情况。

（二）运输

药材运输时，避免与有毒、有害、易串味物质混装。注意运载容器通气性，应有防潮措施。药材仓库也应通风、干燥、避光，安装空调及除湿设备，防鼠、虫、禽，定期检查，同时应谨慎的选用现代贮藏保管新技术、新设备。

【参考文献】

［1］陈继富，田启健，兰家泉. 湘西地区罗汉果组培苗规范化高产栽培技术［J］. 中国果菜，2011，06：17-19.

［2］孙宗喜. 不同罗汉果品种生长动态、产量、质量生长性状及其适应性栽培研究［D］. 武汉：中国科学院武汉植物园，2006.

［3］韦荣昌，唐其，马小军，等. 罗汉果种质资源及培育技术研究进展［J］. 广东农业科学，2013（22）：38-41，47.

［4］戴俊. 罗汉果种质资源的DNA指纹图谱研究［D］. 桂林：广西师范大学，2010.

［5］张碧玉，周良才，覃良，等. 罗汉果生物学特性初步研究［J］. 广西植物，1981，1（2）：45-49.

［6］漆小雪，李锋，韦霄. 罗汉果生长动态与叶片矿质营养的研究［J］. 广西植物，2005，25（6）：602-606.

［7］石天广. 罗汉果优质高产栽培技术［J］. 南方农业，2016，10（18）：54-56.

［8］赵洋. 罗汉果生产操作规程研究［J］. 现代中药研究与实践，2006，20（3）：15-17.

［9］杭玲，苏国秀，夏阳升，等. 罗汉果组培苗栽培技术［J］. 广西农业科学，2003，06：70-72.

［10］邓荫伟，李洁荣，盘中林. 罗汉果优质丰产栽培技术［J］. 林业科技开发，2006，04：61-64.

三十四、荆芥 Jingjie

Schizonepetae Herba

【来源】

本品为唇形科植物荆芥 Schizonepeta tenuifolia Briq. 的干燥地上部分。夏、秋二季花开到顶、穗绿时采割，除去杂质，晒干。荆芥为常用中药，全草富含芳香油，具有特殊香味。最早以"假苏"一名首载于《神农本草经》，被列为中品，"荆芥"一名始见于《吴普本草》。荆芥味辛、微苦，性微温，归肺、肝经。具有祛风、解表、透疹、止血功能，多用于治疗风寒感冒、咽喉肿痛、疔疮疥癣、湿疹、荨麻疹、皮肤瘙痒以及吐血、便血、崩漏等。

【别名】

假苏、鼠蓂《神农本草经》；姜苏《吴普本草》；稳齿菜《滇南本草》；四棱秆蒿《中药志》

【植物形态】

荆芥为一年生草本，具有强烈香气。茎高 0.3~1m，四棱形，多分枝，被灰白色疏短柔毛，茎下部的节及小枝基部通常微红色。叶通常为指状三裂，大小不等，长 1~3.5cm，宽 1.5~2.5cm，先端锐尖，基部楔状渐狭并下延至叶柄，裂片披针形，宽 1.5~4mm，中间的较大，两侧的较小，全缘，草质，上面暗橄榄绿色，被微柔毛，下面带灰绿色，被短柔毛，脉上及边缘较密，有腺点；叶柄长约 2~10mm。花序为多数轮伞花序组成的顶生穗状花序，长 2~13cm，通常生于主茎上的较长大而多花，生于侧枝上的较小而疏花，但均为间断的；苞片叶状，下部的较大，与叶同形，上部的渐变小，乃至与花等长，小苞片线形，极小。花萼管状钟形，长约 3mm，径 1.2mm，被灰色疏柔毛，具 15 脉，齿 5，三角状披针形或披针形，先端渐尖，长约 0.7mm，后面的较前面的为长。花冠青紫色，长约 4.5mm，外被疏柔毛，内面无毛，冠筒向上扩展，冠檐二唇形，上唇先端 2 浅裂，下唇 3 裂，中裂片最大。雄蕊 4，后对较长，均内藏，花药蓝色。花柱先端近相等 2 裂。小坚果长圆状三棱形，长约 1.5mm，径约 0.7mm，褐色，有小点。花期 7~9 月，果期在 9 月以后。

【种质资源及分布】

荆芥 Schizonepeta tenuifolia Briq. 为唇形科 Labiatae 野芝麻亚科 Lamioideae 裂叶荆芥属 Schizonepeta Briq. 植物。全属共 3 种及 1 变种，分别为小裂叶荆芥 Schizonepeta annua

（Pall.）Schischk.、多裂叶荆芥 *Schizonepeta multifida*（L.）Briq.、及荆芥 *Schizonepeta tenuifolia*（Benth.）Briq. 及其变种 *Schizonepeta tenuifolia*（Benth.）Briq. var. *japonica*（Maxim.）Kitagawa。其中前 2 种产前苏联西伯利亚及蒙古，1 变种产日本；我国 3 种均产。

荆芥适应能力强，性喜阳光，常生长在温暖湿润环境下的山坡路边或山谷、林缘，海拔 540～2700m。自然分布于黑龙江、辽宁、河北、河南、山西、陕西、甘肃、青海、四川（城口、南川）、贵州诸省，浙江、江苏、福建、云南、安徽、河北、湖南、湖北等省均有栽培。朝鲜也有分布。临床多采用栽培品，其中河北安国和浙江萧山最为有名。

【适宜种植产区】

荆芥适应性较强，我国南北各地均可栽培。主产于江苏、浙江、安徽、河北、湖南、湖北等省。

【生态习性】

荆芥喜温暖湿润气候，生于山坡路旁或山谷，林缘。海拔在 540～2700m 之间。多栽培，亦有野生。种子在 15～20℃时可萌发，最适萌发温度为 25～30℃，对光照无明显要求。种子寿命为 1 年。春、秋两季均可播种，但以春播为好。春播于 3～5 月，秋播于 9～10 月。荆芥除早春需进行育苗外，生产上多以露地种子直播为主。在土壤有足够水分的情况下，种子在地温 19～25℃时，6～7 天就会出苗；在 16～18℃时，需一天出苗。幼苗能耐 0℃左右的低温，但 0℃以下会出现冻害。荆芥苗期喜潮湿，怕干旱和缺水。成苗期喜较干燥的环境，雨水多则生长不良，即使短期积水也有死亡现象。对土壤要求不严，在轻度盐碱地、庭院及瘠薄地上都能生长。但选地时以肥沃、有一定浇水条件，向阳湿润、排灌方便、疏松肥活的砂质壤土为好，前茬以花生、棉花、地瓜等地为好。低洼积水地、黏重的土壤或易干旱的粗沙地不宜种植，不宜连作。

【栽培技术】

（一）种植地准备

种植地宜选择地势平坦、水源方便、土层深厚、肥沃疏松的砂质壤土或壤土。荆芥种子细小，整地时应精耕细作，达到上松下紧，提高种子出苗率和保肥保水能力。深翻 25～30cm，每亩施入腐熟的厩肥或堆肥 1200～1500kg，粉碎大块土，反复细耙整平，做成宽 1.3m，高约 10cm 的畦。施肥时可视土地贫瘠与否，适当增施有机肥。

（二）繁殖方法

1. 留种与种子采集　选择生长健壮、无病虫害、穗多而密的单株或区块作留种母株或区块，收种时间较药材采收晚 15～20 天，一般于当年 10 月份待植株呈红色、种子充分成熟、籽粒饱满时，将果穗剪下、晒干，去掉茎叶杂质后，晾干、脱粒，干燥备用。荆芥种子呈深褐色或棕色，为卵形或椭圆形，寿命为 1 年。

2. 种子处理　播种前对种子进行选种与晒种，除去杂质。用 35～37℃温水浸 4～8 小时，浸种后种子晾干掺细土，种子与细土比例 3∶1，拌匀后备用。

3. 播种时间　春、秋两季均可进行。春播在 3 月下旬至 4 月上旬；秋播于 9~10 月，以春播为好。最好选小雨后、土壤松软时播种。若遇干旱天气，播前应浇水或浇稀薄人、畜粪水湿润后再播，以利于出苗。

4. 播种方法　荆芥播种分直播和育苗移栽，直播分条播、点播、撒播，以条播为好，便于管理。直播每亩用种量为 0.5~0.75kg，育苗移栽每亩用种量约 1.0kg。

①直播：按行距 26~30cm 开 4.5cm 深的浅沟，将种子均匀地播入，覆土厚 0.6~0.8cm，以不见种子为度，稍镇压，如果土壤干燥，可适量浇水，保持土壤湿润。

②育苗移栽：早春解冻后立即播种。播种方法类似条播，将行距缩小至 12~15cm，开浅沟，将种子均匀地撒入沟内，稍加镇压后浇水，并盖草保湿，雨后揭去盖草。当苗高 12~17cm 时，即可起苗移栽，按行株距为 15（~18）cm×6（~9）cm，每窝 3~4 株栽苗，随后覆土压实。适当浇水，保持土壤湿润，以利植株成活。

（三）田间管理

1. 间苗和补苗　直播的在苗高 7~10cm 时进行间苗，以株距 7~10cm 留壮苗 1 株，如有缺苗，应及时带土补苗。育苗移栽要培土固苗，如有缺株，也应及时补苗。

2. 排水与灌溉　荆芥苗期需水量较大，应经常浇水以保持土壤湿润，干旱时需及时灌水，以利生长。成株后抗旱能力增强，但忌水涝，雨季应及时疏沟、排除积水。

3. 除草　直播地在苗高 5~10cm 时，结合间苗或定苗进行浅松表土和拔除杂草，中耕要浅，以免压倒幼苗。直播后 1 个月封行，之后不再中耕，见草拔除即可；移栽大田后的荆芥，于幼苗成活后及苗高 30cm 时进行中耕除草。

4. 追肥　荆芥需肥量较大，追肥以有机肥为主。在苗高 10cm 时每亩追施人粪尿 1000~1500kg；在苗高 20cm 时每亩施人粪尿 1500~2000kg；在苗高 30cm 以上时，每亩撒施腐熟饼肥 55kg，为使荆芥秆壮穗多，可配施少量磷、钾肥。

5. 病虫害防治

①病害：荆芥常见病害有立枯病、茎枯病和黑斑病，危害茎、叶和花穗，要及时防治，可选择多菌灵粉剂喷施防治，也将病株拔出、集中烧毁。荆芥成株后水涝易发生根腐病、枯萎病，因此在雨季一定要做好田间排水工作。

②虫害：虫害主要有地老虎、银纹夜蛾，主要危害荆芥的根和叶。防治方法：用敌百虫喷杀防治或采用生物防治。

【采收加工】

春播的于当年 8~9 月收割；秋播的于第 2 年 5 月下旬至 6 月上旬收获。当花盛开、花序下部有 2/3 已经结籽、果实变黄褐色时，选晴天，贴地面割取或连根拔取全株。加工收割后直接晒干。若遇阴雨天气则用文火烤干，温度控制 40℃ 以下，不宜用武火。

【质量要求】

以色淡黄绿、穗长而密、香气浓者为佳（图 34-1）。按照《中国药典》（2015 版）标准，荆芥药材质量要求见表 34-1：

表 34-1　荆芥质量标准表

序号	检查项目	指标	备注
1	水分	≤ 12.0%	
2	总灰分	≤ 10.0%	
3	酸不溶性灰分	≤ 3.0%	
4	挥发油	≥ 0.6%	挥发油测定法
5	胡薄荷酮（$C_{10}H_{16}O$）	≥ 0.02%	HPLC法

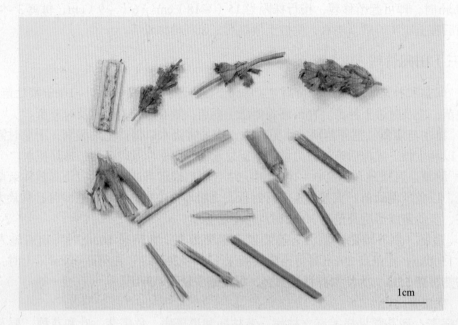

1cm

图 34-1　荆芥精制饮片

【储藏与运输】

（一）储藏

　　晾干后的荆芥药材即可包装贮运。要放置通风阴凉处，适宜温度 28℃ 以下，相对湿度 68% ~ 75%，商品安全水分 11% ~ 14%。夏季最好放在冷藏室，防止生虫、发霉。贮藏期应定期检查，消毒，保持环境卫生整洁，经常通风。发现轻度霉变、虫蛀，要及时翻晒。

（二）运输

　　运输工具或容器应具有良好的通气性，以保持干燥，并应有防潮措施，尽可能地缩短运输时间；同时不应与其它有毒、有害及易串味的物质混装。药材运输包装必须有明显的运输标识，包括收发货标志和包装储运指示标志。

【参考文献】

［1］袁久荣，丁作起，周方敏，等. 荆芥的本草考证［J］. 中草药，1996（5）：258-260.

［2］中国科学院《中国植物志》编委会. 中国植物志［M］. 北京：科学技术出版社，1977（2）：268.

［3］赵立子，魏建和. 中药荆芥的最新研究进展［J］. 中国农业通报，2013（4）：39-43.

［4］齐艳华，客绍英，陈玉芹，等. 荆芥种子萌发及无土栽培研究［J］. 中草药，2001（10）：936-937.

［5］高峰. 荆芥种质资源评价与种子质量标准研究［D］. 北京：中国中医科学院，2007.

［6］刘红彬. 施肥对荆芥生育特性及总黄酮含量的影响［D］. 保定：河北农业大学，2006.

［7］李娜. 药用植物种子形态结构及贮藏特性的研究［D］. 北京：中国中医科学院，2008：.

［8］王文敏. 荆芥栽培技术［J］. 北京农业，2007（10）：18.

［9］韩春梅. 荆芥的采收加工及留种技术［J］. 四川农业科技，2011（02）：48.

［10］徐绍峰. 荆芥高产栽培技术［J］. 中国果菜，2012（05）：20-21.

三十五、天冬 Tiandong
Asparagi Radix

【来源】

本品为百合科植物天冬 *Asparagus cochinchinensis*（Lour.）Merr. 的干燥块根。秋、冬二季采挖，洗净，除去茎基和须根，置沸水中煮或蒸至透心，趁热除去外皮，洗净，干燥。天冬首载于《神农本草经》，列为上品。性寒，味甘、苦，归肺、肾经，含甾体皂苷、多糖、氨基酸等多种活性成分，具有养阴润燥、清肺生津的功效。天冬是我国传统出口的大宗中药材，广泛分布于华东、中南、西南及河北、山西、陕西、甘肃、台湾等地区。天冬中药资源以野生为主，人工栽培品种正逐步兴起。

【别名】

大当门冬《中药大辞典》

【植物形态】

天冬为多年生常绿、半蔓生草本，全株无毛。块根肉质，簇生，长椭圆形或纺锤形，长 4~10cm，灰黄色。茎基部木质化，多分枝丛生下垂，长 80~120cm。叶退化成鳞片，先端长尖，基部有木质倒生刺，刺在茎上长 2.5~3.0mm，在分枝上较短或不明显。花多白色，多 1~3 朵簇生叶腋，单性，雌雄异株，雄花花被片 6，雄蕊稍短于花被，花丝不贴生于花被片上，花药卵形；长约 0.7mm；雌花与雄花大小相似，具 6 个退化雄蕊。浆果球形，径约 6mm，熟时红色，内具种子 1 颗，球形，黑色。花期 5~7 月，果期 8 月。（图 35-1）

图 35-1　天冬原植物

【种质资源及分布】

天冬 *Asparagus cochinchinensis*（Lour.）Merr. 为百合科 Liliaceae 天门冬属 *Asparagus* L. 植物。该属植物为多年生草本或半灌木，目前共发现 300 余种，除美洲外在全世界温带至热带地区均有分布。我国有天门冬 20 余种，广泛分布于华东、中南、西南及河北、山西、陕西、甘肃、台湾等地区。各地药用或经证实具有一定药理作用的天门冬属植物主要

有天门冬 *Asparagus cochinchinensis*（Lour.）Merr.、羊齿天门冬 *Asparagus filicinus* D. Don、短梗天门冬 *Asparagus lycopodineus*（Baker）Wang et Tang、石刁柏 *Asparagus officinalis* L.、非洲天门冬 *Asparagus densiflorus*（Kunth）Jessop、文竹 *Asparagus setaceus*（Kunth）Jessop、南玉带 *Asparagus oligoclonos* Maxim.、龙须菜 *Asparagus schoberioides* Kunth、兴安天门冬 *Asparagus dauricus* Fisch. ex Link、小叶天门冬 *Asparagus polyphyllus* Stell. 等十余种。其中，羊齿天门冬在某些地区曾与天门冬混用，但天门冬 *Asparagus cochinchinensis*（Lour.）Merr. 是上述中唯一收录于国家药典的种，也是商品中的主流种。

天门冬喜温暖，不耐严寒，忌高温。生于阴湿的山野林边、山坡草丛或丘陵地带灌木丛中；分布于老挝、朝鲜、越南、日本以及中国大陆的河北、河南、华东、山西、甘肃、陕西以及西南等地，湖南省野生天门冬主要分布于衡阳、邵阳、怀化、永州等地区。市场对天东门药材的需求曾以采挖野生资源为主，但随着天然药材的需求剧增，天门冬野生资源已经逐渐枯竭。华南地区贵州、广西、四川、云南等省份开始人工种植天门冬，栽培品的出现缓解了天门冬药材的需求压力。以广西为例，作为天门冬药材的重要产地之一，天门冬年交易量达 1000 吨，其中栽培占 25%。

【适宜种植产区】

天冬主产于贵州、四川、广西、云南等省区，陕西、甘肃、安徽、湖北、湖南、河南、江西等省亦产。

【生态习性】

野生天门冬在广西通常分布于海拔 1000m 以下的阴湿的山野林边、山坡草丛或丘陵地带的灌木丛中。喜冬暖夏凉的气候环境，不耐严寒，适合在年平均气温 18～20℃、无霜期 180 天以上的地区生长，在年降水量 1000mm 左右，空气相对湿度 75% 以上，土壤相对湿度 70% 左右，透光度 40%～50% 的环境下、具有散射光的生境中生长良好。天门冬苗忌阳光直射，如受强光直射，植株则枯黄，苗期需适度遮荫。天门冬块根比较发达，入土深达 40～50cm，喜肥，在土层深厚、疏松肥沃、湿润且富含腐质、排水良好、pH 值中性或近中性的坡地壤土、砂质土上生长良好，过黏或过于瘠薄的土质下生长不良，栽培以黑色砂质土最佳。该土质有利于促进天门冬根系土壤酶活性，提高土壤微量元素的利用率，从而促进天门冬块根的生长和发育。种子不耐贮藏，宜采收后即播或及时用湿沙贮藏至凉爽低温处，种子寿命约 1 年，隔年陈种子不宜使用。

【栽培技术】

（一）种植地选择及整地

天冬是块根发达植物，入土深达 50cm，宜选择土层深厚、疏松、肥沃、湿润，排水良好，富含腐殖质的砂质壤土种植。深翻 30～50cm，进行多次犁耙，使土层疏松、细碎。如种在林地应选混交林或稀疏的阔叶林，也可在农田与玉米、蚕豆等作物间作。播前深翻土地，施足基肥，每亩施厩肥 2500～3000kg，整细耙平后，作成 1.3m 宽的平畦，畦高约 20cm。

（二）繁殖方法

天门冬常用繁殖方式有种子育苗和分根繁殖，种子育苗繁殖生长缓慢，不常用；分根繁殖可以缩短生产年限，植株块根形成快，产量高，为常用生产方法。

1. 种子繁殖

①留种与采收：天冬是雌雄异株植物，一般自然情况下，雌雄比例为 1∶2 左右。一年生的天冬苗栽培 3 年后可以开始结籽，采用分株繁殖栽培的 1 ~ 2 年后可以结籽，但种子的产量不高。由于人工栽培后的天冬比野生的集中，留种地的天冬雌雄比例可以保持在 2∶1 左右。对雌株应增施肥料，勤加管理，使之生长旺盛，以利多结种子，天冬种子每千克有 2 万粒左右。每年 8 ~ 9 月，当天冬果实由绿色变成黄色或红色，种子成为黑色后即可采收。然后将其堆积发酵，稍腐后用水洗去果肉，选取粒大而充实者作播种用。

②种子播种：天冬种子采收后应立即播种。翻地整畦后开横沟，沟距 25cm，深 5 ~ 6cm，播幅 10cm，将种子均匀撒在沟内，每亩地用种量 5 ~ 6kg，播后盖细土 2 ~ 3cm，上面再盖稻草保温保湿。

③播后管理：天冬播种后，在 20 ~ 25℃时，经 15 天左右即可出苗。出苗后及时揭去盖草，搭棚遮荫，稍后要拔草、施肥，经过一年的培育即可移栽。

2. 分根繁殖

①繁殖时间：在秋季 10 月或春季未萌芽以前进行。

②种根选择及处理：采挖天门冬块根，选择个头大、芽头粗壮、无病虫害的根头留种。将每株至少分成 3 簇，每簇有芽 2 ~ 5 个，带有 3 个以上的小块根。切口要小，并抹上石灰以防感染，在室内通风处摊晾 1 天后即可种植。

③栽种方法：按行距 50cm、株距 24cm 开穴。定植时将块根向四面摆匀，并盖细土压紧。可先栽 2 行天门冬，预留间作行距 50cm，再栽 2 行天门冬。预留的行间，每年都可间作玉米或蚕豆。

（三）田间管理

1. 中耕除草　天冬生长期间需要锄草，松土 4 ~ 5 次，每次松土不宜太深，以免伤及块根。第一次在 3 ~ 4 月，以后可视杂草生长情况和土壤的板结程度决定除草的次数。

2. 搭架与修剪　天冬为半蔓生植物，长至第二年后，生长较为迅速。当茎蔓长到 50cm 左右时，要设立支架或支柱，使藤蔓缠绕生长，以利茎叶生长和田间管理。当叶状枝出现过密及病枝、枯枝时，应适当修剪疏枝。

3. 追肥　合理追肥是天冬高产的栽培技术之一。第一追肥在种植后苗高约 40cm 进行，每亩施入稀薄人畜粪水 1000kg。之后每年在化冻萌芽前，每亩施厩肥 2500 ~ 3000kg，用四齿划土，使粪土均匀混合；6 月下旬或 7 月上旬可追施稀粪水 1 次或每亩沟施复合肥 10kg，覆土后浇水；10 月施 1 次冬肥，每亩施厩肥、草皮灰混合肥 2000kg，过磷酸钙 30 ~ 40kg，以促进来年根肥苗壮。

4. 病虫害防治　天门冬虫害主要是红蜘蛛和蚜虫，应注意冬季清园，将枯枝落叶深理或烧毁。天门冬病害主要为根腐病，多是由于土质过于潮湿或被地下虫害咬伤或培土肥施碰伤所致。提前做好园内排水工作，在病株周围撒些生石灰粉，可有效防治根腐病。

【采收加工】

（一）采收

定植后 2~3 年就可采收，若种植 4~5 年收获，产量更高。于 11 月至翌年早春 2 月，割去蔓茎，挖出全株，将直径 3cm 以上的粗块根作药，留母根及小块根作种用。据试验，栽 4 年比栽 3 年的根产量要增加 1 倍以上，故以栽 4 年收获为宜。

（二）加工

洗去泥沙，放在沸水内煮 12 分钟左右，到易剥皮时即可，用利刀或手将内外 2 层皮一次性剥净，用清水洗去外层胶质，再烘或晒至全干。

【质量要求】

以干净、淡黄色、条粗肉厚、半透明为优（图 35-2）。按照《中国药典》（2015 版）标准，天冬药材质量要求见表 35-1：

表 35-1　天冬质量标准表

序号	检查项目	指标	备注
1	水分	≤ 16.0%	
2	总灰分	≤ 5.0%	
3	醇浸出物	≥ 80.0%	

图 35-2　天冬精制饮片

【储藏与运输】

（一）储藏

天冬含糖分较高，极易生虫和发霉，保管时特别要注意防虫。用竹篓或木箱内垫防潮纸包装贮运，防止受潮发霉。库房务必保持干燥，注意通风、干燥、避光。气候湿润地区，最好有空调及除湿设备，以防害虫侵入和湿气影响，达到防止霉变的目的。

（二）运输

运输时不应与其他有毒、有害特品混装，要有较好通气性，以保持干燥，遇阴雨天，应严密防潮。药材运输包装必须有明显的运输标识，包括收发货标志和包装储运指示标志。

【参考文献】

［1］张天友，秦松云. 四川天门冬属植物资源［J］. 资源开发与市场，1992，8（4）：268-269.

［2］曾桂萍，刘红昌，张先. 贵州天门冬适生环境的调查研究［J］. 贵州农业科学，2010（2）：48-50.

［3］张天友，秦松云. 四川天门冬属植物资源［J］. 资源开发与保护，1992（4）：268-269.

［4］温晶媛，李颖，李群欢，. 中国百合科天门冬属九种药用植物的药理作用筛选［J］. 上海医科大学学报，1993（2）：107-111.

［5］黄宝优，韦树银，马小军，等. 广西天门冬种质资源调查报告［J］. 中草药，2011（10）：161-163.

［6］韦荣昌，韦树银，唐其，等. 天门冬种植技术［J］. 江苏农业科学，2014（1）：216-217.

［7］姚元枝，欧立军. 不同土壤对天门冬生长的影响［J］. 中药材，2015（1）：234-236.

［8］费曜. 天冬规范化种植（GAP）研究［D］. 成都：成都中医药大学，2004.

［9］徐鸿涛，白勇涛. 药用植物天冬栽培技术［J］. 中国林副特产，2011（06）：61-62.

［10］张萃蓉，曾维群，韩建华，等. 天冬高产栽培技术总结［J］. 中药材，1991（02）：7-8.

［11］谭金华，谭林彩. 天冬栽培技术［J］. 农家之友（理论版），2008（06）：14-31.

［12］吴华，单秀梅. 天门冬人工栽培技术［J］. 中国林副特产，2012（04）：76-77.

三十六、桔梗Jiegeng
Platycodonis Radix

【来源】

本品为桔梗科植物桔梗 *Platycodon grandiflorum*（Jacq.）A. DC. 的干燥根。春、秋二季采挖，洗净，除去须根，趁鲜剥去外皮或不去外皮，干燥。桔梗始载于《神农本草经》，列为下品。《本草纲目》记载"此草之根结实而梗直，故名桔梗"。味苦、辛，平，归肺经，具有清肺、利咽、祛痰、排脓的功效。桔梗既是一传统大宗中药材，年需求量约6000吨以上；同时也是一种药、食、观赏兼用的经济植物，其作为新型保健型蔬菜大量出口日、韩、东南亚各国，需求量逐年上涨。桔梗原产于我国及朝鲜和日本，在国内有着广泛的分布。

【别名】

符蔰、白药、利如、梗草、卢如《吴普本草》；房图、荠苨《别录》；苦梗《丹溪心法》；苦桔梗《本草纲目》；大药《江苏植药志》

【植物形态】

桔梗为多年生草本植物，茎高 20~120cm，通常无毛，偶密被短毛，不分枝，极少上部分枝。叶全部轮生，部分轮生至全部互生，无柄或有极短的柄，叶片卵形，卵状椭圆形至披针形，长 2~7cm，宽 0.5~3.5cm，基部宽楔形至圆钝，顶端急尖，上面无毛而绿色，下面常无毛而有白粉，有时脉上有短毛或瘤突状毛，边缘具细锯齿。花单朵顶生，或数朵集成假总状花序，或有花序分枝而集成圆锥花序；花萼筒部半圆球状或圆球状倒锥形，被白粉，裂片三角形，或狭三角形，有时齿状；花冠大，长 1.5~4.0cm，蓝色或紫色。蒴果球状，或球状倒圆锥形，或倒卵状，长1~2.5cm，直径约1cm。花期 7~9 月。（图36-1）

【种质资源及分布】

桔梗 *Platycodon grandiflorum*（Jacq.）A. DC. 为桔梗科 Campanulaceae 桔梗属

图 36-1　桔梗原植物

Platycodon A. DC. 植物，该属植物仅一种。

桔梗为广布种，在中国、前苏联远东地区、朝鲜半岛、日本列岛均有分布。在我国，桔梗分布广泛，大部分省区均有分布，分布范围在北纬 20°~55°、东经 100°~145°。野生桔梗主要分布在黑龙江、吉林、辽宁、内蒙古、河南、河北、山东、山西、陕西、安徽、湖南、湖北、浙江、江苏等省区，四川、贵州、江西、福建、广东、广西等省区也有分布。栽培桔梗主产于安徽太和、滁县、六安、阜阳、安庆、巢湖；河南桐柏、鹿邑、南阳、信阳、新县、商城、灵宝；四川梓橦、巴中、中江、间中；湖北薪春、罗田、大悟、英山、孝感；山东泗水；辽宁辽阳、凤城、岫岩；江苏吁胎、连云港、宜兴；浙江磐安、嵊县、新昌、东阳；河北定星、易县、安国；吉林东丰、辉南、通化、和龙、安图、汪清、龙井。

文献记载，野生桔梗以东北三省和内蒙古产量最大，栽培桔梗以河北、河南、山东、安徽、湖北、江苏、浙江、四川等省产量较大。野生桔梗以东北的质量最佳，而栽培的桔梗目前认为以华东地区的质量较好。商品药材以东北和华北产量大，以华东地区品质好。

【适宜种植产区】

南北皆适于种植，以东北、华北产量较大，称为"北桔梗"，以华东地区产品质量最佳，称为"南桔梗"，主产安徽、河南、湖北、辽宁、吉林、河北、内蒙古等省。

【生态习性】

桔梗性喜温暖、凉爽湿润的气候，在阳光充足的环境中生长良好，耐寒、耐旱，不耐荫。多生长于海拔 2000m 以下的荒山草丛、灌丛间，生于阳处。在 10~20℃的环境中都能生长，要求年平均温度 11~12.5℃。播种期（3月下旬至5月）温度达 17℃以上开始发芽，18~25℃出苗速度加快，但种子发芽率不高，且发芽周期长，易造成种子发霉，继而失去发芽力；生长旺盛期（7~9月）最适温度 18~20℃，气温高于 35℃或低于 20℃生长受到抑制，气温降至 10℃以下时，地上部分开始枯萎，根在 -15℃的情况下可安全过冬。生长期内要求年无霜期大于 190 天，≥0℃积温 4000℃。桔梗喜湿润但怕水涝，要求年降水量 700~800mm，播种期降水量 20~25mm，才能保证正常出苗，开花期降水量大于 25mm，授粉正常，旺盛生长期降水量大于 350mm，能够满足正常生长要求，若降水过多，遇大风天气，易出现倒伏现象，影响根茎生长。桔梗是喜光植物，要求年日照时数大于 1800 小时，日日照时数 7~8 小时为宜。桔梗为深根性植物，对土壤气候适应性强，适宜生长的土壤类型也多种多样，主要有农田土、森林腐殖土、砂石土以及岩石缝隙等阳光比较充足的地方，尤其适宜在土层深厚、有机质含量高、排水良好、土质疏松的砂质壤土上生长，黏土、沼泽地、盐碱地不利于其生长。

【栽培技术】

（一）种植地准备

1. 选地及整地　种植地宜选择土层深厚、肥沃、疏松、地下水位低、排灌方便和向阳、背风的缓坡地或平地，前茬作物以豆科、禾本科作物为宜，黏性土壤、低洼盐碱地不

宜种植。9月中下旬至10月上旬拣净石块、除净草根等杂物，深翻土壤30cm以上让其风化熟化。（图36-2）

图 36-2　桔梗药材种植基地

2. 施基肥　结合整地，每亩土地施农家肥3500kg，复合肥50kg，施肥可视土地贫瘠情况而定，施肥以有机肥为主。

3. 作畦　桔梗喜湿润怕水涝，多做畦种植。做成宽1.2～1.5m，高15～20cm的畦，沟宽30～40cm，要求沟底平整，排水畅通。

（二）播种

桔梗种植可以直播，也可育苗移栽，直播产量高于移栽，且叉根少、质量好，故生产中多采用直播方式。

1. 直播育苗

①采种与选种：桔梗果期较长，应分期分批采集。为了获得良种，留种植株可于6月上旬剪去小侧枝和顶部的花序，以使养分集中于上、中部，保证果实充分发育成熟。当果实由绿色变为黄色、果柄由青变为黑色、种子成黑色时及时采集，否则蒴果开裂，种子散失，难以收集。果实采回后，置通风干燥的室内后熟4天至5天，然后晒干、脱粒，除去杂质，贮藏备用。桔梗种子寿命仅1年，发芽率70%～80%。

②播种前处理：选择2年生桔梗结的大而饱满、色泽较深种子。播种前处理种子可有效提高发芽率，将种子置于50～60℃的温水中不断搅动，并将泥土、瘪子及其他杂质漂出，待水凉后，再浸泡12小时，为提高发芽率可用0.3%高锰酸钾溶液浸种12小时。捞出晾干，即可播种。因桔梗种子细小，播时可用细砂和种子拌匀后备用。

各　论

③播种时期：可秋播、冬播或春播，以秋播最好。秋播于10月中旬以前。冬播于11月初土壤封冻前播种。春播一般在3月下旬至4月中旬，华北及东北地区在4月上旬至5月下旬。

④播种方式：有条播和撒播两种方式，多采用条播。

条播：按沟心距15~25cm，沟深2.5~4.5cm，条幅10~15cm开沟，将种子均匀播于沟内，每亩用种0.5~1.5kg。

撒播：将种子均匀撒于畦内，撒细土覆盖，以不见种子为度。每亩用种1.5~2.5kg。

2. 育苗移栽

①育苗：育苗于春季2月~3月进行。种子处理方法同前，按行距10~15cm开深1.5cm的沟，将种子均匀地撒入沟内，覆盖细肥土1cm，然后盖草或覆沙，保温保湿。当气温升至18~25℃时过15天左右出苗，出苗后及时揭去盖草，当苗高5cm时按株距3~5cm定苗。加强苗期管理，培育1年即可出圃移栽。

②移栽：移栽在育苗的当年秋冬季茎叶枯萎后至翌年春季萌发前进行，以春季3月中旬移栽为适期。移栽前先将种根挖出，按大、中、小分级，分别栽植。栽时，在畦面上按行距15~18cm开横沟，深20cm，按株距5~7cm将主根垂直栽入沟内，注意不要损伤须根，也不要剪去侧根，以免发叉，影响质量；栽后覆土略高于根头。

（三）田间管理

1. 间苗和补苗　苗高3~4cm时进行间苗，如果有缺苗断垄现象应及时补苗，补苗和间苗可同时进行，带土补苗易于成活，株高6~9cm时定苗，定苗时株距5~6cm，保持基本苗5~6万株/亩。

2. 排水与灌溉　桔梗播种后至出苗前，要保持土壤湿润，以利出苗和幼苗生长。遇到干旱应及时灌水或浇水，以防桔梗干枯。幼苗出土后，一般不浇水或少浇水。在夏季高温多湿的时节，应及时做好疏沟排水，防止积水烂根，造成质量下降或减产。桔梗生长后期要注意排涝。

3. 除草　桔梗出苗慢，苗期长，幼苗容易被杂草欺死，要及时除草。桔梗除草一般需要3次，第1次在苗高7~10cm时，1个月之后进行第2次，再过1个月进行第3次，力争做到见草就除。

4. 追肥　苗期需追施稀薄人粪尿1~2次，并配施少量磷肥和尿素，促使茎叶生长。6月下旬和7月根据植株生长情况应适时追肥，以磷钾肥为主，防止因开花结果消耗养分过多而影响根部生长。此时，追施氮肥不宜过多，否则易造成地上部分徒长。入冬后，当地上植株枯萎后，可结合清沟培土，施用磷、钾肥有助于提高桔梗抗寒、抗倒伏的能力。第二年开春，施一次稀的人畜粪水，以加速植株返青生长。孕蕾期开花前再追施一次肥料，一般施尿素10kg/亩，过磷酸钙25kg/亩，进一步促进茎叶生长，并为后期的根茎生长提供足够的养料。

5. 摘花去蕾　桔梗花期长达3个月，会消耗大量养分，影响根部生长，摘除花蕾可减少养分的消耗，使营养集中供给根部，增加产量。除留种田外，其余在现蕾期及时除去花蕾，以提高根的产量和品质。可采用人工摘除花蕾或使用多效唑等生长调节剂进行疏花疏果。

6. 病虫害防治

病害：桔梗在夏季高温多雨季节易发生根腐病、枯萎病，特别是在雨季田间积水时发病较重。因此，在低洼地或多雨地区种植时应做高畦，注意排水，以减少根腐病的发生。桔梗的常见病害有立枯病、枯萎病、斑枯病、根腐病等，前3种病害用药防治相同，可用50%多菌灵可湿性粉剂或50%甲基托布津可湿性粉剂500~800倍液喷雾，每10天喷1次，连续2~3次；根腐病初期，用50%退菌特可湿性粉剂500倍液，或40%克瘟散1000倍液灌根防治。

虫害：桔梗易受根线虫病、地老虎、蚜虫等害虫危害。根线虫可在播前用80%二溴氯甲烷或石灰进行土壤消毒防治；地老虎可在早晨人工捕杀或用35%的硫丹0.5~1.5kg和细土15kg搅拌后撒在植株附近，或用炒豆饼或麦麸35kg和敌百虫1kg，加水拌匀做诱饵，撒在植株附近诱杀幼虫；蚜虫可用40%乐果乳油1500~2000倍液或80%敌敌畏乳液1500倍液喷雾防治，每隔7~10天喷1次，连续防治2~3次。

【采收加工】

桔梗一般栽培2~3年收获。采收宜于10月中下旬地上茎叶枯黄时进行，先割去枯残茎秆，挖出全根，用清水洗净泥土，用竹片或玻璃片趁鲜刮去外皮，晒干；也可不刮皮，直接晒干，即成商品。

【质量要求】

桔梗质量以根条肥大、色白或略带微黄、体实、具菊花纹者为佳（图36-3）。按照《中国药典》（2015版）标准，桔梗药材质量要求见表36-1：

表36-1 桔梗质量标准表

序号	检查项目	指标	备注
1	水分	≤ 15.0%	
2	总灰分	≤ 6.0%	
3	浸出物	≥ 17.0%	
4	桔梗皂苷D（$C_{57}H_{92}O_{28}$）	≥ 0.10%	HPLC法

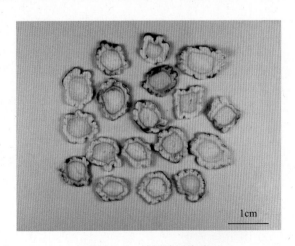

图36-3 桔梗精制饮片

【储藏与运输】

（一）储藏

桔梗易霉蛀宜忌潮湿，贮藏之前应干燥，用麻袋封包堆放于货架上，储藏时宜选择干燥处，储藏仓库应注意通风、干燥、避光。雨季前后时常暴晒，气候湿润地区，最好有空调及除湿设备，以防害虫侵入和湿气影响，从而防止霉变。

（二）运输

桔梗运输时不应与其它有毒、有害特品混装，要有较好通气性，以保持干燥，遇阴雨天，应严密防潮。

【参考文献】

［1］张永清. 药用观赏植物栽培与利用［M］. 北京：华夏出版社，2000.

［2］严一字. 桔梗种质资源及种子生物学特性研究［D］. 哈尔滨：东北林业大学，2007.

［3］刘德军，冯维希. 桔梗［M］. 北京：中国中医药出版社，2001.

［4］王良信. 名贵中药材绿色栽培技术——黄芪、龙胆、桔梗、苦参［M］. 北京：科学技术文献出版社，2002.

［5］谭玲玲，彭华胜，胡正海. 桔梗的生物学特性及化学成分研究进展［J］. 南方农业学报，2011，42（12）：1523-1527.

［6］石福高. 桔梗种子萌发特性与施肥技术研究［D］. 咸阳：西北农林科技大学，2011：1-44.

［7］张鸿雁，胡晓黎，周丹，等. 桔梗适宜气候及优质高产栽培技术［J］. 山西农业科学，2011，（2）：255.

［8］薛小玲. 商洛桔梗规范化生产技术标准操作规程［J］. 中国现代中药，2008，10（12）：18-25.

［9］周玉杰，桔梗的栽培技术与方法［J］. 长春中医药大学学报，2008，24（3）：268.

［10］朱京斌，陈庆亮，单成钢，等. 桔梗主要病虫害及其防治［J］. 北方园艺，2010（21）：194-195.

三十七、土茯苓 Tufuling
Smilacis Glabrae Rhizoma

【来源】

本品为百合科植物光叶菝葜 *Smilax glabra* Roxb. 的干燥根茎。夏、秋二季采挖，除去须根，洗净，干燥，或趁鲜切成薄片，干燥。土茯苓始载于《名医别录》，味甘、淡，性平，具有解毒利湿、凉血解毒、祛风止痛的功效，主治小便淋涩，白浊，带下，痈肿疮毒。现代研究表明，土茯苓含有糖类、有机酸类、苯丙素类、黄酮和黄酮苷类、甾醇类、皂苷类及挥发油，具有增强免疫、抗癌、抗溃疡、治疗梅毒等作用。目前，市场上土茯苓主要分红土苓、白土苓两种，其中红土苓主要为光叶菝葜，白土苓主要为短柱肖菝葜、华肖菝葜、肖菝葜等，两者均是广分布种，遍及陕西、甘肃、安徽、浙江、江西、福建、台湾、广东、四川和云南等地，其中湖南怀化、常德地区的土茯苓块状茎大且厚，质量优良，品相上乘，在市场上享有盛誉。

【别名】

革禹余粮《本草拾遗》；刺猪苓《本草图经》；过山龙、硬饭《朱氏集验医方》；仙遗粮《滇南本草》；土萆薢《本草会编》；冷饭团《卫生杂兴》；山猪粪、山地栗、过冈龙《本草纲目》；山牛《本经逢原》；冷饭头《生草药性备要》；山归来《有用植物图说》；久老薯《广西中兽医药植》；毛尾薯《中药材手册》；地胡苓、狗老薯、饭闭根、硬饭头薯《广西中药志》；土苓《四川中药志》；狗朗头、尖光头《常用中草药彩色图》

【植物形态】

多年生攀缘灌木；根状茎粗厚，块状，常由匍匐茎相连接，粗 2～5cm。茎长 1～4m，枝条光滑，无刺。叶薄革质，狭椭圆状披针形至狭卵状披针形，

图 37-1 光叶菝葜原植物

长 6~12（15）cm，宽 1~4（~7）cm，先端渐尖，下面通常绿色，有时带苍白色；叶柄长 5~15（~20）mm，约占全长的 1/4~3/5，具狭鞘，有卷须，脱落点位于近顶端。伞形花序通常具 10 余朵花；总花梗长 1~5（~8）mm，通常明显短于叶柄，极少与叶柄近等长；在总花梗与叶柄之间有一芽；花序托膨大，连同多数宿存的小苞片多少呈莲座状，宽 2~5mm；花绿白色，六棱状球形，直径约 3mm；雄花外花被片近扁圆形，宽约 2mm，兜状，背面中央具纵槽；内花被片近圆形，宽约 1mm，边缘有不规则的齿；雄蕊靠合，与内花被片近等长，花丝极短；雌花外形与雄花相似，但内花被片边缘无齿，具 3 枚退化雄蕊。浆果直径 7~10mm，熟时紫黑色，具粉霜。花期 7~11 月，果期 11 月至次年 4 月。（图 37-1）

【种质资源及分布】

土茯苓是百合科菝葜属植物，全属主要分布在热带地区，共约 300 种，我国分布有 60 种和一些变种。由于菝葜属植物的根、茎、叶非常相似，导致市场上流通品种比较混乱，除了菝葜属植物外，还有肖菝葜属植物，大致可分为红土苓和白土苓，主流品种为来源于光叶菝葜 *Smilax glabra* Roxb. 的土茯苓，菝葜属菝葜 *S. china* L. 为混淆品，其黑果菝葜 *S. glauco-china* Warb. 在四川南川作红土苓，江苏镇江称鲜土苓为地方习用品，白土苓为同科肖菝葜属植物华肖菝葜 *H. chinensis* Wang、短柱肖菝葜 *H. yunnanensis* Gagnep. 及肖菝葜 *H. japonica* Kunth. 的根茎，也常常作药用。

土茯苓资源丰富，主产于四川、湖南、湖北、江苏、广东等地，不同地区地理环境气候不一样，其资源分布特色就不一样。四川气候温暖、湿润，山林植被丰富，土茯苓多分布在海拔 1200~1500m 左右，当地可分为红土苓、白土苓，但白土苓用量较大；湖南、湖北地区气温高、气候干燥，山林植被较差，土茯苓根茎扎根较深，挖掘相当困难，产量小，但湖南怀化、常德地区土茯苓产量相对较好；江苏局部地区土茯苓产量较好，但不易形成商品；广东地区气候湿润，雨量充沛，土茯苓生长较好，根茎较为发达，产量较好。

【适宜种植产区】

土茯苓分布较为广泛，江南各省区均有生长，其种植产区较为辽阔，包括湖南、贵州、四川、广东、湖北等江南各省。

【生态习性】

土茯苓喜生于海拔 300~2400m 的林下、灌丛中或河谷林缘，在历代本草及中药专著中均有记载。据《本草乘雅半偈》记载，生楚、闽、浙山箐及海畔山谷中。《本草纲目》载，楚、蜀山箐中甚多。《滇南本草》载，生于较湿的山谷阴处、土坡灌丛中、林缘或疏林下。《本草易读》载，生海畔山谷，楚蜀亦有之。近代《中药大辞典》载，土茯苓生于山坡、荒山及林边的半阴地。《中药志》载，土茯苓生于山坡树林下，山谷阴处较常见。《全国中草药汇编》载，土茯苓生于山坡林下，路旁丛林及山谷向阳处。土茯苓主要生长在林下，其茎藤攀附林木枝叶而生长，特征明显，极易发现。但由于我国面积大，经纬线长，各地气候条件、海拔、植被等不尽一致，各地的生长环境略有差别。

【栽培技术】

（一）选地及整地

土茯苓适应性较强，丘陵、平地、山地均可，宜选择在土质疏松、肥沃、排水良好的地块。种植的前一年秋冬将土地深翻，经过冬季霜冻后，可杀灭土壤中的虫卵，并使土壤质地疏松，颗粒性好，通气排水性能增强，有利于土茯苓生长。

（二）种植方法

土茯苓多采用育苗移栽方式进行繁殖。每年春季3月下旬至4月上旬开始育苗，按行距200cm开条沟，将种子均匀播下，覆土厚度1cm左右，苗期应注意保持土壤湿润。待苗高10cm左右移栽，按行、株距各25cm开穴，每穴栽1株。

（三）田间管理

1. 搭建支架　在土茯苓苗高生长至30～40cm时，用高度2m左右的竹竿或树干作为支架，在栽植沟两旁按照行距60～70cm插支架（此间距下，土茯苓具有足够空间通风透气，可以满足藤蔓生长需要），架插入土壤深度约35cm。然后将两两相对支架的每4根成1组，于地上高度2/3处用绳索捆绑在一起，这样的支架具有很强的稳定性。

2. 中耕除草　除草每年应至少进行3次以上。第1次在幼苗出土后及时锄除浅草；藤蔓生长至30cm左右，搭架前应进行第2次除草；待藤蔓爬上支架后，可随时拔除深长的杂草。注意在操作过程中，切忌伤及土茯苓藤蔓。

3. 追肥　土茯苓藤蔓会爬上搭建好的支架，进入生长盛期后，应追施稀薄粪水1次，以满足其生长需要；结合第2～3次锄草追施稀薄人粪尿水1次。

4. 灌溉及病虫害防治　天气久旱，有灌溉条件的应及时灌水，无灌溉设施的可结合追施稀薄粪水多浇水；如遇雨季过涝，应及时排涝，长时间积水会导致根部腐烂。常见病虫害主要有鼠害、地老虎、蛴螬、白锈病、炭疽病、褐斑病等，可结合生产综合防治。

【采收加工】

土茯苓适宜采收时间为秋冬或初春，选择晴天，采挖后洗净泥土，除去须根及残茎，晒干；或新鲜时切成薄片晒干。

【质量要求】

以断面色淡棕，粉性足者为佳（图37-2）。按照《中国药典》（2015版）标准，土茯苓药材质量要求见表37-1：

表37-1　土茯苓质量标准表

序号	检查项目	指标	备注
1	水分	≤ 15.0%	
2	总灰分	≤ 5.0%	
3	浸出物	≥ 15.0%	
4	落新妇苷（$C_{21}H_{22}O_{11}$）	≥ 0.45%	HPLC法

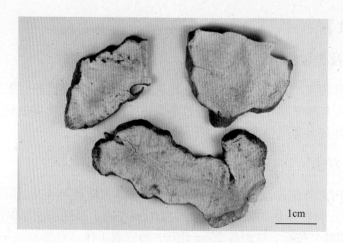

图 37-2　土茯苓精制饮片

【储藏与运输】

　　土茯苓应于通风干燥的环境内储藏，保持温度在 30℃以下和空气相对湿度 60%~75%。商品安全水分在 10%~13%。贮存时间较长时，应经常检查，防虫蛀、发霉变质。发现变潮后，应通风、晾晒或翻垛通风；发现发霉或虫蛀后，及时清除后，置日光下暴晒。运输时，严禁与有毒货物混装。要求运输车辆干燥、通风、防潮、清洁无异味、无污染。装车时要按规定装车、堆垛，并办理货物出入库手续。

【参考文献】

［1］王建平，张海燕，傅旭春. 土茯苓的化学成分和药理作用研究进展［J］. 海峡药学，2013，25（1）：42-44.

［2］黎万寿，方清茂，陈幸. 土茯苓药材资源的利用与开发态势［J］. 中医药学刊，2003，21（4）：517-518.

［3］徐国钧，徐珞珊. 常用中药材品种整理和质量研究（第二册）［M］. 福州：福建科学技术出版社，1997：504.

［4］李玉莲，李玉琪，曾平，等. 土茯苓植物资源调查［J］. 中国医药学报，2001，16：132-135.

［5］张存莉，刘虎岐. 药用植物土茯苓研究进展［J］. 陕西林业科技，1999，3：60-63.

三十八、了哥王 Liaogewang

Wikstroemia Indica Radix Et Cortex

【来源】

本品来源于瑞香科植物了哥王 *Wikstroemia indica*（Linn.）C. A. Mey. 的干燥根或根皮。秋至初春采挖，洗净，多次蒸煮，晒干，即得。了哥王别称南岭荛花、鸡子麻、山黄皮等，广泛分布于我国长江以南各省，主要生于丘陵草坡或灌丛中。全草入药，有毒，归肝、肺经，具有清热解毒、消肿散瘀、治瘰疬、肿痛的功效，用于支气管炎、扁桃体炎、肺炎等呼吸系统疾病，近年临床上也有辅助治疗胸科和妇科肿瘤等的报道。了哥王植物除药用外，另可栽培作观赏、应用于制造，其叶片的水煮液可杀虫，茎皮纤维可造纸、造棉，种子因含油脂可制皂，整株可作毒鱼药等，具有十分重要的应用价值。

【别名】

鸡子麻、山黄皮、鸡杜头（《岭南采药录》）；九信菜（《生草药性备要》）；南岭荛花、蒲仑（《中国树木分类学》）；地棉麻树、桐皮子（《中国药植志》）；了哥麻、消山药（《广州植物志》）；铺银草（《福建民间草药》）；雀几麻（《广西中兽医药植》）；乌子麻（《陆川本草》）；地巴麻（《南宁市药物志》）；山棉皮（《广西中药志》）；熟薯（《岭南草药志》）

【植物形态】

灌木，高 0.5～2m 或过之；小枝红褐色，无毛。叶对生，纸质至近革质，倒卵形、椭圆状长圆形或披针形，长 2～5cm，宽 0.5～1.5cm，先端钝或急尖，基部阔楔形或窄楔形，干时棕红色，无毛，侧脉细密，极倾斜；叶柄长约 1mm。花黄绿色，数朵组成顶生头状总状花序，花序梗长 5～10mm，无毛，花梗长 1～2mm，花萼长 7～12mm，近无毛，裂片 4；宽卵形至长圆形，长约 3mm，顶端尖或钝；雄蕊 8，2 列，着生于花萼管中部以上，子房倒卵形或椭圆形，无毛或在顶端被疏柔毛，花柱极短或近于无，柱头头

图 38-1　了哥王原植物

状，花盘鳞片通常2或4枚。果椭圆形，长约7~8mm，成熟时红色至暗紫色。花果期夏秋间。（图38-1）

【种质资源及分布】

了哥王 *Wikstroemia indica*（Linn.）C. A. Mey为瑞香科 Thymelaeaceae 荛花属 *Wikstroemia* Endl. 植物。全属植物约50~70种，分布于亚洲北部经喜马拉雅、马来西亚、大洋洲、波利尼西亚到夏威夷群岛。我国约有44种及5变种，全国几乎均有分布，主产长江流域以南，西南及华南分布最多。了哥王喜阳光温暖，常常生于丘陵草坡或灌丛中或路边、村路边等地，产广东、海南、广西、福建、台湾、湖南、四川、贵州、云南、浙江等省区。喜生于海拔1500m以下地区的开旷林下或石山上。越南、印度、菲律宾也有分布。

【适宜种植产区】

长江以南的地区均可栽培。

【生态习性】

了哥王喜温暖潮湿气候，宜种植在通气性较好的砂质土壤中，忌土壤黏重或低洼积水处，野生时一般分布于山坡灌木丛中或路边、村地等。不耐严寒，北方寒冷地区不宜栽种；高海拔地区亦不适宜种植，海拔应不高于1500m。了哥王主要以种子进行繁殖，具有种子休眠的特征。了哥王种子通常发芽慢，发芽率低，自然成苗率低，是规模化育苗生产中的难题。究其原因，发现了哥王种子具胚形态休眠特性，种皮无吸水障碍，且了哥王果肉、种皮和种仁中均含有某些水溶性萌发抑制物质，属综合休眠型种子。因此，在实际生产过程中，应根据这些休眠习性在播种前采用温水浸种、低温层积、去除果肉等相结合的方式以提高种子萌发率。此外，在对不同浓度的GA_3、PEG、NaCl、复合盐（KNO_3、KH_2PO_4）共四种引发剂对了哥王种子进行预浸，以种子发芽率、发芽势、发芽指数、活力指数等为考察指标，发现低浓度的GA_3对了哥王种子有很好的引发效果，利于其萌发。

【栽培技术】

（一）播种育苗

1. 种子质量要求及处理

①种子质量要求：选择种粒饱满无病害的种子，不宜采用陈年种子作种。

②种子处理：采用冷水浴法清除瘪籽、病籽以及其他杂质，并用常温水浸泡10~12小时或温水（30~50℃）浸泡4~5小时，晾干待播。

2. 育苗地选择与整地

①育苗地选择：宜选择地势平坦、土层深厚、具有一定肥力且地下水位低的肥沃土壤。

②整地和施肥：育苗头一年秋季（10月下旬或11月上旬）深翻晒土，以熟化土壤、杀灭地下害虫。播种前再翻耕，耙糖一次，土壤耙碎整平。育苗地以施有机肥为主，每亩

施腐熟农家肥 3000kg，播种时可再每亩增施磷酸二铵 15kg 和复合肥 30kg。

3. 播种

①播种时间：播种可分为秋播和春播，秋播以 11 月上旬左右为宜，春播以 3 月中旬左右为宜。

②播种方法：以条播为主，按行距 40cm，开 2～3cm 浅沟，将种子均匀撒入沟内，注意种子均匀度。

③覆土厚度：播种后，种子应立即覆土，不可长时间在太阳下暴晒。一般覆土 2～3cm 为宜，稍镇压。注意覆土厚度，过厚或过薄都严重影响种子出苗。

4. 苗期管理　播种后可追肥 1～2 次，土壤追肥或叶面肥均可，以追施氮肥为主，土壤追肥后应及时灌水。一般而言，幼苗期除草 2～4 次，具体可视情况而定。当幼苗高 10cm 左右时可适当间苗，保证幼苗的正常生长。

（二）起苗移栽

1. 移栽前准备

①移栽地选择和整地：选择土层较厚、疏松、富含腐殖质、排水良好的砂质土壤，不宜选择土质黏重、低洼易积水的土地，并且选择远离污染、水质洁净的种植环境。种植前深翻晒土，深翻 30cm 左右，然后将土地耙平，整成宽 1.5m 的畦，排水沟宽 30cm，深 30cm。

②施基肥：土地深翻时，每亩施入腐熟的农家肥 1000～2000kg，做畦整地时，每亩施入复合肥 50kg。一般而言，施肥量可视土地贫瘠情况而定。

2. 起苗移栽

①起苗：移栽前一天开始起苗，起苗时先紧靠苗垄开深沟，挖至幼苗根部下端，顺垄逐行采挖。尽量保证不伤苗，力争不断根。幼苗分类扎捆，每捆 100～200 株，保持根部湿润。

②种苗运输：种苗运输过程中应严格控制种苗失水，种苗长距离需要保持通气保水，防止高温腐烂和过多失水。如长途运输将种苗打捆用麻袋包装，包之间要留有通气散温的空隙，车顶遮盖篷布，以防止运输中失水，同时防止种苗捂烂。

3. 移栽时间和方法　移栽时间以秋末春初为最高，以秋季移栽最佳。移栽方法以穴栽为主，栽种密度株行距为 20cm×30cm，每穴移栽 2～3 棵幼苗，可适当穴施腐熟有机肥，覆土压实，及时浇足定根水。

（三）田间管理

1. 查苗补种　移栽后，随时查看幼苗成活情况，并及时补种，以便达到全苗、齐苗。如有其他问题影响幼苗成活率，及时采取措施，保证幼苗正常生长。

2. 除草和施肥　幼苗期需时常警惕草害，及时除草，保证幼苗生长。幼苗移栽后，可追肥 2～3 次，幼苗移栽后半个月可追肥一次，秋季再追肥一次，总体按照"多施农家肥，配施磷钾肥，少施氮肥"的原则进行追肥。

3. 排水和灌溉　幼苗期要注意防涝和防旱；雨季开沟排水，切忌积水，防止幼苗烂根死苗；干旱时灌水抗旱。生长后期，切忌积水，防止烂根。

4. 病虫害防治　了哥王栽培时间较短，并无严重病虫害。病虫害防治可遵循"预防为主，综合防治"的基本原则进行，科学合理防治，尽量减少产品农残和环境的污染。

【采收加工】

采收时间以秋、冬、初春为佳，采挖天气最好为晴天，收获前先割去残枝茎叶，沿行两侧深挖，深挖 45～50cm，收获后除去地上部分和泥土。采挖过程中，尽可能不伤根、不断根，注意保持洁净度、顺直、规格等级完好。将采收回来的药材晾干，然后经过剁、切、剪进行分类，扎成小捆，晒干。

【质量要求】

传统上，以根粗、皮紧、质坚实为最佳。

【储藏与运输】

（一）储藏

储藏之前应充分干燥，其含水量不超过 13%。药材捆扎后，堆放于货架之上，并与地面、墙壁保持 30～50cm，不可直接码堆在地上。定期查看药材储存情况，及时清除变质药材，每次查看情况均记录在册。

（二）运输

药材运输前，检查药材，如有损坏、变质等情况，及时处理。药材运输包装必须有明显的运输标识，包括收发货标志和包装储运指示标志。运输过程中注意严密防潮。

【参考文献】

[1] 范文昌，梅全喜. 广东地产药材中毒性中药归类分析及研究［J］. 时珍国医国药，2012，23（10）：2655-2658.

[2] 李明潺，鲁婧怡，段晓川，等. 南岭荛花化学成分和抗肿瘤药理作用研究概况［J］. 药物评价研究，2015，38（06）：682-685.

[3] 任海，彭少麟，戴志明，等. 了哥王的生态生物学特征［J］. 应用生态学学报，2002，13（12）：1529-1532.

[4] 房海灵，叶金山，朱培林. 了哥王种子萌发抑制物质特性［J］. 江苏农业科学，2017，45（01）：1-3.

[5] 房海灵，邓绍勇，朱培林. 不同引发处理对了哥王种子萌发的影响［J］. 南方林业科学，2016，44（02）：8-11.

三十九、山慈菇 Shancigu

Cremastrae Pseudobulbus Pleiones Pseudobulbus

【来源】

本品为兰科植物杜鹃兰 *Cremastra appendiculata*（D. Don）Makino、独蒜兰 *Pleione bullbocodioides*（Franch.）Rolfe、云南独蒜兰 *Pleione yunnanensis* Rolfe 的干燥假鳞茎，湖南湘西及西南丘陵地带均有分布。2015 版《中国药典》规定，杜鹃兰、独蒜兰 *Pleione bulbocodioides*（Franch.）Rolfe、云南独蒜兰 *Pleione yunnanensis* Rolfe 均为山慈菇入药来源，前两者在湖南、四川、贵州、湖北、云南等均有分布，后者仅分布在四川、云南和贵州。夏、秋二季采挖，除去地上部分及泥沙，置沸水锅中蒸煮至透心，干燥。

【别名】

算盘子，人头七，太白及，金灯花，鹿蹄草，慈姑，毛慈菇

【植物形态】

1. 杜鹃兰　多年生草本植物。地下假鳞茎卵球形或近球形，长 1.5~3cm，粗 1~3cm，外被撕裂成纤维状的残存鞘。叶基生，椭圆形或倒披针状狭椭圆形，通常 1 枚，长达 45cm，宽 4~8cm，先端急尖，基部收窄为柄，生于假鳞茎顶端。花葶侧生于假鳞茎顶端，近直立，长 27~70cm，通常高出叶外，疏生 2 枚筒状鞘。总状花序疏生多数花，花常偏向花序一侧，稍下垂，有香气，淡紫褐色或紫红色。萼片倒披针形，从中部向基部骤然收狭而成近狭线形，先端急尖或渐尖。花苞片披针形至卵状披针形，长 5~12mm，等长于或短于花梗（连子房）。花瓣倒披针形或狭披针形，向基部收狭成狭线形，与萼片近等长。唇瓣近匙形，与萼片近等长，基部浅囊状，两侧边缘略向上反抗，前端扩大并为 3 裂，侧裂片狭小，中裂片长园形，基部具 1 个紧贴或多少分离的附属物。合蕊柱细长，顶端略扩大，腹面有时有很狭的翅。蒴果，近圆形。花期 5~6 月，果期 9~12 月。（图 39-1）

2. 独蒜兰　假鳞茎非聚生，叶椭圆披

图 39-1　杜鹃兰原植物

针形，长 20～25cm，宽 2～5cm，顶端渐尖。花葶顶生，仅有一朵花，花葶与叶同时生出，苞片等长或长于子房。

3. 云南独蒜兰　假鳞茎非聚生，叶披针形，长 20～30cm，宽 2.5～3.5cm，顶端急尖，花葶先于叶生出，苞片短于子房。

【种质资源及分布】

山慈菇为兰科多年生草本植物，以杜鹃兰、独蒜兰、云南独蒜兰为基源。杜鹃兰为杜鹃兰属，全属仅 3 种，即杜鹃兰、斑叶杜鹃兰、贵州杜鹃兰，主要分布我国大部分地区，日本、泰国和越南亦有，我国 3 种均产。独蒜兰、云南独蒜兰为独蒜兰属，全属约 20 种，我国分布有 16 种，其中包括云南独蒜兰 *Pleione y unnanensis*、岩生独蒜兰 *P. saxicola*、耳状独蒜兰 *P. aurita*、二叶独蒜兰 *P. scopulorum*、台湾独蒜兰 *P. formosana*、独蒜兰 *P. bulbocodioides*、美丽独蒜兰 *P. pleionoides*、白花独蒜兰 *P. albiflora*、矮独蒜兰 *P. humilis*、大花独蒜兰 *P. grandiflora*、黄花独蒜兰 *P. forrestii* 等。在我国主要分布于陕西南部、甘肃南部、安徽、湖南、湖北、广西北部、广东北部、四川、贵州、云南西北部和西藏东南部。独蒜兰属是兰科植物中观赏价值最高的一个属，文献记载，欧洲人于17世纪从亚洲喜马拉雅地区引入独蒜兰栽培，培育出许多人工杂交品种，包括山东 *Pleione shandung*、维苏威 *Pleione vesuvius*、伊娜 *Pleione etna*、伊格 *Pleione eiger* 等。

【适宜种植产区】

山慈菇资源分布较为广泛，适宜种植于阴湿处，以腐殖土生长最好；全国大部分地区均可栽培，以湖南西南部、贵州、四川、云南为主。

【生态习性】

山慈菇为兰科植物，喜冷凉阴湿环境，常常生于林下湿地或沟边湿地上，野生分布在海拔 500～2900m 之间，自然野生分布于我国山西、陕西、甘肃、湖南、湖北、江西等地。对种植环境要求较为严格，种植环境宜阴不宜阳，忌阳光直射，喜湿润，忌干燥，最适宜温度在15℃至30℃之间，海拔不宜低于300m，土壤以腐殖质最佳。每年4月中旬随气温上升死叶倒苗，7月初由假鳞茎基部抽生发芽，8月中旬出土，8月底至9月上旬为出苗盛期，出土后逐步生长成一片叶。翌年，三年生以上大球基部抽生花芽，3月下旬花芽出土，4月下旬开花，花茎着生小花 10～15 朵，由下至上渐开。一般而言，4月底5月初为山慈菇假鳞茎采收时间。

【栽培技术】（以杜鹃兰为例）

（一）种植地准备

1. 选地与整地　选择质地疏松肥沃、保水保肥透气、排灌良好的砂质壤土种植，可选择半阴半阳的缓坡山地，也可以选择林下种植平缓地，保持透气，均忌阳光直射。黏重地、盐碱地、涝洼地不宜种植。选地后，深翻土地 20～30cm，移栽前再翻耕一次，然后整细耙平。雨水较多的地方宜做高畦，一般畦面宽 1～1.5m，畦沟深30cm，宽

30～40cm，长度不定，但不宜超过 10m。

2. **基肥** 结合深翻整地，施入农家肥，翻入土中使其充分熟化，农家肥每亩 2500～3500kg。移栽前，浅耕可每亩施入约 30kg 复合肥，10～20kg 尿素，10kg 过磷酸钙作为基肥。一般而言，施肥量可根据种植地贫瘠程度而定。

（二）移栽

1. **良种选择** 杜鹃兰为异花授粉植物，种子非常细小，在自然条件下很难发育成幼苗，在生产上，繁殖方法以分株繁殖为主。应选择大小适宜且健壮、无病害、无损伤、饱满的小鳞茎作为繁殖材料。将选好的繁殖材料用 50% 多菌灵 500 倍液浸泡 30 分钟，捞出晾干，待移栽。

2. **移栽种植**

①移栽时期：移栽可分春栽和秋栽，以春栽最好。春栽宜早不宜迟，最好在 3 月中旬左右，秋栽一般在 10 月上旬至 10 月下旬。春季移栽采用上一年保存的良种，秋栽随采随种。

②移栽方法：按行距 25cm，株距 15～20cm，沟深 5～6cm 进行栽植，每亩移栽 6.0～6.5 万株，覆土压实，覆土深度以超过种苗原地面土 2cm 左右为宜。

③栽后保苗措施：移栽后，可适当覆盖干草、稻草等物，保持畦面湿润。定期查看种植地情况，定期浇水防旱，但不可浇水太多。

（三）田间管理

1. **中耕除草** 杜鹃兰生长期间应经常注意松土除草，避免草荒。出苗前期中耕宜浅不宜深，避免损伤幼苗。

2. **排灌和追肥** 杜鹃兰生长期间，应时刻保持畦面湿润，但不涝。浇水应遵循"干则浇，湿则停，适当偏干"的原则进行，一般选择清晨或傍晚进行，不宜选择中午。移栽后第一次浇水必须浇透，幼苗前期可土壤偏湿，后期偏干。在生长期间可经常泼浇稀薄人畜粪水，每年可追肥 2～3 次，出苗后一个星期追肥以氮肥为主，中期和后期追施以磷肥为主。

3. **病虫害防治**

①根腐病：多发生在高温多湿季节，为害地下部分鳞茎，使其腐烂，随即地上部分枯黄、稻苗死亡。防治方法：a. 雨水较多季节，注意排积水防涝；b. 繁殖材料在下种前用杀菌剂如多菌灵等进行处理；c. 发病后，拔除病株，用 50% 多菌灵和 40% 乙磷铝交替防治；d. 及时防治地下害虫，减轻为害。

②白绢病：多发生在梅雨季节，为害植物茎部、根部，发病初期为暗褐色，波纹状，逐渐下凹，变色软腐，上被白色绢丝状菌丝层，最后引起植物死亡。防治方法：a. 深耕土壤 20cm 以上，使菌核深埋，土壤表面撒杀菌的药剂；b. 发病初期，用 50% 甲基硫菌灵或 50% 多菌灵或 70% 甲基托布津进行防治。

③蚜虫：主要发生在生长前期，蚜虫的成虫和幼虫吮吸嫩叶、嫩芽的汁液，植物生长受阻，发育不良。防治方法：a. 在蚜虫发生期，定期喷施吡虫啉；b. 采用蚜虫趋光性制作黑光灯进行杀灭；c. 定期清理种植地，防治害虫滋生。

④蚧壳虫：多发生在高温多湿、空气流动不畅的情况下，为害叶片和枝条，造成整株枯死。防治方法：a. 早期发现个别枝条或叶片有蚧壳虫，可用软刷轻轻刷除或剪除枝叶，并集中烧毁，切勿乱扔；b. 用2.5%溴氰菊酯或40%氧化乐果或50%马拉硫磺进行喷治。

【采收加工】

适时采收对山慈菇产量和质量影响较大，不宜采收过早或过晚。一般为秋季地上部分枯萎至来年春季出苗前之间采收最适宜，采收过早和过晚均会造成产量和有效成分含量较低。采收前，除去地上部分残枝枯叶。按行采挖，尽量避免损伤假鳞茎。洗净后蒸煮至透心，摊开晾干后干燥。

【质量标准】

传统上，山慈菇以个大、饱满、断面黄白色、质坚实者为佳。

【储藏与运输】

药材干燥后，装入袋中，堆放于货架之上，保持室内干燥，并定期查看药材状况，将检查实况登记在册。运输过程之前检查药材，如有损坏、变质等情况，及时处理。运输过程中注意严密防潮。

【参考文献】

［1］沈连生. 彩色图解中药学［M］. 北京：华夏出版社，2000：42.

［2］陈谦海，陈心启. 贵州兰科新资料［J］. 植物分类学报，2003，41（3）：263-266.

［3］李经纬，余瀛鳌，欧永欣. 中医大辞典［J］. 北京：人民卫生出版社，1995，124-125.

［4］于晓娟. 独蒜兰组织培养及其生物多样性的ISSR分析［D］. 成都：四川大学，2007.

［5］杨平厚，孙承篝. 陕西野生兰科植物图鉴［M］. 西安：陕西科学技术出版社，2007：148.

［6］张燕，李四锋，黎斌. 独蒜兰属植物研究现状［J］. 北方园艺，2010（10）：232-234.

四十、川牛膝 Chuanniuxi
Cyathulae Radix

【来源】

本品为苋科植物川牛膝 *Cyathula officinalis* Kuan 的干燥根。秋、冬二季采挖，除去芦头、须根及泥沙，烘或晒至半干，堆放回润，再烘干或晒干。川牛膝是传统大宗中药材，年需求量 4000 吨左右，为《中国药典》收载品种。其性甘，微苦，平，归肝、肾经，具有逐瘀通经、补肝肾、强筋骨、利尿通淋、引血下行的功效，在我国有较长的民间药用和临床应用历史。以主产四川而得名，为著名的川产道地药材之一，主要分布在四川、云南、贵州等省，湖南省湘西武陵山区和雪峰山区、湘西南南岭山区亦有分布。

【别名】

百倍《神农本草经》；鸡胶骨《闽东本草》

【植物形态】

多年生草本，高 50 ~ 100cm；根圆柱形，鲜时表面近白色，干后灰褐色或棕黄色，根条圆柱状，扭曲，味甘而黏，后味略苦；茎直立，稍四棱形，多分枝，疏生长糙毛。叶片椭圆形或窄椭圆形，少数倒卵形，长 3 ~ 12cm，宽 1.5 ~ 5.5cm，顶端渐尖或尾尖，基部楔形或宽楔形，全缘，上面有贴生长糙毛，下面毛较密；叶柄长 5 ~ 15mm，密生长糙毛。花丛为 3 ~ 6 次二歧聚伞花序，密集成花球团，花球团直径 1 ~ 1.5cm，淡绿色，干时近白色，多数在花序轴上交互对生，在枝顶端成穗状排列，密集或相距 2 ~ 3cm；在花球团内，两性花在中央，不育花在两侧；苞片长 4 ~ 5mm，光亮，顶端刺芒状或钩状；不育花的花被片常为 4，变成具钩的坚硬芒刺；两性花长 3 ~ 5mm，花被片披针形，顶端刺尖头，内侧 3 片较窄；雄蕊花丝基部密生节状束毛；退化雄蕊长方形，长约 0.3 ~ 0.4mm，顶端齿状浅裂；子房圆筒形或倒卵形，长 1.3 ~ 1.8mm，花柱长约 1.5mm。胞果椭圆形或倒卵形，长 2 ~ 3mm，宽 1 ~ 2mm，淡黄色。种子椭圆形，透镜状，长 1.5 ~ 2mm，带红色，光亮。花期 6 ~ 7 月，果期 8 ~ 9 月。（图 40-1）

图 40-1 川牛膝原植物

【种质资源及分布】

川牛膝 *Cyathula officinalis* Kuan 为苋科 Amaranthaceae 杯苋属 *Cyathula* Blume 植物。全属植物约 27 种，分布于亚洲、大洋洲、非洲及美洲，我国产 4 种，分别为麻牛膝 *Cyathula capitata* Moq.、川牛膝 *Cyathula officinalis* Kuan、杯苋 *Cyathula prostrata*（L.）Blume、绒毛杯苋 *Cyathula tomentosa*（Roth）Moq.。其中，麻牛膝在一些地区被当做川牛膝的替代品混用。

川牛膝喜凉爽、潮湿气候，多野生分布于海拔 1000m 以上的林缘、草丛中，主要分布在四川、云南、贵州、陕西、湖北、湖南、江西等省，其中湖南湘西南和湘西北均有分布，如湖南隆回、龙山等。

【适宜种植产区】

川牛膝不耐严寒，适宜种植的产区以华南为主，包括四川、贵州、云南、湖南、湖北、山西等省，其中湖南龙山和隆化地区有一定的种植面积。

【生态习性】

杨梅通过查阅中药材适宜产区地理信息系统（TCMGIS）及主产区各地方志得出，川牛膝分布于东经 102.59°～111.41°、北纬 27.14°～30.16° 的亚热带、中亚热带季风性湿润气候区，生长于海拔 1200～2500m 阳光充足、雨量充沛的高山上。喜凉湿气候，耐旱能力较差，尤其在种子萌发期间，如遇干旱易导致幼苗死亡。主产区全年平均气温在 11～19℃，年均日照 1000 小时以上，年降水量达 1000mm 以上，年蒸发量小于 1250mm，年均积温在 3500℃ 以上。川牛膝为深根性植物，以土层深厚、富含腐质、湿润且排水良好、略带黏性的壤土较为适宜，土壤黏重的地块不宜栽种，忌连作。

【栽培技术】

（一）种植地准备

1. 选地和整地　种植地选择以砂质土壤为宜，黏土壤容易使牛膝支根和侧根增多，主根不明显，严重影响产量和质量，不宜选择，碱土地影响川牛膝的正常生长发育，也不宜选择。牛膝忌连作。选好种植地后，土地深翻 30～40cm，耙平整细，做成畦，畦面 120～150cm，高 20～25cm，沟深 30cm，宽 30cm，畦的长度可视情况而定。雨水较多的地区，畦高和沟深可适当增加。

2. 基肥　基肥的施入与整地配合，在深翻土地时，每亩施入腐熟的农家肥 2000～3000kg。播种前，土地耙细整平，再每亩施入复合肥 40～50kg。如何种植地较为贫瘠，可以适当增加底肥的施入量。

（二）播种

1. 种子要求　牛膝种子没有休眠特性，活力较高，适宜的条件发芽率较高。种子以二年生牛膝种子（俗称"打子"）为最佳，一般不用一年生牛膝种子（俗称"蔓芥子"）。通过净选的方法选择颗粒饱满的种子作种，剔除病害、虫害、胚芽不完整的种子。一般而言，牛膝种子温度 21～25℃、湿度适中的条件下播种，7～10 天即可出苗。

2．**播种前处理**　播种前将种子放入 30～50℃温水浸泡 3～5 个小时或常温水浸泡 12～24 个小时，也可放入适量杀菌剂杀菌处理，捞出晾干即可播种。种子处理过程中，注意把握时间，不可过短，也不可过长。如发现病弱种子及时剔除。

3．**播种时期**　播种以春播为主，适时播种。播种过早，根容易分叉出现木质化，播种过晚，生长周期缩短，发育不良。一般而言，无霜期长的区域播种时间可稍晚，无霜期短的地区播种可稍早，湖南地区播种时间以 4 月初较为适宜。

4．**播种方式**　播种前，将畦面耙细整平，种子与细砂按照（1∶2～3）混合进行条播，沟内可施浇稀薄人畜粪水作为底肥。行距 20～30cm，用种量 1～2kg/亩。然后将种子均匀撒入沟内，播后用细堆肥或细土混合盖种，厚 1～2cm，稍镇压，浇水，畦面盖草，保温保湿。

（三）田间管理

1．**苗期管理**　条件适宜，播种后 4～7 天即可出苗。出苗 15 天后可适当追肥，施肥量以长势而定。当苗高 5～10cm 时，应间掉过密苗、徒长苗、茎基部颜色不正的苗、病苗和弱苗。当苗高 15～20cm 时，按株距 10～15cm 定苗。这段时间幼苗生长势弱，杂草生长势强，与川牛膝苗争夺水分、养分和生长空间，应适时中耕除草。

2．**中耕松土**　苗期中耕除草 1～2 次，结合间、定苗和追肥进行，除草后浅锄松土，并可将部分须根隔断，以利于主根生长。

3．**排水浇灌**　湖南地区 6～8 月暴雨频繁，降雨集中，积水容易出现根系腐烂，叶片发黄、脱落。轻者植株细弱，地径和高度均小，严重者死亡。夏季高温季节也容易短时间干旱，常因地表温度升高而使其基部遭受灼伤，植株失水，叶片脱落，甚至植物死亡。一般而言，一旦发现植物出现缺水反应和受涝反应已为时已晚，植物生长已经受到严重影响。因此，种植地出现受涝或缺水时，及时应对，不可等到植株出现反应才采取措施。

4．**病虫害防治**　病虫害一直是影响川牛膝产量和质量的重要因素，一般而言，川牛膝种植主要存在的病虫害有白锈病、叶斑病、根结线虫病以及常规虫害（蚜虫、蛴螬等）。防治：种植地采用轮作，忌连作，并及时清理种植地，保持环境清洁。当发生病害时，采用 1∶1∶120 波尔多液或 50% 甲基托布津等进行防治。一般虫害可采用低毒药剂进行防治。

【采收加工】

川牛膝一般在秋冬季节采收，湖南地区多于 11 月下旬至 12 中旬采收。采收时先割除地上部分茎叶，按行挖出根部，减掉芦头，去净泥土和杂质，晒干至六七成，堆放发汗，再晒干。

【质量要求】

传统上，以头尾齐全、条大、花纹明显、内壁洁净者为佳（图 40-2）。按照《中国药典》（2015 版）标准，川牛膝药材质量要求见表 40-1：

表 40-1　川牛膝质量标准表

序号	检查项目	指标	备注
1	水分	≤ 16.0%	
2	总灰分	≤ 8.0%	
3	浸出物	≥ 65%	
4	杯苋甾酮（$C_{29}H_{44}O_8$）	≥ 0.03%	

图 40-2　川牛膝精制饮片

【储藏与运输】

药材干燥后，封装堆放于货架上，室内温度不超过 20℃，相对湿度控制在 75% 以下，保持干燥通风。定期检查药材储存情况，做好记录，建立相应仓储管理制度。药材运输过程中，严密防潮，保持干燥，避免污染。

【参考文献】

[1] 赵华杰，舒光明，周先健，等. 我国川牛膝资源分布及生产状况调查 [J]. 资源开发与市场，2012（05）：414-415.

[2] 中国科学院中国植物志编委会. 中国植物志 [M]. 北京：科学出版社，1979，25（2）：221.

[3] 杨梅. 川牛膝种子质量评价与保存研究 [D]. 成都：成都中医药大学，2015.

[4] 王新民，张重义，李宇伟，等. 怀牛膝GAP栽培技术标准 [J]. 安徽农业科学，2006，34（05）：922-923.

[5] 张红瑞，杨静，沈玉聪，等. 栽培技术对牛膝品质的影响研究 [J]. 河南农业，2015，11：42.

四十一、麦冬Maidong

Ophiopogonis Radix

【来源】

本品为百合科植物麦冬*Ophiopogon japonicus*（L. f）Ker-Gawl. 的干燥块根。夏季采挖，洗净，反复暴晒、堆置，至七八成干，除去须根，干燥。麦冬主要化学成分为多糖、黄酮类、氨基酸、甾醇类等，其中麦冬多糖是麦冬主要有效成分之一，其具有养阴生津、润肺清心的功效，可用于肺燥干咳、虚劳咳嗽、津伤口渴、心烦失眠等症，在降血糖、免疫调节、抗过敏、抗心肌缺血等方面具有药效作用。麦冬主要分布于湖南、江西、浙江、福建、安徽、贵州、四川、云南、广西等地，主产于四川、贵州、湖南、浙江。

【别名】

麦门冬、沿阶草《中药大辞典》

【植物形态】

根较粗，中间或近末端常膨大成椭圆形或纺锤形的小块根，小块根长 1~1.5cm，或更长些，宽 5~10mm，淡褐黄色，地下走茎细长，直径 1~2mm，节上具膜质的鞘。茎很短，叶基生成丛，禾叶状，长 10~50cm，少数更长些，宽 1.5~3.5mm，具 3~7 条脉，边缘具细锯齿。花葶长 6~15cm，通常比叶短得多，总状花序长 2~5cm，或有时更长些，具几朵至十几朵花；花单生或成对着生于苞片腋内；苞片披针形，先端渐尖，最下面的长可达 7~8mm；花梗长 3~4mm，关节位于中部以上或近中部；花被片常稍下垂而不展开，披针形，长约 5mm，白色或淡紫色；花药三角状披针形，长 2.5~3mm，花柱长约 4mm，较粗，宽约 1mm，基部宽阔，向上渐狭。种子球形，直径 7~8mm。花期 5~8 月，果期 8~9 月。（图 41-1）

图 41-1 麦冬原植物

【种质资源及分布】

麦冬为百合科沿阶草属植株，全属植物世界上 65 种，主要分布于亚洲东部和南部的热带和亚热带地区，我国分布有 47 种，近年来，我国又有不少沿阶草属新种被发现，种质资源丰富，是名副其实的麦冬植株分布中心。国内沿阶草属植物特有种较多，有 29 种，占 80.5%，其中以亚热带成分为主，占 52.78%，该属植物分布上在南北方向上变化明显，呈梯度递减，东西呈递增的趋势，种内分化不明显，仅仅长茎沿阶草、连药沿阶草和沿阶草 3 种发生了种内变化。

我国麦冬类植物资源丰富，分布广泛，几乎遍布全国，其主要集中栽培于浙江东南杭州湾一带的慈溪、余姚、萧山等县市以及四川培江流域的绵阳、三台等县市，湖南西南地区有大面积分布。湖北麦冬和短葶山麦冬为常常做麦冬入药，为地方用药品种，而后两者被收载于 2000 年版《中国药典》山麦冬项下。湖北麦冬主要栽培于汉水流域的襄阳、古城、老河口等县市，短葶山麦冬主要栽培于福建泉州、惠安、仙游等县市。研究调查分析，麦冬在浙江、四川、湖南重庆、贵州、云南、湖北、广西、江西、安徽、江苏、山东、上海等有分布；湖北麦冬在湖北、安徽、江苏、黑龙江、辽宁、甘肃、河南、陕西等有分布；短葶山麦冬在福建、上海有分布。

【适宜种植产区】

麦冬分布于江西、安徽、浙江、福建、四川、贵州、云南、广西等地，以西南地区的四川、云南种类最多，资源最丰富。

【生态习性】

麦冬为多年生常绿草本，丛生，喜温暖湿润、较阴蔽的环境，常常生于海拔 2000m 以下的山坡阴湿处、林下或溪水旁。在不同立地环境下，麦冬能在 −25 ~ 40℃环境下良好生长，既可栽种于肥沃土壤，也能在贫瘠的黏性土生长，还可适应一定的盐碱度，在年降水量极少的大陆性气候（年降水量约 100mm 左右）能生存。研究证明，麦冬生育期为 330 ~ 350 天，可分为苗期、生长期、根膨大期，前期主要是叶和营养根的生长，后期主要是贮藏根的膨大。N、P、K 在各生长时期和各器官的含量、积累量各有其特点，麦冬干物质积累，前期主要在叶片、营养根，后期主要在贮藏根，麦冬地下部分生长量与地上部分生长量呈极显著的正相关。麦冬需肥量大，产量水平不同其吸肥量不同。光照对麦冬生长存在一定的影响，其光照强度、光照质量和持续时间对植物生长和形态建成存在影响。一般认为，麦冬生长的区域越靠南，需要的遮光率越高，但是只要提供充足的水分，也可以忍受全阳的生长环境。

【栽培技术】

（一）种植地准备

1. 选地及整地　选择疏松、肥沃、湿润、排水良好的中性或微碱性砂质壤土。积水、低洼、干旱、易涝地不宜栽培。麦冬根须较多，分布在土壤浅表层，土壤要深耕细整，深度 20 ~ 25cm，土地要犁耙至少 3 次，做到土壤充分疏松细碎，以利麦冬须根的伸展，从而获得充分的养分。

2. 施基肥　种植当年，结合整地每亩施入腐熟堆肥或厩肥 2 吨、过磷酸钙 50kg。施肥可视土地贫瘠情况而定，以有机肥为主。

3. 作畦　麦冬根系发达，栽培地应深耕细耙，畦面平整，以利根系伸展和吸收较多的营养，畦宽 1.5 ~ 2m，畦沟宽 0.3m 左右。

（二）播种

麦冬多采用小丛分株繁殖。

1. 时间　时间选在清明节气左右，以春分至清明最适宜；选晴天或阴天，一般收获一边分株移栽。

2. 材料　选叶色深绿、生长旺盛、无病虫害的高壮苗，剪去块根、须根及叶尖和老根茎，拍松茎基部，使其分成单株，剪出残留的老茎节，以基部断面出现白色放射状花心（俗称菊花心）、叶片不开散为度。

3. 材料前处理　将单株用稻草捆成小把，浸于流水中，待其吸足水时立即栽植。栽不完的苗子，可将基部先放入清水中浸泡片刻，使其吸足水分，再埋入荫凉处的松土内进行假植，每日或隔日浇水 1 次。假植时间不得超过 5 天，否则影响成活率。

4. 栽种方法　在整好的畦面上，按行距 15 ~ 20cm，横向开沟，沟深 5cm 左右。然后按株距 8 ~ 10cm 栽苗 3 株。苗要栽正，垂直种下，然后两边用土踏紧，做到地平苗正，栽后立即浇 1 次定根水。

（三）田间管理

1. 补苗　出苗后如有缺株，应及时补苗。

2. 排水与灌溉　栽种后，经常保持土壤湿润，以利出苗。7 ~ 8 月，可灌水降温保根，但不宜积水，灌水和雨后应及时排水。

3. 除草　麦冬苗矮小，栽后半月就应除草 1 次，一般每年拔草 3 ~ 4 次，以利麦冬苗生长同时防止土壤板结。

4. 追肥　麦冬生长期长，需肥量大，分期追肥是增产的主要措施，一般每年 4 月开始，结合松土追肥 3 ~ 4 次，肥种以农家肥为主，配施少量复合肥。4 ~ 5 月间，每亩施入人畜粪水 1.5 吨，或硫酸铵 7.5 ~ 10kg。6 ~ 7 月是麦冬开花期，正是块根生长时期，此时结合除草可追施复合肥料或含钾、磷成分较多的腐熟猪牛粪堆肥、草木灰、过磷酸钙等。10 月份再施 1 次越冬肥料。

5. 病虫害防治　麦冬病害主要有叶枯病、黑斑病，一般 4 月中旬始发，主要危害叶片，可用波尔多液喷洒防治。虫害主要有蝼蛄、地老虎、蛴螬等，可用辛硫磷乳油灌根防治。

【采收加工】

麦冬于栽后第 2 年或第 3 年的 4 月上中旬收获。选晴天，用犁翻耕土壤约 25cm，使麦冬翻出，抖去泥土，切下块根和须根，在水中洗去泥土后摊晾暴晒，经常翻动，白天摊晒，晚上堆起，晒至 7 成干时剪去须根，再晒至干燥。若遇阴雨天，可用 40 ~ 50℃的文火烘 15 ~ 20 小时，取出放几天，再烘至全干，筛去杂质，即成商品。

【质量要求】

以块根表面淡黄白色、身干、个肥大、柔润、半透明、有香气、嚼之发黏的寸冬为佳（图 41-2）。按照《中国药典》（2015 版）标准，麦冬药材质量要求见表 41-1：

表 41-1 麦冬质量标准表

序号	检查项目	指标	备注
1	水分	≤ 18.0%	
2	总灰分	≤ 5.0%	
3	水溶性浸出物	≥ 60.0%	
4	鲁斯可皂苷元 $C_{27}H_{42}O_4$）	≥ 0.12%	紫外–分光光度法

图 41-2 麦冬精制饮片

【储藏与运输】

（一）储藏

麦冬含糖分较高，极易生虫和发霉，保管时特别要注意防虫，但不能用硫磺熏，库房务必保持干燥。干燥后的块根，包装前检查并去除劣质品及异物。包装必须使用国家规定的包装物如麻袋、纸箱、纸盒等。包装材料应干燥、干净、无污染、无破损，严禁使用装过农药、化肥、有毒物品等包装袋。包装后标明相关记录：如品名、产地、重量、规格、日期等。包装好的块根严禁与有毒、有害物质混放，应放在通风避光、干燥的货架上，注意防虫、防鼠、防霉变腐烂及泛油等现象。

（二）运输

药材运输包装必须有明显的运输标识，包括收发货标志和包装储运指示标志，运输时不应与其他有毒、有害物品混装，要有较好通气性，以保持干燥，遇阴雨天，应严密防潮。运输工具必须清洁、干燥、无异味、无污染，运输中应防雨、防潮、防污染，严禁与可能污染其品质的货物混装运输。

【参考文献】

［1］刘霞，曹秀荣，陈科力，等. 湖北麦冬的研究进展［J］. 医药导报，2008，27（10）：1231-1234.

［2］黄光辉，孙连娜. 麦冬多糖的研究进展［J］. 现代药物与临床，2012，27（5）：523-529.

［3］中国科学院中国植物志编辑委员会. 中国植物志［M］. 第43卷2分册. 北京：科学出版社，1997：163-164.

［4］陈心启. Flora of China Vol.24. 北京：科学出版社，2006.

［5］刘享平，李锦卫. 国产沿阶草属植物的地理分布及区系研究［J］. 湖南林业科技，1998，25（1）：26-30.

［6］余伯阳，徐国钧. 中药麦冬的资源利用研究［J］. 中草药，1995，26（4）：205-211.

［7］毛泉炳. 丹麦草的研究与推广［J］. 今日科苑，2007（21）：94-100.

［8］陈兴福，杨文钰，刘红昌. 麦冬氮、磷、钾吸收与积累特性研究［J］. 中国中药杂志，2005，30（16）：1233-1236.

［9］郁国芳，芮连华，郑莉，等. 麦冬草形态特征和栽培技术［J］. 上海农业科技，2006（04）：103-104.

［10］韩春梅. 麦冬的高产栽培技术［J］. 四川农业科技，2013（08）：30.

［11］杨永康. 麦冬的栽培及加工［J］. 农家顾问，1994（02）：5-7.

［12］梁仰贞. 麦冬丰产栽培技术［J］. 中国土特产，1996（02）：12.

四十二、山茱萸 Shanzhuyu

Corni Fructus

【来源】

本品为山茱萸科植物山茱萸 Cornus officinalis Sieb. et Zucc. 的干燥成熟果肉。秋末冬初果皮变红时采收果实，用文火烘或置沸水中略烫后，及时除去果核，干燥即得。山茱萸是我国传统而珍贵的中药材，在我国的栽培历史悠久，《神农本草经》《本草经集注》《吴普本草》《千金翼方》《图经本草》等典籍中均有记载，性味酸、涩，微温，入肝肾两经，具有补益肝肾、涩精固脱之功效。现代研究表明，山茱萸的主要成分有单糖、多糖、有机酸、苷类、环烯醚萜类、皂苷、黄酮、蒽醌、甾体、三萜、内酯等，具有增强免疫力、抗菌、抗炎等药理作用，还有延缓衰老、营养保健的作用。山茱萸在我国不仅被作为地道药材使用，近年来还被引用到园林绿化之中，因其花、果、叶、树姿具有独特的观赏特性而备受人们的喜爱。

【别名】

蜀枣《神农本草经》；鼠矢、鸡足《吴普本草》；山萸肉《小儿药证直诀》；实枣儿《救荒本草》；肉枣《本草纲目》；枣皮《会约医镜》；萸肉《医学衷中参西录》；药枣《四川中药志》

【植物形态】

落叶乔木或灌木，高 4~10m；树皮灰褐色；小枝细圆柱形，无毛或稀被贴生短柔毛；冬芽顶生及腋生，卵形至披针形，被黄褐色短柔毛。叶对生，纸质，卵状披针形或卵状椭圆形，长 5.5~10cm，宽 2.5~4.5cm，先端渐尖，基部宽楔形或近于圆形，全缘，上面绿色，无毛，下面浅绿色，稀被白色贴生短柔毛，脉腋密生淡褐色丛毛，中脉在上面明显，下面凸起，近于无毛，侧脉 6~7 对，弓形内弯；叶柄细圆柱形，长 0.6~1.2cm，上面有浅沟，下面圆形，稍被贴生疏柔毛。伞形花序生于枝侧，有总苞片

图 42-1 山茱萸原植物

4，卵形，厚纸质至革质，长约 8mm，带紫色，两侧略被短柔毛，开花后脱落；总花梗粗壮，长约 2mm，微被灰色短柔毛；花小，两性，先叶开放；花萼裂片 4，阔三角形，与花盘等长或稍长，长约 0.6mm，无毛；花瓣 4，舌状披针形，长 3.3mm，黄色，向外反卷；雄蕊 4，与花瓣互生，长 1.8mm，花丝钻形，花药椭圆形，2 室；花盘垫状，无毛；子房下位，花托倒卵形，长约 1mm，密被贴生疏柔毛，花柱圆柱形，长 1.5mm，柱头截形；花梗纤细，长 0.5~1cm，密被疏柔毛。核果长椭圆形，长 1.2~1.7cm，直径 5~7mm，红色至紫红色；核骨质，狭椭圆形，长约 12mm，有几条不整齐的肋纹。花期 3~4 月，果期 9~10 月。（图 42-1）

【种质资源及分布】

山茱萸科植物共有 14 属，分布于欧洲中南部、东亚与北美，其中山茱萸属有 4 个种，我国分布的有山茱萸 Cornus officinalis Sieb. et Zucc. 和川鄂山茱萸 Cornus chinensis Wanger. 两种，其果皮均被称为"萸肉"，但《中国药典》（2015 版）中规定的基原植物仅有山茱萸。山茱萸主要分布在北纬 26°~37°40′、东经 107°~121°25′ 之间，即亚热带和北温带之间的暖温带，呈不连续点状分布，以中国分布为主，日本、朝鲜亦有分布。我国主产于河南、浙江、陕西、安徽等 11 个省的 50 多个县，集中分布于"两山加一岭"，即河南的伏牛山、浙江的天目山、陕西的秦岭，而以河南西峡、浙江临安、陕西丹凤的栽培最为集中。

山茱萸的类型划分及命名以生长发育阶段、果实色泽性状等进行划分。杨增海等将秦岭地区山茱萸划分为 11 个类型，包括石磙枣、珍珠红、八月红、香蕉（马牙枣）、大红枣、圆铃枣、笨米枣、清头郎和小米枣等；史关正等将河南豫西山区山茱萸分为石磙枣、八月红、珍珠红、黄皮枣、冬青枣、9 月青、一头尖枣、大米枣和长形枣等类型；刘培华等调查了秦岭山区的山茱萸种质后，根据果实性状分为 6 种类型：近圆柱形果类型、椭圆形果类型、长椭圆形果类型、短梨形果类型、长梨形果类型和短圆柱形果类型，并选出近圆柱形果类型、椭圆形果类型和短梨形果类型为优良类型。王明方等将河南伏牛山区山茱萸划分为 8 种类型，包括石磙枣、珍珠红、大米枣、笨米枣、八月红、马牙枣、青头郎和小米枣。陈随清等将山茱萸按果实性状划分为圆柱形、椭圆形、长梨形、短梨形、长圆柱形、短圆柱形和纺锤形。

【适宜种植产区】

山茱萸野生资源分布较少，其资源主要来源于浙江、河南和陕西等地。20 世纪六七十年代，国家对野生资源进行了垦抚管理，加快了生产发展的步伐，种植面积不断增大，其种植产区覆盖浙江、河南、陕西、安徽、江苏、四川、湖北以及河北等地。

【生态习性】

山茱萸是暖温带和北亚热带深山区药用树种，具有耐阴、喜光、怕湿的特性，栽培山茱萸最适宜的海拔高度是 600~800m，宜选择阴坡、半阴坡及阳坡的山谷、山下部。山茱萸对土壤的适应性较广，在酸性、微酸性、中性和石灰岩土壤中均能生长，沙土、黏土、砾土均可栽培，但一般在土层深厚、腐殖质含量高的中性或微酸性沙壤上生长结果良好，出皮率高；而在贫瘠的黄黏土夹卵石土壤中则生长不良，易出现早衰与隔年结果的现象，且出药率低，品质欠佳。山茱萸适宜栽培的气候条件为：年平均气温14.9℃，最低温度平均为-14℃，全年≥10℃的活动积温4841℃，无霜期230天，降雨量822.3mm以上。

山茱萸为落叶乔木或灌木，无明显主干，生长较慢，多干丛生。前期营养生长较快，结果后，生长减慢，成年树高达4m，冠幅可达4~5m。山茱萸初花期为3月初，花期可持续25天；3月下旬至4月上旬展叶；4月中下旬至5月上旬为叶片枝条迅速生长期；6月下旬形成花芽，吴茱萸花芽为混合芽，芽内有一个花芽和两个叶芽，前者形成花序，后者于花后在花序下抽生一对新梢。按花芽分化与发育阶段可以分为分化初期、小花原基突起期、花萼形成期、花冠形成期、雄蕊形成期、雌蕊形成期和花盘形成期等7个时期；7月中下旬出现秋梢，8月中旬部分果实开始着色，10月上旬大部分成熟，晚熟类型可以延长至11月上旬；11月中旬落叶生长期共240天。山茱萸实生苗结果较迟，人工栽培条件下第4~5年始果，自然状态下第7~10年才能结果，盛果期单株产量10~25kg，盛果期可持续100年以上，200~300年的老树仍能结果。

【栽培技术】

（一）整地

栽植地宜选背风向阳的缓坡山地、二荒地、退耕还林地或四旁闲散地。为了便于管理，最好成片建园，若为山地建园，要提前全面整地，沿等高线做成梯田；或挖成鱼鳞坑。选择土层深厚、疏松、湿润、肥沃的半向阳坡砂质壤土或腐殖质土为宜。秋季整地，按行距3m，挖宽0.8m，深0.6m的定植沟，施45t/hm² 有机肥混土回填。春季按株距2.5m定植苗木。育苗地施30t/hm² 有机肥，深耕细耙，按1.2~1.5m做好育苗畦待播。

（二）播种

山茱萸有多种繁殖方式，有性繁殖方式有种子繁殖，无性繁殖方式有压条繁殖、扦插繁殖、嫁接繁殖等，种子育苗成活率高，易包装运输，用工量少，便于田间管理和大面积人工造林，生产上普遍采用，以下主要介绍有性繁殖。

1. 种子处理　选择树势健壮，冠形丰满，生长旺盛，抗病虫害能力强，丰产性能优良的品系作采种母株。山茱萸种子属于低温型，且种皮坚硬，带油质。种子需经过处理才能萌发，促进提早出苗。常用的有以下几种处理方法：一是用60℃温水浸种，加盖保温，经2天后捞起晾干播种；二是用人尿浸种15~20天后，再用草木灰或焦泥灰拌匀下种；三是层积处理，在室外向阳处挖30cm左右深的层积坑，层积前用人尿浸种子20天，取出拌入草木灰，然后将坑底整平，先铺干草，再将种子、干肥土、湿沙充分混匀，平铺坑内，再铺1层湿沙，如此铺2~3层，最上面盖1层肥土，经过3~4个月，翻坑检查，见有50%的种子破嘴露芽，即可取出播种。

2. 播种育苗　在3月21日（春分）前后，将已破头萌发的种子挑出播种。播种前，在畦上按25cm的行距开深5cm左右的浅沟，将种子均匀撒入沟内后覆土3~4cm，保持土壤湿度，40~50天可出苗。每公顷需用种子50~70kg。幼苗长出2片真叶时，除杂草、间苗，苗距7cm。6月上旬中耕。入冬前浇1次水，并给幼苗根部培土，以便安全越冬。

3. 移栽　第 2 年春季苗高 60cm 可以移栽，以发梢前移栽最好。每公顷栽植 450 ~ 750 株为宜，对间套作物的地块，每公顷栽 300 株左右。

（三）管理

1. 苗期管理　出苗前要保持土壤湿润，出苗后及时除杂草。幼苗期，苗高 15cm 时可锄草并追肥 1 次。若小苗太密，在苗高 12 ~ 15cm 时可间苗。幼苗松土施肥 2 ~ 3 次。当年幼苗达不到定植高度时，入冬前浇 1 次水，并加盖农作物秸秆或牛马粪，以利保温保湿安全越冬。

2. 定植后的管理

①灌溉：一年应有 3 次大灌溉。第 1 次在春节发芽开花前，第 2 次在夏季果实灌浆期，第 3 次在入冬前。

②除草施肥：每年中耕除草 4 ~ 5 次。春、秋两季各追肥 1 次，10 年以上大树每株施人粪尿 5 ~ 10kg。追肥以在 4 月中旬的幼果初期效果最佳。在盛花期及坐果期追肥，喷 0.1% 硼溶液效果也比较好。

③剪枝：当幼树高 1m 左右时打去顶梢，促侧枝生长。幼树期，每年早春将树基丛生枝条剪去，促主干生长。修剪以轻剪为主，将过细、过密的枝条及徒长枝从基部剪掉，以利通风透光，提高结实率。对于主枝内侧的辅养枝，应在 6 月间进行环状剥皮、摘心、扭枝，以削弱生长势，促进早结果，早丰产。幼树每年培土 1 ~ 2 次，成年树可 2 ~ 3 年培土 1 次，若根露出地面，应及时壅根。

④病虫害防治：山茱萸常见的病害有炭疽病、角斑病、灰色膏药病等。炭疽病主要危害果实，发病率的高低与降雨量的多少有关，可通过喷洒波尔多液防治。角斑病主要危害叶子，也可通过喷施波尔多液进行预防。常见的虫害有蛀果蛾、大蓑蛾等，可以通过生物防治。

【采收加工】

9 月下旬 ~ 10 月初果实成熟，当果实外表鲜红即可采收。采回果实后，及时除去枝梗、果柄等，用沸水浸烫，隔水蒸或文火烘等方法处理后，挤出果核，晒干或烘干果肉，即可。

【质量要求】

以肉厚、柔软、色紫红色为佳（图 42-2）。按照《中国药典》（2015 版）标准，山茱萸药材质量要求见表 42-1：

表 42-1　山茱萸质量标准表

序号	检查项目	指标	备注
1	杂质（果核、果梗）	≤ 3.0%	
2	水分	≤ 16.0%	
3	总灰分	≤ 6.0%	
4	水溶性浸出物	≥ 50.0%	
5	莫诺苷（$C_{17}H_{26}O_{11}$）和马钱苷（$C_{17}H_{26}O_{10}$）总量	≥ 1.2%	HPLC 法

1cm

图 42-2　山茱萸精制饮片

【储藏与运输】

山茱萸肉在包装前应仔细检查是否已充分干燥，并清除杂质和异物。将完全干燥的山茱萸肉装入洁净的麻袋或布袋中，内衬防潮纸。对库房中的山茱萸肉采用生石灰夹层的方法保管，效果甚佳。方法是将山茱萸肉暴晒 2～3 天，使其充分干燥；将装药的缸用清水洗涤干净并干燥，首先在缸的底部铺上约 7cm 厚的生石灰，上面用草纸盖上一层，然后铺上山茱萸肉约 3cm 厚，用草纸盖上，上面再铺生石灰约 3cm 厚，这样生石灰与山茱萸肉交替铺至装满，最后盖上一层草纸铺生石灰 7cm 厚，用盖进行密封。库房注意防虫防鼠。

山茱萸的运输应遵循及时、准确、安全、经济的原则，将固定的运输工具清洗干净，将成件的商品山茱萸肉捆绑好，遮盖严密，及时运往贮藏地点，不得雨淋、日晒，长时间滞留在外，不得与其他有毒、有害物质混装，避免污染。

【参考文献】

［1］国家药典委员会. 中华人民共和国药典［M］. 一部. 北京：中国医药科技出版社，2015：27.

［2］于淼，王晓先，贾琳. 山茱萸的药理作用研究进展［J］. 东南国防医药，2010，12（3）：240-243.

［3］杨得坡，张铭哲，何汝保. 河南省山茱萸的生态分布与区划［J］. 地域研究与开发，1991（4）：35-36.

［4］杨增海，王义虎. 山茱萸种质资源的调查与初步研究［J］. 陕西农业科学，1988（3）：16-17.

［5］史关正，刘静，李立沛，等. 山茱萸地方品种的质量考察［J］. 中草药，1989，20（30）：36-37.

［6］刘培华，王小纪，周洁. 山茱萸类型规划及优良类型选择［J］. 特产研究，1994（4）：58-59.

［7］王明方，李俊宽，王昌明. 我省伏牛山区山茱萸种质类型简介［J］. 河南农业科学，1986（9）：20-21.

［8］黄琳. 山茱萸 GAP 标准操作规程［J］. 安徽农业科学，2010，38（28）：15618-15620.

［9］陈明彬，刘天民，刘哲. 山茱萸适宜气候条件与高产栽培技术［J］. 陕西气象，2005（05）：36-38.

四十三、香薷Xiangru

Moslae Herba

【来源】

本品为唇形科植物石香薷 *Mosla chinensis* Maxim. 或江香薷 *Mosla chinensis* 'Jiangxiangru' 的干燥地上部分。夏、秋二季茎叶茂盛、果实成熟时采收，晒干，即得。香薷是一味临床常用中药，始载于《名医别录》，以后历代本草均有收载，性辛，微温，归肺、脾、胃经，主要功效为发汗解表、和中化湿、利水消肿，临床上主要用于阴暑证、水肿、小便不利。香薷化学成分主要为挥发油类成分，其次为黄酮类成分，以及一些香豆素类成分，具有抗菌、镇静、镇痛、增强免疫的作用。全国香薷类商品药材主要为江香薷和石香薷，江香薷主产于江西、河北、河南等地，石香薷主产于湖南、湖北、贵州、云南等地，湖南地区以湘西为居多。

【别名】

香菜《本草经集注》；香菜《千金方》；香戎《食疗本草》；香茸《本草图经》；紫花香菜《履巉岩本草》；蜜蜂草《本草纲目》

【植物形态】

石香薷，直立草本。茎高 9 ~ 40cm，纤细，自基部多分枝，或植株矮小不分枝，被白色疏柔毛。叶线状长圆形至线状披针形，长 1.3 ~ 2.8（3.3）cm，宽 2 ~ 4（7）mm，先端渐尖或急尖，基部渐狭或楔形，边缘具疏而不明显的浅锯齿，上面榄绿色，下面较淡，两面均被疏短柔毛及棕色凹陷腺点；叶柄长 3 ~ 5mm，被疏短柔毛。总状花序头状，长 1 ~ 3cm；苞片覆瓦状排列，偶见稀疏排列，圆倒卵形，长 4 ~ 7mm，宽 3 ~ 5mm，先端短尾尖，全缘，两面被疏柔毛，下面具凹陷腺点，边缘具睫毛，5 脉，自基部掌状生出；花梗短，被疏短柔毛。花萼钟形，长约 3mm，宽约 1.6mm，外面被白色绵毛及腺体，内面在喉部以上被白色绵毛，下部无毛，萼齿5，钻形，长约为花萼长之 2/3，果

图 43-1　石香薷原植物

时花萼增大。花冠紫红、淡红至白色，长约 5mm，略伸出于苞片，外面被微柔毛，内面在下唇之下方冠筒. 上略被微柔毛，余部无毛。雄蕊及雌蕊内藏。花盘前方呈指状膨大。小坚果球形，直径约 1.2mm，灰褐色，具深雕纹，无毛。花期 6 ~ 9 月，果期 7 ~ 11 月。（图 43-1）

香薷药用品种有石香薷和江香薷，这两个品种是随着药用历史的推进不断演化而来，其植物形态也存在区别。江香薷与石香薷的区别在于全株较高，55 ~ 66cm，疏被长的白色茸毛，茎较粗，基部微红色，上部淡黄色。

【种质资源及分布】

香薷属在植物分类上属于唇形科，全世界有 40 种，主要分布在亚洲东部，我国有 33 种，15 个变种及 5 变型，全国均广泛分布，有资料显示，至少有 21 种可以入药。海州香薷在 1961 年版的《中药志》中曾被误定为石荠苎属的石香薷，1995 年版的《药典》正式将海州香薷的原植物改为石香薷。在 2012 年，普春霞等人发表了新种理塘香薷 E. litangensis C. X. Pu & W. Y. Chen。同年，向春雷和刘恩德发表了新种亮叶香薷 E. lamprophylla C. I. Xiang & E. D. Liu，至此，中国已知的香薷属植物数目为 35 种。

香薷自然分布较为广泛，分布于湖南、江西、广西、四川、安徽、江苏、湖北等地，石香薷为野生品种，分布较为广泛，主要包括湖南湘潭、长沙，江西新余、宜春，广西平乐、梧州，等，而江香薷为石香薷的栽培变种，分布较为狭窄，在江西宜春、新余地区较为集中。

【适宜种植产区】

香薷主产于湖南、江西、广东、四川、广西、安徽等华中、华南、西南地区，石香薷华中、华南、西南大部分地区均可种植，江香薷以江西、浙江、四川、山东等地种植较多。

【生态习性】

香薷喜温暖湿润、阳光充足、雨量充沛的环境，对土壤适应性较强，一般土壤均可种植。在土壤水分适宜，气温在 15 ~ 18℃，香薷种子播种后 10 ~ 15 天出苗，最适生长温度在 25 ~ 28℃。春季播种后，由于气温较低，生长发育缓慢，随着气温逐渐升高，生长逐渐加快，7 ~ 8 月是香薷生长的旺盛时期，同时也是有效成分积累的季节。花期 6 ~ 7 月，果期 9 ~ 10 月。

【栽培技术】

（一）选地和整地

1. 选地　香薷适应性较强，对土壤要求不严，以质地疏松，避风向阳，排水良好的砂质土壤为宜，南方丘陵坡地质地疏松的红土壤亦适合种植，但沙土和盐碱土地不宜种植。香薷怕旱，种植地灌溉方便。不宜重茬，前茬以谷类、豆类、蔬菜为最好。

2. 整地　种植前先翻耕土壤 15 ~ 30cm，使其充分风化，根据土壤类型和肥力情况，施入腐熟的人畜肥 2000~2500kg/亩。然后做成宽 1.5~2m、高 20~30cm，长度不限的畦，畦沟宽 25~30cm、深 25~30cm，畦面成龟背形，每公顷用 375~450kg 钙镁磷肥撒于畦面，再用畦沟碎土将其盖于畦面。

（二）播种

1. 播种时间　香薷播种时间可分为春播和夏播，春播以 3 月下旬至 4 月上旬为宜，夏播以 6 月份为宜。播种过早，香薷未出苗而杂草已长满畦面，造成草荒，但春播时间最迟不可超过清明。播种过晚会影响植株生长，造成减产。

2. 播种方法　香薷播种方法点播、条播或撒播均可，以条播为好，便于管理。播种时将种子与草木灰拌匀，选择晴天或阴天将种子均匀撒播于畦面。点播按株行距 5cm×10cm。条播按行距 20~25cm，开浅沟深 2cm，均匀将种子播于沟内，密度不宜过大，播后稍加压紧，使种子与泥土紧贴，以利出苗，播种量控制在 1.5~2kg/亩，播种后用土筛筛过的细土拌草木灰或火土灰覆盖约 1cm 厚，轻轻镇压。撒播即将种子均匀撒于畦面，播种量控制在 3~4kg/亩，播种后用土筛筛过的细土拌草木灰或火土灰覆盖约 1~2cm 厚，以不露种子为宜。

（三）田间管理

1. 间苗和定苗　香薷播种后，条播和撒播按"间密留稀，间弱留强"原则及时间苗。当苗高 3~5cm 时开始间苗，病弱苗及时除去，过稀处及时补种，以后按生长状况间苗 2~3 次，当苗高 10~15cm 时，按株距 10~15cm 进行定苗。

2. 水肥管理　播种后，如雨水较多，注意清沟排水；如遇干旱，及时浇灌。待苗高 5~10cm 时进行第一次施肥，每亩施入氮肥 15~20kg，施肥量不宜过多。第 2 次抽穗前用尿素 40~50kg/亩，撒于畦面，或将尿素溶于水中浇施，每 10kg 水放尿素 1~1.2kg。随后施肥的时间与作用量随着香薷苗的生长情况适当调整。

3. 中耕除草　香薷整个生长期中耕除 4~5 次，出苗后按"见草就拔，以拔小，拔了"为原则进行，防止草荒，避免杂草与香薷争夺养分，注意不要伤及根系。

4. 病虫害防治

①病害　江香薷的病害主要为根腐病，在根部和根茎部发生，发病初期，根部和根颈部出现褐色斑块，逐渐扩展，主根和茎基部变成黑褐色。发病后期，植株下部叶片萎缩变黄枯死，并逐渐向上发展。以菌丝在病残体或土壤中越冬，4 月开始发病，5 月为盛期，通过雨水或灌溉水再侵染。防治方法：采用"预防为主，综合防治"农业综合防治措施。首先加强栽培管理，冬季做好清园工作，及时清除病落叶或病叶，铲除杂草，集中烧毁或深埋处理，以减少菌源。雨季做好清沟排水，防止积水；发现病株及时拔除，以防蔓延。药剂防治可用 50% 多菌灵 500 倍液喷射防治，每隔 7~10 天喷 1 次，连续喷 2~3 次；或 50% 退菌特可湿性粉剂 1000 倍灌根。

②虫害　江香薷的虫害主要为小地老虎 *Agrotis ypsilon* Rottemberg，属鳞翅目，夜蛾科。以幼虫危害，低龄阶段在香薷幼苗嫩叶上取食，咬成凹斑、孔洞、缺刻。幼虫 3 龄后潜入土表，咬断嫩茎，使幼苗萎蔫死亡，造成缺苗。一年可发生 6~7 代，每年 2 月中下旬开始出现，3 月中下旬和 4 月上中旬出现两个繁殖高峰期，4 月下旬至 5 月上旬为危害

高峰期，6月下旬以后成虫开始羽化，田间逐渐减少。防治方法：在高龄幼虫危害期，早晨到田间检查，发现新萎蔫或咬断的幼苗，可扒开表土人工捕杀幼虫。在幼虫低龄阶段用50%辛硫磷乳油1000倍液、90%晶体敌百虫800倍液进行喷雾，用药液量为75kg/公顷，每隔7~10天喷1次，连续2~3次。也可用50%辛硫磷乳油200ml/u，拌湿润细土30kg做成毒土，傍晚顺垄撒施于幼苗根际附近；或用90%晶体敌百虫200g或50%辛硫磷乳油200ml，加适量水，拌棉籽饼5kg或切碎的鲜草10kg，做成毒饵进行撒施，防治效果较好。

【采收加工】

春播于8月中下旬，夏播于9月上中旬，当香薷生长到开花盛期时采收，其挥发油含量最高。割取地上部分，置于通风干燥的干净场地上阴干，捆扎成小捆。药材以叶片肥厚、香气浓郁、色绿质嫩、花穗多者为佳。

【质量要求】

香薷药材以枝嫩、穗多、香气浓者为佳（图43-2）。按照《中国药典》（2015版）标准，香薷药材的质量要求见表43-1：

表43-1 香薷质量标准表

序号	检查项目	指标	备注
1	水分	≤12.0%	
2	总灰分	≤8.0%	
3	挥发油	≥0.6%	
4	麝香草酚（$C_{10}H_{14}O$）与香荆芥酚（$C_{10}H_{14}O$）总量	≥0.16%	

图43-2 香薷精制饮片

【储藏与运输】

（一）储藏

贮藏之前，其含水量应达到标准，用麻袋封包堆放于货架上，并将药材处于阴凉避光处，室内环境保持干燥通风，储存温度不超过 20℃，相对湿度控制在 45% ~ 75%。定期检查药材的贮存情况，应及时将已经变质和有虫害的药材清除。气候湿润地区，最好有空调及除湿设备，以防害虫侵入和湿气影响，达到防止霉变的目的。

（二）运输

运输车辆尽可能固定，运输之前对车辆进行清洗、消毒，以保证运输容器和运输工具的清洁，保证药材免遭污染。药材运输包装必须有明显的运输标识，包括收发货标志和包装储运指示标志，运输时不应与其它有毒、有害特品混装，要有较好通气性，以保持干燥，遇阴雨天，应严密防潮。

【参考文献】

[1] 李敏，苗明三. 香薷的化学、药理与临床应用特点分析 [J]. 中医学报，2015，30（203）：517-519.

[2] 李保印，周秀梅，郝峰鸽，等. 我国香薷属植物研究进展 [J]. 河南科技学院学报：自然科学版，2012，40（1）：37-44.

[3] 李鹏，陈根顺. 青香薷与江香薷的对比分析 [J]. 江西中医学院学报，2007，19（6）：56-57.

[4] PU C X, CHEN W Y, ZHOU z K. Elsholtzia litangensis sp. nov.（Lamiaceae）endemic to China [J]. Nordic J Bot，2012，30（2）：174-177.

[5] XIANG C L, LIU E D. Elsholtzia lamprophylla（Lamiaceae）：A new species from Sichuan, Southwest China [J]. J Syst Evol，2012，50（6）：578-579.

[6] 李攀，闫小玲，袁永明. 四川省香薷属植物地理分布新纪录 [J]. 西北植物学报，2013，33（11）：2351-2353.

[7] 胡珊梅，范崔生，袁春林. 江香薷的本草考证和药材资源的研究 [J]. 江西中医学院学报，1994（2）：31-34.

[8] 张寿文，刘贤旺，胡生福，等. 江香薷生长发育特性及其栽培技术研究 [J]. 江西农业大学学报，2004，26（3）：468-469.

[9] 刘杨. 香薷传统栽培技术及应用研究 [J]. 亚太传统医药，2014，10（21）：44-45.

四十四、白花蛇舌草 Baihuasheshecao
Hedyotis Diffusa Herba

【来源】

本品为茜草科植物白花蛇舌草 *Hedyotis diffusa* Willd. 的全草。夏秋二季花开到顶、穗绿时采割，除去杂质，晒干。始载于《广西中药志》，其味微苦、微甘，性凉，入心、肝、肺经，具有清热解毒、利尿消肿、活血止痛功效。现代研究表明，白花蛇舌草主要化学成分有萜类、黄酮类、蒽醌类、苯丙素类、香豆素类、挥发油类、含酸化合物、多糖类等，具有抗肿瘤、抗菌、抗氧化、增强免疫作用等作用。白花蛇舌草主要分布于浙江、江西、湖北、湖南、贵州、河南等地，主要是野生品种，近年来，各地均有栽培。

【别名】

蛇舌草、矮脚白花蛇利草《广西中药志》；蛇舌癀《闽南民间草药》；目目生珠草，节节结蕊草《泉州本草》；鹩哥利、千打捶、羊须草《广东中药》Ⅱ；蛇总管、鹤舌草、细叶柳子《福建中草药》

【植物形态】

白花蛇舌草为一年生草本植物，高 15~50cm。根细长，分枝。茎略带方形或扁圆柱形，光滑无毛，从基部发出多分枝。叶片线形至线状披针形，对生，无柄，长 1~3.5cm，宽 1~3mm，先端急尖，上面光滑，下面稍粗糙，侧脉不明显；托叶膜质，基部合生成鞘状，长 1~2mm，先端芒尖。花单生或成对生于叶腋，常具短而粗的花梗，稀无梗；花冠白色，漏斗形，长 3.5~4mm，先端 4 深裂，裂片卵状长圆形，长约 2mm；萼筒球形，4 裂，裂片长圆状披针形，长 1.5~2.0mm，边缘具睫毛；雄蕊 4，与花冠裂片互生，花丝扁，花药卵形，2 室，纵裂；子房下位，2 室，柱头 2 浅裂，呈半球形。蒴果扁球形，直径 2~2.5mm，室背开裂，花萼宿存。种子棕黄色，细小，具 3 个棱角。花期 7~9 月，果期 8~10 月。（图 44-1）

图 44-1　白花蛇舌草原植物

【种质资源及分布】

白花蛇舌草为茜草科耳草属植物，分布于日本及亚热带地区，主产于云南、广东、广西、福建、江西、浙江、江苏、安徽等省区，常常野生分布于山坡小溪边草丛中或潮湿的田边、沟边、路旁及草地中。目前，市场所流通的白花蛇舌草资源较为混杂。戴鍪英等调查发现，多数地区使用茜草科植物白花蛇舌草、伞房花耳草，少数地区将茜草科植物纤花耳草 *Hedyotis tenelliflora* BL.、石竹科漆姑草 *Sagina japonica*（S. W.）Ohwi. 和雀舌草 *Stellaria alsine* Grimm. 充当白花蛇舌草使用。王丽等进行研究，认为其入药应以白花蛇舌草为正品，伞房花耳草为代用品，纤花耳草、漆姑草及雀舌草应视为混乱品种。此外，各地充当白花蛇舌草的还有粟米草科的多棱粟米草 *Mollugo costata* Y. T. Chang & C. F. Wei 与粟米草 *M. Pentaphylla* L.、石竹科蚤缀 *Arenaria serpyllifolia.*、沟繁缕科三蕊沟繁缕 *Elatine triandra Schkuhr.* 等。

【适宜种植产区】

白花蛇舌草适应性较强，我国东南至西南部各地均可种植，包括云南、广东、广西、福建、江西、浙江、江苏、安徽等地。

【生态习性】

白花蛇舌草喜温暖潮湿环境，需要充足的阳光，不耐干旱，怕积水，适宜在 22~28℃的温度范围内生长。白花蛇舌草生育期为 140~150 天，大致可划分为出苗期、展叶期、花期和果期，4 月下旬播种，播种后 5~12 天开始出苗，苗期约 20 天，之后进入展叶期，植株开始快速生长，约 80~100 天，6 月温度上升，植株逐渐开花，花期约 65 天；8 月开始结果，果期约 60 天，直到 10 月。白花蛇舌草种子极细，千粒重仅为约 5mg，新鲜种子发芽率极低，贮藏 13 个月后发芽率可达 80%，且一定浓度的赤霉素（GA）溶液浸泡处理或变温处理的种子可以提高发芽率。种子播种时不能覆土太深，否则会影响种子的出苗率和整齐度。

【栽培技术】

（一）种植地准备

白花蛇舌草应选择地势偏低、光照充足、排灌方便、疏松肥沃的壤土种植。在山区，可选择半阴半阳的疏林下或缓坡地种植，稻田或土质疏松、富含腐殖质的山坡地均可种植。选好地后，每亩施腐熟的农家肥 5000kg 或复合肥 50kg 和磷肥 50kg，将基肥均匀撒入土壤内，浅耕细耙，开沟做畦，畦宽 1m，畦沟深 25cm，畦面呈龟背形，以便排灌。

（二）繁殖方法

白花蛇舌草主要为种子繁殖，种子为光敏性种子，萌发时需要光，在黑暗中几乎不萌发。在 15~25℃的范围内，种子发芽率随着温度增加而提高，昼夜温差有利于种子萌发。

1. 播种时间　白花蛇舌草可春播和秋播。春播作商品用，秋播既可作商品又可采种。春播以 4 月下旬至 5 月上旬为佳，8 月下旬可以收获第 1 次。收获后可在原地连播，也可留根发芽栽培。同年11月中下旬果实成熟后可以收获第2次，此时适合留种。秋播于8月中下旬进行。

2. 种子前处理 白花蛇舌草种子细小，又包含在果实中。为了提高出苗率，播种前将白花蛇舌草的果实放在水泥地上，用橡胶或布包的木棒轻轻摩擦，脱去果皮及种子外的蜡质，然后将细小的种子拌细土，以便于均匀播种。

3. 播种方法 播种分为条播和撒播。

条播行距30cm。撒播则是将带细土的种子均匀播在畦面上，稍压或用竹扫帚轻拍，播种后薄薄盖一层稻草，白天遮阳晚上揭开，待小苗长出4片叶时揭去稻草。早晚各喷水1次，保持畦面湿润，但不要积水。秋季如果留根繁殖，则不需要遮阳，畦沟里应灌满水，以畦面湿润但不积水为佳。

（三）田间管理

1. 间苗和补苗 幼苗出土后应结合松土除草进行间苗，苗高8～10cm时按株距10cm左右定苗。植株封行之前应勤除杂草，植株长大封行后，不宜除草，以免锄伤植株。

2. 排水与灌溉 播种后应保持土壤湿润，但忌积水。雨后有积水要及时排除。高温期间应在沟内灌水，可降温和防止植株被日光灼伤。

3. 追肥 白花蛇舌草生长期较短，需要重施基肥，以农家肥为主。白花蛇舌草苗嫩，追肥时要掌握好浓度，以防烧苗。如果收获2次，第1次收割后，每亩追施2次稀薄人畜粪水或尿素15kg，待苗高10cm左右再适量浇施人畜粪水，植株刚开花时长势不好可增施粪肥1次。

4. 病虫害防治 生长前期常有地老虎咬食幼芽、截断根茎；生长中后期有雀天蛾咬食叶片和嫩茎。可用敌百虫拌炒香的豆饼或麦麸做成毒饵诱杀，或于清晨露水干前人工捕杀。

【采收加工】

在长江以南地区，白花蛇舌草1年可收割2次。第1次收获在8月中下旬，第2次收获在11月上中旬。果实成熟时，齐地面割取地上部分，除去杂质和泥土，晒干即为商品。

【质量要求】

以货干、茎枝带有果穗、色青绿者为佳品（图44-2）。以相关文献研究结果为标准，白花蛇舌草药材质量要求见表44-1：

表44-1 白花蛇舌草质量标准表

序号	检查项目	指标	备注
1	水分	≤ 6.0%	
2	总灰分	≤ 13.0%	
3	酸不溶性灰分	≤ 5.0%	
4	水溶性浸出物	≥ 10.0%	
5	去乙酰车草酸甲酯	≥ 0.01%	

图 44-2　白花蛇舌草药材

【储藏与运输】

（一）储藏

应储存于通风、干燥、清洁、无异味的常温库内的货架上，货架与墙壁、地面保持50cm的距离，堆放层数为5～6层。

（二）运输

各种运输工具均可运输，但运输工具必须清洁、干燥、无异味、无污染。运输过程中注意防雨、防潮、防暴晒、防污染，严禁与能白花蛇舌草产生污染的其他货物混装运输。上下货时，禁止用带钩工具和乱抛乱扔。

【参考文献】

［1］纪宝玉，范崇庆，裴莉昕，等. 白花蛇舌草的化学成分及药理作用研究进展［J］. 中国试验方剂学杂志，2014，20（19）：235-240.

［2］戴鳌英，金琪漾. 福建白花蛇舌草的品种调查与鉴定［J］. 福建中医药，1982（1）：56.

［3］殷昊，海市. 白花蛇舌草及其混淆种类的形态组织学鉴定［J］. 中国中药杂志，1989，14（2）：9.

［4］李欣，鞠文建，迟玉叶，等. 白花蛇舌草及其常见混伪品的鉴别［J］. 中国中药杂志，1996，21（8）：460.

［5］俞小陶，陆小平，王彬. 白花蛇舌草伪品三蕊沟繁缕的生药鉴别［J］. 时珍国药研究，1996，7（1）：31.

［6］张海洋，徐秀芳. 抗癌植物白花蛇舌草生物学特性及栽培技术［J］. 北方园艺，2006（06）：112-113.

［7］刘亚宁，王存申，杨淑芬. 白花蛇舌草人工栽培技术［J］. 中国林副特产，2011（05）：93-94.

［8］袁兴华，曾小春，肖美仔，等. 白花蛇舌草的高产栽培新技术［J］. 内蒙古农业科技，2006（S1）：251.

［9］范崇庆，李娆娆，金艳，等. 白花蛇舌草质量标准［J］. 中国实验方剂学杂志，2014，17：98-101.

四十五、灵芝 Lingzhi
Ganoderma

【来源】

本品为多孔菌科真菌赤芝 *Ganoderma lucidum*（Leyss. ex Fr.）Karst. 或紫芝 *Ganoderma sinense* Zhao, Xu et Zhang 的干燥子实体。全年采收，除去杂质，剪除附有朽木、泥沙或培养基质的下端菌柄，阴干或在 40～50℃烘干。灵芝俗称灵芝草，古称瑞草，早在东汉时期《神农本草经》中就已有记载并被列为上品。灵芝能补气安神，止咳平喘，因富含灵芝多糖、三萜酸等药效成分而具有抗氧化、抗肿瘤、保肝等广泛的药理作用。现市售灵芝多为栽培品，主产于吉林、辽宁、山西、湖南、新疆、四川等省份。

【别名】

赤芝、红芝《中药大辞典》；三秀、茵、芝《中华本草》

【植物形态】

1. 赤芝　菌柄多侧生，少见中生或偏生，色赤赫有漆样光泽。外型伞状，菌盖多为肾型、半圆形或近圆形，上有环转轮纹及辐射状皱纹，大小不一，边缘较薄，稍内卷。初生期黄色，渐变赤赫色，后期变为具有光泽的漆皮；菌肉近白色至淡褐色；内壁为子实层，孢子从子实层内产生；孢子褐色，卵形，中央含大油球。（图 45-1）

2. 紫芝　皮壳紫黑色、近黑色或紫褐色，有漆样光泽。菌肉锈褐色，菌柄长17～23cm。子实体较粗壮，肥厚，直径 12～22cm，厚约 1.5～4cm。皮壳外常披有大量粉尘样的黄褐色卵形孢子。

图 45-1　赤芝

【种质资源及分布】

灵芝是十分重要的真菌类群，具有重要的经济价值。目前，全世界已发现的灵芝有 250 多种，从欧洲的温带到非洲的热带均有分布，主要集中在欧洲的北部、南部、非洲中部、南美及亚洲东部。我国灵芝主要分布于 29 个省市，共100 余种。其中灵芝属（*Ganoderma*）69 种，假芝属（*Amauroderma*）29 种，鸡冠孢芝属（*Haddowia*）1 种，网孢芝属（*Humphreya*）1 种。根据南北气候、植被类型和灵芝种类的变化，我国灵芝产区可分为热带区、亚热带区、温带区。热带区大致分布于南岭以南的两广、福建、台湾南部以及海南、香港地区，共有以热带灵芝 *G. tropicum*、喜热灵芝 *G. calidophlum*、弯柄灵芝 *G. flexipes* 为代表的灵芝 60 余种，其中，南岭以南地区是灵芝种真菌种类分布最密集、数量最多的区域；温带区位于南岭以北至秦岭之间的长江中下游地区，该区常绿阔叶林区具有代表性的是紫芝 *G. sinense*、赤芝 *G. lucidum*、长孢等共计 25 种，是我国第二大灵芝分布区域；秦岭向东北至大小兴安岭的温带和中温带地区，以落叶阔叶林和针叶林为主，仅分布有松杉灵芝 *G. tsugae*、赤芝 *G. lucidum*、树舌 *G. applanantum*、伞状灵芝 *G. subumbraeumlum* 和蒙古灵芝（*G. mongolicum*）。在我国诸多的灵芝品种中，赤芝 *G. Lucidum* 和树舌 *G. applanantum* 为分布最广泛的种，被人们开发利用的共 18 种，收录于 2015 年版《中国药典》为紫芝 *G. sinense* 和赤芝 *G. lucidum*。

灵芝喜高温、湿润环境，不喜光。常生于有散射光、树林较稀疏的地方或空旷地带，尤以稀疏林地上的阔叶树桩、腐朽木及立木较多。为合理利用资源，目前常用的灵芝栽培方式由阔叶林段栽培逐渐转向以木屑、棉籽壳等为原料的袋料栽培，栽培品中，又以赤芝 *G. lucidum*、松杉灵芝 *G. tsugae* 品质最佳，远销国内外。

【适宜种植产区】

全国大部分地区均可栽培。其中赤芝主要栽培区为吉林、辽宁、山西、山东、河北、河南、湖南、安徽等省份为主。紫芝主要栽培区在我国新疆、四川、云南、广东、广西等省份。

【生态习性】

灵芝多生长在有散射阳光、树林较稀疏的地方或空旷地带。多数种生长在阔叶树的腐木上，例如槭树属、赤杨属、栗属、山毛榉属、白蜡树属、杨属、洋槐属、栎属、柳属、茶属、榆属等属植物上；少数种对寄主要求较专一，如热带灵芝 *G. tropicum* 生于相思树或合欢树上；有些种有兼性腐生的习性，既可生长于活树也可生长在腐木上，如赤芝 *G. lucidum* 和树舌 *G. applanantum*；假芝属则多生长于地上。

温度、水分、光线、酸碱度等均是影响灵芝生长繁殖的重要因素。灵芝的菌丝可在 5～35℃ 的范围内生长，超出这个温度范围，菌丝则停止生长或出现异常生长及死亡；菌丝在基质中最适宜生长的温度是在（25±2）℃ 的范围；子实体生长期对温度的适应范围为 5～30℃，对高温的适应能力减弱；子实体分化及生长的较适温度是 7～25℃ 左右，最适宜的温度为 18～20℃；在繁殖生长期间如有 8～10℃ 的温差变化，则更有益于分化及生长。水分方面，菌丝生长时空气相对湿度宜在 70%～80%；而子实体生长期间对水分的要求更高，空气相对湿度需保持在 85%～90%。酸碱度影响着灵芝菌丝的生长，在 pH 3～9 范围内菌丝正常生长，最适 pH 值为 4～6，尤以 5～5.5 最佳。研究发现，蓝色光质可以使灵芝子实体维持较高的抗氧化酶水平，促进可溶性蛋白合成，从而增强灵芝代谢，延缓灵芝衰老；同时，蓝光还能促进灵芝的菌丝体生长及三萜酸积累，经蓝色光质处理后灵芝中灵芝多糖含量显著提升，此二者与灵芝保肝、抗肿瘤等作用密切相关。因此，蓝光利于提高蓝光质量。

【栽培技术】

可分为段木栽培和代料栽培。段木栽培又包括短段木栽培和树桩栽培等；代料栽培又包括瓶栽、袋栽等。目前短段木栽培和袋料栽培两种模式应用较广泛。（图45-2）

图45-2　灵芝栽培基地

（一）菌种的制备

1. 母种培养基配方通常把生长在试管中的菌种称为母种。可接原种或栽培种扩大培养。母种培养基配方有很多，以下介绍几种常用母种培养基配方。

①马铃薯200g，葡萄糖20g，琼脂18~20g，水1000ml，pH自然（简称PDA培养基）。

②马铃薯200g，葡萄糖20g，琼脂18~20g，硫酸镁1.5g，磷酸二氢钾3g，水1000ml，pH自然。

③马铃薯200g，葡萄糖20g，琼脂18~20g，蛋白胨5g，水1000ml，pH自然。

④蛋白胨20g，葡萄糖20g，琼脂20g，水1000ml，pH6。用于菌种复壮。

⑤糯米粉50g，葡萄糖15g，琼脂18~20g，水1000ml，pH自然。用于分离菌种较好。

⑥木屑浸出液200ml，马铃薯200g，白糖20g，琼脂20g，磷酸二氢钾0.6g，硫酸镁0.6g，pH自然。

2. 原种及栽培种培养基配方习惯上把由试管种扩大到菌种袋培养的菌种称原种；用原种扩大繁殖的菌种称栽培种。原种及栽培种培养基配方相同。培养基配方一般有：

①木屑74%，玉米粉24%，蔗糖1%，石膏粉1%。含水量58%~60%。

②木屑 73%，玉米粉 5%，麦麸 20%，蔗糖 1%，石膏粉 1%。含水量 58%～60%。

③木屑 39%，玉米粉 20%，棉子壳 39%，蔗糖 1%，石膏粉 1%。含水量 58%～60%。

④木屑 79%，玉米粉 15%，过磷酸钙 2%，蔗糖 2%，石膏粉 2%。含水量 58%～60%。

⑤棉籽壳 83%，麦麸（玉米粉）15%，蔗糖 1%，石膏粉 1%。含水量 62%～60%。

⑥花生壳 74.5%，麦麸（米糠）24.5%，草木炭 0.5%，石膏粉 0.5%。含水量 62%～65%。

（二）栽培方法

1. 袋栽

装袋与接种：按培养基配方拌料，装袋。选用 17cm×33cm×0.04cm 的聚丙烯袋，每袋装干料 0.3～0.35kg，加入的麸皮或米糠的量及含水量可根据气温高低增减。装好后袋口套上直径约为 25～35mm 的小圈，再用棉花塞住。将菌袋高压高温灭菌 1.5～2 小时。冷却至 30℃以下时，转入接种箱或接种室中接种。接种后的菌袋置于木架上，室温保持 25℃，注意通风。前期避光，后给予适当光照。

发菌：接种后 30 日左右，菌丝长满菌袋，届时将菌袋移至温度 25～28℃、相对湿度 85%～90% 条件的栽培室，并给予光照，适当通风。当芝蕾触及棉塞时，拔去棉塞开袋，使子实体长出。一般开袋后 15 日产生子实体，30 日左右子实体边缘白色消失并弹射少量孢子时即可采收。

2. 段木栽培

段木的准备：常用栽培灵芝的段木有桦树、栎树、榆树、槐树等阔叶品种。选直径 8～18cm 的阔叶树种，秋冬砍伐，截段。覆土横埋方式栽培的段木需长 28～30cm，覆土竖埋方式栽培的段木需长 15～18cm。堆积发酵、晾晒，当段木中含水量为 40%～45% 时，进行打孔接种。

接种：接种时，段木表面可用 0.2%～0.4% 高锰酸钾溶液刷洗，干后用打洞器打孔（孔间距 15～18cm，行距 4～5cm），孔内放入木屑或木块菌种，用冲头冲树皮封孔。

3. 堆棒及发菌

接种后将木棒堆集成 1m 左右的"井"字形，用塑料薄膜覆盖四周，上方搭 30～40cm 高的遮荫棚。每隔十天或半个月翻棒一次，使其发菌均匀。同时保证堆内通风换气。当菌丝从接种孔向四周蔓延生长时，将段木分散排放，湿沙覆盖，并适当喷水保湿。一个月后，菌丝长满段木时将其垂直埋入土内。埋入深度约为段木全长 2/3～3/4。当子实体孢子散发后，颜色由淡黄转成红褐色，没有浅白色边缘，不再生长增厚时，即可采收。

（三）生产管理

1. 光照控制　灵芝生长对光线非常敏感，过阴或过阳均会影响其生长。光线控制总原则为前阴后阳，前期光照低，后期提高光照。

2. 温度控制　灵芝正常生长温度为 18～34℃，最适温度为 26～28℃。

3. 湿度控制　灵芝生长需要较大的湿度。从菌丝发生到菌盖分化未成熟前，要保持空气相对湿度在 85%～95%。土壤也要保持一定的湿润。

4. **氧浓度的控制** 灵芝为好气型真菌，子实体生长需要足够的氧气。要注意加强通气管理。气温正常情况下，应开窗全天通气。

5. **菌体数量与质量控制** 当发现子实体有相连可能性时，应及时旋转段木方向，不让子实体相连。要控制段木上灵芝数量，一般直径 15cm 以上的灵芝以 3 朵为宜 15cm 以下的以 1~2 朵为宜。过多灵芝朵数将使一级品数量减少。

6. **病虫害防治** 灵芝的病害主要为杂菌，如裂褶菌、桦褶菌、树舌、炭团等。可用利器将污染处刮出，涂上波尔多液，或直接将染杂菌的菌木烧毁。虫害主要为白蚁，可在灵芝种植场四周挖坑，埋灭蚁粉。

【采收加工】

当菌盖中孢子散发后，菌盖由软变硬，颜色由淡黄转成红褐色，没有浅白色边缘，不再生长增厚时，即可采收。从芝蕾出现到采收一般要 40~50 日。灵芝全年均可采收，多数秋季进行。将采收来的灵芝剪除附有朽木、泥沙或培养基质的下端菌柄，清除杂质，排列于竹筛晒干，阴干或低温烘干。

【质量要求】

灵芝药材以色棕褐、个大匀整、油润光亮者为佳（图 45-3）。按照《中国药典》（2015 版）标准，质量要求见表 45-1：

表 45-1　灵芝质量标准表

序号	检查项目	指标	备注
1	水分	≤ 17.0%	
2	总灰分	≤ 3.2%	
3	浸出物	≥ 3.0%	
4	多糖	≥ 0.90%	紫外分光光度法
5	三萜及甾醇	≥ 0.05%	紫外分光光度法

1cm

图 45-3　灵芝精制饮片

【储藏与运输】

晒干后的灵芝用聚丙乙烯袋子或环形玻璃瓶内密封保存，放在干燥通风的地方，下面用东西支起，离地面最好0.5cm以上。随时检查，防潮、防霉、防蛀。

【参考文献】

[1] 才晓玲，何伟，安福全. 灵芝种质资源研究进展 [J]. 现代农业科技，2016，06：99-100.

[2] 陈体强，李开本. 中国灵芝科真菌资源分类、生态分布及其合理开发利用 [J]. 江西农业大学学报，2004，01：89-95.

[3] 唐传红. 中国栽培灵芝资源的遗传多样性评价 [D]. 南京：南京农业大学，2004.

[4] 梅锡玲，陈若芸，李保明，等. 光质对灵芝菌丝体生长及三萜酸量影响的研究 [J]. 中草药，2013，24：3546-3550.

[5] 郝俊江，陈向东，兰进. 光质对灵芝生长及抗氧化酶系统的影响 [J]. 中草药，2011，12：2529-2534.

[6] 郝俊江，陈向东，兰进. 光质对灵芝生长与灵芝多糖含量的影响 [J]. 中国中药杂志，2010，17：2242-2245.

[7] 徐良. 中药栽培学 [M]. 北京：科学出版社，2006：138-141.

[8] 龙全江. 中药材加工学 [M]. 北京：中国中医药出版社，2010：193.

四十六、迷迭香Midiexiang

Rosmarinus Officinalis Cautis Et Folium

【来源】

本品为唇形科植物迷迭香*Rosmarinus officinalis* Linn. 的干燥茎叶。夏、秋季采收，干燥。迷迭香为多年生常绿芳香亚灌木，原产欧洲地中海沿岸，被称为"海中之露"。迷迭香的自然分布较为狭窄，是传统的香料作物，相传三国时期魏文帝曹丕从西域引入中原地区进行栽培，在我国具有悠久的栽培历史，目前我国云南、贵州、广西、海南、福建和新疆等省均有迷迭香种植。除用作香料外，迷迭香还被发现具有高抗氧化作用，作为天然的抗氧化剂，在医疗与食品行业用途极其广泛，具有很强的应用与开发前景。

【植物形态】

常绿灌木，高达2m。茎及老枝圆柱形，皮层暗灰色，不规则的纵裂，块状剥落，幼枝四棱形，密被白色星状细绒毛。叶常常在枝上丛生，具极短的柄或无柄，叶片线形，长1~2.5cm，宽1~2mm，先端钝，基部渐狭，全缘，向背面卷曲，革质，上面稍具光泽，近无毛，下面密被白色的星状绒毛。花近无梗，对生，少数聚集在短枝的顶端组成总状花序；苞片小，具柄。花萼卵状钟形，长约4mm，外面密被白色星状绒毛及腺体，内面无毛，11脉，二唇形，上唇近圆形，全缘或具很短的3齿，下唇2齿，齿卵圆状三角形。花冠蓝紫色，长不及1cm，外被疏短柔毛，内面无毛，冠筒稍外伸，冠檐二唇形，上唇直伸，2浅裂，裂片卵圆形，下唇宽大，3裂，中裂片最大，内凹，下倾，边缘为齿状，基部缢缩成柄，侧裂片长圆形。雄蕊2枚发育，着生于花冠下唇的下方，花丝中部有1向下的小齿，药室平行，仅1室能育。花柱细长，远超过雄蕊，先端不相等2浅裂，裂片钻形，后裂片短。花盘平顶，具相等的裂片。子房裂片与花盘裂片互生。花期11月。（图46-1）

图46-1 迷迭香原植物

【种质资源及分布】

迷迭香*Rosmarinus officinalis* Linn. 为唇形科 Labiatae 迷迭香属

Rosmarinus Linn. 植物，多年生常绿灌木。迷迭香属植物约 3～5 种，均产地中海地区，有不少分类学家认为该属系一单种属。

迷迭香原产南欧及北非、地中海沿岸，自然分布较狭窄，主要分布国是法国、西班牙、南斯拉夫、突尼斯、摩洛哥、土耳其和意大利等，是典型的地中海植物。迷迭香栽培历史相当悠久，现欧洲大部及北美地区也有种植。我国大范围推广迷迭香种植始于 20 世纪 70 年代末，目前云南、贵州、广西、海南、福建和新疆等省区均有种植。

【适宜种植产区】

我国南方大部分地区皆有种植，山东、北京和新疆等地也引种成功。我省浏阳、平江等地有大面积栽培。

【生态习性】

迷迭香自然分布于地中海地区，该地区为典型的亚热带气候，冬季温和湿润，夏季炎热干燥。对其原产地法国南部的蒙彼得利埃气候进行观察，该地平均其四季平均温度为：冬季 6.7℃，春季 13.4℃，夏季 22.6，秋季 15.2；年温差在 15℃左右，最高气温超过 30℃，年温差在 15℃左右。昼夜湿度差异大，白昼的大气湿度降低至 20%，而在夜间可达 90%；蒸发量大，在晴天中午 1m 高处通常超过 1 毫升/小时；年降水量一般在 500～750mm 范围内。日照多，夏季尤甚，冬季虽雨量充沛，但晴天也很多。通过对贵州喀斯特地貌地区的栽培迷迭香进行观察，发现迷迭香生命力很强，极耐寒。在连续低温下能安全过冬，在月均温 4～10℃的情况下无明显的休眠期，缓慢生长。耐旱、耐瘠薄、耐盐碱，在排水良好、富含砂质的碱性土壤中生长良好。

【品种介绍】

依外形和生长习性，迷迭香可分为直立型及匍匐型两个品系：

直立型迷迭香株高 1～2m，叶片较匍匐型迷迭香大，但少见开花，尤其细叶种几乎不开花。品种有针叶迷迭香、宽叶迷迭香、轮叶迷迭香、斑叶迷迭香、粉红迷迭香、海露迷迭香等。直立型迷迭香所需生长空间较小，采收也较方便，经济栽培最为常见。用途广泛，主要用作香料，叶多做药用。

匍匐型迷迭香株高 30～60cm，茎上着生密集且狭长的暗绿色叶片，分枝呈扭曲及涡旋状，横向弯曲伸长达 50～120cm。比直立型品种叶片较小且较不耐寒，但开花较多，一年可开花数次，四、五月间最盛。品种有赛汶海迷迭香、抱木迷迭香、蓝小孩迷迭香等。花期常开紫花，适合做料理及美容用途品种。

【栽培技术】

（一）选地与整地

应选择土壤肥沃、有机质含量高、排灌条件良好、通透性好的砂质壤土。深耕 20～30cm，剔除杂草草根，细碎土后连续晒土 5 天以上。起宽 1～1.5m、高 30cm 左右的畦，畦面施腐熟农家有机肥作基肥。

（二）育苗

"迷迭香"因种子发育不良，种子萌发率极低，通常采用无性繁殖法育苗，主要是采用扦插的方法进行。

1. 插条选择及扦插　扦插育苗多选择秋冬至早春季节进行。扦插枝条应选用当年生、生长健壮的半木质化绿枝条，以顶段枝条为好。把枝条剪成长 6～10cm 的段，每段有 3～5 个节间，上口削平，下切口稍斜，用生根粉液或清水浸泡后即可扦插。扦插应尽量选择在阴天或下午进行。扦插深度 3～4cm，株行距 3（～12）cm×4（～5）cm，插后立即浇水遮荫。

2. 苗期管理　扦插苗在最初的半个月内，必须每天浇水 1 次，确保苗床湿润。浇水时间以早晚最佳，阳光强、气温高时要注意遮荫。插条后可每周喷施一次除菌剂，防止腐烂。半个月扦插苗开始生根后，适当减少浇水量，并及时进行人工拔草，尽量避免损伤扦插苗。密植时，待成活，并有 2～3 个嫩枝后，需要进行扩床，宜选风力较小的阴天或傍晚进行，注意增施氮肥。待苗高 10～20cm 即可达到成苗标准。

（三）移栽定殖

移栽一般选在春季早晨和傍晚进行，选择须根多并且粗长，嫩枝粗分枝多且长，苗叶多、肥厚、深绿，根、皮无伤的壮苗起苗。起苗前苗床浇透水，连根带土，尽量不伤根。移栽株行距为 30（～40）cm×40～（50）cm，每亩种植数量为 4000～4300 株。移栽后要浇足定根水，待苗成活后，可减少浇水。发现死苗要及时补栽。

（四）田间管理

1. 中耕除草与施肥　后期加强中耕除草，确保光照充足，通风透气。移栽成活后 1 个月，施 1 次肥，以人粪尿为主，促使苗尽快生长，中后期施肥以尿素为主，以促进分枝，每次采收后需追施速效肥，以氮、磷肥为主。梅雨季节应注意清理排水沟，防渍防涝。

2. 修剪枝茎　移栽成活 3 个月后需定期整枝修剪。剪去顶端，侧芽萌发后再剪 2～3 次，每次修剪时不要超过枝条长度的一半，枝条修剪标准应掌握在以确保当年生枝条作来年的萌芽骨干枝，剪下的枝条根据不同的用途作不同加工处理。

（五）病虫害防治

根腐病、灰霉病等是迷迭香常见病害，预防措施是开好排水沟，降低田间温度，配合施用适当的农药进行防治。最常见的虫害是蛴螬、小象甲、蚜虫、红叶螨和白粉虱等，可用辛硫磷处理基肥或土壤进行预防，生长阶段可适当选择化学农药进行灌根或喷雾。生物防治为理想的方法，重预防，从卫生状况、合适的水分管理、合理的温度和光照控制，并且经常观察、及时淘汰病弱株。

【采收加工】

迷迭香一次栽植，可多年采收，以枝叶为主，5～6 月采收，洗净，切段，晒干。采收次数可视生长情况，一般每年可采 3～4 次。

【质量要求】

以叶多、色绿、气清香为佳。

【贮藏与运输】

干燥、阴凉避光处存放，注意防止霉变。

【参考文献】

[1] 王莹，魏金庚，靳鹏，等. 迷迭香的使用价值与文化价值探讨 [J]. 现代农业科技，2016，05：171–174.

[2] 王文中，王颖. 迷迭香的研究及其应用——抗氧化剂 [J]. 中国食品添加剂，2002，05：60–65.

[3] 余天虹. 贵州喀斯特适生经济植物迷迭香的耐旱性研究 [D]. 贵阳：贵州师范大学，2002.

[4] 邹淑珍. 值得南昌地区推广栽培的芳香植物——迷迭香 [J]. 江西林业科技，2005，04：22–23.

[5] 陈德茂，康兴屏. 迷迭香在黔南的生态适应性及繁殖技术 [J]. 贵州农业科学，2009，37（5）：25–27.

[6] 黄愉婷. 迷迭香栽培技术及其应用 [J]. 湖北林业科技，2015，44（3）：88–90.

[7] 谢阳姣，谭军，时显芸，等. 迷迭香高产栽培技术 [J]. 作物杂志，2010，02：116–118.

四十七、薏苡仁 Yiyiren

Coicis Semen

【来源】

本品为禾本科植物薏苡 *Coix lacryma-jobi* L. var. *mayuen.*（Roman.）Stapf 的干燥成熟种仁。秋季果实成熟时采割植株，晒干，打下果实，再晒干，除去外壳、黄褐色种皮和杂质，收集种仁。具有补脾、补肺、清热、利湿的功效，《本草纲目》中被称为上品养心药。现代研究表明，从薏苡仁中可分离得到脂类、甾醇类、木质素类、酚类、腺苷等 30 种化合物，具有抗肿瘤、提高免疫、降压、抗病毒等药理作用。薏苡仁营养丰富，含有多种蛋白、氨基酸、脂肪、碳水化合物、食物纤维、微量元素、维生素等。薏苡不仅可以作为药物，也可以作为食品，是我国最早开发利用的禾本科植物之一，其分布范围较广，遍及江苏、浙江、河南、山西、四川、湖北、陕西、河北、山东、辽宁、吉林等省份。

【别名】

解蠡《神农本草经》；起实、赣米《别录》；感米《千金·食治》；薏珠子《本草图经》；回回米、草珠儿、菩提子、赣珠《救荒本草》；必提珠《滇南本草》；苡实《本草纲目》；薏米《药品化义》；米仁《本草崇原》；薏仁《本草新编》；苡仁《临证指南》；苡米《本草求原》；草珠子《植物名汇》；六谷米《中药形性经验鉴别法》；珠珠米《贵州民间方药集》；胶念珠《福建民间草药》；尿塘珠、老鸦珠《广西中兽医药植》；菩提珠《江苏植药志》。

【植物形态】

为一年生粗壮草本，须根黄白色，海绵质，直径约 3mm。秆直立丛生，高 1~2m，具 10 多节，节多分枝。叶鞘短于其节间，无毛；叶舌干膜质，长约 1mm；叶片扁平宽大，开展，长 10~40cm，宽 1.5~3cm，基部圆形或近心形，中脉粗厚，在下面隆起，边缘粗糙，通常无毛。总状花序腋生成束，长 4~10cm，直立或下垂，具长梗。雌小穗位于花序之下部，外面包以骨质念珠状之总苞，总苞卵圆形，长 7~10mm，直径 6~8mm，珐琅质，坚硬，有光泽；第一颖卵圆形，顶端渐尖呈喙状，具 10 余脉，包围着第二颖及第一外稃；第二外稃短于颖，具 3 脉，第二内稃较小；雄蕊常退化；雌蕊具细长之柱头，从总苞之顶端伸出，颖果小，含淀粉少，常不饱满. 雄小穗 2~3 对，着生于总状花序上部，长 1~2cm；无柄雄小穗长 6~7mm，第一颖草质，边缘内折成脊，具有不等宽之翼，顶端钝，具多数脉，第二颖舟形；外稃与内稃膜质；第一及第二小花常具雄蕊 3 枚，花药橘黄色，长 4 ~ 5mm；有柄雄小穗与无柄者相似，或较小而呈不同程度的退化，花果期 6 ~ 12 月。（图 47-1）

图 47-1　薏苡原植物

【种质资源及分布】

薏苡是我国古老药粮兼用作物，属于禾本科薏苡属一年生或多年生植物，是我国资源丰富的物种之一，除栽培品种外，南方地区分布有许多的野生薏苡。《中国植物志》记载，薏苡属植物约含 10 种，我国有 5 种 2 变种，其中薏苡根据遗传变异及核型演化将薏苡分为 7 种（3 个种 4 个变种），3 个种即小果薏苡种 *Coix uelllarum Balansa*、长果薏苡种 *Coix stenocarpa Balansa* 和薏苡种 *Coix lacryma jobi* L.。薏苡种内根据总苞特征分为 4 个变种，即薏苡原变种Corix *lacryma-jobi* var. *lacryma-jobi* L.、菩提子变种 *Coix lacryma-jobi* var. *monilifer* Watt.、薏米变种 *Coix lacryma-jobi var. mayuan*（Roman）Stapf 和台湾薏米变种 *Coix lacryma-jobi* var. *formosana* Ohwi。后来在广西西南部首次发现并收集到水生薏苡种 *Coix. aquatica* Roxb.，将薏苡属的种类增加至 8 种。

我国薏苡主要产区有辽宁、浙江、江苏、安徽、江西、河南、湖南、四川、贵州、云南等地，主产区为广西、贵州、云南、湖南。

【适宜种植产区】

中国以南的广大地区，如福建、两广、河北、河南、湖南等地。

【生态习性】

薏苡喜温和凉爽气候，忌高温但不耐寒，喜湿润怕干旱，对土壤要求不严但以肥沃的砂质壤土为好，忌连作，一般不与其他禾本科作物轮作。薏苡种子在气温 15℃开始出苗，温度高于 25℃，相对湿度 80% ~ 90% 以上时，幼苗生长迅速。薏苡整个生长发育分为四个时期：苗期、拔节期、孕穗期、抽穗扬花期和果期。从种子萌发到主茎顶花序分化以前，都属于苗期，此时叶增大、增多，根开始分蘖。主茎顶花序开始分化前，基部节间就开始伸长，进入拔节初期，从幼苗出土后，约 50 天左右，植株进入拔节盛期。此时叶片生长缓慢，结实器官越来越多，生长中心转入穗部和茎秆上，当主茎顶花序处于性器官形成初期，主茎与分蘖上不断分化出小花序，进入孕穗期。孕穗以后，开始抽穗扬花，实际上是抽穗扬花与果实灌浆交错的时期。抽穗结束后，则完全进入灌浆成熟期，果实逐渐依次成熟。

【栽培技术】

（一）种植地准备

1. 选地及整地 选择温暖湿润、土壤肥沃、排水良好的水质土壤，以平地为最好，前茬以豆科、十字花科及根茎类作物为宜，以豆茬最好。前作收获后进行耕翻，耕深20～25cm。

2. 施基肥 薏苡极喜肥，多以农家肥为主。结合耕翻施入基肥，以有机肥为主，根据土壤肥力情况决定施肥种类和施肥量。一般每0.1公顷施猪圈粪或绿肥3000～4000kg。

（二）播种

薏苡生产多采用种子直播方法。

1. 种子要求 选用当年种子进行播种，切忌使用陈年种子。采用风选、粒选或水选等方法将未成熟的白粒、不饱满的绿粒以及病虫害粒去除，选出粒大、饱满的种子进行播种。

2. 播种前处理 薏苡种壳坚硬，吸水困难，播种前用60℃温水浸泡10～15分钟，捞出后包好沉压在预先配制的2%～5%的生石灰水中，浸泡2天，或用1∶100波尔多液浸泡24～48小时，捞出洗净晒干再播种。

3. 播种时期 薏苡可春播和夏播，春播在4月中下旬，夏播在5月下旬至6月上旬。

4. 播种方式

条播：按行距30～50cm开沟，沟深约3～7cm。将种子均匀撒于沟内，然后覆土3～4cm，播种量为45.00～60.00kg/公顷。

穴播：按株行距20cm×50cm开穴，穴深3～7cm，穴底要平，土要细，每穴播种4～5粒，播种量为37.50～52.50kg/公顷。

（三）田间管理

1. 间苗和定植 株高约6cm或长出3～4片叶时，间去过密苗和弱苗；长出5～6片叶时，按10cm左右株距定苗，定苗的同时对缺苗进行补栽。

2. 排水与灌溉 薏苡湿生栽培能获得较高产量，因此必须保证薏苡生长发育有充足的水分条件。播种后保持土壤湿润，利于出苗，使分蘖能力增强。在田间总茎数达到预期数目时，应排水干田，尤其在大雨后应及时排水，控制无效分蘖的发生。进入孕穗阶段，应逐步提高田间湿度，增大灌水量直至田间有浅水层2cm左右。抽穗期，气温高，植株茎叶大，是需水量最多的时期，应勤灌、灌足，最好保持3～6cm深的水层。灌浆阶段要以湿为主，干湿结合。

3. 除草与追肥 一般中耕2次，第1次宜浅，第2次宜深，结合中耕除草清除分枝以下的老叶和无效分蘖，以利于通风透光，促进养分集中，并可防止倒伏。整个生育期进行2～3次追肥。第1次在分蘖初期进行，施硫酸铵或氯化铵150～225kg/公顷。第2次追肥在分蘖后至抽穗前进行，以氯化铵为主，用量视苗情而定。第3次追肥在抽穗后进行，根外追施磷钾肥。

4. **人工授粉** 薏苡为单性花，雌雄同株，需进行人工辅助授粉。可二人相隔垄横拉绳，顺垄沟同向走动，使其茎秆振荡，花粉飞扬，帮助授粉，进行 3~5 次。

5. **病虫害防治** 薏苡常见病是黑粉病（黑穗病），可播种前进行种子处理，如前所述。易受黏虫侵袭，危害叶片及嫩穗、嫩茎，可清晨人工捕杀。

【采收加工】

一般在植株下部叶片转黄，有 80% 果实成熟变色时开始采收。采收过早，种子不饱满，影响薏苡的产量和品质；采收过晚，落粒增多，会造成丰产不丰收。选晴天收割，收后在田边或场院放置 3~4 天，用打谷机脱粒。脱粒后的种子晒干风选后，用碾米机脱去总苞和种皮，即得薏苡仁，成品达到干燥色白即可。

【质量要求】

以颗粒大而完整、结实、杂质粉屑少、气味清新者为佳（图 47-2）。按照《中国药典》（2015 版）标准，薏苡仁药材质量要求见表 47-1：

表 47-1 薏苡仁质量标准表

序号	检查项目	指标	备注
1	水分	≤ 15.0%	
2	总灰分	≤ 3.0%	
3	杂质	≤ 2.0%	
4	浸出物	≥ 5.5%	
5	甘油三油酸酯（$C_{57}H_{104}O_6$）	≥ 0.50%	HPLC法

图 47-2 薏苡仁精制饮片

【储藏与运输】

（一）储藏

薏苡中蛋白质、淀粉含量丰富，受潮后极易生虫和发霉，故应贮藏于通风、干燥处。为防止生虫和发霉，贮前对种子进行筛除，去除杂质，对保管有利。发现种子发霉或者有虫害，要及时晾晒。定期检查药材的贮存情况。

（二）运输

药材运输时，避免与有毒、有害、易串味物质混装。注意运载容器通气性，应有防潮措施。药材仓库也应通风、干燥、避光，安装空调及除湿设备，防鼠、虫、禽，定期检查，同时应谨慎的选用现代贮藏保管新技术、新设备。

【参考文献】

［1］杨爽，王李梅，王姝麒，等. 薏苡化学成分及其活性综述［J］. 中药材，2011，08：1306-1312.

［2］袁建娜，张小华，郭明晔，等. 薏苡生药学研究进展［J］. 现代生物医学进展，2012，27：5385-5389.

［3］中国科学院中国植物志编辑委员会. 中国植物志第 10（2）卷［M］. 北京：科学出版社，2005：290-294.

［4］庄体德，潘泽惠，姚欣梅. 薏苡属的遗传变异性及核型演化［J］. 植物资源与环境，1994，3（2）：16-18.

［5］杨念婉. 两种薏苡产量和药食用品质的形成及其调控研究［D］. 北京：中国协和医科大学，2010.

［6］李翠霞，张兴长. 薏苡栽培技术［J］. 上海农业科技，2015，02：95-71.

［7］励月辉，励宏. 薏苡栽培技术［N］. 中国中医药报，2004，03-03.

［8］燕新洪，杨玉贵. 薏苡栽培技术［J］. 北方园艺，1995，06：64.

四十八、板蓝根Banlangen
Isatidis Radix

【来源】

本品为十字花科植物菘蓝 *Isatis indigotica* Fort. 的干燥根。秋季采挖，除去泥沙，晒干。味苦性寒，归心、肝、胃经，具有清热解毒、凉血利咽的功效，临床上常常用于治疗温病发斑、高热头痛、水痘、麻疹、流行性感冒等病症，是清热解毒类的常用中药。主要成分为靛蓝、靛玉红、表告依春、腺苷等20多种，具有抗菌、抗病毒、抗内毒素、抗癌及免疫调节功能。板蓝根全国各地均有栽培，主要分布于江苏、浙江、福建、河南、广西、台湾等地。

【别名】

靛青根《本草便读》；蓝靛根《分类草药性》；靛根《中药形性经验鉴别法》

【植物形态】

菘蓝为二年生草本植物，高 40～100cm；茎直立，绿色，顶部多分枝，植株光滑无毛，带白粉霜。基生叶莲座状，长圆形至宽倒披针形，长 5～15cm，宽 1.5～4cm，顶端钝或尖，基部渐狭，全缘或稍具波状齿，具柄；基生叶蓝绿色，长椭圆形或长圆状披针形，长 7～15cm，宽 1～4cm，基部叶耳不明显或为圆形。萼片宽卵形或宽披针形，长 2～2.5mm；花瓣黄白，宽楔形，长 3～4mm，顶端近平截，具短爪。短角果近长圆形，扁平，无毛，边缘有翅；果梗细长，微下垂。种子长圆形，长 3～3.5mm，淡褐色。花期 4～5 月，果期 5～6 月。（图 48-1）

【种质资源及分布】

《中国药典》规定，板蓝根的基源植物为十字花科菘蓝属菘蓝 *Isatis indigotica* Fort.，但长期以来，我国有北板蓝根和南板蓝根之分，北板蓝根为十字花科菘蓝 *I. indigotica* Fort. 或欧洲菘蓝 *I. tinctoria* L. 的干燥根及根茎，南板蓝根为爵床科植物马蓝 *Baphicamthus cusia*（Nees）Brem 的干燥根及根茎，目前我国各地

图 48-1　菘蓝原植物

种植的板蓝根均为北板蓝根，即菘蓝。板蓝根主产于河北、安徽、江苏、河南等省，南方各省也有种植分布，其主要种植地为河北安国、邢台，安徽阜阳、泗县、亳州、临泉，河南省禹州、拓城、安阳、辉县，江苏省射阳县，浙江的萧山、诸暨，湖北的襄樊、松滋、鄂西、黄陂、随州以及甘肃的榆中。近年来，由于受市场经济的影响，板蓝根药材产地时有变动，产量有所减少，但主产区一直保持良好的种植习惯，保证了板蓝根资源的供应量。

【适宜种植产区】

板蓝根适应性较强，特别适合生长在温暖向阳、地势平坦、透气性好的气候环境中和排水好、土层深厚、含有机质高的砂壤土或壤土中，全国大部分地区均可栽培，一般在长江流域和华北、西北种植较为广泛。

【生态习性】

菘蓝适应性很强，对自然环境和土壤要求不严，不宜高海拔（不超过 2000m）种植，宜种植于疏松肥沃，排水良好的沙质土壤上，忌土质黏重或低洼积水处。生长发育规律一般为地上茎叶和地下根部的生长速度逐月上升，均在 10 月下旬达到高峰，6 月下旬至 7 月下旬生长出现一次小幅度的快速生长期；7 月下旬至 8 月下旬生长速度平缓，8 月下旬至 9 月下旬再次出现一次大幅度的快速生长期，9 月下旬至 10 月下旬生长速度减缓。日照长，≥10℃积温高，幼苗生长发育快；日照短，≥10℃积温低，幼苗生长发育缓慢，地上茎叶和地下根部生长平缓，7 月和 9 月这两个峰期不明显，其中影响最大的是地上茎叶和根粗度。研究证明，7 月份和 9 月份为板蓝根生长发育的关键时期。

【栽培技术】

（一）种植地准备

1. 整地　选择地势平坦，排灌良好，土层深厚，疏松肥沃的砂质种植地，土质黏重，低洼易积水的土地不宜种植。种植前深翻晒土，以熟化土壤、杀灭地下害虫，深翻 40～50cm。播种前再将土壤耙碎后耙平。

2. 施基肥　土地深翻时，每亩施入腐熟的农家肥 1000～2000kg，播种时，每亩施入复合肥 30kg 或腐熟农家肥 50kg。一般而言，施肥可视土地贫瘠情况而定，施肥以有机肥为主。

3. 做畦　北方雨水较少，可不做畦，平畦播种栽种即可。南方雨水较多，排水不及时容易造成烂根或病害，需要做畦。一般而言，畦面宽 1～1.5cm，高 20～30cm，两畦之间沟深 20～30cm，宽 30～50cm。

（二）播种

1. 种子要求　菘蓝种子为长圆形角果，扁而平，外形翅状，表面黄色或紫褐色。最好选用前一年或当年种子，发芽率高，出苗整齐。

2. 播种前处理　播种前用常温水浸泡 10～12 小时或 30～50℃ 温水浸泡 4～5 小时，可结合多菌灵浸泡杀菌，捞出晾干，即可播种。

3. 播种时期　板蓝根播种有春播、夏播、秋播。一般而言，春播于 3 月下旬至 4 月上旬，夏播在 6 月下旬至 7 月上旬，秋播 9 月下旬至 10 月上旬。

4. 播种方式 菘蓝播种有两种方式，条播和撒播。

条播：按行距 30cm，开 2 ~ 3cm 浅沟，将种子和细土拌匀（种子∶细土 =1∶2），均匀撒入沟内，播种量为 2.5 ~ 3kg/ 亩。

撒播：将种子和细土拌匀，均匀撒入畦面，覆土耙平，播种量为 2.5 ~ 3kg/ 亩。

5. 覆土厚度 一般为 2 ~ 3cm 左右，稍镇压。覆土过厚不易发芽，过薄容易干旱或种子被风吹走。如果夏季太阳过烈，畦面需覆盖杂草或其他遮盖物，防止太阳暴晒。切记种子一定覆土。

（三）田间管理

1. 间苗和定植 种子播种后，种子在 7 ~ 10 天即可出苗。待苗高 3 ~ 8cm 时，开始间苗，对过弱、过密的及早拔除，保留壮苗。待高 12 ~ 15cm 时，按株距 15cm 进行定植。

2. 排水与灌溉 灌溉视种植地和植株生长情况而定，结合除草进行。苗期保持土壤湿润，植株生长后期及时排水，防止水涝。

3. 除草与追肥 间苗期间，结合追肥和除草进行。间苗后，追施尿素 10kg/ 亩，也可加施农家肥。采叶后，可再追加尿素 10 ~ 20kg/ 亩。后期菘蓝根膨大积累，需增施尿素约 10kg/ 亩和过磷酸钙约 10kg/ 亩。间苗前不除草，间苗开始后除草，以后每隔半月可除草一次，保持田间无杂草，封行后可停止中耕除草。

4. 病虫害防治 选择干燥的种植地，及时清除杂草和废弃物，保持田园清洁，注意排水，防止积水，合理轮作，不要与十字花科以外的植物轮作。菘蓝常见病虫害有霜霉病、根腐病、菜青虫、蚜虫等，病害防治药剂多为多菌灵、百菌清、甲霜灵等，虫害防治药剂多为吡虫啉、敌百虫等。

【采收加工】

10 月下旬至 11 月上旬，植株地上部分枯萎后采收，采挖时先在畦旁开挖 60 ~ 80cm 深沟，然后顺着行向前小心刨挖，切勿伤根或断根。去除泥土和茎叶，晒至七八成干，扎成小捆，再晒至干透。

【质量要求】

以条大、粗大、体实者为佳（图 48-2）。按照《中国药典》（2015 版）标准，板蓝根药材质量要求见表 48-1：

表 48-1 板蓝根质量标准表

序号	检查项目	指标	备注
1	水分	≤ 15.0%	
2	总灰分	≤ 9.0%	
3	酸不溶性灰分	≤ 2.0%	
4	浸出物	≥ 25.0%	
5	（R，S）- 告依春（C_5H_7NOS）	≥ 0.020%	HPLC 法

图 48-2　板蓝根精制饮片

【储藏与运输】

（一）储藏

贮藏之前应干燥，用麻袋封包堆放于货架上，并与地面、墙壁保持 60～70cm 距离，储藏仓库应注意通风、干燥、避光。气候湿润地区，最好有空调及除湿设备，以防害虫侵入和湿气影响，达到防止霉变的目的。定期检查药材的贮存情况。

（二）运输

运输车辆必须清洁。药材运输包装必须有明显的运输标识，包括收发货标志和包装储运指示标志，运输时不应与其他有毒、有害特品混装，要有较好通气性，以保持干燥，遇阴雨天，应严密防潮。

【参考文献】

[1] 黄家娣. 板蓝根化学成分和药理作用综述 [J]. 中国现代药物应用，2009，15：197-198.
[2] 王瑞，杨海英，杨琪伟，等. 板蓝根的质量标准研究 [J]. 中草药，2010，03：478-480.
[3] 江苏新医学院编. 中药大辞典 [M]. 上海：上海人民出版社，1977.
[4] 谢宗万. 中药材品种论述 [M]. 上海：上海科学技术出版社，1994.
[5] 安红红. 板蓝根生育期生长发育规律动态研究 [J]. 栽培技术，2015，22（471）：51-52.
[6] 陈定顺，胡得荣. 板蓝根栽培技术 [J]. 农业科技与信息，2014，22：27-33.
[7] 杨永碧. 板蓝根栽培技术及产业发展模式 [J]. 现代农村科技，2016，17：14.
[8] 蔡子平，王国祥，王宏霞，等. 板蓝根栽培技术研究综述 [J]. 甘肃农业科技，2016，11：66-69.

四十九、前胡 Qianhu
Peucedani Radix

【来源】

本品为伞形科植物白花前胡 *Peucedanum praeruptorum* Dunn 的干燥根。冬季至次春茎叶枯萎或未抽花茎时采挖，除去须根，洗净，晒干或低温干燥。前胡始载于明《名医别录》，列为中品。味苦辛，性微寒，归肺经，具有宣散风热、降气化痰的功效。前胡用药历史悠久，应用广泛，为常用中药材。近年来随着市场需求量的增大，资源日渐枯竭，野生前胡已难以满足市场的需要，栽培白花前胡渐渐成为主流商品。目前，白花前胡主要分布于我国浙江、湖南、四川等地。

【植物形态】

多年生草本，高 0.6～1m。根颈粗壮，径 1～1.5cm，灰褐色，存留多数越年枯鞘纤维；根圆锥形，末端细瘦，常分叉。茎圆柱形，下部无毛，上部分枝多有短毛，髓部充实。基生叶具长柄，叶柄长 5～15cm，基部有卵状披针形叶鞘；叶片轮廓宽卵形或三角状卵形，三出式二至三回分裂，第一回羽片具柄，柄长 3.5～6cm，末回裂片菱状倒卵形，先端渐尖，基部楔形至截形，无柄或具短柄，边缘具不整齐的 3～4 粗或圆锯齿，有时下部锯齿呈浅裂或深裂状，长 1.5～6cm，宽 1.2～4cm，下表面叶脉明显突起，两面无毛，或有时在下表面叶脉上以及边缘有稀疏短毛；茎下部叶具短柄，叶片形状与茎生叶相似；茎上部叶无柄，叶鞘稍宽，边缘膜质，叶片三出分裂，裂片狭窄，基部楔形，中间一枚基部下延。复伞形花序多数，顶生或侧生，伞形花序直径 3.5～9cm；花序梗上端多短毛；总苞片无或 1 至数片，线形；伞辐 6～15，不等长，长 0.5～4.5cm，内侧有短毛；小总苞片 8～12，卵状披针形，在同一小伞形花序上，宽度和大小常有差异，比花柄长，与果柄近等长，有短糙毛；小伞形花序有花 15～20；花瓣卵形，小舌片内曲，白色；萼齿不显著；花柱短，弯曲，花

图 49-1　前胡原植物

柱基圆锥形。果实卵圆形，背部扁压，长约 4mm，宽 3mm，棕色，有稀疏短毛，背棱线形稍突起，侧棱呈翅状，比果体窄，稍厚；棱槽内油管 3～5，合生面油管 6～10；胚乳腹面平直。花期 8～9 月，果期 10～11 月。（图 49-1）

【种质资源及分布】

前胡来源于伞形科 Umbelliferae 前胡属 *Peucedanum* L. 植物白花前胡 *Peucedanum praeruptorum* Dunn。该属植物约 120 种，广布全球。我国 30 余种，各地均产。我国所产约 30 种前胡中，除正品白花前胡 *Peucedanum praeruptorum* Dunn 外，长前胡 *Peucedanum turgeniifolium* Wolff、华中前胡 *Peucedanum medicum* Dunn、岩前胡 *Peucedanum medicum* Dunn var. *gracile* Dunn ex Shan et Sheh、武隆前胡 *Peucedanum wulongense* Shan et Sheh、泰山前胡 *Peucedanum wawrae*（Wolff）Su、台湾前胡 *Peucedanum formosanum* Hayata 等分别在四川、江苏、山东、台湾等地作为前胡的习用品使用，但收录入 2016 年版《中国药典》的仅白花前胡一种。

白花前胡生于海拔 100～2000m 的山坡林缘、路旁、溪沟边或半阴性的山坡草丛中。野生白花前胡主要分布于我国安徽的皖南山区，浙江的西北部地区，湖北的鄂西南地区，贵州的黔东南地区和铜仁地区，河南的豫西南地区，湖南的湘中、湘西地区，江西东北部地区和成都等地。栽培前胡则主要分布于浙江、安徽、湖南、四川。

【适宜种植产区】

主产浙江、安徽、湖南、四川。此外，广西、江西、江苏、山东、山西、陕西等地亦产。

【生态习性】

白花前胡主要生长于海拔在 100～2000m 的向阳山坡疏林边缘、路边灌丛中及半阴性的山坡草丛中，最适宜在 600～1000m 海拔范围内。阳生植物，又喜冷凉环境，耐旱、耐寒，适应性较强，在山地及平原均可生长。生长地多为亚热带湿润季风气候，年平均气温在 12～26℃，最冷月平均气温 -8～14℃，最热月平均气温 17～29℃；年平均降水量约为 405～1700mm；年平均相对湿度 60%～80%；年平均日照时数 1178～2522 小时，无霜期 200～320 天。以土质疏松、富含腐殖质、排水良好的砂质石灰土、紫色土和黄棕壤等为宜。

【栽培技术】

（一）种植地准备

1. 育苗整地　选择土层深厚的腐殖土或沙壤土。育苗地于前作收货后，秋冬季深翻 25～30cm，不耙地，经冬季风化，使土壤疏松。春季育苗前整地，并按南北向作高 20cm 左右的高畦，畦面龟背形，畦宽 130cm。

2. 大田整地　直播地和移栽地选择在海拔 400～1000m 的土层深厚、排水畅通、土壤有机质含量较高的沙壤土，以向阳坡地为宜。头年秋季前作收货后，深翻直播地或栽培地30cm，不耙地，经冬季风化，使土壤疏松。春季直播或移栽前施入基肥后，再浅翻一遍，耙细整平，并按南北向作高30cm，宽130cm的高畦。

3. 施基肥　移栽前每667m²施入充分腐熟的厩肥3000~3500kg，均匀撒肥。

4. 沟系要求　做到畦沟、腰沟和田头沟三沟配套。畦沟上宽40cm，下宽30cm，深30cm。腰沟沿畦向每隔20~25m，与畦向垂直方向开沟。田头沟即田块四周各开排水沟1条，上宽50cm，下宽40cm，深40cm，并严格做到与外三沟沟系相通。

（二）播种

白花前胡一般采用种子直播繁殖与育苗移栽繁殖。

（一）种子直播繁殖

1. 种子要求　白花前胡果实卵圆形，背部扁压，长约4mm，宽3mm，棕色，有稀疏短毛，背棱线形稍突起，侧棱呈翅状，比果体窄，稍厚。最好选用前一年或当年种子，发芽率高，出苗整齐。

2. 播种前处理　播种前用40~50℃温水浸泡10~12小时，捞出，置室内温暖处催芽，待种子露白时播种。也可不经种子处理直接播种，但发芽率低。

3. 播种时期　3月下旬至4月上旬。

4. 播种方式　在整好地的畦面上按行距60cm，株距45cm开穴，穴深5cm，整平穴底，每穴播入种子8~10粒，覆土厚约3cm，淋稀薄人畜粪水。

（二）育苗移栽繁殖

1. 育苗播种　在整好的畦面上按行距15~16cm，开播种沟，沟深2~3cm，沟幅10cm，沟底平坦，土细碎，然后将种子均匀撒在沟内，覆土3~6mm，稍压实，淋水。每667m²用种量约2kg。

2. 出苗前管理　前胡种子出苗时间长达50多天，育苗期间保持苗床土壤湿润，遇干旱时浇水，浇水时宜用喷淋方式，一般7天左右出苗。

3. 间苗　当幼苗长到3~5cm高时间苗，按株距3cm左右定苗。

4. 中耕除草　第一次中耕除草，当苗高3~5cm时进行，浅锄，以划破地皮为宜，防止伤根或土块压伤幼苗。第二次中耕除草，当苗高7~9cm时进行，浅锄，以划破地皮为宜，防止伤根。多雨时，注意雨后中耕。

5. 育苗施肥　结合第二次中耕除草时施肥，每667m²施入人畜粪水1000kg或饼肥50~75kg。也可在行间开沟每667m²施入充分发酵后的厩肥1000kg。

6. 育苗移栽　出苗后40天左右（5月上旬）进行或经培育1年后，于第2年3~4月移栽。移栽前先将育苗地土壤淋湿，以便带土移栽。按行距60cm，株距45cm开穴，穴深5~7cm，在开好的穴中施入堆肥并和土拌匀，每穴栽入带有土团的苗1株，然后回土满穴，压实，浇透定根水。每667m²种植2500株。

（三）田间管理

1. 中耕除草　栽后中耕除草3~4次，第一次在栽后1个月进行，以后每隔20~

30天左右进行中耕1次。注意雨后及时中耕，且中耕宜浅。

2. 追肥　前胡吸肥力强，需肥量较大，实行氮、磷、钾肥相结合，农家肥与化肥相结合的原则，栽后宜追肥3~4次。第一次在移栽成活后或分根繁殖出苗后，施入粪水1000kg，掺入尿素10~15kg。以后各次施肥结合中耕进行，除施以氮肥外，还要注意增施磷肥、钾肥，以促进根部生长粗壮。肥料种类以尿素加42%复合肥为佳。

3. 灌溉排涝　育苗移栽后或分根繁殖后要保持土壤湿润，以利缓苗和发根。缓苗后要少浇水。夏秋季久旱时，须及时在清晨或傍晚浇水，追肥后也要及时灌水。灌水方式为浇灌，灌水量视降雨量和田沟湿度以及植物的生育期而定，一般田沟土壤含水量应控制在15%左右。梅雨季节注意清理沟系，以便及时排水。

4. 适时摘蕾　7~9月，当植株抽蕾时，在花未开放前及时摘除花蕾，以减少营养物质的消耗，使根部生长充实，提高前胡产量和质量。在晴天植株上露水干后进行，分期分批摘除长出的花蕾。

5. 病虫害防治　白花前胡的病害主要是根腐病，多发于高温多雨季节，或低洼积水地。防治方法主要有多雨季节注意排水，发病时拔除病株；用5%石灰水或5%多菌灵1000倍液浇灌病处，防止蔓延，同时注意轮作。虫害主要为蚜虫，防止方法为及时清理田间杂草和摘除花蕾，集中沤制肥或烧毁，发生初期喷40%乐果乳油1000~1500倍液，每7~10天一次，连喷2~3次。

【采收加工】

前胡一般种植2年可以采收，冬季植株枯萎时至第二年早春前均可采收，以11月中旬，霜降后苗枯时采收最适宜。采挖后晒干或烘干，即可供药用。

【质量要求】

以根粗壮、皮部肉质厚、质柔软、断面油点多、香气浓者为佳（图49-2）。按照《中国药典》（2015版）标准，前胡药材质量要求见表49-1：

表49-1　前胡质量标准表

序号	检查项目	指标	备注
1	水分	≤ 12.0%	通则0832第二法
2	总灰分	≤ 8.0%	通则2302
3	酸不溶性灰分	≤ 2.0%	通则2302
4	浸出物	≥ 20.0%	
5	白花前胡甲素（$C_{21}H_{22}O_7$）	≥ 0.90%	HPLC法
6	白花前胡乙素（$C_{24}H_{26}O_7$）	≥ 0.24%	HPLC法

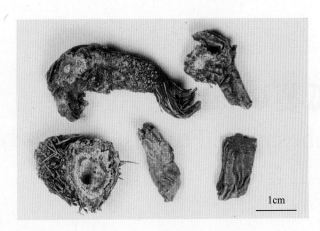

图 49-2　前胡精制饮片

【储藏与运输】

（一）储藏

将加工后的前胡用麻袋包装或装于内衬白纸的木箱内，储藏于温度 30℃以下，相对湿度 70%～75% 的仓库内。前胡高温受潮最易虫蛀、生霉、泛油。储藏仓库应注意通风、干燥、避光。

（二）运输

运输车辆必须清洁。药材运输包装必须有明显的运输标识，包括收发货标志和包装储运指示标志，运输时不应与其他有毒、有害特品混装，要有较好通气性，以保持干燥，遇阴雨天，应严密防潮。

【参考文献】

[1] 张洪冰. 闽产前胡属药用植物生药学研究 [D]. 福州：福建中医药大学，2014.

[2] 熊永兴，陈科力，刘义梅，等. 药用植物白花前胡资源调查 [J]. 时珍国医国药，2013（11）：2786-2789.

[3] 饶高雄，刘启新，戴振杰，等. 中药前胡的本草考证和现代品种论述 [J]. 云南中医学院学报，1995（01）：6-11.

[4] 么厉，程惠珍，杨智. 中药材规范化种植（养殖）技术指南 [M]. 北京：中国农业出版社，2006：634-639.

[5] 向继仁. 宁前胡仿野生栽培技术研究 [J]. 现代中药研究与实践，2006，20（4）：18-20.

[6] 程国红. 白花前胡栽培技术 [J]. 现代农业科技，2012，17：100-101.

五十、瓜蒌 Gualou

Trichosanthis Fructus

【来源】

本品为葫芦科植物栝楼 *Trichosanthes kirilowii* Maxim. 或双边栝楼 *Trichosanthes rosthornii* Harms 的干燥成熟果实。秋季果实成熟时，连果梗剪下，置通风处阴干。瓜蒌始载于《神农本草经》，曰"栝楼""地楼"，列为中品，味甘、微苦，寒。归肺、胃、大肠经，有清热涤痰，宽胸散结，润燥滑肠之功效。现代药理学研究表明，瓜蒌能扩张冠状动脉、保护心肌缺血、抗癌、降低胆固醇和降血糖等多种药理活性。我国为世界栝楼的植物分布中心，广泛的种质资源和优良的药理活性使得栝楼有广泛的开发应用前景。

【别名】

地楼《神农本草经》；栝楼《神农本草经》；果裸《诗经》；天瓜《尔雅》；泽巨《吴普本草》；泽冶《吴普本草》；泽姑《名医别录》；黄瓜《名医别录》；果赢《本草纲目》；吊瓜《浙南本草新编》；老鸭瓜《浙南本草新编》；天圆子《东医宝典》；柿瓜《医林篹要》；野苦瓜《贵州民间方药集》；大肚瓜《浙江中药手册》；鸭屡瓜《广东中药》；药瓜《四川中药志》

【植物形态】

1. 瓜蒌　攀缘藤本，长达 10m；块根圆柱状，粗大肥厚，富含淀粉，淡黄褐色。茎较粗，多分枝，具纵棱及槽，被白色伸展柔毛。叶片纸质，轮廓近圆形，长宽均约 5~20cm，常 3~5（-7）浅裂至中裂，稀深裂或不分裂而仅有不等大的粗齿，裂片菱状倒卵形、长圆形，先端钝，急尖，边缘常再浅裂，叶基心形，弯缺深 2~4cm，上表面深绿色，粗糙，背面淡绿色，两面沿脉被长柔毛状硬毛，基出掌状脉 5 条，细脉网状；叶柄长 3~10cm，具纵条纹，被长柔毛。卷须 3~7 歧，被柔毛。花雌雄异株。雄总状花序单生，或与一单花并生，或在枝条上部者单生，总状花序长 10~20cm，粗壮，具纵棱与槽，被微柔毛，顶端有 5~8 花，单花花梗长约 15cm，花梗长约 3mm，小苞片倒卵形或阔卵形，长 1.5~2.5（~3）cm，宽 1~2cm，中上部具粗齿，基部具柄，被短柔毛；花萼筒筒状，长 2~4cm，顶端扩大，径约 10mm，中、下部径约 5mm，被短柔毛，裂片披针形，长 10~15mm，宽 3~5mm，全缘；花冠白色，裂片倒卵形，长 20mm，宽 18mm，顶端中央具 1 绿色尖头，两侧具丝状流苏，被柔毛；花药靠合，长约 6mm，径约 4mm，花丝分离，粗壮，被长柔毛。雌花单生，花梗长 7.5cm，被短柔毛；花萼筒圆筒形，长 2.5cm，径

1.2cm，裂片和花冠同雄花；子房椭圆形，绿色，长 2cm，径 1cm，花柱长 2cm，柱头 3。果梗粗壮，长 4~11cm；果实椭圆形或圆形，长 7~10.5cm，成熟时黄褐色或橙黄色；种子卵状椭圆形，压扁，长 11~16mm，宽 7~12mm，淡黄褐色，近边缘处具棱线。花期 5~8 月，果期 8~10 月。（图 50-1）

图 50-1　瓜蒌原植物

2. 双边栝楼　叶、雄花苞片及花的构造等方面均与瓜蒌 Trichosanthes kirilowii Maxim. 相似，惟本种的植株较小，叶片常 3~7 深裂，几达基部，裂片线状披针形至倒披针形，稀菱形，极稀再分裂；雄花的小苞片较小，通常长 5~16mm，宽 5~11mm，花萼裂片线形，种子棱线距边缘较远。瓜蒌的叶近圆形，3~5（~7）浅裂至中裂，裂片常常再分裂，雄花小苞片大，长 15~25（~30）mm，宽 10~20mm；花萼裂片披针形，种子棱线近边缘。

【种质资源及分布】

瓜蒌来源于葫芦科 Cucurbitaceae 栝楼属 Trichosanthes Linn. 植物。栝楼属是葫芦科中一个较大的属，其属内植物大都为多年生攀缘草本植物，雌雄异株。全属植物有 84 种 8 变种，分布于东南亚，由此向南经马来西亚至澳大利亚北部，向北经中国至朝鲜、日本；我国有 37 种和 6 变种，是该属植物的主要分布中心。栝楼适应性较强，分布于全国各地，而以华南和西南地区最多。在国内主要分布于山东、河南、山西、陕西、江苏、浙江、安徽、四川、云南等省市。

栝楼属有多种药用植物，药用价值很高。《中药志》收载 13 种，黄璐琦等通过对全国栝楼属药物植物进行初步整理，鉴定出 14 种植物，包括新种绵阳栝楼 T. Mianyangensis Yueh et R. G. Liao。2015 版《中国药典》收载本属植物 2 种，分别是栝楼 T. kirilowii Maxim.、双边栝楼 T. rosthornii Harms.。

【适宜种植产区】

华北、中南、华东及辽宁、陕西、甘肃、四川、贵州、云南。

【生态习性】

栝楼喜欢温暖湿润的环境，较耐寒，甚至可耐受 -17℃ 的低温，不耐干旱，怕水涝，在年平均气温为 20℃ 左右，7 月份均温在 28℃ 以下，1 月份均温在 6℃ 以上，年降水量为 900~1500mm，相对湿度为 75%~80% 的气候环境中生长发育良好。栝楼在我国分布很广，有少数作为药材和垂直绿化植物分散栽培，多为野生类型，常见生长于半阴半阳的山坡、草边、林边、阴湿山谷中，其适应性极强，易成活，且寿命较长，产区药农至今还未见过栝楼会自然死亡。

【栽培技术】

（一）种植地准备

1. 选地整地　选择土层深厚、肥沃、排水良好的砂质壤土，于封冻前深翻土地，整平耙细，按行距 1.5m 挖深 50cm、宽 30cm 的沟，使土壤风化熟化。

2. 施基肥　翌春栽种前，亩施用腐熟厩肥、土杂肥、饼肥、过磷酸钙等混合堆沤的复合肥共 3000kg 施入沟内，与沟土拌匀，再用细土填平沟面，随即顺沟灌透水。2～3 天后浅耕 1 遍，待土壤干湿适中时作畦栽植。

（二）播种

瓜蒌播种分种子繁殖、块根繁殖和压蔓繁殖等多种繁殖方法，生产上以分根繁殖为主。本文主要介绍分根繁殖。

1. 分根繁殖要求及处理　选择结果 3～5 年、生长健壮、无病虫害的良种瓜蒌和适量的雄株（按亩 10 株配置），于清明节前后挖出块根，选取径粗 3～5cm、断面白色、无病虫害（断面有黄筋的为病根）的新鲜块根，切成 5～7cm 长的小段作种根，切口处粘上草木灰（拌入 50% 钙镁磷肥），再喷 0.5～1ppm 赤霉素（GA）稀液，稍晾干后栽种。

2. 移植时期　北方在 3～4 月份，南方在 10～12 月份。

3. 移植方法　在整好的畦面上，按行距 1.5m、株距 30cm，挖 9cm 深的穴，每穴平放种根 1 段，覆盖细土厚 3～5cm，用脚踩实，再培土 7～9cm 使成小土堆状或栽后覆盖地膜，于幼苗出土后，及时破膜开孔，引苗出膜，进行田间管理。

（三）田间管理

1. 松土　栽后半个月左右，扒开土堆查看，如种根已萌芽，土壤又不干燥，可将土堆扒平，以利幼苗出土。出苗前，如降大雨，雨后地皮稍干时，应轻轻松土，不可过深，防止伤幼芽。

2. 排水与灌溉　栽后如土质干旱，可在离种根 9～12cm 的一边开沟浇水，不可浇蒙头水。每次施肥后，在距植株 30cm 远处作畦埂，放水浇灌。整个生长期，干旱时要适当浇水，使土壤经常保持湿润，雨后要注意及时排涝，防止地里积水。

3. 除草与追肥　每年于春、夏、秋季各中耕除草 1 次，生长期见草就除，保持田间无杂草，植株封行后停止。瓜蒌移栽后 10 天，喷洒 10～20ppm 赤霉素（GA）和 0.1%～0.3% 尿素混合稀液 1 次，促使幼苗生长迅速；苗高 1.5m 左右，再追施 1 次尿素；5、6、7 三个月份分别追施 1 次复合肥。从第 2 年开始，每年追肥 2 次：第 1 次在苗高 30cm 时，亩施用腐熟厩肥 500kg 或饼肥 20kg、尿素 10kg 和土杂肥 500kg 混合堆沤后，于行间开沟施入，施后覆土盖平、浇水；第 2 次于 6 月中旬开花前，亩施用腐熟厩肥 1000kg 或饼肥 50kg、过磷酸钙 20kg 与土杂肥 500kg 混合堆沤后，开沟施入，施后覆土、浇水。

4. 搭架、剪蔓　当瓜蒌茎长 30cm 以上时，每株留粗壮茎蔓 2～3 条上攀缘物，其余弱蔓全部剪除并开始搭设棚架，架高 1.5m 左右，可用长 1.8m 的水泥预制桩或竹、木柱等作主柱，1 行瓜蒌 1 行柱子，每隔 2～2.5m 立 1 根，2～3 行之间搭设 1 横架。架子上面、两头、中间、四角拉铁丝，保持牢固。架子顶上横排两行细竹秆或秸秆，用绳绑在铁丝上。然后，在每株瓜蒌旁插两根小竹竿，上端捆在架子顶部横秆或铁丝上，将茎蔓牵引其上，用细绳松松捆住。瓜蒌上架生长后，要及时摘除生长过密和细弱的分枝、徒长杈、腋芽等，使茎蔓分布均匀，通风透光良好，减少养分无谓的消耗，减少病虫害的发生，还可方便人工授粉，增加结实率。

5. 人工授粉　在瓜蒌行间或架子旁，按雌雄株 6∶1 的比例配置雄株。于花期，在早晨 8、9 点时，用毛笔蘸取雄花粉，逐朵涂抹到雌花的柱头上，使大量的雄花粉进入柱头孔内，待子房膨大至黄豆粒大小时，即可检查出人工授粉的效果。

6. 病虫害防治

根结线虫：寄生在瓜蒌块根，使根呈形状不一的肿瘤。防治方法：可用 5% 克线磷颗粒剂撒在畦面，浅层翻入地下浇水。春、夏季各施 1 次，每亩用量 10 千克，也可在播种或移栽之前整地时每亩施 2.5% 三唑磷颗粒 10 千克，翻入地下 20cm 早作防治。

黄守瓜和黑足黑守瓜成虫：取食瓜蒌幼苗或叶片。5~7 月期间卵孵化幼虫后啃块根。防治方法：可用 90% 敌百虫 1000 倍液喷雾。

蚜虫：可用 40% 乐果乳剂的 1000~1500 倍液喷杀或 12.5% 唑蚜威 1500~2000 倍液喷雾。

7. 越冬管理　摘完瓜蒌后，将离地约 30cm 以上的茎割下来，将留下的茎段盘在地上。然后将株间土刨起，堆积在瓜蒌上，形成 30cm 左右高的土堆，防冻。

【采收加工】

瓜蒌栽后 1~2 年开始结果。全瓜蒌于秋分前后果实仍呈绿色时采收。采摘时，离地 1m 处将茎割下，把茎蔓连果蒂编成辫子挂起阴干，切勿暴晒或烘烤，否则色泽深暗，晾干则色泽鲜黄。或将鲜瓜用纸包好，悬挂通风处晾干，避免挤压和受霜冻。然后，将成熟的果实从果蒂处对剖开，取出内瓤和种子，晒干或烘干，即成瓜蒌皮；内瓤和种子放入盆内加草木灰，用手反复揉搓，在水中淘净内瓤，晒干即成瓜蒌仁。

瓜蒌栽后第 3 年，于霜降前后采挖。挖时沿根的方向深刨细挖，避免挖烂。挖取后去掉芦头，洗净泥土，趁鲜刮去粗皮，切成 3cm 长的小段，然后将其捣烂、磨碎，滤去杂质，澄清滤液，取出沉淀物，晒干即为纯正的天花粉。

【质量要求】

以完整不破、果皮厚、皱缩有筋、体重、分量足者为佳（图 50-2）。按照《中国药典》（2015 版）标准，瓜蒌药材质量要求见表 50-1：

表 50-1　瓜蒌质量标准表

序号	检查项目	指标	备注
1	水分	≤ 16.0%	
2	总灰分	≤ 7.0%	
3	浸出物	≥ 31.0%	

图 50-2　瓜蒌皮精制饮片

【储藏与运输】

（一）储藏

将包装好的瓜蒌贮存于通风干燥的仓库内，避免将果皮撞伤碰裂，保持温度在30℃以下和空气相对湿度60%～75%，商品安全水分在10%～13%。贮存时间较长时，应经常检查，防虫蛀、发霉变质。发现变潮后，应通风、晾晒或翻垛通风；发现发霉或虫蛀后，及时清除后，置日光下暴晒。

（二）运输

瓜蒌商品药材运输时，严禁与有毒货物混装。要求运输车辆干燥、通风、防潮、清洁无异味、无污染。装车时要按规定装车、堆垛，并办理货物出入库手续。

【参考文献】

［1］张秀云，周凤琴. 中药栝楼本草学考证［J］. 山东中医药大学学报，2013，04：319-321.

［2］靳光乾，刘善新. 栝楼的本草整理［J］. 中药材，1992，09：42-44.

［3］黄璐琦，杨滨，乐崇熙. 栝楼属药用植物资源调查［J］. 中国中药杂志，1995，04：195-196.

［4］千春录. 药用植物栝楼种质资源及多样性研究［D］. 杭州：浙江大学，2007.

［5］彭利平，王俊华，彭官交. 保靖县食用瓜蒌优质高产栽培技术［J］. 现代农业科技，2014，24：99-100.

［6］马艳，王小仲，黎瑞君，等. 栝楼在贵州省关岭的高产高效栽培技术初报［J］. 农技服务，2015，06：8-9.

［7］罗成利，王中法，王天义. 瓜蒌规范化种植技术［J］. 中国现代中药，2009，10：14-16.

五十一、木香 Muxiang
Aucklandiae Radix

【来源】

本品来源于菊科植物木香 *Aucklandia lappa* Decne. 的干燥根。春秋二季采挖，除去泥沙和须根，干燥即得。始载于《神农本草经》，有行气止痛，温中和胃的功效，用于胸腹胀痛、呕吐、腹泻、痢疾、里急后重、食积不消等症。木香主要有效成分为萜类，还有生物碱、蒽醌、黄酮等成分，具有抗心血管疾病、抗炎、抗癌、抗溃疡、抗病原微生物等药理作用。木香原产于印度，经广州进口引入国内，因质量较优，逐渐成为用药主流，后来在云南引种成功，又称云木香。现在湖南、云南、广东、广西、四川等省均有生产。

【别名】

蜜香《名医别录》；青木香《本草经集注》；五木香《乐府诗集》

【植物形态】

多年生草本，高 1~2m。主根粗壮，呈圆柱形或半圆柱形，长 5~10cm，直径 0.5~5cm。表面黄棕色至灰褐色，有稀疏侧根，有明显的皱纹、纵沟及侧根痕。茎直立，不分支，上部被稀疏短毛。基生叶大型，具长柄，叶片三角状卵形或长三角形，长 30~100cm，宽 15~20cm，通常沿叶柄下延成不规则分裂的翼，边缘具不规则的浅裂或呈波状，疏生短刺，两面有短毛。上面深绿色，被短毛，下面淡绿带褐色，被短毛；茎生叶较小，叶基翼状，下延抱茎。头状花序顶生及腋生，通常 2~3 个丛生于花茎顶端，几无总花梗，腋生者单一，有长的总花梗；总苞片约 10 层，三角状披针形或长披针形，长 9~25mm，外层较短，先端长锐尖如刺，疏被微柔毛；花全部管状，暗紫色，花冠管长 1.5cm，先产央 5 裂；雄蕊 5，花药联合，上端稍分离，有 5 尖齿；子房下位，花柱伸出花冠之外，柱头 2 裂。瘦果线形，长端有 2 层黄色直立的羽状冠毛，桌熟时多脱落。花期 5~8 月，果期 9~10 月。

【种质资源及分布】

木香为菊科植物，来源复杂，使用品种较多，如云木香、土木香、川木香、藏木香、越西木香、大理木香等。市场流通中还有多个木香代用品、地方习用品，如越西木香、大理木香等。木香自广州引入后，质量较好，故有"广木香"或"南木香"之称。广木香有老木香与新木香之分，老木香多为破裂块状，所谓形如枯骨者，木心多为腐朽状，多有污黄色，断面灰绿色，花纹紧密，香气浓烈，堪称质优。20 世纪 40~50 年代，木香在云南引种成功，质量也较优，称"云木香"，现云木香产量基本满足市场需求，是木香药材正品和主流品种。

木香野生量极少，多栽培于海拔1500~3000m左右的高海拔地区，喜凉爽、湿润的高山气候。原产于印度，引入我国后。我国云南、湖南、广西、四川等省均有栽培。湖南省以西南及西北地区栽种居多。

【适宜种植产区】

木香原产于印度，我国云南、湖南、广西、广东、四川、甘肃、陕西等省均可栽种。

【生态习性】

木香原产于印度克什米尔地区，要求冷凉湿润的气候，耐寒、喜肥，需要一定的阳光、水分、温度以及土壤条件才能正常生长发育。木香春秋季节生长快，高温雨季生长缓慢，适宜生长的年平均气温5.6℃，极端最高气温23℃，极端最低气温-14℃，年降水量800~1100mm，全年日照数平均在2530小时，无霜期150天左右，这些光热条件适宜木香的生长发育。土壤以土层深厚、疏松、排水良好、酸碱度pH值5.4~7.0为好。木香为深根性植物，宜选择土层深厚、肥沃、疏松的砂质土壤，黏土地、积水地、土层浅薄的土地不宜种植。最适宜海拔2000~3000m的高海拔，在稍低海拔的凉爽丘陵和平原均可。

【栽培技术】

（一）种植地准备

1. 选地和整地　木香为深根性植物，种植地宜选择土层深厚、疏松肥沃、排水良好、富含腐殖质的沙质土地，排灌方便，最好轮作期3年以上。以缓坡最好，丘陵和山地也可种植。整地深耕35cm以上，拣出石块、杂草和根茬，整平耙细，做成宽1~1.5m，高30~50cm的高畦，长度依地形而定。

2. 施基肥　结合整地，重施基肥，施入农家肥2000~3000kg/亩，复合肥60~80kg/亩。

（二）种子选择及处理

1. 种子选择　种子成熟9~10月，将成熟的种子采收，晒干，选择色泽饱满、有光泽、无霉病、发芽率在80%以上的种子置于阴凉处作种备用。

2. 播种前处理　播前将种子进行一次净选，去掉病虫害种子。在阳光下晒3~4小时，再用50%多菌灵1∶500倍稀释液浸种5~6个小时后，备用播种。

（三）育苗移栽

1. 育苗地选择及整地　育苗地宜选择在背风向阳处，在育苗的头一年秋季（10月中下旬）深翻晒土，以熟化土壤、杀灭地下害虫。播种前（2月中旬至3月上旬）再翻耕（30~45cm），耙糖一次，以提高出苗率和保苗率，土壤耙碎后耙平。播种前一个星期灌溉一次，将其做成宽1.5~2m，高30cm的畦。

2. 播种　育苗移栽播种以撒播为主，以春播（2月下旬至3月中旬）为宜。整地灌溉浇透水后，将木香种子均匀撒在种植地上或与沙土（1∶1）拌匀撒播，覆土厚度以不见种子为宜，覆土后有轻压，保证种子与土壤充分接触，再覆盖干草或薄膜。

3. 苗期管理　播种后及时浇灌，一般10~15天左右出苗。幼苗高3~5cm时开始间苗，以株距5cm左右为宜。幼苗期间，以施入稀释的人畜粪为主，可结合化肥。幼苗期间加强田间管理，避免草荒，防止积水和干旱。

（四）直播

1. 播种　木香的直播可分为条播和点播，于2月下旬或3月上旬进行。①条播：在整好的土地上开沟，沟深10cm、行距30~35cm。土壤潮湿宜开浅沟，土壤干燥可开深沟。将处理好的种子均匀撒入沟内，覆土2~3cm即可。②点播：在整好的畦面上开穴，穴深5~10cm，株、行距25cm×30cm，每穴点播种子3~5粒，覆土2~3cm。

2. 间苗和定苗　幼苗遮阳度应达30%左右，幼苗长出2片真叶、苗高3~5cm时开始间苗，条播按株距15cm进行间苗，苗高9cm时，按株距25~30cm定苗。点播地每穴留2株健壮苗。如有缺苗，选择阴天及时补苗，一般每亩按5000~7000株定苗。

（五）田间管理

1. 中耕除草　木香在幼苗期生长较快，要及时中耕除草。幼苗长出5~6片真叶时进行第1次除草，第2、3次分别在7月和9月进行。第2年新叶出土后，有3片叶时松土除草，7月进行第二次除草，8、9月适时除草。

2. 水肥管理　南方雨水较多，及时排除积水，注意防涝。施肥结合中耕除草进行，4~5月可施入农家肥3000kg/亩和尿素20kg/亩，9~10月份追施适当磷肥和钾肥。

3. 剪除花薹　木香播种后开始抽薹开花结实，花薹抽出后，将花薹剪除，可以显著提高产量。

4. 病虫害防治　南方高温多雨，木香主要病害为根腐病，植株发病后根部逐渐腐烂、变黑，地上部分枯萎而死。防治方法：选用排水良好的地块种植，并注意排水；及时拔除病株，集中烧毁；挖去病株周围的泥土，在病穴内撒入生石灰，并用70%多菌灵可湿性粉剂800倍液或用50%甲基托布津800~1000倍液喷洒周围，以防感染其他植株和蔓延。木香虫害主要有蚱蜢、蚜虫、地老虎和蛴螬。蚱蜢啃食叶片，其防治方法为幼龄期以90%晶体敌百虫800倍液喷杀。蚜虫可用40%乐果乳油800~1500倍液喷雾防治。地老虎和蛴螬食害幼苗及根叶，可用90%敌百虫晶体1500g/公顷拌麦麸制成毒饵诱杀。

【采收加工】

木香采收年限为2年或3年，于秋冬二季地上部分枯萎采收。选择晴天，于种植行的一端按顺序翻挖，挖出后抖去根部泥土，晾晒干燥，避免阳光暴晒，铺展开晾晒2~3天，至根全部变软、八成干时，抖去其余泥土，修剪支根，按规格分别晾晒。晾晒时应适时翻动，拣出霉烂变质者。加工木香时用刀切去芦头，按10~20cm长的标准切成段，根粗者纵切成2~4块，晒干或风干，干后装入麻袋或竹筐中撞去粗皮，即可出售。

【质量要求】

传统上，以质坚实，香气浓，油性大者为佳（图 51-1）。按照《中国药典》（2015 版）标准，木香药材质量要求见表 51-1：

表 51-1　木香质量标准表

序号	检查项目	指标	备注
1	总灰分	≤ 4.0%	
2	木香烃内酯（$C_{15}H_{20}O_2$）和去氢木香内酯（$C_{15}H_{18}O_2$）总量	≥ 1.8%	

图 51-1　木香精制饮片

【储藏与运输】

木香药材晒干加工后，用麻袋封包堆放于货架上，并与地面、墙壁保持 60～70cm 距离，储藏仓库应注意通风、干燥、避光。定期检查药材的贮存情况。药材运输包装必须有明显的运输标识，包括收发货标志和包装储运指示标志，运输时不应与其它有毒、有害特品混装，要有较好通气性，以保持干燥，遇阴雨天，应严密防潮。

【参考文献】

［1］张建春，蔡雅明，周德斌，等. 木香的研究进展［J］. 甘肃科技，2010，26（20）：170-173.

［2］孙守祥. 木香药材历史沿革中的基原变迁与分化［J］. 中药材，2008，31（7）：1093-1095.

［3］贾天柱. 中药炮制学［M］. 上海：上海科学技术出版社，2008：136.

［4］谢宗万. 中药材品种论述［M］. 上海：上海出版社，1964：99-105.

［5］杨丽云，徐中志，陈翠，等. 丽江优质云木香基地生态区划和布局研究［J］. 现代中药研究与实践，2011，25（5）：37-39.

［6］王恩耀. 云木香栽培技术［J］. 农村实用技术，2005，07：21-22.

［7］李林玉，李绍平，董志渊，等. 云木香丰产栽培技术［J］. 云南农业科技，2012，01：48-50.

［8］杨德军，邱琼，文进. 白木香山地栽培技术研究［J］. 广西林业科学，2007，04：206-208.

五十二、丹参 Danshen

Salviae Miltiorrhiza Radix et Rhizoma

【来源】

本品为唇形科植物丹参 *Salvia miltiorrhiza* Bge. 的干燥根及根茎。春、秋二季采挖，除去泥沙，干燥。丹参始载于《神农本草经》，被列为上品。味苦，微寒，归心、肝经，有活血祛瘀、通经止痛、清心除烦、凉血消痈的功效，用于胸痹心痛，脘腹胁痛，癥瘕积聚，热痹疼痛，心烦不眠，月经不调，痛经经闭，疮疡肿痛。丹参是一味传统大宗药材，随着野生资源的减少，全国多地均开展了丹参的引种栽培。目前其商品主要以栽培为主，主产于山东、山西、河南、四川、安徽、陕西等地。

【别名】

丹参《神农本草经》；赤参《吴普本草》；逐乌《名医别录》；山参《日华本草》；郁蝉草《神农本草经》；木羊乳《吴普本草》；奔马草《本草纲目》；血参根；野苏子根；烧酒壶根（东北）；大红袍；壬参；紫丹参（河北）；红根；红根赤参（四川）；血参；红丹参（湖北）；夏丹参（江西）；赤丹参；紫参、五风花、阴行草（浙江）；红根红参；活血根；紫丹参；赤丹参；大叶活血丹（江苏）

【植物形态】

多年生直立草本；根肥厚，肉质，外面朱红色，内面白色，长 5~15cm，直径 4~14mm，疏生支根。茎直立，高 40~80cm，四棱形，具槽，密被长柔毛，多分枝。叶常为奇数羽状复叶，叶柄长 1.3~7.5cm，密被向下长柔毛，小叶 3~5（7），长 1.5~8cm，宽 1~4cm，卵圆形或椭圆状卵圆形或宽披针形，先端锐尖或渐尖，基部圆形或偏斜，边缘具圆齿，草质，两面被疏柔毛，下面较密，小叶柄长 2~14mm，与叶轴密被长柔毛。轮伞花序 6 花或多花，下部者疏离，上部者密集，组成长 4.5~17cm 具长梗的顶生或腋生总状花序；苞片披针形，先端渐尖，基部楔形，全缘，上面无毛，下面略被疏柔毛，比花梗长或短；花梗长 3~4mm，花序轴密被长柔毛或具腺长柔毛。花萼钟形，带紫色，长约 1.1cm，花后稍增大，外面被疏长柔毛及具腺长柔毛，具缘毛，内面中部密被白色长硬毛，具 11 脉，二唇形，上唇全缘，三角形，长约 4mm，宽约 8mm，先端具 3 个小尖头，侧脉外缘具狭翅，下唇与上唇近等长，深裂成 2 齿，齿三角形，先端渐尖。花冠紫蓝色，长 2~2.7cm，外被具腺短柔毛，尤以上唇为密，内面离冠筒基部约 2~3mm 有斜生不完全小疏柔毛毛环，冠筒外伸，比冠檐短，基部宽 2mm，向上渐宽，至喉部宽达 8mm，冠檐二唇形，上唇长 12~15mm，镰刀状，向上竖立，先端微缺，下唇短于上唇，3 裂，中

图 52-1　丹参原植物

裂片长 5mm，宽达 10mm，先端二裂，裂片顶端具不整齐的尖齿，侧裂片短，顶端圆形，宽约 3 毫米。能育雄蕊 2，伸至上唇片，花丝长 3.5～4mm，药隔长 17～20mm，中部关节处略被小疏柔毛，上臂十分伸长，长 14～17mm，下臂短而增粗，药室不育，顶端联合。退化雄蕊线形，长约 4mm。花柱远外伸，长达 40mm，先端不相等 2 裂，后裂片极短，前裂片线形。花盘前方稍膨大。小坚果黑色，椭圆形，长约 3.2cm，直径 1.5mm。花期 4～8 月，花后见果。（图 52-1）

【种质资源及分布】

丹参来源于唇形科 Labiatae 鼠尾草属 *Salvia* Linn. 植物丹参 *Salvia miltiorrhiza* Bge. 的干燥根及根茎。鼠尾草属 *Salvia* Linn. 为唇形科中的一大属，全世界约有 1050 种，广布于热带和温带地区。我国有 83 种、25 个变种、9 个变型，主要分布于四川、山东、河北、河南、江苏、云南、安徽、山西、陕西、江西及湖南等地的丘陵地带。该属植物种类繁多、性状相似，且具有广泛的分布与较显著的药效作用，全国有约 40 余种该属药用植物，民间也有将近 20 种鼠尾草植物被作为丹参的代用品。如甘肃丹参 *S. przewalskii* 的根在甘肃、云南、四川等多个省区被当作丹参入药，南丹参 *S. bowleyana* 在浙江、江西、安徽等地的山区有广泛应用。此外，云南尚有同属多种植物，如滇丹参 *S. yunnanensis*、三叶鼠尾 *S. trijuga*、长冠鼠尾 *S. plectranthoides* 和毛地黄鼠尾 *S. digitaloides* 的根在部分地区也作丹参入药。40 余种药用植物中，目前仅丹参 *Salvia miltiorrhiza* Bge. 一种被收载于 2015 版《中国药典》。

经报道的丹参种内有 2 个变种，一个变型，即原变种 *S. miltiorrhiza* var. *miltiorrhiza*、单叶丹参 *S. miltiorrhiza* var. *charbonnelii* 和白花丹参 *S. miltiorrhiza* f. Alba。单叶丹参以叶片主要为单叶，间有 3 小叶的复叶，分布于河北、山西、陕西、河南和山东。白花丹参的花冠为白色或淡黄色，为山东特产。在山东莱芜、章丘、临朐一带未经开发利用的山脉中，尚存少量野生种。三者在药材性状上几乎没有区别，在产地一般混同收购。在有效成分方面，白花丹参的脂溶性成分含量较原变种高。丹参自然分布于华北、华东、中南及辽宁、陕西、甘肃、宁夏、新疆、四川、贵州。随着野生资源的减少，目前丹参商品主要以栽培为主，主产于山东、山西、河南、四川、安徽、陕西等地。

【适宜种植产区】

全国多地均可栽培，主产于四川、山东、陕西、河南、安徽、江苏、河北等地。

【生态习性】

丹参对气候环境的适应性强，喜温暖湿润环境，耐寒，怕旱忌涝。生长最适温度为20～26℃，最适空气相对湿度为80%。对土壤要求不严，一般土壤均能生长，但以地势向阳、土层深厚、中等肥沃、排水良好的砂质壤土栽培为好。忌在排水不良的低洼地种植。野生丹参多见于山坡、林下草丛、灌丛、沟边、溪谷等阳光充足、较湿润的地方。自然分布于华北、华东、中南及辽宁、陕西、甘肃、宁夏、新疆、四川、贵州。张辰露等研究发现，与陕西北部的半干旱季风气候、中部的暖温带半湿润气候相比，南部的北亚热带湿润季风气候的相对温暖湿润气候条件更利于丹参的生长和有效成分尤其是丹参酮类物质代谢的累积。

【栽培技术】

（一）种植地准备

1. 选地　丹参对于土壤条件要求不高，一般山地、低山丘陵及平原地区均可生长。栽培丹参宜选择向阳、土层深厚、疏松肥沃、排水良好的砂质种植地，土质黏重、盐碱地及排水不良的地块不宜栽培丹参。若在山地种植，则宜选向阳的低山坡，坡度不宜太大。丹参忌连作，同一地块连续种植丹参最多不能超过两年。

2. 整地　首先进行土壤深翻，深度要求30cm以上，深翻前施入基肥，以复合肥、腐熟的农家肥或有机肥为主，复合肥40～50kg/亩，农家肥1500～2000kg/亩，有机肥40～50kg/亩。深翻后再将土壤耙细整平。

3. 起垄　在实际生产中，丹参的种植方式主要有垄作（起垄移栽）和平作（平畦移栽）两种。垄作栽培加厚了活土层，土壤空隙度增大，不易板结，既能保水又便于排水，利于丹参根系生长，因而，垄作栽培的方式较为常用。一般而言，丹参起垄时垄面的宽度有两种：一种垄面宽25～30cm，垄高20～30cm，两垄垄距60cm，丹参移栽时定植一行；另一种垄面宽35～40cm，垄高20～30cm，两垄垄距80cm，丹参移栽时定植两行。

（二）种植方法

在实际生产中，丹参主要有两种常用的种植方法：育苗移栽和分根繁殖。山东、陕西、河南等产区采用育苗移栽法种植；河北、四川等产区采用分根繁殖的方法。

（三）育苗移栽

1. 种子采集　丹参种子成熟时间多集中于6～7月，当花序上大部分小花掉落、果荚变黄时开始采收，采收时割下整个花序，置于晾晒场地晒干，待充分干燥后，用木棍轻轻敲打，收集种子，一般采收2～3次。丹参种子采收后于7月中下旬即可播种育苗，育苗宜早不宜晚，否则长出的种苗细小而弱，不易成活。

2. 苗床准备　北方产区如山东、河南、陕西等地多在麦地育苗，每年6月中旬小麦收获后即行整地。整地前据地块的土壤肥力施入基肥，土壤肥沃的也可不施基肥，深耕后耙细整平。丹参的苗床有高床和平畦两种，在夏季雨水较多的地区多采用起高床育苗的方式，这种方式在雨季可以有效地避免涝害，提高种苗的成活率。为了便于丹参出苗后的除

图 52-2　丹参种植

草工作，一般高床床宽 100 ~ 150cm，床高 30cm，床间距 30cm。若采用平畦育苗，所做畦的规格与高床相似。

3. 播种　播种前苗床应灌足底水。采用人工撒播的方式播种，播种时将种子与细沙或细土拌匀，之后均匀撒入苗床。播种量 3 ~ 4kg/亩。播种后要盖上一层麦秸、稻草之类的覆盖物，厚度以不露地面为宜。丹参在播种后 7 ~ 10 天即可出苗，出苗后宜选择下午或阴天时及时揭去覆盖物，以免影响种苗正常生长。

4. 移栽定植　冬季或春季均可进行移栽，一般春季移栽较多。冬季移栽于 10 月中下旬至封冻前进行；春季移栽于翌年 2 月下旬至 3 月中下旬进行。采用穴栽方式，株距 15 ~ 20cm，栽后覆土 3 ~ 4cm，保证丹参种苗不露头，覆土后镇压踩实。平畦移栽的开沟或挖穴，按株距 20 ~ 25cm，行距 30cm 定植，之后覆土镇压。（图 52-2）

（四）分根繁殖

1. 种根选择　选择一年生的健壮无病虫的鲜根作种，以色紫红、无腐烂、发育充实、直径 0.5cm 以上的侧根为好，老根、细根不能作种。老根作种易空心，须根多；细根作种生长不良，根条小，产量低。选择好的丹参种根可先于湿沙中贮藏至翌年春栽种，也可选留生长健壮、无病虫害的植株在原地不起挖，留作种株，待栽种时随挖随栽。

2. 栽种　分根繁殖多采用起垄方式种植，且多覆盖地膜，整好地后需 20 天左右之后再进行栽种，这样可使肥料充分释放至土壤。采用穴栽方式种植，每垄定植 2 行，三角定苗。栽种时将丹参根条切成 5cm 左右长的根段，直立穴内，深度以上端与地膜齐平为宜，不可倒栽，否则不发芽。每穴栽 1 ~ 2 段，栽后要覆土 3cm 左右，并镇压踩实。

（五）田间管理

1. 中耕除草　采用育苗移栽繁殖的，育苗期间的除草较为关键，一般应做到见草就除。丹参移栽定植后在其整个生育期内需进行 3 次中耕除草：苗高 10 ~ 15cm 时进行第一次，为避免伤根，应浅耕；第二次在 6 月进行；第三次在 7 ~ 8 月进行。封垄后停止中耕。

2. 追肥　丹参在育苗期间的追肥应视苗情而定，若幼苗不发黄可不予追肥。追肥时以氮肥为主，多使用尿素，一般雨前追肥，人工撒施，施用量为 10 ~ 20kg/亩。丹参移栽定植后，在其生长过程中结合中耕除草还应追肥 2 ~ 3 次。第一、二次以氮肥为主，配施磷肥、钾肥，如：肥饼、过磷酸钙、硝酸钾等。追肥量为尿素 30 ~ 40kg/亩、碳铵 50kg/亩、过磷酸钙 10 ~ 15kg/亩或肥饼 50kg/亩。第三次追肥于收获前 2 个月进行，应重施磷肥、钾肥，促进根系生长，每亩施肥饼 50～75kg、过磷酸钙 40kg，二者堆沤腐熟后在植株旁挖穴或在行间开浅沟施，施后覆土。

3. 灌水与排水　丹参在育苗期要经常保持土壤湿润，以利出苗和幼苗生长。丹参怕旱忌涝。移栽定植后要密切关注土壤墒情，土壤干旱时要及时灌水，并注意灌水后及时松土保墒；雨季要及时排水，丹参地最忌积水，多次大雨后应及时疏通排水沟，排净积水，以保证根部的正常发育。

4. 摘蕾　丹参自 4 月中旬将陆续抽苔开花，为便于养分集中于根部生长，除留种地外，应一律剪除花苔。最好在花苔刚抽出 2cm 时用手指掐掉，而不要等花开了再摘，一般每 5～10 天摘除一次，连续几次。花苔要摘得早，摘得勤，以抑制生殖生长，减少养分消耗，促进根部生长发育，这是丹参增产的重要措施。

5. 病虫害防治　丹参常见的病害有根结线虫病、根腐病、叶斑病等；虫害主要有蚜虫、银纹夜蛾、棉铃虫、蛴螬、地老虎等。实际生产中，丹参主要病害是因连作而发生的根结线虫病，主要防治措施是与其他农作物如花生、小麦、玉米等轮作或进行土壤深翻。

【采收加工】

丹参在春、秋两季均可采挖，秋季于 10 月下旬至封冻前进行；春季于解冻后至萌芽前进行。在实际生产中丹参多于秋季采挖。收获时宜选择无雨、无曝日、无大风、无霜雪雹、较干燥的天气时采挖。先用镰刀割去地上茎叶，清除地膜、杂草等杂物，用锄在畦一端开一深沟，深度依根长而定，使参根全部露出，顺畦逐株小心取出完整的根条，防止挖断。除净泥土和杂质，并将有病虫害的病株挑去，剔除杂质，然后装在洁净的容器中。整个过程中忌用水洗或雨淋，以免有效成分流失。

采收后，丹参多经过晒干、阴干等方法自然干燥，也有部分采用低温烘干干燥。四川中江县将丹参晒至七、八成干后"发汗"一周，之后再摊晾干燥。

【质量要求】

以条粗壮、紫红色者为佳（图 52-3）。按照《中国药典》（2015 版）标准，丹参药材质量要求见表 52-1：

表 52-1　丹参质量标准表

序号	检查项目	指标	备注
1	水分	≤ 13.0%	
2	总灰分	≤ 10.0%	
3	酸不溶性灰分	≤ 3.0%	
4	水溶性浸出物	≥ 35.0%	
5	醇溶性浸出物	≥ 15.0%	
6	丹参酮 II$_A$	≥ 0.20%	HPLC法
7	丹酚酸B	≥ 3.0%	HPLC法

1cm

图 52-3 丹参精制饮片

【储藏与运输】

(一)储藏

储藏之前应干燥。用麻袋封包，堆放于货架上，并与地面、墙壁保持 60～70cm 距离。本品质脆易断，要防重压，易潮生霉。储藏期间定期检查药材的贮存情况。

(二)运输

运输车辆必须清洁卫生。运输过农药、饲料、煤、水泥及有毒有害物质、易造成污染物质的车辆未经消毒或清洁，不得使用；批量运输药材时，不应与其它有毒、有害、易串味、易污染的物质混装，运输容器应具有较好的透气性，以保持干燥，并应有防潮、防暴晒设施。药材运输包装必须有明显的运输标识，包括收发货标志和包装储运指示标志。

【参考文献】

[1] 邓爱平，郭兰萍，詹志来，等. 丹参本草考证 [J]. 中国中药杂志，2016（22）：4274-4279.
[2] 赵宝林，钱枫. 丹参的本草考证 [J]. 中药材，2009（06）：991-994.
[3] 李金莉. 丹参种质资源的收集、分类研究和评价 [D]. 泰安：山东农业大学，2012.
[4] 宋振巧. 丹参种质资源的遗传多样性研究 [D]. 泰安：山东农业大学，2008.
[5] 王萌. 丹参种质资源鉴定及遗传多样性研究 [D]. 雅安：四川农业大学，2013.
[6] 李星. 丹参种质资源收集与评价研究 [D]. 西安：陕西师范大学，2008.
[7] 张辰露，梁宗锁，高峰，等. 陕西不同生态区气候因子对丹参主要药效成分的影响 [J]. 西北农林科技大学学报（自然科学版），2016（10）：184-192.
[8] 张辰露，梁宗锁，郭宏波，等. 不同气候区丹参生物量、有效成分变化与气象因子的相关性研究 [J]. 中国中药杂志，2015（04）：607-613.
[9] 赵志刚，郜舒蕊，宋嬿，等. 丹参主产区生产技术调查研究 [J]. 中药材，2014，37（3）：375-379.

28